权威·前沿·原创

皮书系列为
"十二五""十三五""十四五"时期国家重点出版物出版专项规划项目

BLUE BOOK

智库成果出版与传播平台

中共中央党校（国家行政学院）国家高端智库皮书

黄河流域发展蓝皮书
BLUE BOOK OF THE YELLOW RIVER BASIN DEVELOPMENT

黄河流域高质量发展及大治理研究报告（2023）

ANNUAL REPORT ON HIGH-QUALITY DEVELOPMENT AND GOVERNANCE OF THE YELLOW RIVER BASIN (2023)

建设现代化产业体系

组织编写 / 中共中央党校（国家行政学院）课题组
主　　编 / 林振义
执行主编 / 董小君

社会科学文献出版社
SOCIAL SCIENCES ACADEMIC PRESS (CHINA)

图书在版编目(CIP)数据

黄河流域高质量发展及大治理研究报告.2023：建设现代化产业体系/林振义主编；董小君执行主编.--北京：社会科学文献出版社，2023.11
（黄河流域发展蓝皮书）
ISBN 978-7-5228-2621-9

Ⅰ.①黄… Ⅱ.①林… ②董… Ⅲ.①黄河流域-生态环境保护-研究报告-2023　Ⅳ.①X321.22

中国国家版本馆CIP数据核字（2023）第192826号

黄河流域发展蓝皮书
黄河流域高质量发展及大治理研究报告（2023）
——建设现代化产业体系

组织编写 / 中共中央党校（国家行政学院）课题组
主　　编 / 林振义
执行主编 / 董小君

出 版 人 / 冀祥德
组稿编辑 / 任文武
责任编辑 / 郭　峰
文稿编辑 / 白　银
责任印制 / 王京美

出　　版 / 社会科学文献出版社·城市和绿色发展分社（010）59367143
　　　　　　地址：北京市北三环中路甲29号院华龙大厦　邮编：100029
　　　　　　网址：www.ssap.com.cn
发　　行 / 社会科学文献出版社（010）59367028
印　　装 / 天津千鹤文化传播有限公司

规　　格 / 开　本：787mm×1092mm　1/16
　　　　　　印　张：24　字　数：358千字
版　　次 / 2023年11月第1版　2023年11月第1次印刷
书　　号 / ISBN 978-7-5228-2621-9
定　　价 / 128.00元

读者服务电话：4008918866

版权所有 翻印必究

"黄河流域发展蓝皮书"编辑组

主　　编　林振义

执行主编　董小君

成　　员　（以姓氏笔画为序）
　　　　　王　茹　王学凯　许　彦　汪　彬　张　壮
　　　　　张学刚　张建君　张品茹　张彦丽　郝玉宾
　　　　　贺卫华　徐如明

主编单位　中共中央党校（国家行政学院）

协编单位　中共青海省委党校（青海省行政学院）
　　　　　中共四川省委党校（四川行政学院）
　　　　　中共甘肃省委党校（甘肃行政学院）
　　　　　中共宁夏区委党校（宁夏行政学院）
　　　　　中共内蒙古区委党校（内蒙古行政学院）
　　　　　中共山西省委党校（山西行政学院）
　　　　　中共陕西省委党校（陕西行政学院）
　　　　　中共河南省委党校（河南行政学院）
　　　　　中共山东省委党校（山东行政学院）

主要编撰者简介

林振义 哲学博士，中共中央党校（国家行政学院）科研部主任。曾从事党的政策研究和党的基本理论研究等工作，撰写或参与撰写多部图书，发表多篇学术论文，在中央主要媒体发表多篇理论文章。出版《思维方式与社会发展》《论新时期共产党员修养》《江泽民科技思想研究》《向党中央看齐》《以习近平同志为核心的党中央治国理政新理念新思想新战略》等著作，及《文化的解释》《个人印象》等译著。

董小君 经济学博士，博士生导师，中共中央党校（国家行政学院）教授，中国市场经济研究会副会长。主要研究方向为金融风险与安全、宏观经济、低碳经济等。享受国务院政府特殊津贴专家。主持国家自然科学基金、国家社会科学基金（重大专项、年度、咨询）、国家软科学基金等项目共8项，主持多项世界银行、国务院、国家发展改革委、中国人民银行等委托的重大课题研究，参加国家"十二五""十三五"规划的起草。在《中国社会科学》《人民日报》《管理世界》等重要报刊上发表文章200余篇，多次被《新华文摘》《人大复印报刊资料》全文转载。出版《金融危机博弈中的政治经济学》《低碳经济与国家战略》《财富的逻辑》《金融的力量》等专著十多本。通过全国哲学社会科学规划办、中共中央党校（国家行政学院）、国务院发展研究中心、新华社、中国国际经济交流中心等向党中央和国务院报送决策咨询报告100余篇，获得中央领导肯定性批示，部分观点被有关部门采纳。

前　言

我国有世界最完整的产业体系和潜力最大的内需市场，要切实提升产业链供应链韧性和安全水平，抓紧补短板、锻长板。要顺应产业发展大势，从时空两方面统筹抓好产业升级和产业转移。一方面，推动短板产业补链、优势产业延链、传统产业升链、新兴产业建链，增强产业发展的接续性和竞争力；另一方面，深化改革，健全区域战略统筹、市场一体化发展等机制，优化生产力布局，推动重点产业在国内外有序转移，支持企业深度参与全球产业分工和合作，促进内外产业深度融合，打造自主可控、安全可靠、竞争力强的现代化产业体系。

在2019年提出的黄河流域生态保护和高质量发展重大国家战略指引下，2020年中共中央党校（国家行政学院）与沿黄九省区党校（行政学院）成立"黄河流域智库联盟"，共同撰写了《黄河流域高质量发展及大治理研究报告（2021）》《黄河流域高质量发展及大治理研究报告（2022）——黄河流域碳达峰》。为学习党中央关于建设现代化产业体系的精神，中共中央党校（国家行政学院）科研部组织马克思主义学院、经济学教研部、社会和生态文明教研部，以及沿黄九省区党校（行政学院）的专家学者，共同撰写《黄河流域高质量发展及大治理研究报告（2023）——建设现代化产业体系》。

全书包括总报告、指数报告、地区报告三个部分。总报告从重大意义、问题挑战、目标原则、实施路径等方面，重点阐述了黄河流域建设现代化产业体系的总体要求。指数报告基于产业实体性、产业创新性、产业融合性、产业绿色性、产业开放性、产业安全性、产业支撑性七个维度，构建现代化产业体系的评价指标体系，运用2012～2022年数据测度黄河流域现代化产业体系水平，并利用Dagum基尼系数法分析黄河流域现代化产业体系水平的时空演变特征。地区报告反映黄河流域流经的九省区建设现代化产业体系情况，各省区较为全面地梳理了本区域建设现代化产业体系现状和问题，提出了本区域建设现代化产业体系的目标和重点。

本书由中共中央党校（国家行政学院）科研部组织策划，科研部主任林振义主编，董小君教授主持并统稿，参与写作的有中共中央党校（国家行政学院）汪彬、王茹、王学凯，中共青海省委党校（青海省行政学院）张壮、马震、赵红艳、才吉卓玛、刘畅、殷彦培，中共四川省委党校（四川行政学院）许彦、孙继琼、王伟、王晓青、胡振耘、高蒙、李杰霖、徐迅，中共甘肃省委党校（甘肃行政学院）张建君、王璠、张瑞宇、蒋尚卿、马桂芬，中共宁夏区委党校（宁夏行政学院）刘雪梅、徐如明、霍岩松、朱丽燕、刘彩霞、孙治一、芦建红、杨丽艳，中共内蒙古区委党校（内蒙古行政学院）张学刚、郭启光、王薇，中共山西省委党校（山西行政学院）郝玉宾、樊亚男、燕斌斌，中共陕西省委党校（陕西行政学院）张品茹、张爱玲、张倩、李娟，中共河南省委党校（河南行政学院）贺卫华、仲德涛、林永然、张万里、袁苗，中共山东省委党校（山东行政学院）张彦丽、孙琪、张娟、崔晓伟、雷萌萌。中共中央党校（国家行政学院）科研部杨大志为本书的协调沟通、出版宣传等做了大量工作和努力。社会科学文献出版社城市和绿色发展分社社长任文武、责任编辑郭峰为本书的出版付出了大量辛劳，在此一并感谢！

诚然，时间紧迫，本书还有诸多提升空间，恭请读者批评指正！

中共中央党校（国家行政学院）课题组

2023年7月

摘 要

当前,全球产业体系和产业链供应链呈现多元化布局、区域化合作、绿色化转型、数字化加速的态势,这是经济发展规律和历史大趋势,不以人的意志为转移。党的二十大报告提出"建设现代化产业体系"的要求,坚持把发展经济的着力点放在实体经济上,黄河流域应在建设现代化产业体系中发挥重要作用。

从全局层面勾画黄河流域建设现代化产业体系的战略图景。黄河流域建设现代化产业体系需要遵循五条原则:坚持以实体经济为重,防止脱实向虚;坚持稳中求进、循序渐进,不能贪大求洋;坚持三次产业融合发展,避免割裂对立;坚持推动传统产业转型升级,不能当成"低端产业"简单退出;坚持开放合作,不能闭门造车。要充分借鉴发达国家推进建设现代化产业体系经验,加快推进新型工业化,推动产业转型升级;加强流域内部合作,构筑区域创新体系;全面深化改革,畅通国内经济循环;全面推进开放,畅通国际经济循环。

从量化层面测度黄河流域建设现代化产业体系水平和特征。研究发现:2012~2022年黄河流域现代化产业体系综合指数呈逐年上升趋势,形成了山东和陕西引领,其他省区交错发展的态势;从差异看,黄河流域现代化产业体系水平的总体差异震荡下降,东部和黄河流域、西部和黄河流域区域间差异下降,但中部和黄河流域区域间差异上升,区域间差异是黄河流域与各地区差异的主要来源;分维度看,黄河流域产业实体性、产业创新性、产业融合性、产业绿色性、产业支撑性指数基本呈上升趋势,产业开放性、产业安

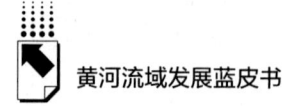

全性指数基本没有增长，九省区现代化产业体系各个维度指数的变化趋势不一，黄河流域区域内差异，以及黄河流域与东部、中部、西部地区的区域间差异也有所不同，区域间差异是黄河流域与其他地区差异的主要来源。

从省区层面确立黄河流域建设现代化产业体系的目标重点。黄河流域各省区建设现代化产业体系的目标重点有所不同，青海要打造生态型产业发展新优势，四川要着力推动六大优势产业提质倍增，甘肃要扎实推进强工业行动，宁夏要聚焦"六新六特六优"产业，内蒙古要构建绿色特色优势现代产业体系，山西要推进现代化产业体系与区域融合发展，陕西要兼顾传统产业改造升级与新兴产业培育，河南要统筹三产与数字经济发展，山东要建设引领绿色低碳高质量发展的现代化产业体系。

关键词： 现代化产业体系　区域战略统筹　黄河流域

目 录

Ⅰ 总报告

B.1 黄河流域建设现代化产业体系的总体要求…… 汪　彬　王　茹 / 001
  一　黄河流域建设现代化产业体系的重大意义 ………………… / 002
  二　黄河流域建设现代化产业体系的问题挑战 ………………… / 006
  三　黄河流域建设现代化产业体系的目标原则 ………………… / 011
  四　黄河流域建设现代化产业体系的实施路径 ………………… / 023

Ⅱ 指数报告

B.2 黄河流域现代化产业体系综合指数……………………… 王学凯 / 029
B.3 黄河流域现代化产业体系维度指数……………………… 王学凯 / 050

Ⅲ 地区报告

B.4 青海：打造生态型产业发展新优势
  ……… 张　壮　马　震　赵红艳　才吉卓玛　刘　畅　殷彦培 / 081

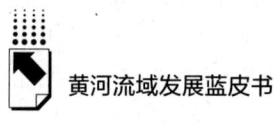

B.5 四川：着力推动六大优势产业提质倍增
.... 许　彦　孙继琼　王　伟　王晓青
　　　　　　　胡振耘　高　蒙　李杰霖　徐　迅 / 106

B.6 甘肃：扎实推进强工业行动
.... 张建君　王　璠　张瑞宇　蒋尚卿　马桂芬 / 138

B.7 宁夏：聚焦"六新六特六优"产业
.... 刘雪梅　徐如明　霍岩松　朱丽燕
　　　　　　　刘彩霞　孙治一　芦建红　杨丽艳 / 162

B.8 内蒙古：构建绿色特色优势现代产业体系
.... 张学刚　郭启光　王　薇 / 191

B.9 山西：推进现代化产业体系与区域融合发展
.... 郝玉宾　樊亚男　燕斌斌 / 222

B.10 陕西：兼顾传统产业改造升级与新兴产业培育
.... 张品茹　张爱玲　张　倩　李　娟 / 252

B.11 河南：统筹三产与数字经济发展
.... 贺卫华　仲德涛　林永然　张万里　袁　苗 / 288

B.12 山东：建设引领绿色低碳高质量发展的现代化产业体系
.... 张彦丽　孙　琪　张　娟　崔晓伟　雷萌萌 / 325

Abstract .... / 351
Contents .... / 353

皮书数据库阅读 **使用指南**

总报告

General Report

B.1
黄河流域建设现代化产业体系的总体要求

汪彬 王茹*

摘 要： 党的二十大提出"建设现代化产业体系"的战略目标，黄河流域现代化产业体系建设具有重要意义。需要坚持以实体经济为重，防止脱实向虚；坚持稳中求进、循序渐进，不能贪大求洋；坚持三次产业融合发展，避免割裂对立；坚持推动传统产业转型升级，不能当成"低端产业"简单退出；坚持开放合作，不能闭门造车。要充分借鉴发达国家推进建设现代化产业体系经验，加快推进新型工业化，推动产业转型升级；加强流域内部合作，构筑区域创新体系；全面深化改革，畅通国内经济循环；全面推进开放，畅通国际经济循环。

---

* 汪彬，博士，中共中央党校（国家行政学院）经济学教研部副教授、政府经济管理教研室副主任，中国企业管理研究会理事、公共经济研究会理事，研究方向为城市与区域经济学、产业经济学；王茹，博士，中共中央党校（国家行政学院）社会和生态文明教研部教授，研究方向为环境经济学、资源环境管理、环境政策。

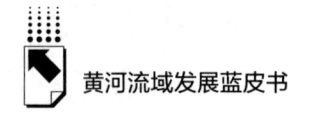

关键词： 现代化产业体系　产业融合　黄河流域

一个现代化国家，必须要有现代化经济体系支撑。党的十九大提出要建立现代化经济体系。现代化经济体系是与高质量发展阶段相适应的经济系统，是由社会经济活动各个环节、各个层面、各个领域的相互关系和内在联系构成的一个有机整体。没有产业体系的现代化，就没有经济的现代化，全面建设社会主义现代化国家，必须建设现代化产业体系。党的二十大提出"建设现代化产业体系"的战略目标。建设现代化产业体系是我国赢得国际竞争战略主动的关键一环，是夯实我国社会主义现代化建设的物质技术基础，是构建经济循环畅通新发展格局的坚实基础，是实现我国产业自主可控、安全可靠的重要保障。

一　黄河流域建设现代化产业体系的重大意义

从理论内涵界定来看，现代化产业体系指的是一个经济体系中的产业结构和产业组织方式达到了现代化水平，具有高科技含量、高附加值、低能耗、低污染的特征，以智能化、绿色化、融合化为发展方向，形成了完整、先进和安全的产业链供应链的产业体系。构建现代化产业体系，能够推动经济结构的升级和转型，满足人民高品质生活，提高国家竞争力，实现经济可持续发展。从实践发展层面看，现代化产业体系是现代化经济体系的重要组成部分，也是第二个百年奋斗目标对产业发展提出的新要求。全面建成现代化产业体系是全面建设社会主义现代化国家的物质技术基础。没有产业体系的现代化，就没有经济的现代化，建设现代化产业体系已是箭在弦上。从区域发展层面看，黄河流域作为一个特定的地理空间，构建黄河流域现代化产业体系应结合区域发展实际，在充分发挥黄河流域地理优势和资源禀赋的基础上，以新发展格局为指引，合理配置资源、优化产业结构和布局、促进产业融合发展，推动黄河流域经济的整体发展，走经济高质量发展之路。

（一）建设黄河流域现代化产业体系是我国赢得国际竞争战略主动的关键一环

2023年5月5日，习近平总书记在中央财经委第一次会议上提出，"加快建设以实体经济为支撑的现代化产业体系，关系我们在未来发展和国际竞争中赢得战略主动"。[①] 我国拥有世界上最完整的工业体系，220多种工业产品的产量居全球第一位，是全球工业门类最齐全的国家之一，在全球产业链和供应链中占有重要地位。建立健全产业链、建设现代化产业体系将带动技术创新、产业升级和增加就业机会，提高劳动生产率和经济效益，推动国家经济整体发展。另外，加强区域合作，以创新作为基点，深化改革开放，畅通经济循环，充分利用好国内国际"两个市场、两种资源"，更好地争取开放发展中的战略主动权。通过建设现代化产业体系，提高产品附加值和品牌影响力，提高产业的技术水平、品质和竞争力，有助于我国企业在国际市场上更好地竞争，并在全球价值链中占据更重要的地位。同时，产业竞争力强有助于提高我国的话语权和议价能力，为我国在全球经济格局中赢得更有利的地位提供支撑。

黄河流域各省区需要加强产业结构优化，推动产业链的延伸和升级，促进各个产业环节之间的合作和协作，培育高端制造业、现代服务业等新兴产业，形成产业集群和产业生态，提升产业链的附加值和竞争力，提升整体竞争力和资源利用效率。黄河流域需要通过优化物流网络，加快货物流转速度，降低物流成本，利用便捷的交通和物流条件，提高产业竞争力，成为国际贸易和物流的重要节点；提升发展能级，成为一个新的增长极，提升国际竞争力。黄河流域拥有丰富的水资源和土地资源，是我国重要的农业和工业基地，应利用自身的资源禀赋，建设现代化产业体系，实现资源优势向经济优势的转化，在此基础上，加快产业升级

[①] 《习近平主持召开二十届中央财经委员会第一次会议强调　加快建设以实体经济为支撑的现代化产业体系　以人口高质量发展支撑中国式现代化》，"新华网"百家号，2023年5月5日，https://baijiahao.baidu.com/s? id=1765061869295569964&wfr=spider&for=pc。

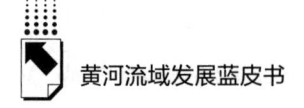

和转型,加强高技术产业、现代服务业的发展,提高产业附加值和竞争力,赢得更多国际市场份额。

(二)建设黄河流域现代化产业体系是夯实我国社会主义现代化建设的物质技术基础

没有坚实的物质技术基础就不可能全面建设社会主义现代化国家,党的二十大作出了高质量发展是全面建设社会主义现代化国家的首要任务这一重大判断,表明了高质量发展可为全面建设社会主义现代化国家奠定坚实的物质技术基础。现代化产业体系是高质量发展的重要内容,建设现代化产业体系是夯实我国社会主义现代化建设物质技术基础的重要支撑。对于一个国家而言,成功实现现代化必须要经历产业体系现代化的过程,而产业体系是支撑高效率社会生产和高水平国民收入的基石,是社会主义现代化的物质基础。构建现代化产业体系能够提升生产力,实现资源优化配置,为高质量发展提供稳定可持续的物质基础支撑。现代化产业体系是现代化经济体系的重要内容,建设现代化产业体系有助于优化和调整经济产业结构,提高产业附加值和创新能力,为经济增长提供稳定动力。

黄河流域高质量发展是全国高质量发展的重要支撑。黄河流域现代化产业体系是国家现代化产业体系建设的重要组成部分,是黄河流域高质量发展重要内容。建设现代化产业体系不仅对于黄河流域九省区至关重要,对于中国整体经济发展也有重要意义。黄河流域现代化产业体系建设要朝着智能化、绿色化、融合化方向发展,引入先进的生产技术,加强科技创新和人才培养,提高生产效率和产品质量,推动黄河流域生产力水平的提升,适应市场经济的需求和要求,促进经济结构的调整和产业升级,为黄河流域经济发展注入新的动力。

(三)建设黄河流域现代化产业体系是构建经济循环畅通新发展格局的坚实基础

对于整个国家而言,实体经济是肌体,建设现代化产业体系是构建新发展格局的基础，促进产业有序链接、经济循环高效畅通是新时期的必然要求。要顺应产业发展趋势，大力推动补链、延链、升链、建链，打造自主可控、安全可靠、竞争力强的现代化产业体系，增强产业发展的接续性和竞争力，实现国民经济循环畅通，打造国际竞争新优势。

黄河流域要加强区域内的产业合作，围绕产业体系建设增强区域内上下游产业链配套功能，推动区域内产业合理分工与协作，以培育打造产业集群强化健全本土产业链供应链体系，以产业集群式发展提升区域整体发展水平。黄河流域要加强与国内其他地区的产业合作，重点与京津冀、长三角、粤港澳等创新资源富集、产业链发达地区的合作，充分利用本地区的资源禀赋、市场规模，通过合作建立优势互补的产业体系。进一步扩大开放，在高水平开放中充分发挥比较优势，积极参与国际分工，融入全球产业链供应链，构建强健的现代化产业体系。

（四）建设黄河流域现代化产业体系是实现我国产业自主可控、安全可靠的重要保障

安全性是现代化产业体系的重要特征。习近平总书记在中共中央政治局第二次集体学习中强调："优化生产力布局，推动重点产业在国内外有序转移，支持企业深度参与全球产业分工和合作，促进内外产业深度融合，打造自主可控、安全可靠、竞争力强的现代化产业体系。"[1]

黄河流域现代化产业体系是支撑国内构建自主可控、安全可靠产业体系的重要保障。要瞄准前沿科技领域，找准关键核心技术和零部件"卡脖子"薄弱环节，积极发展新一代信息技术、生物技术、人工智能等领域关键核心技术攻关工程，实现高端芯片、操作系统、新材料、重大装备核心技术的率先突破，推进产业基础再造工程，提高产业基础能力现代化水平。通过加大科技创新投入，提高科技成果转化能力，提升自主创新和核心技术研发能

---

[1] 《习近平在中共中央政治局第二次集体学习时强调　加快构建新发展格局　增强发展的安全性主动权》，"龙岩网警"百家号，2023年2月2日，https://baijiahao.baidu.com/s?id=1756703745190343755&wfr=spider&for=pc。

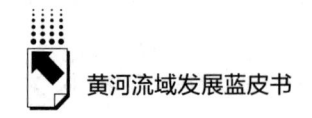

力，提升本国产业链的自主控制能力，减少我国对国外关键零部件和核心技术的依赖，降低外部冲击导致的供应链中断风险。另外，黄河流域要发挥重要农产品主产区，以及重要的能源、化工、原材料和基础工业基地功能，在确保国家粮食安全、能源安全和产业安全上作出贡献。

二 黄河流域建设现代化产业体系的问题挑战

与全国其他地区相比，黄河流域经济社会发展不平衡不充分问题突出，大多数省区仍处于工业化、城镇化加速发展阶段，基础设施建设相对滞后，科技创新资源和高素质人才资源相对短缺，缺乏自主核心技术和高水平人才的支撑，存在人才流失和人力资源短缺的问题。作为欠发达地区，黄河流域面临多重目标约束，构建现代化产业体系面临时间紧、任务重的诸多困难和问题。

（一）生态环境承载力有限，产业发展面临环境约束

目前黄河流域产业高质量发展的核心矛盾是产业布局与生态安全格局之间的矛盾、发展规模强度与资源环境承载力之间的矛盾。首先，黄河流域生态环境脆弱，环境承载力有限。当前黄河流域的人口、产业主要集中于下游地区以及中上游的汾河平原、渭河平原、河西走廊、渭河谷地等，初步形成了以济南、青岛为中心的山东半岛城市群，以郑州、洛阳、开封为中心的中原城市群，以西安、宝鸡、天水为关键节点的关中—天水重点开发区，以太原为中心的太原城市群，以呼和浩特、包头、鄂尔多斯、榆林为节点的呼包鄂榆重点开发区，以及兰州—西宁、河西走廊重点开发区等城市群或国家级重点开发区。与上述集群对比强烈的是，黄河流域上游地区生态环境脆弱、承载力有限，存在较大面积较为落后的区域，比如六盘山片区、吕梁山片区、秦巴山片区、太行山片区和大别山片区等。其次，黄河流域水资源匮乏。黄河流域水资源状况受到自然环境和人类活动的双重影响。黄河流域主要流经我国干旱、半干旱、半湿润地区，降水偏少，且农业用水占比高，水

资源利用效率低。西北地区、华北地区水资源供需矛盾较为突出，水资源短缺成为制约经济社会发展的重要因素。

（二）产业结构倚能倚重明显，绿色化、高端化、智能化不足

如图1所示，黄河流域九省区的产业结构中二三产业占主导。目前，黄河流域仍处于工业化进程中，产业结构仍较为低级。与全国三次产业结构相比，2022年黄河流域九省区三次产业结构中第二产业产值比例明显偏高，除四川和甘肃两省外，其余七省区的第二产业产值比例均达到40%及以上，高于全国平均水平。甘肃、内蒙古两省区的第一产业产值比例都在11%以上，高于全国平均水平。如表1所示，黄河流域是典型的农产品主产区，2021年粮食和肉类的产量在全国占比均达到了1/3左右。

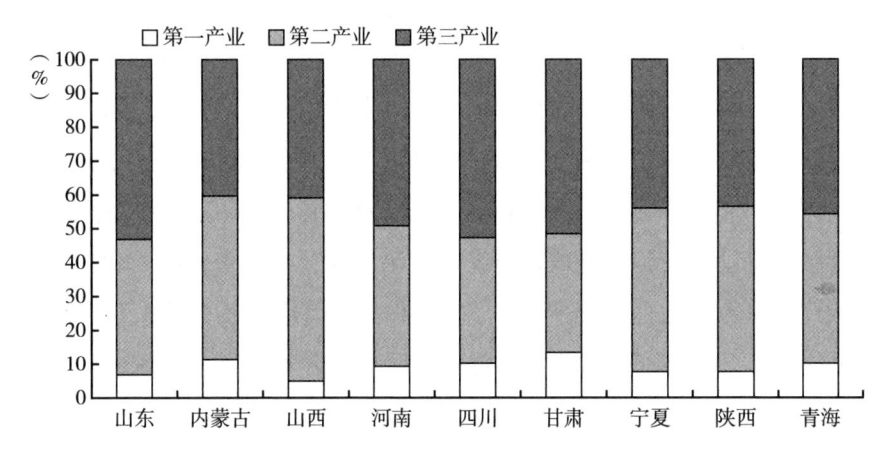

图1 2022年黄河流域九省区三次产业结构

资料来源：各省区国民经济和社会发展统计公报。

表1 2021年黄河流域九省区粮食和肉类产量及占比

单位：万吨，%

省区	粮食产量	粮食产量占比	肉类产量	肉类产量占比
青 海	109.1	0.1598	40	0.4449
四 川	3582.1	5.2458	664	7.3860
甘 肃	1231.5	1.8035	135.3	1.5050

续表

省区	粮食产量	粮食产量占比	肉类产量	肉类产量占比
宁　夏	368.4	0.5395	35.3	0.3927
内蒙古	3840.3	5.6240	277.3	3.0845
陕　西	1270.4	1.8604	128	1.4238
山　西	1421.2	2.0813	135.4	1.5061
河　南	6844.2	10.023	646.8	7.1947
山　东	5500.7	8.0555	819.3	9.1135

资料来源：《中国统计年鉴（2022）》。

黄河流域是我国重要的能源和化工基地，煤炭、石油、天然气和有色金属的储备丰富，煤炭的储量更是达到全国的1/2以上。各省区产业结构调整压力大，环境污染和生态破坏问题较为突出，传统产业占比较高，高耗能、高污染产业仍然存在。统计数据显示，黄河流域九省区的产业结构以传统产业为主，如能源、化工、冶金、建材等重化工业，这些传统产业在国民经济中占比较大，但技术含量较低，环境污染较为严重，且面临市场竞争和资源约束的双重压力。黄河流域依赖传统的能源产业，如煤炭、石油和化工等。这些能源产业在过去的发展中发挥了重要作用，但也带来了环境污染和资源消耗的问题，不利于可持续发展和绿色化转型。黄河流域还依赖传统的基础产业和重工业，如钢铁、建材和机械等。这些产业在一定程度上支撑了经济发展，但面临市场竞争激烈、附加值低和技术创新不足的挑战，缺乏高端化和智能化的特征。面对产业结构较为低端的欠发达地区，如果不能推动传统产业高端化、智能化、绿色化，不能培育出新产业、新动能，提升产业技术含量和附加值，就无法适应国际竞争和未来发展态势，发展就会陷入被动局面。

（三）市场发育程度低、产业配套不足，产业链相对不完整

黄河流域九省区处于工业化中后期，与江苏、浙江、广东等处于后工业化阶段的省份相比，存在市场化程度相对不高、产业发展基础较为薄弱、整体经济发展水平偏低的问题。黄河流域部分省区市场竞争不够充分，民营经济欠发达，整体科技创新能力弱，近年来，虽然西安、郑州、济南等城市立足自身优势大力推动科技创新，但黄河流域整体上全链条、多层次的科技创新平台不够完善，科技成果跨区域转移渠道不畅。黄河流域专业化分工不足，大多数产业的外向度不高，产业分工协作不够紧密。黄河流域产业链条短，以资源开采和能源销售为主，缺乏精深加工和高附加值的产业环节，导致产业附加值较低，过度依赖资源能源型产业，在资源枯竭、环境压力和市场波动等挑战下，经济可持续发展的压力和不确定性增强。

（四）缺乏完善的区域合作机制，产业发展的堵点、断点较多

我国产业体系规模庞大、门类齐全，但缺乏有效的产业分工与区域合作机制，目前产业链供应链仍然存在不少"断点"和"堵点"。对于黄河流域而言，各省区分工协作机制不明确、区域合作行动力不足，流域内的产业链体系机制不完善、不健全。部分省区的资源禀赋相差不大，但个别地方政绩观陷入误区，存在地方产业同质化、粗放式恶性竞争等问题。

与此同时，与东部发达地区的资源禀赋、区位条件、交通基础设施相比，黄河流域九省区的产业发展存在一定的"先天不足"。不仅如此，由于缺乏统一的政策协调机制，各省区对现代化产业体系建设的认识不一，面临诸多的政策抑制问题。在行政管理体制方面，仍需要改革和优化审批程序，提高决策效率和执行能力，为企业提供更为灵活有效的市场环境；在准入门槛方面，某些行业和领域存在较高的市场准入壁垒，使得新兴产业和创新企业难以进入市场，需要放宽市场准入限制，鼓励创新创业，激发企业创新活力；在政策举措方面，长期整体的区域性规划不够完善，仍需要加强政策协调和稳定性，为企业发展提供可预期的政策环境，降低企业不确定性风险。

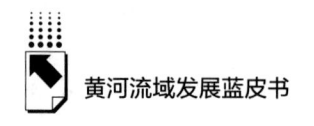

（五）建设黄河流域现代化产业体系要素支撑不足

建设现代化产业体系需要健全要素支撑体系。目前黄河流域现代化产业体系建设的要素支撑不足，主要表现为三个方面。

一是金融资源与实体经济发展关系的不协调、不平衡，导致黄河流域金融资源对现代化产业体系支撑不足。目前，金融机构和金融市场存在以追求自身利润和规模扩张为目的的现象，导致金融资源流向投资回报更高的领域，对实体经济支持不足，加剧了实体经济和金融的脱节，不利于以实体经济为核心的现代化产业体系建设。黄河流域九省区金融机构的数量和规模相对不足，金融服务水平相对较低，金融市场运作不够完善，无法满足实体经济的融资需求，制约了流域内的现代化产业体系建设。

二是黄河流域现代化产业体系所需的高端人才和管理人才不足。黄河流域九省区大多数是欠发达地区，教育体制的滞后和专业设置的不完善导致高端人才供给不足，缺乏与现代产业需求相匹配的专业设置；人才流失问题突出，欠发达地区缺乏人才发展机会和人才吸引力，黄河流域对于高端人才吸引力不足，现代化产业体系建设的人才资源支撑不足。

三是缺乏现代化产业体系建设的创新环境和机制。创新是现代化产业体系发展的重要驱动力，创新研发投入不足、科技创新平台及创新创业支持体系不完善，限制了现代化产业体系建设。全要素生产率（Total Factor Productivity，TFP）是衡量一个国家或地区经济生产效率的指标，它反映了单位投入产出的效果，即在相同的生产要素投入下实现的产出水平。根据2011~2020年黄河流域九省区全要素生产率，黄河流域九省区全要素生产率经过了几次转折变化：2011~2015年黄河流域九省区全要素生产率整体呈现下降态势，2015~2018年整体回升，2018年以后又下降，说明黄河流域九省区在2011~2015年的创新能力呈现下降态势，2015~2018年创新能力有所提高，2018年以后又呈下降趋势（见表2）。

表2 2011~2020年黄河流域九省区全要素生产率

单位：%

省区	2011年	2012年	2013年	2014年	2015年	2016年	2017年	2018年	2019年	2020年
青海	2.85	1.93	1.18	0.64	0.43	1.81	2.25	2.71	1.44	0.99
四川	2.37	2.45	1.44	0.38	0.97	1.21	2.40	2.84	2.10	0.53
甘肃	2.78	2.12	1.62	0.87	0.30	1.20	1.90	2.73	2.16	1.32
宁夏	2.73	2.56	1.21	1.11	0.51	1.34	2.40	2.67	2.14	0.76
内蒙古	2.11	2.01	1.96	0.98	0.62	1.12	2.60	2.85	1.81	0.58
陕西	2.55	2.27	1.54	0.43	0.94	1.06	2.74	2.71	2.03	0.36
山西	2.26	1.88	1.41	1.05	1.05	1.36	2.24	2.76	1.58	0.96
河南	2.84	2.59	1.39	0.51	0.59	1.51	2.41	2.03	1.79	0.56
山东	2.77	2.05	1.18	0.90	0.59	1.54	2.50	2.28	1.32	0.37

资料来源：根据模型测算得到。

三 黄河流域建设现代化产业体系的目标原则

我国拥有世界上最完整的工业体系，220多种工业产品的产量居全球第一位，是全球工业门类最齐全的国家之一，在全球产业链和供应链中占有重要地位。但随着新一轮科技革命发展和国际形势演变，全球产业链重构、战略性资源产品国际供给波动巨大、经济全球化遭遇逆流等多重因素叠加，我国产业体系发展面临的风险挑战增多。构建现代化产业体系要遵循产业发展演进的客观规律，明确产业发展目标方向。为此，2023年《国务院政府工作报告》对构建现代化产业体系作出明确部署，要求加快建设现代化产业体系；强化科技创新对产业发展的支撑；持续开展产业强链补链行动，围绕制造业重点产业链，集中优质资源合力推进关键核心技术攻关，充分激发创新活力；加快传统产业和中小企业数字化转型，着力提升高端化、智能化、绿色化水平。[1]

---

[1] 《政府工作报告——2023年3月5日在第十四届全国人民代表大会第一次会议上》，中国政府网，2023年3月5日，https://www.gov.cn/gongbao/content/2023/content_5747260.htm。

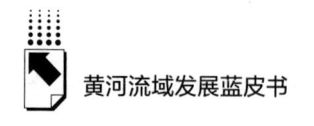

（一）建设黄河流域现代化产业体系把握的几个原则

对于黄河流域而言，构建现代化产业体系确立正确的目标导向，应把握以下几个原则：坚持以实体经济为重，防止脱实向虚；坚持稳中求进、循序渐进，不能贪大求洋；坚持三次产业融合发展，避免割裂对立；坚持推动传统产业转型升级，不能当成"低端产业"简单退出；坚持开放合作，不能闭门造车。强化黄河流域产业发展规划引领，构建现代化基础设施体系，加快科技自立自强，推动黄河流域各省区协同合作，促进经济高质量发展。

1. 坚持以实体经济为重，防止脱实向虚

习近平总书记在 2019 年 1 月京津冀考察时强调，实体经济是一国经济的立身之本，是财富创造的根本源泉，是国家强盛的重要支柱。实体经济是大国的根基，经济不能脱实向虚。当前，传统制造业仍是我国工业经济的主体，关乎综合国力，也关系国计民生，既是实现"六稳"的重要领域，还是培育新动能的主要来源。我国要在纷繁复杂的国际形势中赢得发展主动权，就必须筑牢实体经济这个根基，抢抓新一轮科技革命和产业变革机遇，在创新发展和协调发展中不断提升现代产业发展水平。一方面，要加强传统产业的改造升级，提升其附加值和竞争力。通过技术改进、工艺创新和管理优化，使传统产业适应市场需求和国际竞争，避免产业结构的虚化和低附加值问题。另一方面，要积极培育新兴产业和高新技术产业，加强创新驱动，推动产业的转型升级和增加新的经济增长点。

2. 坚持稳中求进、循序渐进，不能贪大求洋

在推进产业发展、建设现代化产业体系的过程中，要保持经济的稳定和可持续性，注重质量和效益，而非盲目追求规模和速度。现代化产业体系建设不是一蹴而就的，而是一个长期的历史过程。首先，要注重稳定基础，夯实发展根基。通过加强基础设施建设、优化营商环境和提升人才素质，打造良好的产业发展环境和条件，稳定基础可以为产业发展提供可靠的支撑，确保经济的稳定增长。其次，要循序渐进地推进产业升级和转型。根据区域实际情况和产业潜力，制定合理的发展路径和阶段性目标，逐步推进产业结构的优化和升级。此外，要注重风险防控，避免盲目扩张和过度投资。在产业发展过程中，要审慎评估风险和可行性，合理控制投资规模和节奏，防范产能过剩和资金浪费问题。同时，加强监管和政策引导，引导资本和资源向具备竞争力和可持续发展潜力的产业领域集中，避免资源的浪费和分散。

3. 坚持三次产业融合发展，避免割裂对立

一二三产业占比及其变化趋势对于经济发展和结构调整具有重要意义，均衡合理的产业结构是经济社会发展的重要支撑。黄河流域在建设现代化产业体系时，应坚持三次产业融合发展的原则，避免割裂和对立的局面。农业、工业和服务业之间相互渗透、相互促进、协同发展，以实现产业的协调发展和经济的全面提升。通过农业科技创新，推动农业生产方式的转变，加强农产品加工和农业机械装备制造等领域的发展，形成农业产业链和农产品加工链的良性互动。通过推动制造业向高端化、智能化方向转型，提高产品质量和技术含量，同时发展现代服务业，提供高附加值的服务和解决方案。构建产业协同创新机制，协同推进产业链和供应链稳定，促进各个产业之间协同配合和资源共享，以产业协同生态系统建设，提高产业体系竞争力和可持续发展能力，实现资源优化配置和效益最大化。

4. 坚持推动传统产业转型升级，不能当成"低端产业"简单退出

建设现代化产业体系必然是产业高级化的过程，要推动传统产业转型升级，但也不能简单地把传统产业看成"低端产业"，并简单退出。从本质上看，产业不存在好坏、高低之分，传统产业并不等于低端产业，也不等于夕阳产业，更不能简单"一刀切"地淘汰退出，应该致力加大传统产业改造升级力度，培育壮大战略性新兴产业，提升传统产业在全球分工中的地位和竞争力。一方面，要推动传统产业转型升级，扩大有效供给，推动传统产业向高端化、智能化、绿色化转变，使我国传统产业从中低端向中高端迈进。另一方面，要发展战略性新兴产业，加强国内资源整合，完善国家创新体系，提升自主研发能力，加快形成以企业为主体、产学研用一体化发展的创新机制，为新兴产业发展提供强大支撑。

5. 坚持开放合作，不能闭门造车

改革开放是决定当代中国前途的关键一招。持续开放合作，是建设现代化产业体系的题中应有之义，也是实现高质量发展的必然要求。通过开放合作，黄河流域可以充分利用"两个市场、两种资源"，强化内外资源联动发展，积极拓展海外市场，提升国际竞争力，促进知识和技术创新，优化资源配置，实现经济的持续发展。加强国际科技交流，开展科研合作项目，引进和吸收国际先进技术，推动技术创新和产业升级。坚持自立自强与对外开放有机统一，既要坚持独立自主、自立自强，尽快突破关键核心技术，又要坚持不断扩大高水平对外开放，深度参与全球产业分工和合作，在中国与世界各国良性互动、互利共赢中推进现代化产业体系建设。

（二）建设黄河流域现代化产业体系目标导向

2023年5月5日，二十届中央财经委员会第一次会议强调"建设具有完整性、先进性、安全性的现代化产业体系"。[①] 推动黄河流域现代化产业体系建设，要以产业智能化、绿色化、融合化为发展方向，以发展和壮大实体经济为基石，推动一二三产业融合发展，促进数字经济和实体经济融合发展，建设现代化基础设施体系，保障安全发展，建设兼具完整性、先进性和安全性的现代化产业体系。

1. 发展和壮大实体经济

推动传统制造业转型升级要朝着高端化、智能化、绿色化发展目标方向。瞄准高端化发展目标，实体经济作为实际物质生产和服务的基础，推动经济结构的优化和升级，破解"中低端产品过剩、中高端产品短缺"的结构性矛盾。一方面，瞄准全球生产体系的高端产业，大力发展具有较高附加值和技术含量的高端装备制造产业和战略性新兴产业。另一方面，立足中国制造业现有的基础，着力推动钢铁、石化、纺织等传统制造业向高端化转

[①] 《习近平主持召开二十届中央财经委员会第一次会议强调 加快建设以实体经济为支撑的现代化产业体系 以人口高质量发展支撑中国式现代化》，"新华网"百家号，2023年5月5日，https://baijiahao.baidu.com/s? id=1765061869295569964&wfr=spider&for=pc。

型。瞄准智能化目标，着力推动"中国制造"向"中国智造"转型。一方面，加强基础零部件、先进工艺技术等关键核心技术的自主供给，不断补齐产业短板，夯实智能制造的基础支撑作用。另一方面，聚焦多行业多场景需求，开展全链条、多层次应用示范，在培育推广智能制造新模式中，更好增强融合发展新动能。瞄准绿色化目标，结合"碳达峰行动"，坚持制造业绿色化，推动绿色低碳可持续发展，建立制造业绿色发展绩效考核制度和绿色发展法规体系。继续深化供给侧结构性改革，加强产业协同发展，加大执法监督力度，帮助企业制定整改措施和技改方案，对达不到环保、能耗等强制性标准的落后产能依法依规关停退出。

黄河流域具有发展工业的坚实基础，是我国能源、工业基地重要组成部分。推动黄河流域实体经济壮大发展要分类施策。对于制造业基础较好的省区，要以高质量发展为抓手，以科技创新为驱动，谋深做实数字经济，分行业打造一批优质"领航型"企业，培育一批专注于先进制造业细分领域的"专精特新"中小企业，促进产业链上下游、大中小企业融通发展，进一步优化产业结构，切实提升产业链现代化水平。对于制造业基础相对薄弱的省区，要坚持以产业转型升级为目标，积极推进绿色制造生态体系建设，针对重点领域、重点区域进行清洁生产改造，通过能源清洁高效利用行动计划，进一步强化工业资源综合循环利用，逐步打造产业绿色协同链接，进一步激发企业技术创新和绿色发展潜力。同时，立足本地资源优势，集中力量打造特色产业链，构建产业链供应链生态体系，加速区域布局升级。整体而言，黄河流域各省区要把握新科技革命浪潮，立足发展新技术、新业态，加快发展高端装备制造、信息技术、航空航天、生物医药、新材料、新能源汽车等战略性新兴产业，特别是要通过推进互联网、大数据、人工智能与实体经济的深度融合，促进跨界融合创新，使创新创业形成燎原之势和新动能，培育黄河流域新的经济增长点。

2. 推动一二三产业融合发展

构建优质高效的服务业新体系，推动现代服务业同先进制造业、现代农业深度融合，实现农业、工业和服务业的融合发展是构建现代化产业体系的重要目标。通过农业产业化、工业服务化和服务业现代化，促进各产业间融合发展。推进农业生产与旅游业、休闲观光等服务业相结合，发展现代化农业，提升农业生产附加值。推进工业生产与互联网、物联网等技术服务业相结合，发展智能制造和工业互联网等产业形态。

对于黄河流域来说，应瞄准产业融合发展大方向，从以下几个方面着手。一是正确处理好农业、工业和服务业的关系，鼓励产业融合发展和协同创新，优化产业链供应链分工协作，立足资源禀赋比较优势，发挥黄河流域农业、能源重要基地功能，推动多元产业融合，挖掘产业发展最大潜能。二是积极发挥企业市场经营主体作用，强化科技创新，鼓励企业增加研发投入，建立技术交流和成果转化平台，推动技术在不同产业间顺畅流转，强化不同领域的技术合作与创新，促进区域内人才自由流动，打破行业壁垒，鼓励人才在不同产业之间流动和交流，建立跨界人才培养机制，培养具备跨领域知识和技能的复合型人才，满足一二三产业融合发展需求。三是加强政策引导，促进产业链整合，通过财政、税收等产业政策推动农业、制造业和服务业融合发展，实现资源共享、技术转化和市场拓展，发挥创新平台和孵化器功能，通过提供技术研发、市场推广、资金支持等资源，帮助企业和创新团队跨越产业边界，实现融合式创新。四是以市场需求为导向进行产业变革，根据市场需求和消费者需求，以产业融合发展培育新业态、新模式，提供有效供给，满足消费者个性化、多样化需求。

3. 促进数字经济和实体经济融合发展

习近平总书记在党的二十大报告中强调："加快发展数字经济，促进数字经济和实体经济深度融合，打造具有国际竞争力的数字产业集群。"[①] 发展数字经济是把握新一轮科技革命和产业变革新机遇的战略选择，推动数字经济和实体经济融合发展不仅是推动我国经济高质量发展的重要方面，也是促进黄河流域经济再上新台阶的重要推手。数字经济的发展与实

---

① 《习近平：高举中国特色社会主义伟大旗帜　为全面建设社会主义现代化国家而团结奋斗——在中国共产党第二十次全国代表大会上的报告》，中国政府网，2022年10月25日，https：//www.gov.cn/xinwen/2022-10/25/content_5721685.htm。

体经济的融合有助于优化资源配置、提升生产效率和创新能力，为产业体系的升级提供新动力。通过数字化技术的应用，企业可以实现智能制造、个性化定制、精细化管理等，提高产品质量和竞争力。同时，数字经济也为新兴产业和新业态的发展提供了机遇，促进了创新创业和就业机会的增加。只有不断做强做优做大我国数字经济，促进数字经济和实体经济深度融合，打造具有国际竞争力的数字产业集群，才能更好推动经济实现质的有效提升和量的合理增长。

对于黄河流域而言，应立足新业态发展前沿领域，加强信息基础设施建设，包括宽带网络、数据中心和云计算等领域，夯实数字经济发展基础，提供强有力的支撑。加大对数字技术的研发投入，培育和吸引高端人才，推动人工智能、大数据、物联网等关键技术的创新和应用，促进数字经济与实体经济的深度融合。制定支持数字经济发展的政策法规，包括降低数字经济企业的税负、提供创新金融服务、建立知识产权保护体系等，为数字经济和实体经济的融合提供良好的政策环境。鼓励传统产业向数字化转型，通过数字技术的应用，提高生产效率、优化产业链条，推动实体经济的升级和转型。打造创新创业孵化平台和科技园区，吸引和孵化数字经济领域的初创企业和高新技术企业，形成数字经济的良好生态系统。

4. 建设现代化基础设施体系

现代化国家需要现代化基础设施体系支撑。基础设施建设是国民经济基础性、先导性、战略性、引领性产业。全面加强基础设施建设，对保障国家安全，畅通国内大循环、促进国内国际双循环，扩大内需，推动高质量发展，都具有重大意义。现代化基础设施体系能够增强国家的物流和交通运输能力，缩短地区间的距离，提高物流效率，降低物流成本，促进各地区经济的互联互通，优化资源配置，推动产业升级和转型升级。现代化基础设施体系能够提供高效、可靠、智能化的能源供应和通信网络，支撑经济的持续发展和创新驱动，促进科技创新和信息化，培育新的经济增长点，加快经济结构的优化和转型。现代化基础设施体系能够改善人民群众的生活品质和社会福利，提供优质的教育、医疗、文化、体育等公共服务，增加就业机会，减少贫困和缩小区域发展差距，提升人民的获得感和幸福感，推动社会和谐稳定。现代化基础设施体系还能够提升国家的安全保障能力，包括保障能源供应和粮食安全，提高交通运输安全和信息网络安全，增强国家抵御自然灾害和安全威胁的能力，维护国家的主权和安全稳定。优化基础设施布局、结构、功能和系统集成，加快发展物联网，建设高效顺畅的流通体系，降低物流成本。

黄河流域地理空间范围大、经济发展水平差异大、区域发展不平衡问题突出。构建现代化基础设施体系对于黄河流域的经济社会发展具有重要意义。一方面，黄河流域是我国水资源最为丰富的区域之一，但由于长期以来的环境污染等问题，水利设施建设滞后，生态环境治理亟待加强。因此，需要进一步扩大水利设施建设投资，提高水资源的综合利用效率，保障流域内各类产业的发展需要。应加强黄河流域的公路、铁路、水路等交通设施的投资建设，加快建设现代化交通网络体系，降低交通运输成本，提高交通运输效率，促进现代产业的发展。另一方面，随着数字经济和智能化产业的快速发展，信息化已经成为现代化产业体系建设的重要支撑。因此，需加大信息基础设施建设投资力度，提高网络通信、数据中心等信息设施的建设水平，为流域内各类产业的数字化转型和升级提供网络基础设施支持。

5. 保障安全发展

统筹发展与安全是新形势下我国立足复杂多变国际局势作出的重要战略目标选择。建设现代化产业体系必须实现安全发展目标，要巩固优势产业领先地位，在关系安全发展的领域加快补齐短板，提升战略性资源供应保障能力。要加强对关键产业的支持和培育，提升其技术创新能力、市场竞争力和可持续发展能力，确保国家在关键领域拥有自主掌握核心技术和市场份额的能力，降低对外依赖度，减少外部风险和不确定性的影响，维护国家经济安全和战略安全。同时，在与安全发展密切相关的领域，需要加快补齐短板，通过加大投资力度、完善基础设施建设和公共服务体系，提高国家在教育、科技、环境保护、医疗卫生等方面的发展水平，以满足人民群众对安全、健康和可持续发展的需求，增强社会稳定和民生福祉，有效化解社会矛盾和风险，维护国家的政治稳定和社会和谐。此外，提升战略性资源供应保障能力也是保障安全发展的重要方面。通过加强战略性资源的储备和管理，完善供应链和物流体系，建设多元化的资源供应渠道和保障体系，确保国家在能源、水资源、粮食等重要战略性资源的供应方面具备稳定性和可持续性，提高国家的自主可控能力，降低对外部不稳定因素的依赖，保障国家的经济安全、国防安全和社会安全。

黄河流域是确保我国产业安全发展和实现我国产业链供应链安全稳定不可或缺的重要区域。从国家产业安全角度来看，黄河流域要加强产业链关键环节和重要节点的监测和管控，建立风险评估和预警机制，及时应对各种安全风险和威胁，防止产业链中的信息泄露、技术侵权、恶意竞争等问题，保障产业链的正常运行和企业的合法权益。要强化供应链的安全保障，通过优化供应链的布局和结构，建立多元化的供应渠道和供应商网络，降低对单一供应源的依赖性，增加供应链的弹性和韧性，确保原材料、零部件和成品的稳定供应，应对供应中断、自然灾害、市场波动等突发事件的影响。要加强信息安全和数据安全，通过加强信息技术的保护和管理，建立信息安全管理体系，加强网络防护和数据加密，防止信息泄露、网络攻击和数据篡改，保护企业和个人的隐私权和知识产权，确保信息的真实性、完整性和保密性。还应加强合作伙伴的安全管理，与供应商、客户和合作伙伴建立长期稳定的合作关系，加强对合作伙伴的监督和约束，共同维护产业链供应链的安全和可信。

（三）建设黄河流域现代化产业体系区域划分

2010年国务院印发《全国主体功能区规划》，从国家层面划分了主体功能区，包括优化开发区域、重点开发区域、限制开发区域（农产品主产区）、限制开发区域（重点生态功能区）、禁止开发区域，这对黄河流域现代化产业体系建设具有重要的参考价值（见表3）。

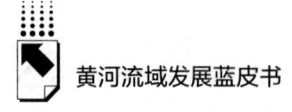

表3 黄河流域九省区主体功能区和重点产业

省区	主体功能区	重点产业
青海	1. 重点开发区域：兰州—西宁地区，功能定位是全国重要的循环经济示范区，新能源和水电、盐化工、石化、有色金属和特色农产品加工产业基地，西北交通枢纽和商贸物流中心，区域性的新材料和生物医药产业基地 2. 限制开发区域（重点生态功能区）：三江源草原草甸湿地生态功能区、祁连山冰川与水源涵养生态功能区、黄土高原丘陵沟壑水土保持生态功能区	1. 传统产业：建设世界级盐湖产业基地、提升冶金建材全产业链竞争力、推动特色轻工业提品质创品牌 2. 战略性新兴产业：打造国家重要的新材料产业基地、打造国家重要的生物医药产业基地、推动装备制造向系统集成制造升级、积极培育发展应急产业和节能环保产业 3. 生态型产业：建设国家清洁能源产业高地、打造国际生态旅游目的地、打造绿色有机农畜产品输出地 4. 服务业：推动生产性服务业融合发展、推动生活性服务业品质化发展、加强服务质量标准品牌建设
四川	1. 重点开发区域：成渝地区，功能定位是全国统筹城乡发展的示范区，全国重要的高新技术产业、先进制造业和现代服务业基地，科技教育、商贸物流、金融中心和综合交通枢纽，西南地区科技创新基地，西部地区重要的人口和经济密集区 2. 限制开发区域（重点生态功能区）：若尔盖草原湿地生态功能区、秦巴生物多样性生态功能区	1. 六大优势产业：电子信息、装备制造、先进材料、能源化工、食品轻纺、医药健康 2. 战略性新兴产业：推动以数字经济为核心的战略性新兴产业融合集群发展 3. 三产联动：以新型工业化助推现代农业发展、促进现代服务业与先进制造业深度融合、推进现代服务业同现代农业深度融合、建设天府粮仓
甘肃	1. 重点开发区域：兰州—西宁地区，功能定位是全国重要的循环经济示范区，新能源和水电、盐化工、石化、有色金属和特色农产品加工产业基地，西北交通枢纽和商贸物流中心，区域性的新材料和生物医药产业基地 2. 重点开发区域：关中—天水地区，功能定位是西部地区重要的经济中心，全国重要的先进制造业和高新技术产业基地，科技教育、商贸中心和综合交通枢纽，西北地区重要的科技创新基地，全国重要的历史文化基地	1. 支柱性产业：石化、有色、电力、冶金、煤炭、建材、装备制造、食品 2. 三次产业：第一产业以打造现代丝路寒旱特色农业高地和中国育种农业基地为龙头，推动新奇特优农业产业的现代化发展；第二产业坚持推进新能源产业和十大绿色生态产业的发展方向；第三产业结合时代科技进步推动现代化创新发展

黄河流域建设现代化产业体系的总体要求

续表

省区	主体功能区	重点产业
甘肃	3. 限制开发区域（农产品主产区）：甘肃新疆主产区，功能定位是建设以优质强筋、中筋小麦为主的优质专用小麦产业带，优质棉花产业带 4. 限制开发区域（重点生态功能区）：甘南黄河重要水源补给生态功能区、祁连山冰川与水源涵养生态功能区、黄土高原丘陵沟壑水土保持生态功能区、秦巴生物多样性生态功能区	3. 新产业：瞄准数字经济、人工智能、信息技术等新兴产业，深化有色冶金、航空航天、文化旅游、新材料、生物制药、信息产业、中医药、新能源及装备制造、电子产业、特色农产品及食品加工等14条重点产业链的东西合作与产业协同
宁夏	1. 重点开发区域：宁夏沿黄经济区，功能定位是全国重要的能源化工、新材料基地，清真食品及穆斯林用品和特色农产品加工基地，区域性商贸物流中心 2. 限制开发区域（重点生态功能区）：黄土高原丘陵沟壑水土保持生态功能区	1. 六特产业：牛奶、肉牛、滩羊、冷凉蔬菜、枸杞、葡萄酒 2. 六新产业：新型材料、清洁能源、装备制造、数字信息、现代化工、轻工纺织 3. 六优产业：现代金融、现代物流、电子商务、会展博览、文化旅游、健康养老
内蒙古	1. 重点开发区域：呼包鄂榆地区，功能定位是全国重要的能源、煤化工基地，农畜产品加工基地和稀土新材料产业基地，北方地区重要的冶金和装备制造业基地 2. 限制开发区域（农产品主产区）：河套灌区，功能定位是建设以优质强筋、中筋小麦为主的优质专用小麦产业带 3. 限制开发区域（重点生态功能区）：呼伦贝尔草原草甸生态功能区、科尔沁草原生态功能区、浑善达克沙漠化防治生态功能区、阴山北麓草原生态功能区	1. 现代农牧业：夯实现代农牧业发展根基、构筑重要农畜产品供给保障体系、推动农牧业精深加工和品牌建设、建设新型农牧业经营体系、构建农牧业绿色发展体系 2. 现代能源经济示范区：夯实能源供应保障基础、推进新能源跃升发展、推进战略资源绿色安全开发利用 3. 先进制造业和战略性新兴产业：优化生产力布局、推动制造业转型升级、培育新产业新动能 4. 服务业：加快发展现代物流业、推动金融业改革发展、发展服务新业态、创建全域旅游示范区
山西	1. 重点开发区域：太原城市群，功能定位是资源型经济转型示范区，全国重要的能源、原材料、煤化工、装备制造业和文化旅游业基地 2. 限制开发区域（农产品主产区）：汾渭平原主产区，功能定位是建设以优质强筋、中筋小麦为主的优质专用小麦产业带，以籽粒与青贮兼用型玉米为主的专用玉米产业带 3. 限制开发区域（重点生态功能区）：黄土高原丘陵沟壑水土保持生态功能区	1. 高端智能制造业高地：在207个工业中类产业中，山西具有显性比较优势的产业有28个 2. "数智化"煤炭产业转型示范高地：矿产资源种类繁多、分布广，发现矿产105种，已利用的矿产67种，储量居全国第一位的矿产有煤、铝、镁、煤层气、耐火黏土、镓矿、铁钒土、沸石、建筑石料用灰岩等 3. 生态文化旅游产业融合高地：山西文旅资源丰富，拥有国保单位531处，傲居全国榜首

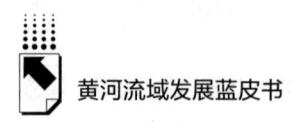

续表

省区	主体功能区	重点产业
陕 西	1. 重点开发区域：关中—天水地区，功能定位是西部地区重要的经济中心，全国重要的先进制造业和高新技术产业基地，科技教育、商贸中心和综合交通枢纽，西北地区重要的科技创新基地，全国重要的历史文化基地 2. 限制开发区域（农产品主产区）：汾渭平原主产区，功能定位是建设以优质强筋、中筋小麦为主的优质专用小麦产业带，以籽粒与青贮兼用型玉米为主的专用玉米产业带 3. 限制开发区域（重点生态功能区）：黄土高原丘陵沟壑水土保持生态功能区、秦巴生物多样性生态功能区	1. 战略性新兴产业：新一代信息技术、新能源汽车、生物医药、新材料、高端装备制造 2. 先进制造业：以新能源汽车、航空制造、智能制造为重点；围绕5G融合应用场景，发展专用芯片、智能传感器、智能终端等电子制造产业，发展智能制造；在煤制烯烃、煤制油、煤制甲醇产能居全国前列的基础上，延伸基本化工、精细化工、化工材料深加工产业链；推进基于绿色农业的三次产业融合发展，积极发展粮油菜畜果特优势农业，积极推进营养品、保健品、医用品高端产业链延伸；按照药材种植、中药加工制造、医疗服务融合发展思路，最大限度挖掘产业化潜能和国际化市场空间，构建跨越三次产业的现代化医药产业体系 3. 现代服务业：以全域旅游文化、数字化现代物流、普惠金融服务、创意科技与信息服务、幸福康养保育为主导，会展商贸、社区服务等生产生活服务全面发展 4. 能源化工产业：大力发展可再生能源、加快实施氢能百千万工程、推动构建新型电力系统、大力发展新型储能产业、加快发展新能源汽车产业 5. 现代农业产业：加快关中灌区、渭北旱塬和陕北长城沿线等粮食功能区建设；以规模化、标准化、绿色化为主攻方向，以苹果、奶山羊、设施农业三个千亿级产业为龙头，构建"3+X"特色农业产业体系，打造黄河地理标志产品；打造杨凌农业气象高新技术中心，建设"3+X"特色农业气象技术应用示范基地；积极发展休闲农业、都市农业、创意农业等各具特色的乡村振兴产业 6. 军民融合发展的产业：加速推进西安国家航空产业基地、航天产业基地、兵器工业基地等建设 7. 黄河旅游文化产业：构建世界级黄河文化和旅游廊道、推动黄河文旅融合项目建设、推进黄河流域文化和旅游公共服务设施的融合

续表

省区	主体功能区	重点产业
河南	1. 重点开发区域：中原经济区，功能定位是全国重要的高新技术产业、先进制造业和现代服务业基地，能源原材料基地、综合交通枢纽和物流中心，区域性的科技创新中心，中部地区人口和经济密集区 2. 限制开发区域（农产品主产区）：汾渭平原主产区，功能定位是建设以优质强筋、中筋小麦为主的优质专用小麦产业带，以籽粒与青贮兼用型玉米为主的专用玉米产业带	1. 制造业：构建"556"产业体系，即提升装备制造、食品制造、电子信息、汽车制造和新材料五大优势产业能级，加快钢铁、有色、化工、建材、轻纺五大传统产业"绿色、减量、提质、增效"转型，发展新一代信息技术、高端装备、智能网联及新能源汽车、新能源、生物医药及高性能医疗器械、节能环保六大新兴产业 2. 服务业：构建"7+6+X"重点产业体系，其中"7"指大生产性服务业，"6"指大生活性服务业，"X"意为加强技术创新应用和新业态、新模式培育 3. 现代农业产业：推动乡村产业全链条升级、推动农业"接二连三"、大力发展农产品精深加工 4. 数字经济：聚焦数字经济核心产业发展和制造业数字化转型升级，加快形成一批在全国有影响力的数字经济示范区
山东	1. 优化开发区域：山东半岛地区，功能定位是黄河中下游地区对外开放的重要门户和陆海交通走廊，全国重要的先进制造业、高新技术产业基地，全国重要的蓝色经济区 2. 重点开发区域：东陇海地区，功能定位是新亚欧大陆桥东方桥头堡，我国东部地区重要的经济增长极	1. 绿色低碳产业：健全绿色产业发展促进机制、推动传统产业绿色化转型升级、支持绿色新兴产业发展、提升现代服务业绿色发展水平 2. 产业融合协同：着力建设一批融合发展的先进制造业和现代服务业示范区 3. 产业数字智能转型：加强数字基础设施体系建设，推动产业数字化、智能化转型，推进政府治理体系数字化

资料来源：根据2010年国务院印发的《全国主体功能区规划》整理，其中国家禁止开发区域的功能定位是我国保护自然文化资源的重要区域，珍稀动植物基因资源保护地，详细目录见《全国主体功能区规划》。

四 黄河流域建设现代化产业体系的实施路径

纵观国际产业发展史，发达国家历经几百年的时间构建了功能完善、结构优化的成熟产业体系。推进黄河流域现代化产业体系建设是一项系统工程，应借鉴发达国家产业发展转型的历史经验及产业政策走向，在国家战略统一部署下，结合黄河流域资源禀赋、产业基础和比较优势，坚持以实体经济为重，发展战略性新兴产业，推进一二三产融合发展，推动传统产业转型升级，深化改革开放，加强区域合作，促进国内经济循环与国际大循环双向互动，实现黄河流域高质量发展。

（一）借鉴发达国家推进现代化产业体系经验

发达国家在推动现代化产业体系建设时都制定了明确的产业政策和战略规划，这些政策和规划为产业发展提供明确方向及目标，有利于资源的优化配置和产业协同发展。各发达国家出台了与之对应的法律文件，为政府的政策实施和产业发展提供了明确的法律框架，并为相关利益方提供法律保护和支持。德国提出"工业4.0"、韩国提出"韩国制造业创新3.0战略"、日本提出未来投资战略，发达国家推进制造业发展的经验具有借鉴意义。推动黄河流域建设现代化产业体系是实现黄河流域高质量发展国家战略的重要内容和有效途径，应将产业现代化的目标全面融入本地区经济社会发展的中长期规划，制定一系列有助于现代化产业体系建设的政策，包括财税政策、金融政策、科技创新政策等。充分发挥战略规划纲要对黄河流域经济社会高质量发展的引领、指导和约束作用，加强黄河流域内各级、各类规划间的衔接协调，确保黄河流域九省区各领域促进产业协同和融合，共同推进现代化产业体系的建设。坚持质量第一、效益优先，以供给侧结构性改革为主线，推动经济发展质量变革、效率变革、动力变革，提高全要素生产率，着力加快建设实体经济、科技创新、现代金融、人力资源协同发展的产业体系，着力构建市场机制有效、微观主体有活力、宏观调控有度的经济体制，不断增强我国经济创新力和竞争力。

（二）加快推进新型工业化，推动产业转型升级

黄河流域九省区应加强传统产业改造提升，而非让传统产业"简单退出"。传统产业是现代化产业体系的基底，其中制造业占比超过80%，下一

步应推进先进技术，促进工艺现代化、产品高端化，通过"提品质、创品牌"，提升产品质量和品牌效益。深入实施智能制造工程，加快发展服务型制造业和生产性服务业，结合产业基础，巩固提升整条产业链的优势，打造一批具有中国制造特色的品牌和世界级的先进制造业集群。积极推进工业领域碳达峰实施方案，全面推行绿色制造，坚持产业绿色化发展。在传统制造业转型升级的过程中，坚持增量崛起与存量变革并举，在统筹发展和安全的基础上，巩固和延伸优势产业，提升传统产业在全球产业分工中的地位和竞争力。从重点领域看，要培育发展战略性新兴产业，包括5G、人工智能、大数据、云计算、物联网、新能源、新材料、生物医药等领域，不断丰富和拓展新的应用场景。加大政策支持力度，引导资金和资源向这些领域倾斜，推动创新技术的研发和应用，推动物联网产业规模化和集约化发展。前瞻布局未来产业，研究制定未来产业发展行动计划，加快布局元宇宙、量子科技等前沿领域，并全面推进6G技术研发，同时，鼓励地方率先进行试点，加快未来产业的布局。推动现代服务业与先进制造业、现代农业深度融合是实现现代化产业体系的重要路径之一。现代服务业是推动经济转型升级的重要力量，它与制造业和农业的融合能够实现资源优化配置、生产效率提升、创新能力增强、消费升级等多重效应。具体而言，服务业可以为制造业和农业提供创新、设计、咨询、物流、金融等服务，提高它们的竞争力和附加值，同时，制造业和农业也可以为服务业提供市场需求和供应链支持，三者深度融合可以实现资源优化配置，形成产业协同效应，推动产业链和价值链的优化升级。

（三）加强流域内部合作，构筑区域创新体系

建立黄河流域现代化产业体系不是单项任务，而是一项长期任务。要充分考虑本地区内的劳动力、土地等生产要素的特点、资源禀赋和产业结构等基本情况，尊重客观规律，既支持发达地区和中心城市进一步强化国际竞争优势，也要帮助欠发达地区补短板强弱项，推动各地宜粮则粮、宜工则工、宜商则商，根据各自条件走合理分工、优化发展的路子，加强流域内部合

作，实现更高水平的发展。加强流域内各地之间的产业协同发展，结合不同地区不同的产业特色和优势，形成产业链的完整闭环，政府可以出台相关政策，鼓励跨地区的产业合作和合作项目的落地，实现资源的优化配置和产业的互补发展。推动流域内各地之间的基础设施互联互通，包括交通、水利、能源、信息等，提高各地之间的合作交流效率，促进产业的流动和要素的优化配置。

加强产学研用协同创新，促进科技成果的转化和应用，通过加强产业界、学术界和研究机构的合作，建立创新平台和联盟，推动科技创新与产业需求的紧密对接；同时，鼓励企业加强自主创新，增加研发投入，吸引和培养高端科技人才，培育具有竞争力的知识产权，提升企业的技术创新和市场竞争力。发挥市场手段的积极作用，通过政策引导和激励，引导资金、人才、技术等往高科技、战略性新兴产业集聚，促进经济社会绿色转型和高质量发展。政府出台相关政策和措施，鼓励企业投资兴业、社会组织提供支持服务、公众参与创新创业，形成多元参与、共同合作的局面，促进现代化产业体系的建设。只有抓住新一轮科技革命和产业变革重塑全球经济结构的机遇，加快建设现代化产业体系，提高自主创新能力，补齐短板弱项，抢占未来产业竞争制高点，才能在大国竞争中立于不败之地。

（四）全面深化改革，畅通国内经济循环

推动现代化产业体系建设，要从根本上深化改革创新，破除体制机制障碍，充分发挥市场在资源配置中的决定性作用，弘扬企业家精神，激发市场主体的主动性和创造力。要进一步放宽市场准入，优化产权保护，加大知识产权的保护力度，打破垄断，促进公平竞争，提供广阔的市场空间和公平的竞争环境，以激发各类市场主体的活力和创新动力，推动形成多元化、高效率的经济循环。

要不断优化政府服务，简化审批程序，减少行政干预，提高运行效率，降低交易成本，激发市场活力。一方面，要继续深化"放管服"改革，进一步推动简政放权、放管结合、优化服务，厘清政府和市场的边界；另一方

面，要不断完善法治保障体系，优化法律制度体系内部的协调和衔接，将法律对营商环境优化的保障作用落到实处。同时，还应加大投资力度，提升基础设施建设水平，完善公共服务体系，提供高质量的基础设施和公共服务，提升供给侧结构性改革水平，推动产业升级和转型发展，培育新的经济增长点，加强创新能力，提高科技含量，优化产业结构，推动经济的高质量发展，用改革破除体制机制积弊，用法治方式固化好经验、好做法，构建良好的市场秩序和公平竞争环境，实现经济循环的畅通与协调。

（五）全面推进开放，畅通国际经济循环

"一带一路"倡议是顺应世界多极化、经济全球化、文化多样化、社会信息化潮流的倡议，旨在促进经济要素有序自由流动、资源高效配置和市场深度融合，推动沿线各国实现经济政策协调，开展更大范围、更高水平、更深层次的区域合作，共同打造开放、包容、均衡、普惠的区域经济合作架构。黄河流域要积极融入共建"一带一路"，充分利用地理区位优势，把握机遇，促进对外开放水平的提高和经济高质量发展。首先，要充分发挥中上游省区丝绸之路经济带重要通道和经济历史文化等优势，打造黄河流域内陆开放高地；发挥西安、郑州、济南等沿黄大城市综合优势，打造黄河流域对外开放门户。西安、郑州和济南是黄河流域重要的节点城市，要立足流域全局，充分发挥中心城市辐射带动作用。三大中心城市要充分发挥交通通达性优势，促进经济要素流动。[1] 三大中心城市要立足本地区产业优势，充分发挥产业辐射带动作用，带动周边地区小城市的产业发展。黄河流域要积极参与共建"一带一路"，提高对外开放水平，以开放促改革、促发展。其次，各省区要加强与共建"一带一路"国家的合作。支持黄河流域各省区在共建"一带一路"国家培育建设一批境外经贸合作区、物流园区和公共海外仓，与境外重要自贸园区、自贸港建立双向开放合作平台。瞄准沿线重点国

---

[1] 葛金田：《黄河流域三大中心城市都市圈经济联系的时空演变特征》，《济南大学学报》（社会科学版）2023年第2期。

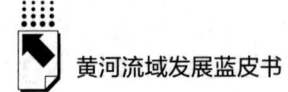

家，围绕各自优势领域，推动优势产能、优质装备、适用技术、标准输出。推动产业合作由加工制造环节向研发、设计、服务等环节延伸发展，加快形成"一带一路"国际产能合作中心。推进绿色丝绸之路建设，支持企业在沿线国家开展绿色工程、绿色投资。[①] 黄河流域各省区要搭乘"一带一路"的便车，充分发挥自身优势，融入国内国际双循环新发展格局，提升对外开放水平。

加强市场开拓和国际合作，促进战略性新兴产业的国内外市场拓展，建设开放型经济体系，推动贸易自由化和投资便利化，吸引外资和国际先进技术，拓宽产品出口渠道，提升我国在全球价值链中的地位。此外，加强与其他地区的合作开放，积极参与国际分工，扩大市场空间和拓展合作机会，促进黄河流域产业链与国内外市场的对接，实现更高水平的开放发展。

[①] 赵丽娜、刘晓宁：《推动黄河流域高水平对外开放的思路与路径研究》，《山东社会科学》2022年第7期。

指数报告

Index Reports

B.2 黄河流域现代化产业体系综合指数[*]

王学凯[**]

摘 要： 基于七个维度构建现代化产业体系的评价指标体系，运用2012~2022年31个省（区、市）数据测度现代化产业体系水平，并利用Dagum基尼系数法分析现代化产业体系水平的时空演变特征。研究发现：2012~2022年黄河流域现代化产业体系综合指数呈逐年上升趋势，形成了山东和陕西引领，其他省区交错发展的态势；从差异看，黄河流域现代化产业体系水平的总体差异震荡下降，东部和黄河流域、西部和黄河流域区域间差异下降，但中部和黄河流域区域间差异上升，区域间差异是黄河流域与各地区差异的主要来源。

---

[*] 本文中信息化与工业化融合发展数据来源于国家工业信息安全发展研究中心，在此对国家工业信息安全发展研究中心信息化所马冬妍所长、师丽娟高级工程师表示感谢。

[**] 王学凯，博士，中共中央党校（国家行政学院）马克思主义学院副研究员，研究方向为宏观经济、政治经济学。

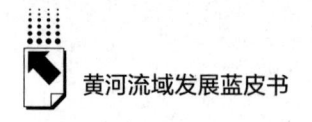

关键词： 现代化产业体系　产业分工　区域差异　黄河流域

党的二十大报告提出"建设现代化产业体系"的目标，这是中国式现代化在产业层面的直接体现。早在 2007 年，党的十七大报告就提出"发展现代产业体系"；党的十八大报告提出"优化产业结构"，"着力构建现代产业发展新体系"等重要论述；党的十九大报告进一步提出"着力加快建设实体经济、科技创新、现代金融、人力资源协同发展的产业体系"。这些论述都为建设现代化产业体系指明了方向。测度现代化产业体系水平，把握现代化产业体系的时空演变特征，具有重要的理论意义和实践价值。

一　现代化产业体系的理论基础

最初的产业体系主要指的是产业结构，以三次产业结构为主要代表。从优化产业结构、产业结构转型升级到现代产业体系，再到现代化产业体系，蕴藏着理论逻辑的演变，以及实践探索的深化。

从定性研究看，现代化产业体系呈现一定特征。其一，现代化产业体系具有独立自主性。根据产业分工理论，"依附的链条"从世界上高度发达的中心地区伸向贫困的城镇和农村，经济剩余沿着链条向外转移，最终由穷国转移到富国，形成了发达国家和后发国家"中心—外围"的产业分工体系，后发国家不可避免地沦为"世界组装车间"，长期处于全球价值链低端[1]。尽管中国企业广泛融入世界生产体系，但大部分企业都处于价值链低端[2]。现代化产业体系首先要具有独立自主性，摆脱对发达国家的产业依附状态。

---

[1] Cramer, C., "Can Africa Industrialize by Processing Primary Commodities? The Case of Mozambican Cashew Nuts," *World Development*, 1999, 27 (7): 1247-1266.

[2] Steinfeld, E. S., "China's Shallow Integration: Networked Production and the New Challenges for Late Industrialization," *World Development*, 2004, 32 (11): 1971-1987.

特别是当前发达国家对中国关键核心技术实行"卡脖子"限制，中国要从"要素—主体—结构—制度环境"等维度，构建自主可控现代产业体系①。其二，现代化产业体系具有系统整合性。凭借大型企业拥有的核心技术与品牌，发达国家可以大力整合与协调产业链上下游企业的活动，成为全球产业链与价值链中的"系统整合者"②，当然发达国家的系统整合在一定程度上阻碍了后发国家的产业转型升级，形成所谓的"瀑布效应"③。中国要通过知识积累，在禀赋升级、价值链升级和空间结构优化三个维度实现协同，形成一个正反馈的循环④。其三，现代化产业体系具有供需平衡性。中国现行的产业体系存在"结构性陷阱"的问题，从日本等国家的经验看，走出"结构性陷阱"既要靠重大技术进步以及相应的工业革命带来的产业创新⑤，又要靠人们对美好生活需要所带来的新模式、新业态、新消费⑥，实现供给和需求的平衡。其四，现代化产业体系具有高质量特征。现代化产业体系需要更加注重产业联动发展、产城互动发展，更加注重战略性新兴产业的培育与发展，更加注重科技创新、合作开放与产业化融合发展，更加注重产业发展的绿色低碳和民生导向⑦，核心机理在于科技创新、现代金融、人力资源三种要素互补互促，共同推动实体经济发展⑧，同时注重数字经济对现代化

---

① 白雪洁等：《中国构建自主可控现代产业体系的理论逻辑与实践路径》，《经济学家》2022年第6期。
② Hobday, M., Davies, A., Prencipe, A., "Systems Integration: A Core Capability of the Modern Corporation," *Industrial and Corporate Change*, 2005, 14 (6): 1109-1143.
③ Nolan, P., Jin Zhang, Chunhang Liu. "The Global Business Revolution, the Cascade Effect, and the Challenge for Firms from Developing Countries," *Cambridge Journal of Economics*, 2008, 32 (1): 29-47.
④ 刘明宇、芮明杰：《全球化背景下中国现代产业体系的构建模式研究》，《中国工业经济》2009年第5期。
⑤ Abernathy, W. J., Utterback, J. M., "Patterns of Industrial Innovation," *Technology Review*, 1978, 80 (7): 40-47.
⑥ 芮明杰：《构建现代产业体系的战略思路、目标与路径》，《中国工业经济》2018年第9期。
⑦ 唐龙：《产业体系的现代性特征和现代产业体系的架构与发展》，《经济体制改革》2014年第6期。
⑧ 杜宇玮：《高质量发展视域下的产业体系重构：一个逻辑框架》，《现代经济探讨》2019年第12期。

产业体系的作用①。其五，现代化产业体系具有深度融合性。现代化产业体系是产业内结构、组织、业态三者优化的统一②，是产业网络化、产业集群化、产业融合化的深度交织，表现为新型工业、现代服务业、现代农业等相互融合、协调发展的以产业集群为载体的产业网络系统③，由现代化产业结构体系、现代化产业组织体系、现代化产业技术体系、现代化产业金融体系、现代化产业政策体系等各个层面共同构成④。

从定量研究看，可从多个维度测度现代化产业体系水平。第一个维度是基于分行业的测度。关于农业现代化，学者们采用熵权法与TOPSIS方法对我国农垦农业现代化水平进行测度，发现存在"东南高、西北低"的特征⑤；选择产业体系、生产体系、经营体系、支持保护、质量效益、绿色发展六个方面进行测度，发现农业现代化发展水平呈东部、东北、中部、西部递减态势⑥。关于工业现代化，学者们认为工业增长效率、工业结构和工业环境是工业现代化标志⑦，并对15个工业行业进行了测度⑧。关于服务业现代化，学者们有的选择第三产业就业比重、产值比重、人均服务产品占有量、服务密度作为指标，有的选择服务内容、服务质量和服务管理作为指标。第二个维度是基于官方的政策导向。党的十九大报告从实体经济、科技创新、现代金融、人力资源四个方面评价产业体系，"十四五"规划延续了

---

① 姜兴、张贵：《以数字经济助力构建现代产业体系》，《人民论坛》2022年第6期。
② 王国平：《我国现代产业体系优化的标志、条件与实现路径》，《国家行政学院学报》2012年第3期。
③ 刘钊：《现代产业体系的内涵与特征》，《山东社会科学》2011年第5期。
④ 孙智君、安睿哲、常懿心：《中国特色现代化产业体系构成要素研究——中共二十大报告精神学习阐释》，《金融经济学研究》2023年第1期。
⑤ 刘云菲、李红梅、马宏阳：《中国农垦农业现代化水平评价研究——基于熵值法与TOPSIS方法》，《农业经济问题》2021年第2期。
⑥ 邸菲、胡志全：《我国农业现代化评价指标体系的构建与应用》，《中国农业资源与区划》2020年第6期。
⑦ 陈佳贵、黄群慧：《工业现代化的标志、衡量指标及对中国工业的初步评价》，《中国社会科学》2003年第3期。
⑧ 陈佳贵、黄群慧：《我国实现工业现代化了吗——对15个重点工业行业现代化水平的分析与评价》，《中国工业经济》2009年第4期。

这一评价指标体系。基于这些政策导向，学者们选择不同指标测度现代化产业体系的水平。有的选择 32 个指标对四个方面进行测度，其中测度科技创新的指标有 15 个，同时研究了四个方面的协同度，认为总体呈波动性上升态势，相对差距与绝对差距均呈扩大趋势①；有的选择 18 个指标进行测度，四个方面的指标相对均衡，并且根据金融资源禀赋、科教资源禀赋的多少将现代产业体系发展水平划分为四种类型②；有的选择 30 个指标进行测度，其中测度现代金融和人力资本的指标分别有 9 个和 10 个，认为城市之间产业体系发展差距会随时间推移而逐渐缩小③；有的选择的指标达到了 38 个，其中测度实体经济的指标就有 13 个，认为现代化产业体系的总体差异呈缩小趋势，四个方面指标的总体差异也呈缩小趋势，其中科技创新指标的总体差异最大④。第三个维度是基于学者的研究侧重。有的学者侧重产业链现代化，从产业结构现代化、产业协调现代化、产业融合现代化、产业创新现代化⑤，或从数字化、韧性、创新、绿色和安全进行测度⑥；有的学者侧重城市群产业现代化，从协调度、集聚度、竞争度三个方面进行测度⑦；还有的学者侧重长期性，构建了外环层（发展环境与支撑体系）、中环层（农业现代化、工业现代化、服务业现代化）、内环层（产业可持续发展）的现代产业体系圆环模型⑧。

---

① 邵汉华、刘克冲、齐荣：《中国现代产业体系四位协同的地区差异及动态演进》，《地理科学》2019 年第 7 期。
② 刘冰、王安：《现代产业体系评价及构建路径研究：以山东省为例》，《经济问题探索》2020 年第 5 期。
③ 李政、王一钦：《我国现代产业体系的测度及发展状况研究——来自我国地级市层面的经验证据》，《工业技术经济》2022 年第 10 期。
④ 林木西、王聪：《现代化产业体系建设水平测度与区域差异研究》，《经济学动态》2022 年第 12 期。
⑤ 毛冰：《中国产业链现代化水平指标体系构建与综合测度》，《经济体制改革》2022 年第 2 期。
⑥ 姚树俊、董哲铭：《我国产业链供应链现代化水平测度与空间动态演进》，《中国流通经济》2023 年第 3 期。
⑦ 张冀新：《城市群现代产业体系的评价体系构建及指数测算》，《工业技术经济》2012 年第 9 期。
⑧ 范合君、何思锦：《现代产业体系的评价体系构建及其测度》，《改革》2021 年第 8 期。

学者们就现代化产业体系进行了定性和定量两个方面的研究，取得了许多值得借鉴的成果，但在内容上还存在三个不足。一是早在2011年，工业和信息化部就印发了《关于加快推进信息化与工业化深度融合的若干意见》，并制定了《工业企业"信息化和工业化融合"评估规范》，以信息化与工业化深度融合为代表的产业融合性，理应成为现代化产业体系的重要内容，但已有的研究相对欠缺；二是党的十八大以来，绿色成为新发展理念的重要内容，现代化产业体系应包含绿色发展理念，已有研究对产业绿色性的涉及较少；三是伴随百年未有之大变局加速演进，产业链供应链安全愈发重要，已有研究对此涉及更少。本文继承了党的十九大报告提出的实体经济、科技创新、现代金融、人力资源指标，并在此基础上将产业的融合、绿色和安全考虑在内，从产业实体性、产业创新性、产业融合性、产业绿色性、产业开放性、产业安全性、产业支撑性共七个方面，选择32个指标测度现代化产业体系水平，并运用Dagum基尼系数法系统分析现代化产业体系水平的时空演变特征。

二 现代化产业体系水平的测度基础

根据现代化产业体系的理论基础，可以选择一些评价指标，运用熵权法测度现代化产业体系的水平。

（一）现代化产业体系的评价指标体系

随着产业结构概念的泛化与滥用，理论界和政策界提出了现代产业体系的概念，这既继承了经典产业结构研究中的长期性、内生性和动态性等合理成分，又拓展了经典产业结构，表现在产业结构多维性、分工形式多样性、产业边界模糊性等三个方面[①]。在全面建设社会主义现代化国家进程中，提出现代化产业体系的概念，表明要适应一些新要求，一方面要求现代化产业

[①] 贺俊、吕铁：《从产业结构到现代产业体系：继承、批判与拓展》，《中国人民大学学报》2015年第2期。

体系对现代化经济体系和现代化强国的战略支撑性,另一方面要求现代化产业体系突出创新引领性、强调安全韧性、注重开放竞争性、实现发展可持续性①。党的二十大报告特别强调"坚持把发展经济的着力点放在实体经济上","推动制造业高端化、智能化、绿色化发展","促进数字经济和实体经济深度融合"。当前,全球产业体系和产业链供应链呈现多元化布局、区域化合作、绿色化转型、数字化加速的态势②,对产业发展的接续性和竞争力提出了更高的要求,要打造自主可控、安全可靠、竞争力强的现代化产业体系。

基于理论的发展和实践的要求,选取产业实体性、产业创新性、产业融合性、产业绿色性、产业开放性、产业安全性、产业支撑性七个维度,构建现代化产业体系的评价指标体系。具体来说:一是产业实体性,2010年欧洲爆发主权债务危机的重要原因就在于产业空心化,中国式现代化必须要把发展经济的着力点放在实体经济上;二是产业创新性,科技创新是建设现代化产业体系的战略支撑,创新在我国现代化建设全局中占据核心地位;三是产业融合性,推进信息化与工业化深度融合,促进数字经济和实体经济深度融合;四是产业绿色性,现代化产业体系具有可持续性,绿色低碳发展是产业转型的必然趋势,推动经济社会发展绿色化、低碳化是实现高质量发展的关键环节;五是产业开放性,尽管经济全球化遭遇逆流,但只有深度参与全球产业分工和合作,才能更好统筹国内循环和国际循环,更好利用国内国际两个市场、两种资源;六是产业安全性,产业链、供应链在关键时刻不能掉链子,这是大国经济必须具备的重要特征③;七是产业支撑性,既要有教育、科技、人才的基础性和战略性支撑,又要推动"科技—产业—金融"良性循环。

总的来说,遵循科学性、系统性、可比性、简洁性等原则,现代化产业体系的评价指标体系由7个一级指标、32个二级指标构成(见表1)。

---

① 刘振中:《如何认识现代化产业体系》,《经济日报》2023年2月14日。
② 习近平:《加快构建新发展格局 把握未来发展主动权》,《求是》2023年第8期。
③ 习近平:《国家中长期经济社会发展战略若干重大问题》,《求是》2020年第21期。

表 1 现代化产业体系的评价指标体系

一级指标	二级指标	指标说明	单位	属性
产业实体性	实体产业增速	第二产业增加值同比增速	%	正向
	产业结构	第二和第三产业增加值/GDP	%	正向
	产业升级	固定资产折旧/收入法GDP	%	正向
	农业现代化	第一产业增加值/从业人数	万元/人	正向
	工业现代化	第二产业增加值/从业人数	万元/人	正向
	服务业现代化	第三产业增加值/从业人数	万元/人	正向
产业创新性	科技人力投入	规模以上工业企业R&D全时当量	人年	正向
	研发投入强度	规模以上工业企业R&D经费/GDP	%	正向
	专利授权	国内专利申请授权量/人口	项/万人	正向
	成果转化	技术市场成交额/GDP	%	正向
	产业高级化	高新技术企业工业总产值/GDP	%	正向
产业融合性	基础环境	城(省)域网出口带宽、固定宽带普及率、固定宽带端口平均速率、移动电话普及率、互联网普及率、两化融合专项引导资金、中小企业信息化服务平台数、重点行业典型企业信息化专项规划	—	正向
	工业/融合应用	重点行业典型企业ERP普及率、重点行业典型企业MES普及率、重点行业典型企业PLM普及率、重点行业典型企业SCM普及率、重点行业典型企业采购环节电子商务应用、重点行业典型企业销售环节电子商务应用、重点行业典型企业装备数控化率、国家新型工业化产业示范基地两化融合发展水平	—	正向
	应用效益	工业增加值占GDP比重、第二产业全员劳动生产率、工业成本费用利润率、单位工业增加值工业专利量、单位GDP能耗、电子信息制造业主营业务收入、软件业务收入	—	正向
产业绿色性	节电成效	电力消费量/工业增加值	千瓦时/元	负向
	节水成效	工业用水总量/工业增加值	米^3/元	负向
	废水减排	化学需氧量排放量/工业增加值	吨/万元	负向
	废气减排	二氧化硫排放量/工业增加值	吨/万元	负向
	污染治理	工业污染治理完成投资/工业增加值	元/万元	正向

续表

一级指标	二级指标	指标说明	单位	属性
产业开放性	外贸依存度	进出口总额/GDP	%	正向
	外商投资强度	外商投资企业投资总额/GDP	%	正向
	外商投资广度	外商投资企业数	家	正向
	外商对外度	外商投资企业货物进出口总额/进出口总额	%	正向
产业安全性	资产流动性	外商及港澳台商投资工业企业流动资产/资产总计	%	负向
	资产负债率	外商及港澳台商投资工业企业负债合计/资产总计	%	负向
	利润集中度	外商及港澳台商投资工业企业利润总额/规模以上工业企业利润总额	%	负向
产业支撑性	金融规模支撑	金融业增加值/GDP	%	正向
	金融效率支撑	本外币各项贷款余额/存款余额	%	正向
	人才培养支撑	地方财政教育支出/人口	元/人	正向
	卫生健康支撑	地方财政医疗卫生支出/人口	元/人	正向
	社会保障支撑	地方财政社会保障和就业支出/人口	元/人	正向
	城乡建设支撑	地方财政城乡社区事务支出/人口	元/人	正向

注：2019年国家工业信息安全发展研究中心对信息化和工业化融合发展指数评估体系进行优化，分层指标及算法对应调整，表中所列为《2013年中国信息化与工业化融合发展水平评估报告》中的指标。

（二）现代化产业体系的数据与测度方法

1. 评价指标说明

关于产业绿色性，单位工业增加值的电力消费量、工业用水总量、化学需氧量排放量、二氧化硫排放量越大，说明产业的绿色性越低。关于产业安全性，外商及港澳台商投资工业企业流动资产占比较高，将资产进行变现、转移的难度较低，不太利于产业安全；外商及港澳台商投资工业企业资产负债率较高，从防风险的角度看，也不太利于产业安全；外商及港澳台商投资工业企业利润总额占比较高，说明国有企业、民营企业等没有走向产业链、价值链的中高端，产业的自主可控、安全可靠、竞争力等面临挑战。因此，节电成效、节水成效、废水减排、废气减排、资产流动性、资产负债率、利润集中度等 7 个指标，对现代化产业体系水平的影响为负向，其他指标的影响均为正向。

2. 数据来源与处理

数据来源方面，选择全国及 31 个省（区、市）2012~2022 年的数据进行分析，数据主要来源于《中国统计年鉴》、Wind 数据库、各省（区、市）统计年鉴和统计公报。产业融合性的数据来源于国家工业信息安全发展研究中心（工业和信息化部电子第一研究所），依托信息化与工业化融合发展指数（2013~2016 年、2019~2022 年），尽管 2019 年指标及算法有所调整，但指数整体上具有一定的可比性，假设 2012 年指数与 2013 年相同，2017 年、2018 年指数根据 2016 年和 2019 年指数等额递增折算。

数据处理方面，部分省（区、市）的个别年份数据缺失，采用一些方法进行了折算。关于固定资产折旧，各省（区、市）2018~2022 年数据用 2012~2017 年固定资产折旧/收入法 GDP 的平均值替代，全国公布了 2012 年、2015 年、2017 年、2020 年数据，剩余年份通过固定资产折旧/收入法 GDP 的年平均增长幅度进行折算。关于人口，2022 年人口数据来源于统计公报，宁夏用全国人口自然增长率折算。关于第一、第二、第三产业从业人数，河北 2020 年、辽宁 2019 年、黑龙江 2012~2013 年、上海 2020~2021 年以及各省（区、市）2022 年数据用人口自然增长率折算，未公布省（区、市）用全国平均值替代。关于产业创新性和产业绿色性，2022 年各二级指标所需的数据用第二产业增加值同比增速折算，西藏 2019 年工业污染治理完成投资等于相邻两年平均值。关于产业开放性，2022 年各二级指标所需的数据用进出口同比增速折算，其中贵州、西藏和宁夏用全国增速替代，西藏 2015 年外商投资企业货物进出口总额等于相邻两年平均值。关于产业支撑性，贵州、云南、新疆为人民币贷款和存款余额，海南、贵州、宁夏 2022 年以及西藏 2021~2022 年存款和贷款余额用全国增速折算，全国及各省（区、市）2022 年地方财政教育、医疗卫生、社会保障和就业、城乡社区事务支出数据用 2022 年 GDP 增长率进行折算。

3. 测度方法

确定评价指标的权重是核心问题，方法主要包括主观赋权法、客观赋权法两大类。主观赋权法依托专家经验确定评价指标的重要性排序和权重，常用的方法包括层次分析法（AHP）、序关系分析法（G1-法）和唯一参照物比较判断法（G2-法）等，其优点在于能够反映专家对某项指标重要性的判断，缺点在于受人为因素的干扰比较明显，并且不能体现指标的数据信息。客观赋权法根据指标在不同评价对象上的数据信息或数据变动情况，确定指标在指数中的权重，常用的方法包括复相关系数法、指标难度赋权法、熵权法、数据包络分析法（DEA）、灰色关联分析法、变异系数法、CRITIC 法等，其优点在于排除了人为因素的干扰，客观地体现了指标的数据信息。

熵权法排除人为干扰因素，根据指标的熵值大小进行赋权，反映了指标与均值或理想值的差异程度，得到较为广泛的应用。首先，采用极值处理法对数据进行无量纲化处理，选择熵权法确定评价指标的权重，将二级指标的指数进行累加，可以得到一级指标的类别指数，进一步累加可以得到现代化产业体系综合指数。指数越大，说明现代化产业体系的水平越高，反则反之。

（三）Dagum 基尼系数法

为研究现代化产业体系水平的时空演变特征，可借助 Dagum 提出的基尼系数方法，对总体差异、组内差异、组间差异进行分析，[①] 具体方法如下：

$$G = \frac{\sum_{j=1}^{k}\sum_{h=1}^{k}\sum_{i=1}^{n_j}\sum_{r=1}^{n_k}|y_{ji} - y_{hr}|}{2n^2\mu} \tag{1}$$

其中 k 表示分组的数量，本文拟将 31 个省（区、市）分为东部、中

---

① Dagum, C. "A New Approach to the Decomposition of the Gini Income Inequality Ratio," *Empirical Economics*, 1997, 22 (4): 515-531.

部、西部、黄河流域四大地区①。n 表示研究对象的个数，本文的研究对象为 31 个省（区、市）。y_{ji} 和 y_{hr} 分别代表第 j（h）个地区内第 i（r）个省（区、市）的现代化产业体系综合指数，μ 代表所有省（区、市）现代化产业体系综合指数的平均值，n_j（n_h）代表 j（h）地区内省（区、市）的个数。基尼系数 G 越小，说明现代化产业体系水平的地区差异越小。

进一步，可以将基尼系数 G 分解为组内差异 G_w、组间净值差异 G_{nb}、超变密度 G_t，满足 $G=G_w+G_{nb}+G_t$，具体计算公式如下：

$$G_w = \sum_{j=1}^{k} G_{jj} p_j s_j \tag{2}$$

$$G_{nb} = \sum_{j=2}^{k} \sum_{h=1}^{j-1} G_{jh}(p_j s_h + p_h s_j) D_{jh} \tag{3}$$

$$G_t = \sum_{j=2}^{k} \sum_{h=1}^{j-1} G_{jh}(p_j s_h + p_h s_j)(1 - D_{jh}) \tag{4}$$

$$G_{jj} = \frac{\sum_{i=1}^{n_j} \sum_{r=1}^{n_j} |y_{ji} - y_{hr}|}{2n_j^2 \mu_j} \tag{5}$$

其中，G_{jj} 和 G_{jh} 分别代表 j 地区的基尼系数、j 地区和 h 地区的基尼系数；$p_j=n_j/n$，$s_j=p_j\mu_j/\mu$；D_{jh} 代表 j 地区和 h 地区现代化产业体系水平的相互影响，$D_{jh}=(d_{jh}-p_{jh})/(d_{jh}+p_{jh})$；$d_{jh}$ 代表 j 地区和 h 地区现代化产业体系水平的差值，可解释为 j 地区和 h 地区所有 $y_{ji}-y_{hr}>0$ 条件下加总的期望值；p_{jh} 代表超变一阶矩，可解释为 j 地区和 h 地区所有 $y_{ji}-y_{hr}<0$ 条件下加总的期望值。对于连续的累积密度分布函数，d_{jh} 和 p_{jh} 可以表示为：

$$d_{jh} = \int_0^\infty dF_j(y) \int_0^y (y-x) dF_h(x) \tag{6}$$

$$p_{jh} = \int_0^\infty dF_h(y) \int_0^y (y-x) dF_j(x) \tag{7}$$

---

① 本文东部地区包括北京、天津、河北、辽宁、上海、江苏、浙江、福建、广东和海南等 10 个省（市），中部地区包括吉林、黑龙江、安徽、江西、湖北和湖南等 6 个省，西部地区包括广西、重庆、贵州、云南、西藏和新疆等 6 个省（区、市），黄河流域包括青海、四川、甘肃、宁夏、内蒙古、山西、陕西、河南和山东等 9 个省（区）。

三 现代化产业体系水平的测度结果

根据所选评价指标,可以测度出 2012~2022 年全国及 31 个省(区、市)的现代化产业体系水平。

(一)现代化产业体系整体水平

从整体看,全国现代化产业体系综合指数呈平缓上升趋势(见图 1)。从绝对数值看,2012 年我国现代化产业体系综合指数为 0.3174,2022 年升高至 0.4266,这中间每一年的现代化产业体系综合指数都较前一年略有增加。党的十八大以来,我国特别重视现代化产业体系建设,从最基础的优化产业结构,到推进产业转型升级,再到积极构建现代化产业体系,呈现全方位、高质量的特点。从相对增速看,2012~2022 年我国现代化产业体系综合指数增速波动不一。党的十九大之前,我国经济更多追求高速增长,对建设现代化产业体系的理解更侧重数量方面的调整,现代化产业体系综合指数的增速也相对较高;党的十九大之后,我国经济更加追求高质量发展,不断推动经济发展质量变革、效率变革、动力变革,叠加 2018 年开始的中美经贸

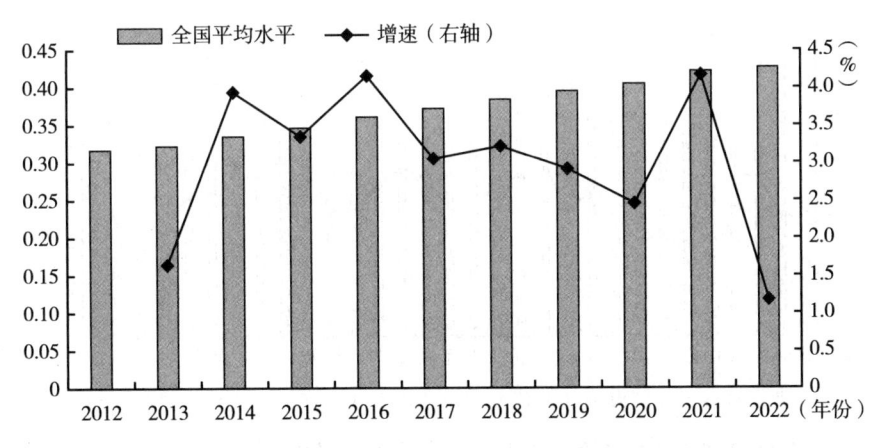

图 1 2012~2022 年现代化产业体系综合指数的全国平均水平及增速

摩擦等因素，除了2021年，现代化产业体系综合指数的增速相对下降，不过仍能保持正的增长。

从个体看，各省（区、市）现代化产业体系综合指数具有差异性（见图2）。从绝对数值看，北京、上海、天津现代化产业体系综合指数（2012~2022年平均值）排在前三位，分别达到0.5009、0.5006、0.4917；广西、贵州、黑龙江、云南现代化产业体系综合指数排名靠后，分别为0.2931、0.2973、0.2982、0.2987；现代化产业体系综合指数最高的北京与最低的广西，二者相差0.2078。从相对增速看，2012~2022年我国现代化产业体系综合指数年均增速为3%，河北等18个省（区、市）年均增速都超过3%，北京等13个省（区、市）年均增速低于3%，西藏年均增速最高，达到5.8%，辽宁年均增速最低，只有1.63%；年均增速排在前三位的是西藏（5.8%）、宁夏（5.07%）、贵州（4.76%），这三个省（区）现代化产业体系综合指数的绝对值都不是很高，低于全国平均值；北京和天津，上海、江苏和浙江，以及广东的现代化产业体系综合指数相对较高，分别对应京津冀、长三角、珠三角三大区域，河北、安徽、广西也分别属于这三大区域，但这三个省（区）的现代化产业体系综合指数相

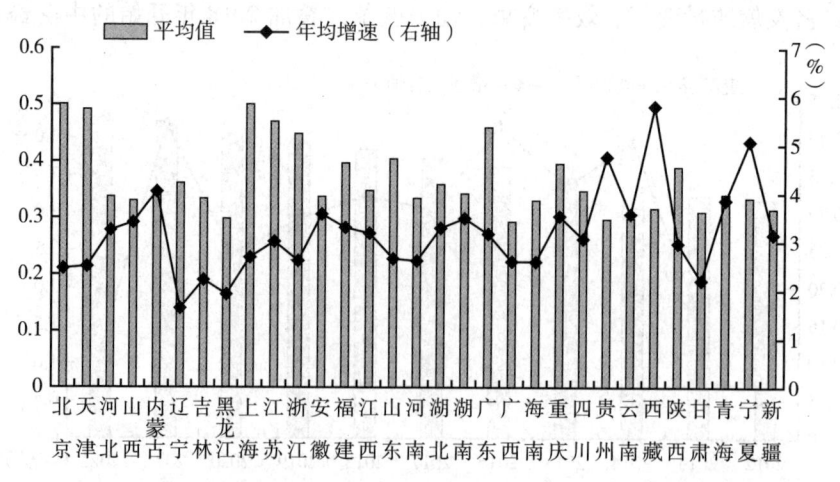

图2 2012~2022年全国31个省（区、市）现代化产业体系综合指数的平均值及增速

对较低，这表明可能存在"虹吸效应"，即北京、上海、广东等相对发达的省（市），在产业布局、产业升级等方面，都要比周边的省（区、市）更有谋划、更具吸引力。

（二）黄河流域现代化产业体系水平

黄河流域现代化产业体系综合指数及增速见图3。从黄河流域自身变化看，黄河流域现代化产业体系综合指数呈逐年升高的趋势，2012年现代化产业体系综合指数为0.2898，2022年上升至0.4010，年均增速达到3.3%，高于全国平均增速（3%）、东部地区平均增速（2.72%）、中部地区平均增速（2.98%），低于西部地区平均增速（3.87%），不过不同年份增速有所不同，增速最大为2016年的6.35%，增速最小为2017年的0.84%。可以说黄河流域现代化产业体系综合指数增长幅度波动相对较大，原因可能在于黄河流域流经西部、中部和东部九省（区），各省（区）的差异相对较大，某个省（区）现代化产业体系综合指数变化较大，对整个黄河流域现代化产业体系综合指数的影响也会比较大。从对比看，黄河流域现代化产业体系综合指数低于全国平均水平，更低于东部地区平均水平，不过高于中部地区和西部地区平均水平。东部地区有着天然的区位优势、政策优势，因而现代化

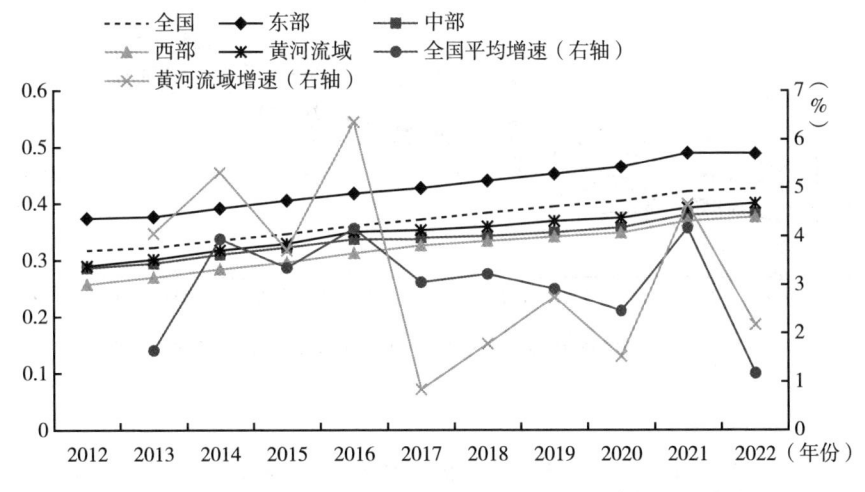

图3　2012~2022年黄河流域现代化产业体系综合指数及增速

产业体系综合指数较高，黄河流域则横跨西部、中部、东部三大区域，资源禀赋、区位特点更为复杂。从整个流域看，微观层面的企业协同、中观层面的产业协同、宏观层面的发展协同，都还未能形成合力，各省（区）对现代化产业体系的建设投入也存在较大差异。

从九省（区）现代化产业体系综合指数来看，大致可以分为三类（见图4）。第一类是引领型，特征是现代化产业体系综合指数大于全国平均水平，包括山东和陕西。山东作为我国东部省，在产业发展方面本身就具有优势，构建现代化产业体系是推动山东由制造大省向制造强省转变的重中之重，"十四五"期间，山东将在狠抓"三个坚决"（坚决淘汰落后动能、坚决改造提升传统动能、坚决培育壮大新动能）、增强企业创新能力、优化提升产业链、服务构建新发展格局、加快数字化发展和促进民营经济发展上推进"六个强势突破"①。陕西将先进制造业视作"家底"，将战略性新兴产业视作未来，以三星、奕斯伟等为代表的半导体产业积厚成势，规模已居全国第4位；以隆基、美畅等为代表的光伏及配套产业形成胜势，年产值已经

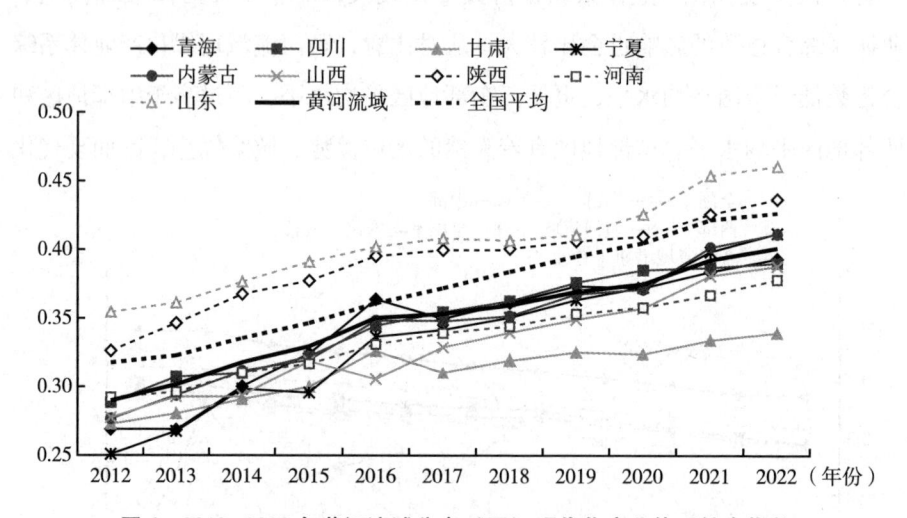

图4 2012~2022年黄河流域分省（区）现代化产业体系综合指数

---

① 《"十四五"山东"六个强势突破"加快构建现代产业体系》，《大众日报》2021年2月23日。

超千亿元；以比亚迪、吉利、陕汽等为代表的新能源汽车产业奠定优势，产量已占到全国的14.1%①。第二类是赶超型，特征是现代化产业体系综合指数从低到高，超过了黄河流域平均水平，包括宁夏和内蒙古。宁夏瞄准重点产业发展进行部署，立足资源禀赋、产业优势、发展前景，将电子信息、新型材料、绿色食品、清洁能源、葡萄酒、枸杞、奶产业、肉牛和滩羊、文化旅游确定为九大重点产业，主攻自主创新基础上的科技创新，以"四大改造"推进工业转型发展，推动制造业加速向数字化、智能化发展②。内蒙古在推动农畜产品生产基地优质高效转型、推动能源和战略资源基地绿色低碳转型、高质量完成能源保供任务、推动制造业高端化智能化绿色化发展、培育服务业支柱产业等方面发力，如鄂尔多斯结合地区实际、发挥比较优势、促转型、提能级，加快构筑能源产业、现代煤化工产业、新能源产业和羊绒产业四大支柱产业③。第三类是波动型，特征是现代化产业体系综合指数也有所升高，但是波动相对较大，且未超过黄河流域平均水平，包括青海、四川、甘肃、山西、河南。这5个省现代化产业体系综合指数都有所增长，2012~2022年青海从0.2690增长至0.3931，年均增长3.87%；四川从0.2885增长至0.3901，年均增长3.06%；甘肃从0.2728增长至0.3393，年均增长2.2%；山西从0.2775增长至0.3878，年均增长3.4%；河南从0.2921增长至0.3781，年均增长2.61%。尽管个别省（区）现代化产业体系综合指数在少数年份超过了黄河流域平均水平，但是大多数年份都低于黄河流域平均水平，并且这些省（区）现代化产业体系综合指数的波动相对较大。比如2016年青海现代化产业体系综合指数增速高达12.28%，但是2017年又下降3.87%；2016年甘肃现代化产业体系综合指数增速高达8.64%，但是2017年又下降4.83%；2016年山西现代化产业体系综合指数下滑4.04%，但是2017年又上

---

① 《发挥优势加快建现代化产业体系——访陕西省委书记赵一德》，《经济日报》2023年1月20日。
② 《宁夏构建现代产业体系推动经济高质量发展》，《宁夏日报》2021年8月10日。
③ 《转型提能，构筑四大支柱产业——内蒙古鄂尔多斯推动现代化产业发展建设》，《光明日报》2023年5月11日。

升7.54%。

将黄河流域现代化产业体系综合指数进行分解，可以看到黄河流域分维度现代化产业体系水平（见图5）。产业实体性方面，2012~2022年，黄河流域产业实体性指数从0.0601上升至0.0816，年均增速为3.11%；产业创新性方面，2012~2022年，黄河流域产业创新性指数从0.0142上升至0.0246，年均增速为5.65%；产业融合性方面，2012~2022年，黄河流域产业融合性指数从0.0274上升至0.0553，年均增速为7.26%；产业绿色性方面，2012~2022年，黄河流域产业绿色性指数从0.1057上升至0.1235，年均增速为1.57%；产业开放性方面，黄河流域产业开放性指数从2012年的0.0142上升2016年的0.0166，又下降至2022年的0.0142，总体没有增长；产业安全性方面，2012~2022年，黄河流域产业安全性指数从0.0391上升至0.0394，年均增速为0.08%；产业支撑性方面，2012~2022年，黄河流域产业支撑性指数从0.0291上升至0.0622，年均增速为7.91%。

图5 2012~2022年黄河流域分维度现代化产业体系水平

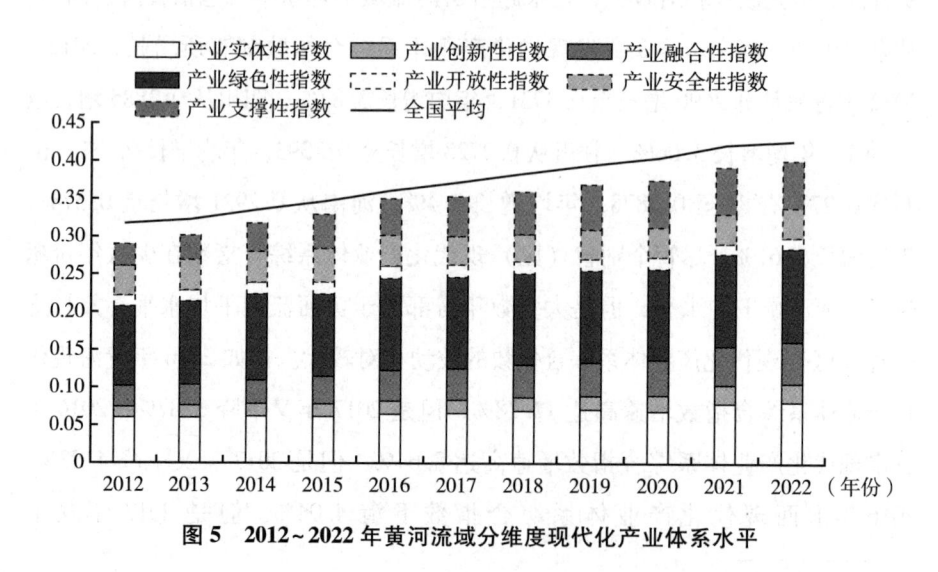

（三）黄河流域现代化产业体系水平的区域差异

2012~2022年现代化产业体系水平总体及区域内差异见图6。从绝对水平看，黄河流域现代化产业体系水平的区域内差异大致经历两个阶段，第一个是下降阶段（2012~2019年），区域内差异从2012年的0.0541下降至2019年的0.0380，下降幅度为29.77%；第二个是上升阶段（2020~2022年），2020年开始出现一定幅度上升，到2022年为0.0450。可能的原因在于，2019年及之前，国家实施的重大区域协调战略起到了重要作用，包括黄河流域在内，全国平均的现代化产业体系水平区域内差异都有所减少，但是2020年新冠疫情对各地方、各产业都产生了一定冲击，黄河流域流经的九省（区）差异本来就比较大，这种冲击进一步放大了九省（区）的差异，所以此后黄河流域现代化产业体系水平的区域内差异又有所增加。从相对水平看，黄河流域现代化产业体系水平的区域内差异低于全国平均水平、东部地区、西部地区，但高于中部地区。东部地区大多为发达省（市），但是不同省（市）之间的差异也比较大，比如2012~2022年北京、上海现代化产业体系综合指数均值都超过了0.5，但河北、海南分别只为0.3377、0.3311；西部地区涉及省（区、市）较多，既有现代化产业体系综合指数均值接近0.4的重庆，又有现代化产业体系综合指数均值不到0.3的广西、贵州，区域内差异也相对较大；中部地区的区域内差异本来比较小，2012年只有0.02，但是此后开始呈增加趋势，到2022年区域内差异达到0.04，

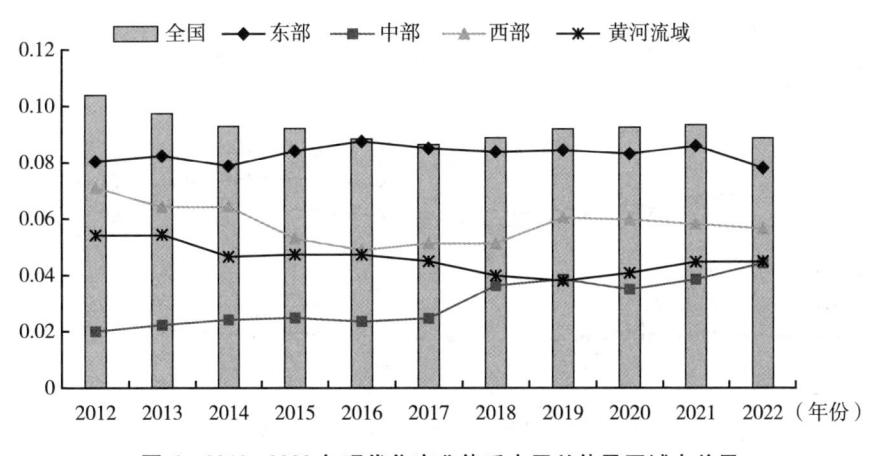

图6　2012~2022年现代化产业体系水平总体及区域内差异

与黄河流域的区域内差异大体相当；黄河流域九省（区）现代化产业体系综合指数尽管也存在差异，但是差异不是很大，以2022年为例，青海、四川、宁夏、内蒙古、山西、河南的现代化产业体系综合指数为0.38~0.41，甘肃相对较低，为0.34，陕西和山东相对较高，分别为0.44、0.46，因而整体上黄河流域的区域内差异不是很大。

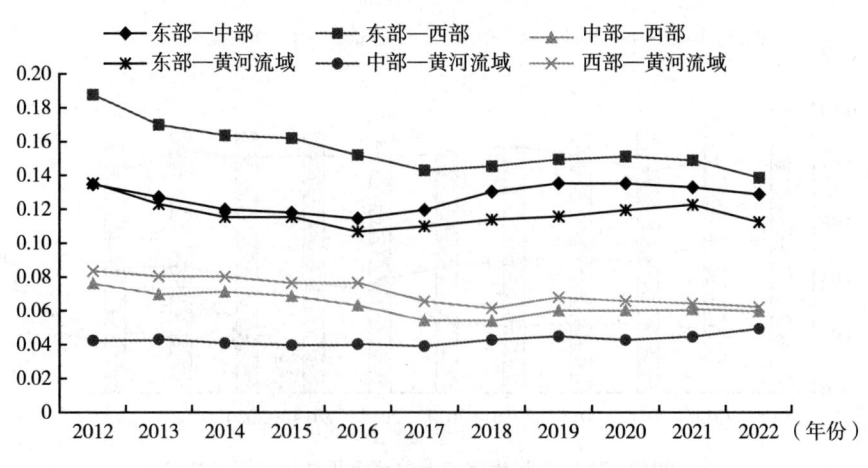

2012~2022年现代化产业体系水平区域间差异见图7。2012~2022年，黄河流域与东部地区的现代化产业体系水平区域间差异总体呈下降趋势，从2012年的0.1353下降至2022年的0.1124，年均下降速度为1.84%，并且黄河流域与东部地区的区域间差异要小于东部地区与中部地区、东部地区与西部地区，究其原因，主要是山东、陕西等省在建设现代化产业体系方面作出了诸多努力，对缩小黄河流域与东部地区的区域间差异起到了重要的作用。2012~2022年，黄河流域与中部地区的现代化产业体系水平区域间差异基本呈上升趋势，从2012年的0.0325上升至2022年的0.0494，当然个别年份也有下降，比如从2014年的0.0409下降至2015年的0.0397、从2016年的0.0403下降至2017年的0.0391。2012~2022年，黄河流域与西部地区的现代化产业体系水平区域间差异总体呈下降趋势，从2012年的0.0836下降至2022年的0.0622，年均下降速度为2.9%，黄河流域的山东和陕西与

图7 2012~2022年现代化产业体系水平区域间差异

西部地区的重庆现代化产业体系综合指数平均值大体相当，黄河流域其他省（区）与西部地区其他省（区、市）的现代化产业体系综合指数均值基本在0.3上下，差异不是很大。

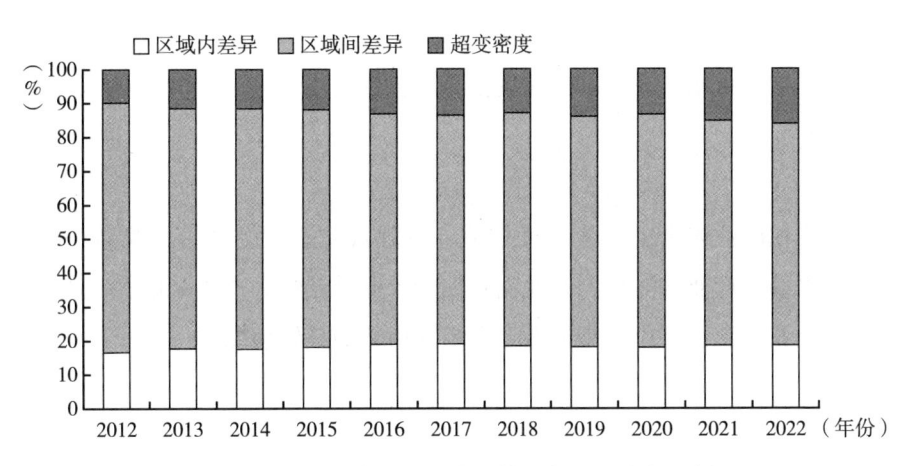

2012~2022年现代化产业体系水平区域差异来源见图8。区域差异主要包括区域内、区域间、超变密度三部分。区域内差异方面，贡献率从2012年的16.61%上升至2017年的18.99%，又下降至2022年的18.52%，平均区域内差异贡献率为18.11%；区域间差异方面，贡献率总体呈下降趋势，从2012年的73.5%下降至2022年的65.33%，平均区域间差异贡献率为68.82%；超变密度方面，贡献率从2012年的9.89%上升至2022年的16.15%，平均超变密度贡献率为13.06%。总的来看，区域间差异是现代化产业体系水平差异的主要来源，贡献率占2/3左右，这也说明，不论是从全国层面统筹东部、中部、西部协调发展，还是从区域层面统筹东部和黄河流域、中部和黄河流域、西部和黄河流域协调发展，抑或从流域层面统筹黄河流域上中下游协调发展，都是未来建设现代化产业体系的重中之重。

图8 2012~2022年现代化产业体系水平区域差异来源

B.3 黄河流域现代化产业体系维度指数[*]

王学凯[**]

摘　要： 将综合指数分解，可以得到黄河流域现代化产业体系维度指数。黄河流域产业实体性、产业创新性、产业融合性、产业绿色性、产业支撑性指数基本呈上升趋势，产业开放性、产业安全性指数基本没有增长。九省区现代化产业体系各维度指数的变化趋势不一，黄河流域区域内差异，以及黄河流域与东部、中部、西部地区的区域间差异也有所不同，区域间差异是黄河流域与各地区存在差异的主要原因。

关键词： 现代化产业体系　区域差异　黄河流域

现代化产业体系由多个维度构成，将现代化产业体系综合指数进行分解，可以看出产业实体性、产业创新性、产业融合性、产业绿色性、产业开放性、产业安全性、产业支撑性七个维度指数的具体情况。

---

[*] 本文中信息化与工业化融合发展数据来源于国家工业信息安全发展研究中心，在此对国家工业信息安全发展研究中心信息化所马冬妍所长、师丽娟高级工程师表示感谢。
[**] 王学凯，博士，中共中央党校（国家行政学院）马克思主义学院副研究员，研究方向为宏观经济、政治经济学。

一 黄河流域产业实体性

"中国式现代化不能走脱实向虚的路子，必须加快建设以实体经济为支撑的现代化产业体系。"[1]

（一）黄河流域产业实体性指数

2012~2022年黄河流域产业实体性指数见图1。从整体看，2012~2016年黄河流域产业实体性指数高于全国平均水平，但是2017~2022年全国平均产业实体性指数超过了黄河流域。从各省区看，可大致分为高、中、低三类。

第一类是较高产业实体性水平，包括青海、内蒙古。青海产业实体性指数一直高于黄河流域、全国平均水平，2021年习近平总书记精准把脉青海资源禀赋、发展优势和区域特征，亲自为青海高质量发展擘画了产业"四地"建设重大战略，即加快建设世界级盐湖产业基地，打造国家清洁能源产业高地、国际生态旅游目的地、绿色有机农畜产品输出地。青海有大大小小盐湖一百多个，氯化钾、氯化锂、氯化镁和硫酸镁资源储量均居全国之首，氯化钠和溴资源储量在全国位居第二；总装机容量3284万千瓦的海南州绿色产业发展园区，是"世界最大装机容量的光伏发电园区"和"世界最大装机容量的水光互补发电站"；青海自然景观从冰山、雪山、山地、森林到戈壁、草原、湿地等一应俱全，草原风情、民俗文化、遗址古迹、珍稀生物等资源特色各异，适于大力打造国际生态旅游目的地；青海已成为全国最大的有机畜牧业生产基地，"绿色""有机"成为青海农畜产品的金字招牌。[2] 内蒙古产业实体性指数从2012年的0.0590上升至2022年的0.1016，几乎翻番，成为黄河流域产业实体性指数最高的省区，这主要得益于推动能源和战略资源基地优化升级、促进农畜产品生产基地优质高效转型、加快制

---

[1] 《坚定不移全面深化改革扩大高水平对外开放　在推进中国式现代化建设中走在前列》，《人民日报》2023年4月14日。
[2] 《"四地"建设从起势迈向成势》，《西宁晚报》2023年1月15日。

造业高端化智能化绿色化发展、聚力推进关键核心技术攻坚突破、优化提升产业发展空间布局、以更优营商环境助力实体经济发展等。①

第二类是中等产业实体性水平，包括陕西、山西、山东、宁夏。2012~2019年，陕西产业实体性指数都高于全国平均水平，但受新冠疫情冲击，工业增加值增速受到一定的影响，产业实体性指数下滑较快，不过随着经济逐渐恢复，陕西产业实体性指数将继续上升。山西是典型的资源型省份，正以制造业振兴为重点加快推进产业转型，但是由于长时间过度依赖煤炭，错失了一些发展机会，直到2016年才启动煤炭去产能，2018年才实施煤炭"减、优、绿"发展战略，仍需要较长的发展时间。山东、宁夏的产业实体性指数与黄河流域、全国平均水平大体相当，山东主导产业是化工、冶金、造纸、机械等资源型产业，宁夏支柱产业包括煤炭、电力、化工、冶金、有色、装备制造、轻纺等，各有优势。

第三类是较低产业实体性水平，包括河南、四川、甘肃。河南、四川、甘肃的产业实体性指数基本低于黄河流域、全国平均水平。河南、四川由于第一、第二、第三产业从业人数都比较多，所以用人均从业人数的产业增加值衡量的农业、工业、服务业现代化水平不占优势，并且四川工业与服务业

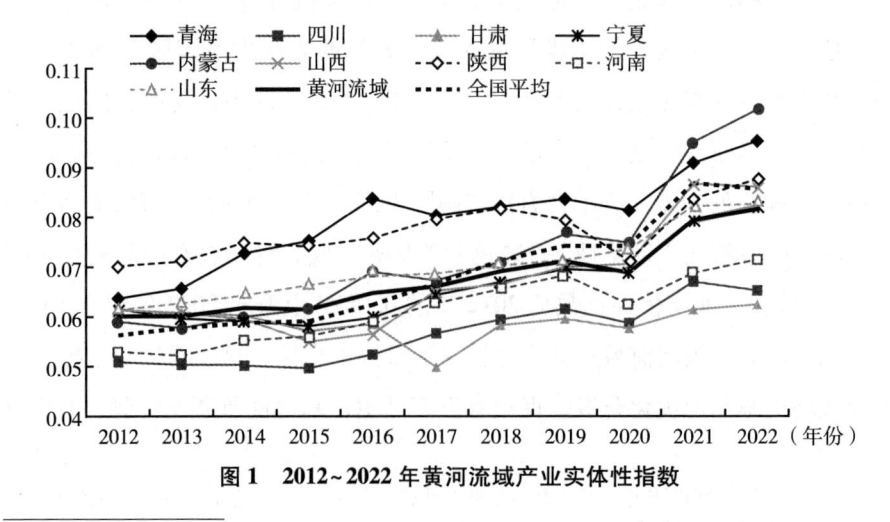

图1　2012~2022年黄河流域产业实体性指数

---

① 杜勇锋：《奏响内蒙古工业经济高质量发展最强音》，《实践》2022年第8期。

增加值占比也小于全国平均水平。2012~2014年甘肃产业实体性指数高于全国平均水平，但此后便低于全国平均水平，甘肃是底蕴深厚的老工业基地，具有工业能源、原材料、装备制造、轻纺、国防科技、循环经济等六类优势产业，但同样存在转型的问题，2022年和2023年甘肃省政府工作报告提出"聚力实体经济振兴"，可见甘肃产业实体性水平有待进一步提高。

（二）黄河流域产业实体性区域差异

产业实体性水平总体及区域内差异见图2。从纵向看，2012~2022年，黄河流域产业实体性水平的区域内差异经历了先上升再下降又上升的过程，2012年产业实体性水平的区域内差异为0.0476，2016年上升至0.0812，然后下降至2019年的0.0586，又上升至2022年的0.0856。从横向看，黄河流域产业实体性水平的区域内差异低于全国平均、东部地区、西部地区，在大多数年份也低于中部地区，只有2021年和2022年高于中部地区，这说明黄河流域产业实体性水平区域内差异较小。

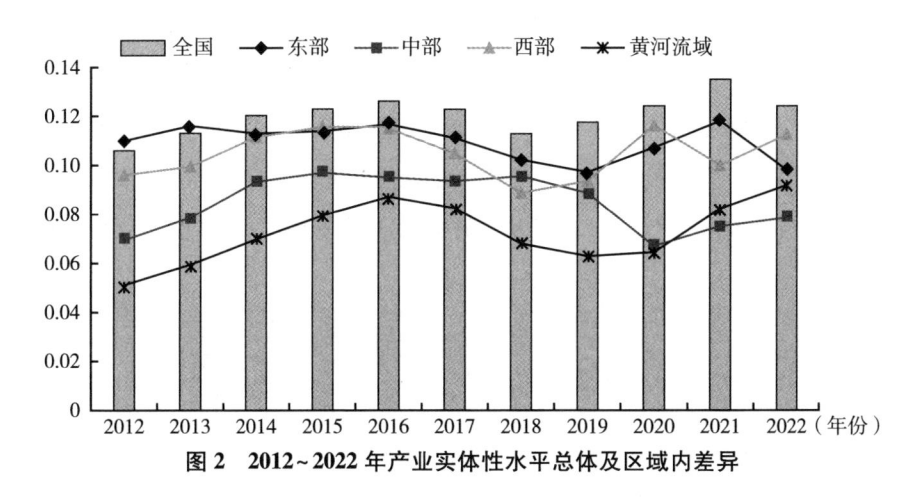

图2 2012~2022年产业实体性水平总体及区域内差异

产业实体性水平区域间差异见图3。2012~2019年，黄河流域与东部地区产业实体性水平区域间差异相对平稳，差异水平整体在0.10上下，但2020年和2021年区域间差异略有上升，到2022年又回到0.10左右的水平，年均增速为1.32%，波动的原因在于受新冠疫情影响，东部地区产业实体性的

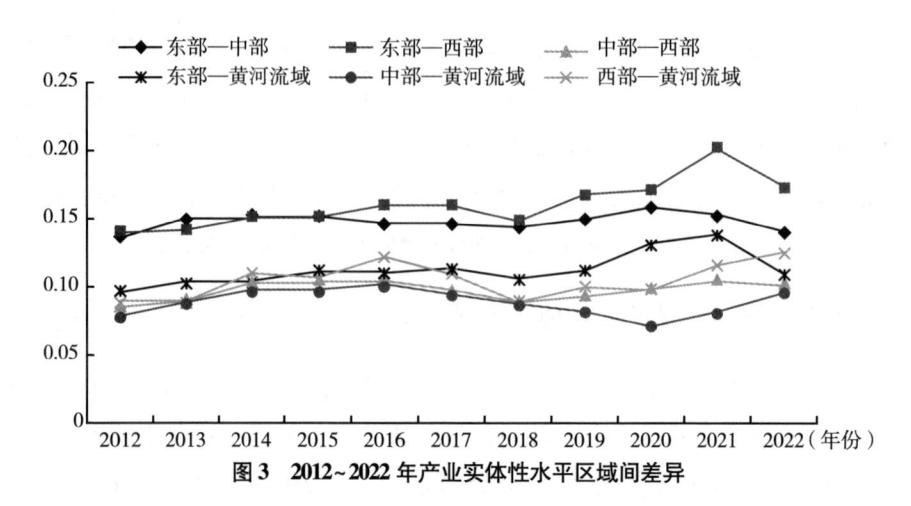

图3 2012~2022年产业实体性水平区域间差异

优势更加突出。2012~2022年，黄河流域与中部地区的产业实体性水平区域间差异经历了从上升到下降再到上升的过程，从2012年的0.0788上升至2016年的0.1020，又下降至2020年的0.0712，然后又上升至2022年的0.0959，总体年均增速达到1.98%。2012~2022年，黄河流域与西部地区的产业实体性水平区域间差异围绕0.10上下波动，年均增速达到3.42%。

2012~2022年产业实体性水平区域差异来源见图4。区域内差异方面，2012~2022年贡献率的平均值为21.11%，整体变化幅度不大；区域间差异方面，贡献率有高有低，最低的为2016年的49.72%，最高的为2021年的

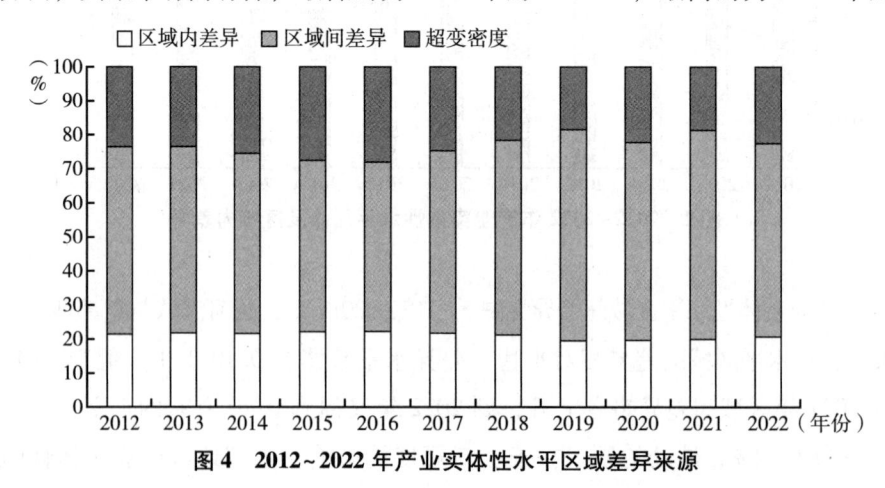

图4 2012~2022年产业实体性水平区域差异来源

61.35%，贡献率的平均值为 55.59%；超变密度方面，贡献率的平均值为 23.3%。从整体看，区域间差异的贡献率基本超过一半，是黄河流域产业实体性与其他地区存在差异的重要原因。

二 黄河流域产业创新性

创新在全面建设社会主义现代化中占据核心地位，"要建设创新引领、协同发展的产业体系"。①

（一）黄河流域产业创新性指数

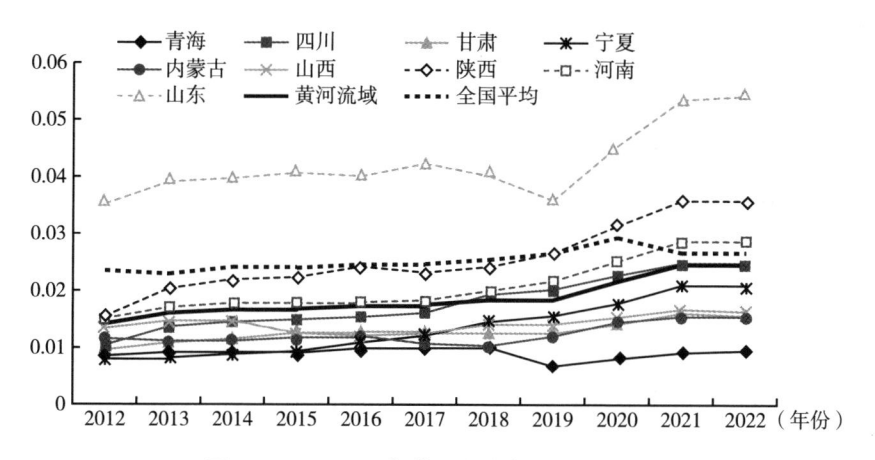

2012~2022 年黄河流域产业创新性指数见图 5。从整体看，2012~2022 年黄河流域产业创新性指数低于全国平均水平。从各省区看，可大致分为引领型、赶超型、低缓型三类。

图 5　2012~2022 年黄河流域产业创新性指数

第一类是引领型，产业创新性指数高于全国平均水平，包括山东。山东尤其注重战略科技力量建设，打造创新型省份，科技创新发展资金连年增

---

① 《习近平：深刻认识建设现代化经济体系重要性　推动我国经济发展焕发新活力迈上新台阶》，《人民日报》2018 年 2 月 1 日。

加，2022年达到145.2亿元，是2018年的4.5倍；大力培育高新技术企业，截至2021年底，全省高新技术企业达2万家，比2012年增长了7倍；重视人才"第一资源"作用，大力引进培育创新人才，全省人才资源总量超过1500万人。① 特别是，山东专门制定《"十大创新"2022年行动计划》，目标包括省级科技创新发展资金增长10%，全社会研发经费投入增长10%以上；科技型中小企业达到3万家，高新技术企业达到2.3万家；规模以上高新技术产业产值占规模以上工业总产值的比重提高2个百分点左右；技术合同交易额达到3000亿元，创新综合实力大幅跃升，高水平创新型省份建设全面起势。这些都是山东能够引领黄河流域产业创新的重要基础。

第二类是赶超型，产业创新性指数呈上升趋势，并超过全国平均水平，包括陕西、河南。在很长一段时间内，陕西、河南产业创新性指数都位于黄河流域和全国平均水平之间，但是陕西2020年、河南2021年产业创新性指数超过了全国平均水平，成为赶超型的例子。2012~2022年，陕西全社会研发经费投入从287.2亿元增长到700.6亿元，年均增长9.33%；技术合同成交额从334.82亿元快速增加至2343.44亿元，增长近6倍；累计获得国家科学技术奖291项，数量居全国前列。② 在2023年度总投资额近2万亿元的643个省级重点项目中，以先进制造业、创新驱动"两链"融合、传统产业转型升级和高端能源化工为重点的项目总数占比超五成，③ 陕西锚定创新驱动和强链聚群，致力于以科技赋能现代化产业体系。河南拥有郑州智能仪器仪表、洛阳高新区轴承、新乡高新区生物医药、许昌智能电力装备制造、南阳防爆装备制造、安阳高新区先进钢铁材料制品制造、平顶山高新区高性能塑料及树脂制造、焦作高新区新能源汽车储能装置制造等八大创新型产业集群，集群内企业753家，其中高新技术企业301家，营业收入超过10亿元

---

① 《"十强产业"持续壮大 "四新"经济逆势上扬——山东新旧动能转换强力突破新观察》，《经济参考报》2022年11月7日。
② 《陕西：创新驱动 塑造发展新优势》，《陕西日报》2022年12月16日。
③ 《以科技赋能现代产业体系——陕西锚定创新驱动和强链聚群》，《经济日报》2023年4月28日。

的企业36家；拥有服务机构122个、研发机构279个、金融服务机构68个，形成了"产业引领+龙头企业带动+大中小企业融通+金融赋能"的创新发展生态。①

第三类是低缓型，产业创新性指数也有所上升，但未能超过全国平均水平，包括四川、宁夏、山西、甘肃、内蒙古、青海。四川、宁夏产业创新性指数逐年上升，山西、甘肃、内蒙古产业创新性指数波动上升，青海产业创新性指数在2019年有较大幅度下降。这6个省区的科技投入、科技产出都相对落后于山东、陕西、河南等，除四川外，其他5个省区产业创新性指数低于黄河流域整体水平。

（二）黄河流域产业创新性区域差异

2012~2022年产业创新性水平总体及区域内差异见图6。从纵向看，2012~2022年黄河流域产业创新性水平的区域内差异较为平稳，基本在0.25上下小幅波动。从横向看，2012~2022年黄河流域产业创新性水平的区域内差异低于全国平均水平、西部地区，高于中部地区，与东部地区大体

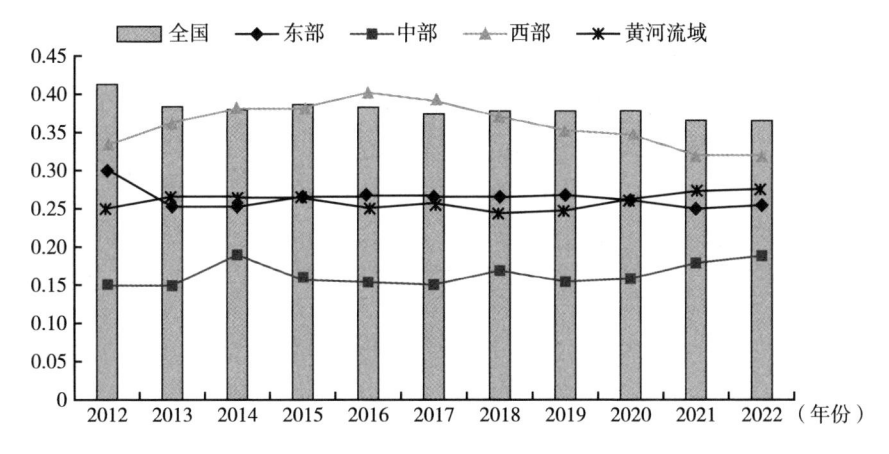

图6 2012~2022年产业创新性水平总体及区域内差异

---

① 《总数达8家！河南省新增3个创新型产业集群》，河南省人民政府网站，2023年3月7日，https://www.henan.gov.cn/2023/03-07/2702249.html。

相当。不过，东部地区产业创新性指数明显高于黄河流域，东部地区的区域内差异是一种较高产业创新水平的低差异，而黄河流域是较低产业创新水平的低差异。

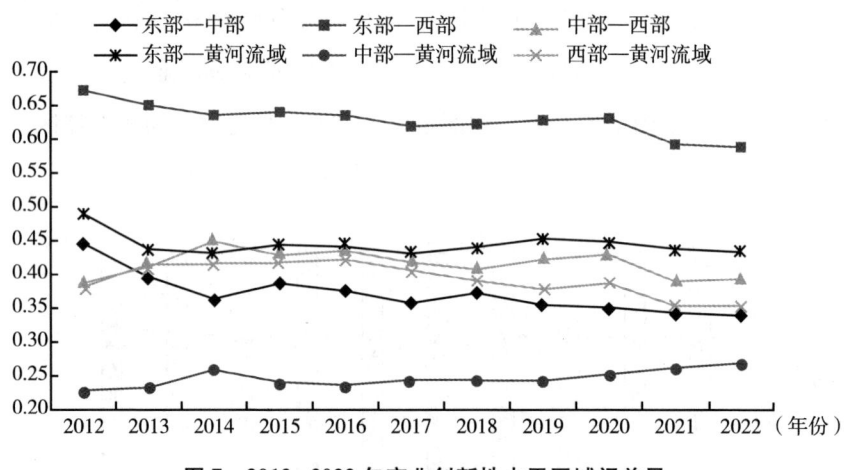

2012~2022年产业创新性水平区域间差异见图7。2012~2022年，黄河流域与东部地区产业创新性水平区域间差异波动下降，从2012年的0.4895下降至2022年的0.4333，年均下降1.21%，在山东引领、陕西和河南赶超下，黄河流域产业创新性水平不断提高，与东部地区的区域间差异呈缩小态势。2012~2022年，黄河流域与中部地区的产业创新性水平区域间差异呈波动上升趋势，从2012年的0.2287上升至2022年的0.2689，年均上升1.63%。2012~2022年，黄河流域与西部地区的产业创新性水平区域间差异先升后降，从2012年的0.3813上升至2016年的0.4221，又下降至2022年的0.3542，总体年均下降0.73%。

图7　2012~2022年产业创新性水平区域间差异

2012~2022年产业创新性水平区域差异来源见图8。区域内差异方面，贡献率的平均值为19.08%，整体变化幅度很小；区域间差异方面，贡献率也较为稳定，平均值为66.65%；超变密度方面，贡献率的平均值为14.26%。从整体看，区域间差异的贡献率基本占2/3，是黄河流域产业创新性与其他地区存在差异的主要原因。

图 8 2012~2022年产业创新性水平区域差异来源

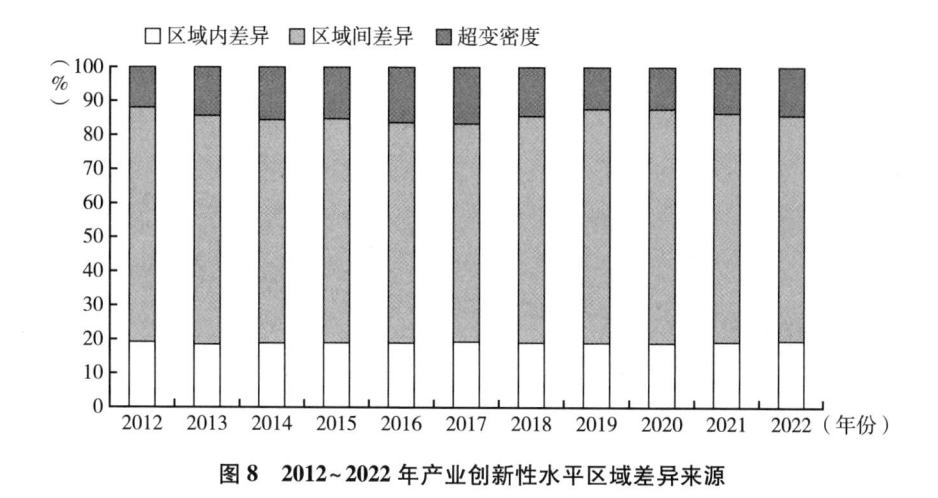

三 黄河流域产业融合性

党的二十大报告提出推进新型工业化，加快建设制造强国、网络强国，以及加快发展数字经济，促进数字经济和实体经济深度融合。持续深化信息化与工业化融合发展是党中央、国务院作出的重大战略部署。

（一）黄河流域产业融合性指数

2012~2022年黄河流域产业融合性指数见图9。从整体看，2012~2022年黄河流域产业融合性指数呈上升趋势，从2012年的0.0274上升至2022年的0.0553，年均增长7.26%，不过绝对水平和年均增速都低于全国平均水平。从各省区看，可大致分为高、中、低三种类型。

第一类是高水平，产业融合性指数基本高于全国平均水平，包括山东、四川。山东产业融合性指数一直高于全国平均水平，从2012年的0.0484上升至2022年的0.0906，年均增速为6.46%。山东将数字化、网络化、智能化作为主攻方向，深化信息化与工业化融合发展，加快建设新型基础设施，成功创建济南、青岛两个国家级互联网骨干直连点，建成全国首张5600公里确定性网络，累计开通5G基站16万个；获批建设山东半岛工业互联网示范区，

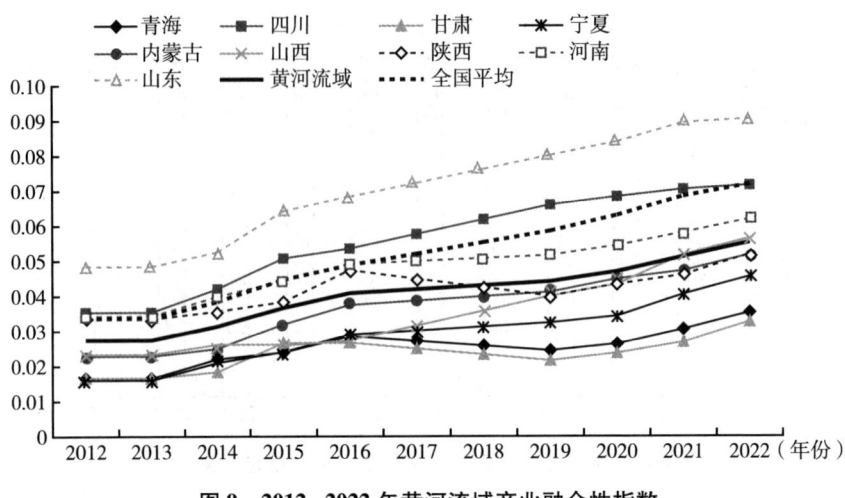

图9　2012~2022年黄河流域产业融合性指数

是第二个国家级示范区，累计培育国家"双跨"工业互联网平台4个，数量占全国1/7，5G、工业互联网等创新应用案例数量均居全国前列；持续做强数字经济核心产业，实施集成电路"强芯"、信创产业"扩容"、软件产业"四名"等重点工程，2021年数字经济占地区生产总值（GDP）比重达到43%，其中核心产业占比超过6%。[①] 四川产业融合性指数基本高于全国平均水平，从2012年的0.0354上升至2022年的0.0717，年均增速为7.3%。2022年四川关键工序数控化率、数字化研发设计工具普及率分别达54.6%、80.9%，较2017年分别增加8.3个、16个百分点；通过升级版两化融合管理体系贯标评定企业1236家，数量居全国第四位；宜宾宁德时代等3家企业入选全球"灯塔工厂"，打造省级重点工业互联网平台36个，上云企业超34万家；工业互联网国家顶级节点启动运营，全省标识注册量、解析量分别超62.9亿个和53.3亿次，数量均居全国前列。[②]

---

① 《"山东这十年"工业发展系列：两化融合纵深推进，数字赋能势头强劲》，山东省工业和信息化厅网站，2022年9月28日，http://gxt.shandong.gov.cn/art/2022/9/28/art_15171_10309808.html。

② 《四川将持续做好两化深度融合大篇章》，央广网，2023年2月23日，https://sc.cnr.cn/scpd/yw201/20230223/t20230223_526162426.shtml。

第二类是中等水平,产业融合性指数基本介于黄河流域和全国平均水平之间,包括河南。作为全国重要的先进制造业大省,河南全面实施数字化转型战略,统筹推进产业数字化和数字产业化,2021年工业企业数字化研发设计工具普及率、生产设备数字化率、关键工序数控化率分别达到77%、49.8%、51%,较2018年分别提高5.9个、5.1个、5.4个百分点。[①] 2012~2016年河南产业融合性指数与全国平均水平不相上下,不过2017年及之后,河南产业融合性指数相对落后于全国平均水平,在基础环境、工业/融合应用、应用效益等三个方面比全国平均水平要低一些。

第三类是低水平,产业融合性指数基本低于黄河流域整体,包括山西、陕西、内蒙古、宁夏、青海、甘肃。山西在低水平基础上实现了追赶,从2012年的0.0233上升至2022年的0.0565,年均增加9.26%,到2022年已经略微超过黄河流域产业融合性指数。陕西在中等水平上出现了下滑,2012~2017年陕西产业融合性指数介于黄河流域和全国平均水平之间,但此后出现下滑,并始终低于黄河流域产业融合性指数。内蒙古、宁夏、青海、甘肃产业融合性指数年均增速分别为8.52%、11.04%、7.89%、7.02%,尽管有一定程度上升,但绝对水平仍然低于黄河流域产业融合性指数。

(二)黄河流域产业融合性区域差异

2012~2022年产业融合性水平总体及区域内差异见图10。从纵向看,黄河流域产业融合性水平的区域内差异波动下降,从2012年的0.2090下降至2016年的0.1842,又上升至2019年的0.2227,然后又下降至2022年的0.1684,总体上产业融合性水平的区域内差异在缩小。从横向看,黄河流域产业融合性水平的区域内差异略微低于全国平均水平,高于东部地区、中部地区,2016年及之后与西部地区大体相当。山东、四川引领黄河流域产业融合性水平提高,但其他省区产业融合性水平仍然偏低,需要进一步提升。

---

① 《扎实推进两化深度融合,加快建设先进制造业强省和数字强省》,"中国电子报"百家号,2022年11月8日,https://baijiahao.baidu.com/s?id=1748896839731708170&wfr=spider&for=pc。

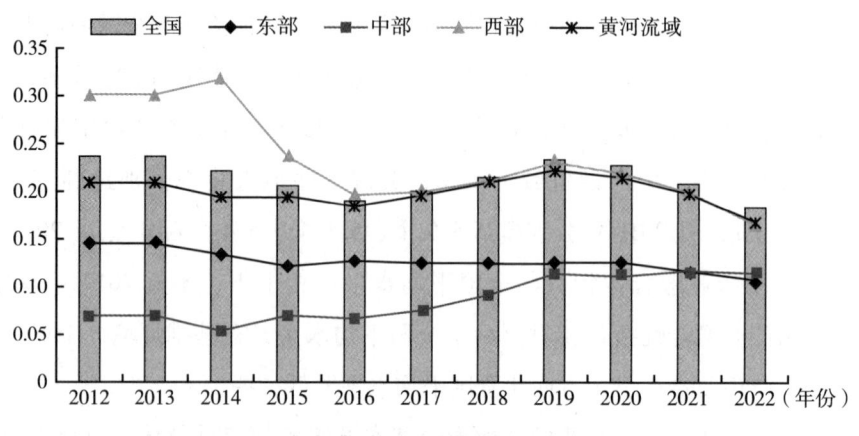

图 10　2012~2022 年产业融合性水平总体及区域内差异

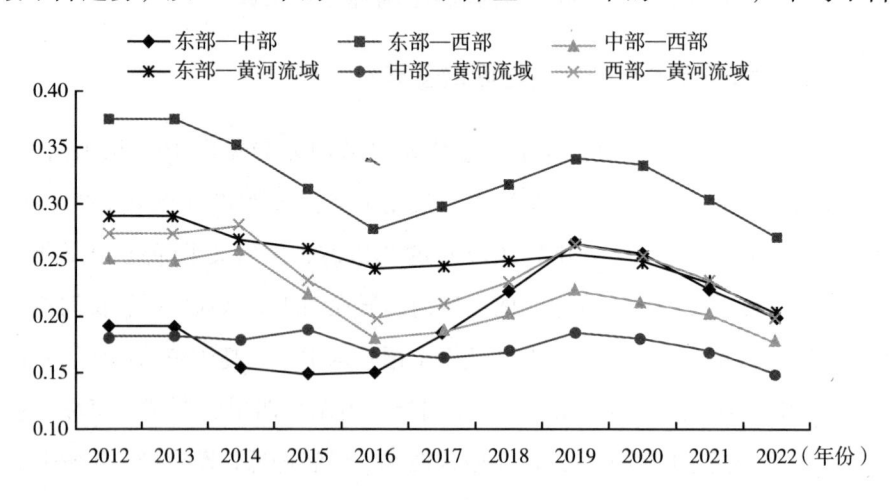

2012~2022 年产业融合性水平区域间差异见图 11。2012~2022 年，黄河流域与东部地区的产业融合性水平区域间差异波动下降，从 2012 年的 0.2894 下降至 2022 年的 0.2027，年均下降 3.5%，在山东、四川引领下，黄河流域产业融合性水平不断提高，逐渐缩小了与东部地区的差距。2012~2022 年，黄河流域与中部地区的产业融合性水平区域间差异呈波动下降趋势，从 2012 年的 0.1827 下降至 2022 年的 0.1491，年均下降

图 11　2012~2022 年产业融合性水平区域间差异

2.01%。2012~2022年，黄河流域与西部地区的产业融合性水平区域间差异总体上先降后升再降，从2012年的0.2745下降至2016年的0.1986，又上升至2019年的0.2639，然后再下降至2022年的0.1981，总体年均下降3.2%。

2012~2022年产业融合性水平区域差异来源见图12。区域内差异方面，贡献率的平均值为19.27%，整体变化幅度非常小；区域间差异方面，贡献率从2012年的63.9%下降至2022年的55.77%，平均值为59.39%；超变密度方面，贡献率从2012年的17.09%上升至2022年的24.67%，平均值为21.34%。从整体看，区域间差异的贡献率超过一半，是黄河流域产业融合性与其他地区存在差异的主要原因。

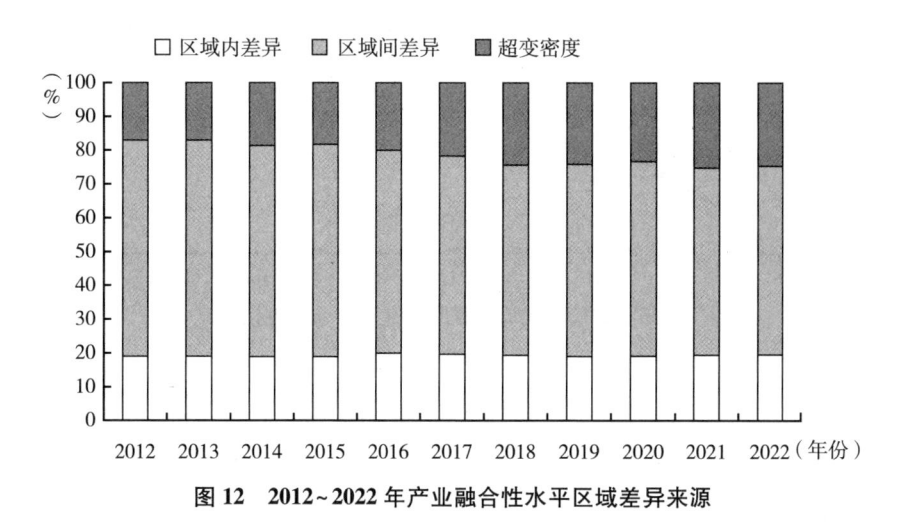

图12　2012~2022年产业融合性水平区域差异来源

四　黄河流域产业绿色性

党的十八大以来，绿色成为新发展理念的重要内容，我国充分挖掘绿色低碳科技创新潜力，不断推进产业绿色化转型、绿色产业发展，产业绿色化已然成为现代化产业体系的重要标志。

（一）黄河流域产业绿色性指数

2012~2022年黄河流域产业绿色性指数见图13。从整体看，黄河流域产业绿色性指数波折上升，从2012年的0.1057上升至2022年的0.1235，年均增速为1.57%，绝对水平低于全国平均水平，但年均增速高于全国平均水平（0.83%）。从各省区看，可大致分为高位平稳型、低位追赶型。

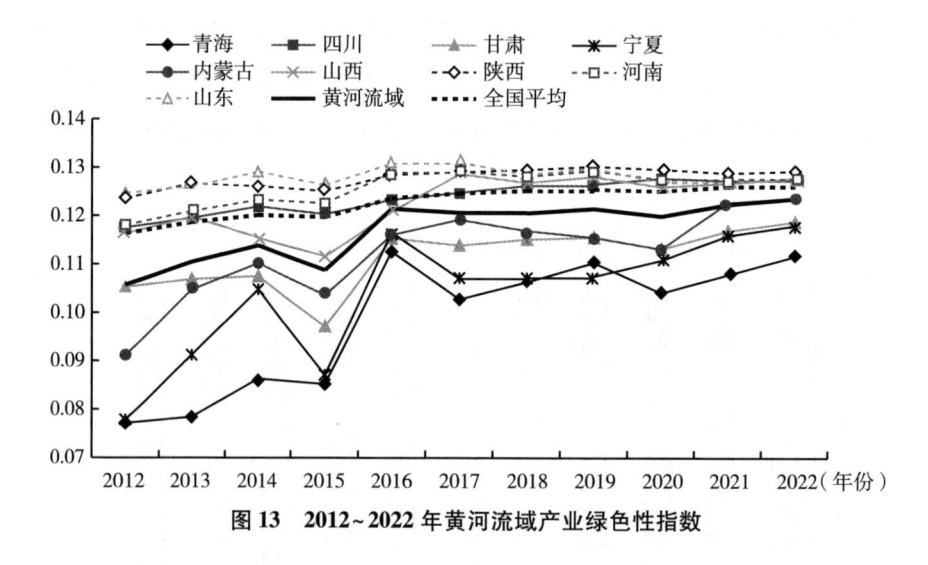

图13 2012~2022年黄河流域产业绿色性指数

第一类是高位平稳型，产业绿色性指数相对高于全国平均水平，包括山东、河南、陕西、四川、山西。2012~2022年，山东、河南、陕西、四川、山西在大部分年份的产业绿色性指数高于全国平均水平，而且产业绿色性指数变化不大，年均增速分别为0.22%、0.8%、0.45%、0.81%、0.95%。山东每万元GDP能耗仍然高于全国平均水平，不过山东一方面以更大力度减排降耗提效，仅2022年投资500万元以上技改项目就突破1.2万个，技改投资增长6%；另一方面大力发展新能源，2022年山东新能源和可再生能源装机容量增长25.1%，占装机总容量的37.7%，同比提高4.8个百分点，枣庄锂电产业链企业达到101家，产品种类300多个，已经形成全产业链条，[①]

[①] 《以绿色低碳转型挺起山东"产业脊梁"》，《大众日报》2023年3月7日。

传统产业改造提升和绿色产业大力发展取得了良好的效果。河南特别注重制造业绿色低碳高质量发展，专门制定《河南省制造业绿色低碳高质量发展三年行动计划（2023—2025年）》，努力实现到2025年规模以上工业增加值能耗较2020年下降18%，单位工业增加值用水量较2020年下降10%，大宗工业固体废弃物综合利用率达到57%，不断优化产业结构，增强绿色低碳产品供给能力，提升绿色制造水平。陕西遏制高耗能高排放低水平项目盲目发展，形成了以数控机床、光子、航空等23条重点产业链为引领的产业集群；积极推行传统产业改造升级，依法淘汰落后产能、落后工艺、落后产品，加强行业内的技术改造和装备更改，特别是针对关中地区燃煤机组、燃煤锅炉，推进存量煤电机组节煤降耗改造、供热改造、灵活性改造"三改联动"；①创建国家级绿色工厂93家，数量居西部地区第一位，省级绿色工厂总数达103家，工业资源综合利用项目建设遍地开花。②四川持续推动落后产能退出，"十三五"期间累计退出1218家企业落后产能，累计关停煤电机组170万千瓦，减少不合理用能约360万吨标准煤；大力推进工业节能降碳，规模以上工业单位增加值能耗累计下降26.85%，单位工业增加值二氧化碳排放累计降低30%以上，万元工业增加值用水量下降68%；持续增强绿色制造能力，累计创建国家级和省级绿色工厂296家、绿色园区35家、绿色供应链6家、绿色设计产品62种。③山西深化能源革命综合改革试点，通过推进煤炭产业优化升级、开展煤炭绿色开采和瓦斯高效利用、布局清洁高效煤电机组、发展清洁能源、推动风电光伏产业链发展等方式，加快构建绿色多元能源供给体系；通过完善能耗双控管理、强化能耗要素保障、遏制"两高"项目盲目发展等方式，改善能源消费方式；特别注重冶金、电力、化工、建材、焦化等传统产业绿色化改造。

---

① 《节能低碳，向"绿"而行，陕西工业再发力！》，陕西省人民政府网站，2023年4月18日，http://www.shaanxi.gov.cn/sy/nmdsxzs/202304/t20230418_2282873.html。
② 《陕西大力推进绿色制造体系建设》，《陕西日报》2023年4月17日。
③ 《四川省"十四五"工业绿色发展规划》，四川省经济和信息化厅网站，2022年6月29日，https://jxt.sc.gov.cn/scjxt/wjfb/2022/6/29/a56256fe1c974f838a4f8db4bcb6ca89/files/0d5b1d29a4f94b72986773a5c43b7cb5.pdf。

第二类是低位追赶型，产业绿色性指数相对低于黄河流域整体，不过较过去有一定幅度上升，包括内蒙古、甘肃、宁夏、青海。内蒙古产业绿色性指数从2012年的0.0912上升至2022年的0.1236，年均增速为3.09%；甘肃从2012年的0.1053上升至2022年的0.1188，年均增速为1.21%；宁夏从2012年的0.0779上升至2022年的0.1180，年均增速为4.24%；青海从2012年的0.0772上升至2022年的0.1116，年均增速为3.76%。尽管这4个省区产业绿色性指数仍然低于黄河流域整体，但都有较大程度的提升。

（二）黄河流域产业绿色性区域差异

2012~2022年产业绿色性水平总体及区域内差异见图14。从纵向看，黄河流域产业绿色性水平的区域内差异波折下降，从2012年的0.0918下降至2014年的0.0603，又上升至2015年的0.0786，然后又波动下降至2022年的0.0245，尽管中间多次反复，但黄河流域产业绿色性水平的区域内差异在缩小。从横向看，黄河流域产业绿色性水平的区域内差异略微高于全国平均水平，高于东部地区、中部地区，与西部地区交错下降。得益于山东、河南、陕西、四川、山西等省的产业绿色性指数拉动，黄河流域产业绿色性水平呈现较小的区域内差异。

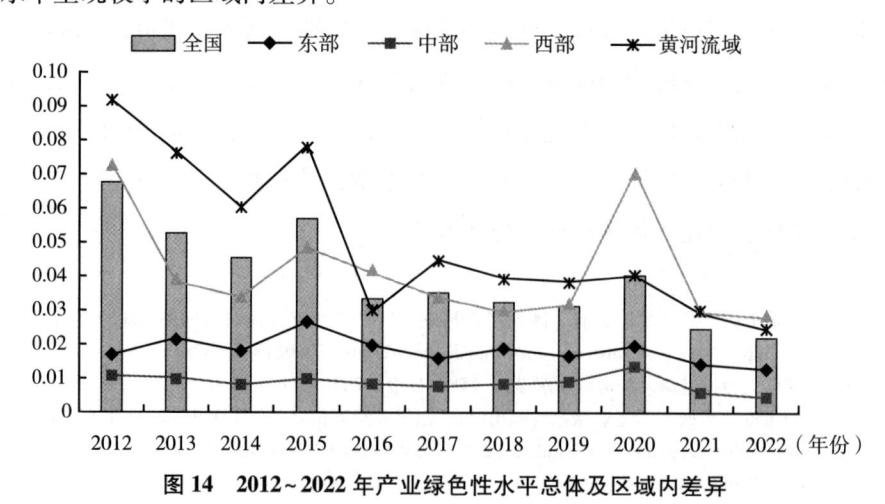

图14 2012~2022年产业绿色性水平总体及区域内差异

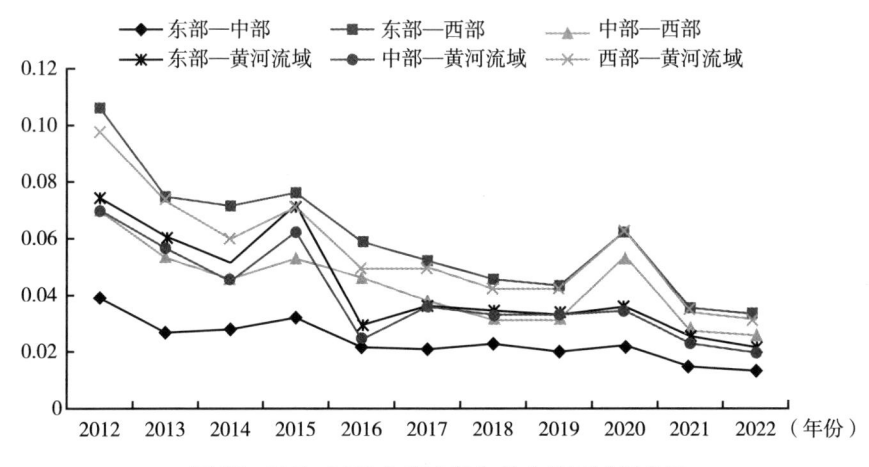

2012~2022年产业绿色性水平区域间差异见图15。2012~2022年，黄河流域与东部地区的产业绿色性水平区域间差异波动下降，从2012年的0.0743下降至2022年的0.0215，年均下降11.66%，在山东、河南、陕西、四川、山西等推进下，黄河流域产业绿色性水平不断提高，与东部地区的差异也逐渐缩小。2012~2022年，黄河流域与中部地区的产业绿色性水平区域间差异呈波动下降趋势，从2012年的0.07下降至2022年的0.0196，年均下降11.95%。2012~2022年，黄河流域与西部地区的产业绿色性水平区域间差异也呈现波动下降趋势，从2012年的0.0977下降至2022年的0.0313，年均下降10.76%。

图15　2012~2022年产业绿色性水平区域间差异

2012~2022年产业绿色性水平区域差异来源见图16。区域内差异方面，贡献率在20%上下小幅波动，平均值为19.96%；区域间差异方面，贡献率从2012年的63.6%下降至2022年的49.87%，平均值为54.37%；超变密度方面，贡献率从2012年的18.37%上升至2022年的29.23%，平均值为25.67%。从整体看，尽管区域间差异到2022年已不足一半，但仍然是黄河流域产业绿色性与其他地区存在差异的重要原因。

图16 2012~2022年产业绿色性水平区域差异来源

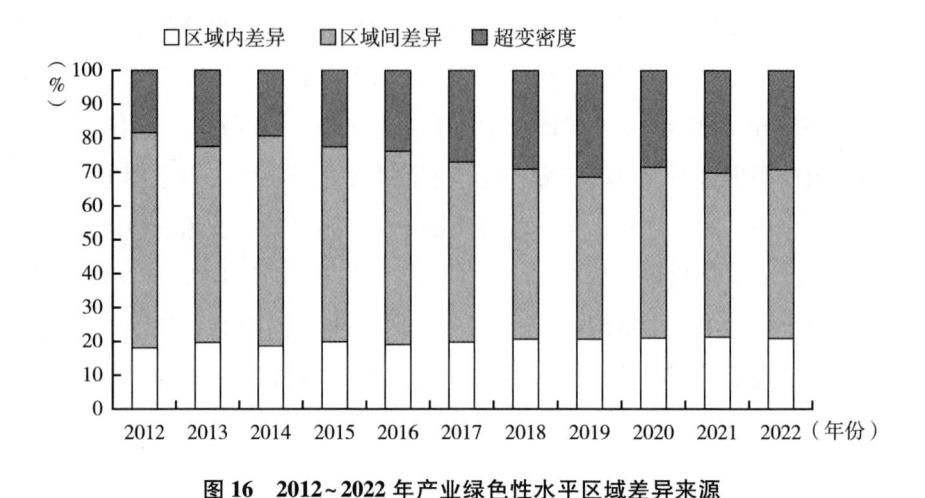

五 黄河流域产业开放性

产业开放是高水平对外开放的重要内容，中国要融入全球的产业链、价值链、供应链、技术链、人才链、资本链。

（一）黄河流域产业开放性指数

2012~2022年黄河流域产业开放性指数见图17。从整体看，黄河流域产业开放性指数呈现先升后降的趋势，从2012年的0.0142上升至2016年的0.0166，又回落至2022年的0.0142，绝对水平低于全国平均水平，不过黄河流域产业开放性指数只是未增长，而全国产业开放性指数却出现了下降，年均下降速度为1.77%。从各省区看，可大致分为下降型、上升型两类。

第一类是下降型，即产业开放性指数在波动中下降，包括青海、四川、甘肃、内蒙古、河南、山东。产业开放性指数出现下降，既由于中美经贸摩擦、新冠疫情的被动冲击，又由于中国构建以国内大循环为主体、国内国际双循环相互促进的新发展格局的主动选择。但产业开放性指数下降并不意味

图17 2012~2022年黄河流域产业开放性指数

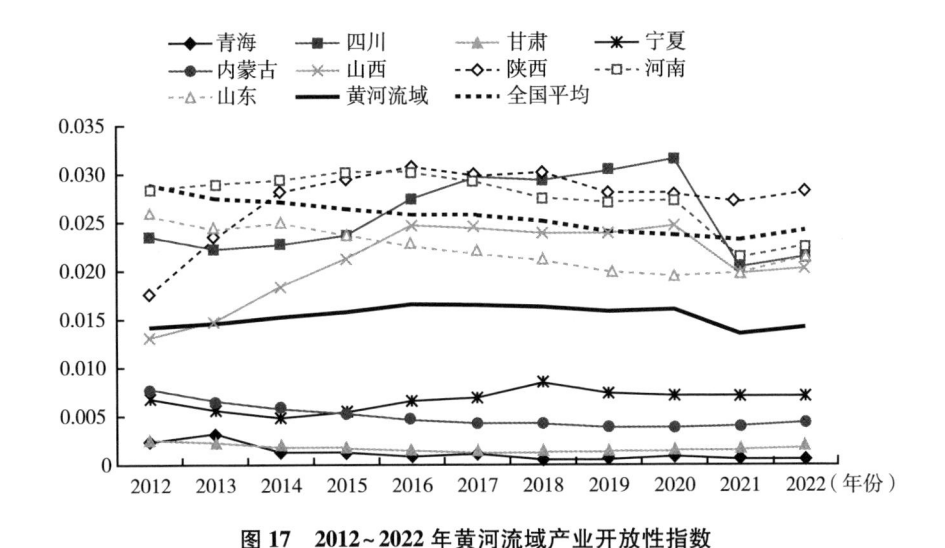

着各省区没有主动作为，相反，各省区都积极地采取了产业开放政策。青海深挖盐湖化工、光伏、锂电池等重点行业产品出口潜力，已落实60万吨纯碱、石棉、PVC、片碱等产品的铁路运输计划；西宁综合保税区以整合区域资源推动出口外销为目标，构建以保税加工、保税物流、保税贸易和保税服务为特色的对外贸易新平台；着力引导有实力的企业"走出去"，参与装备制造、能源资源、生态环境、绿色服务等领域的国际经贸合作。[①] 2014年，四川启动"中法生态园""中德中小企业合作园"，吸引不同业态的国家间高端产业合作园区正加速落地，推动四川在更高层面参与国际产业分工；开展国际产能合作，深入实施《关于深化工业和信息化领域开放合作的通知》《四川省制造业参与"一带一路"建设行动指南（2017—2020）》，围绕"5+1"产业，带动产业链内企业参与国际合作；开展合作平台和载体建设，积极推进中德（蒲江）中小企业合作区、中法生态园等一批主体功能突出的国别合作园区建设，积极参与中国—东盟框架合作和中国—中南半岛、孟中印缅、中巴经济走廊建设，加快建设新川创新科技园，组织

---

① 《青海从地理高地迈向产业高地》，《瞭望》2023年第12期。

参加中国进口博览会，推进自贸区建设，助推工业高质量发展。①甘肃制定《关于推进对外贸易创新发展的实施方案》，培育外贸综合服务企业；提出实施千亿级产业、百亿级园区、招大引强、承接产业转移4个招商引资突破行动；兰州新区大力发展"临空经济"，开辟了兰州至柬埔寨、泰国、越南、印度尼西亚、巴基斯坦等多国的航空经济通道。②内蒙古加快我国向北开放重要桥头堡建设，持续推进中蒙二连浩特—扎门乌德经济合作区、中国（内蒙古）自由贸易试验区申建；支持跨境电商、市场采购贸易、外贸综合服务等外贸新业态新模式发展，推动4个边民互市贸易区解封运营，开展县域外经贸破零增量示范工作；积极扩大先进技术、重要设备、能源资源等产品进口，提升口岸通关效能，大力发展落地加工产业，加强与其他省份在中欧班列方面的合作。③河南、山东也都采取了许多促进产业开放的政策。

第二类是上升型，即产业开放性指数在波动中上升，包括宁夏、山西、陕西。宁夏产业开放性指数从2012年的0.0068上升至2022年的0.0071，年均增速为0.43%。山西产业开放性指数从2012年的0.0131上升至2022年的0.0202，年均增速为4.43%。陕西产业开放性指数从2012年的0.0175上升至2022年的0.0281，年均增速为4.85%。这3个省区在产业开放性方面，也制定实施了许多政策。

（二）黄河流域产业开放性区域差异

2012~2022年产业开放性水平总体及区域内差异见图18。从纵向看，黄河流域产业开放性水平的区域内差异相对平稳，从2012年的0.3775略微上升至2022年的0.3840，尽管中间一度上升至0.4107（2020年），但波动

---

① 《立足工业抓开放 围绕产业促合作》，四川省人民政府网站，2020年1月14日，https://www.sc.gov.cn/10462/10464/10465/10574/2020/1/10/291c130b7e344f2f8849682df048d2aa.shtml。
② 《甘肃对外开放迈出新步伐》，《甘肃日报》2021年5月10日。
③ 《内蒙古：进一步深化改革开放 持续增强发展动力和活力》，内蒙古自治区人民政府网站，2023年2月17日，https://www.nmg.gov.cn/ztzl/yhyshj/dtxx/202302/t20230217_2258425.html。

幅度较小。从横向看，黄河流域产业开放性水平的区域内差异低于西部地区，略低于全国平均水平，高于东部地区、中部地区，黄河流域九省区产业开放性水平的区域内差异与全国平均水平呈现较为一致的状态。

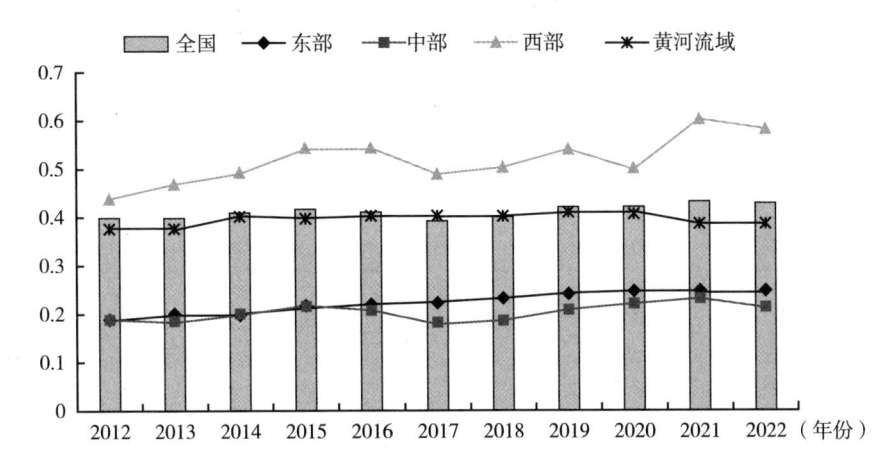

图18 2012~2022年产业开放性水平总体及区域内差异

2012~2022年产业开放性水平区域间差异见图19。2012~2022年，黄河流域与东部地区的产业开放性水平区域间差异先降后升，总体略有下降，从2012年的0.4608下降至2017年的0.3881，又上升至2022年的0.4401，总体年均下降0.46%。2012~2022年，黄河流域与中部地区的产业开放性水平区域间差异基本为先升后降，总体略有上升，从2012年的0.3187上升至2020年的0.4198，又下降至2022年的0.3623，总体年均上升1.29%。2012~2022年，黄河流域与西部地区的产业开放性水平区域间差异呈现波动上升趋势，从2012年的0.4537上升至2016年的0.5729，尽管下降至2017年的0.5099，但此后又上升至2022年的0.5568，总体年均上升2.07%。

2012~2022年产业开放性水平区域差异来源见图20。区域内差异方面，贡献率在20%上下小幅波动，平均值为19.41%；区域间差异方面，贡献率从2012年的70.29%下降至2022年的60.03%，平均值为63.33%；超变密度方面，贡献率从2012年的12.44%上升至2022年的20.44%，平均值为

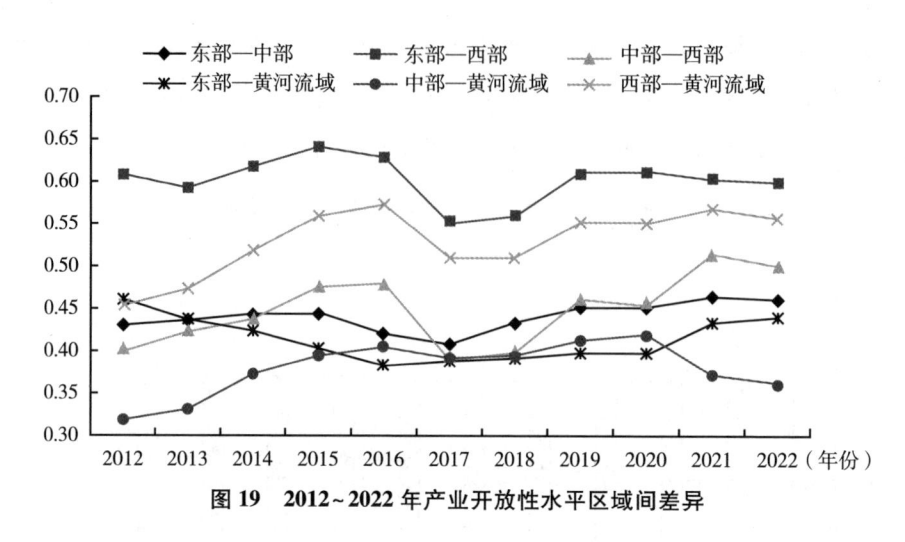

图19 2012~2022年产业开放性水平区域间差异

17.26%。从整体看，区域间差异仍然是黄河流域产业开放性与其他地区存在差异的重要原因。

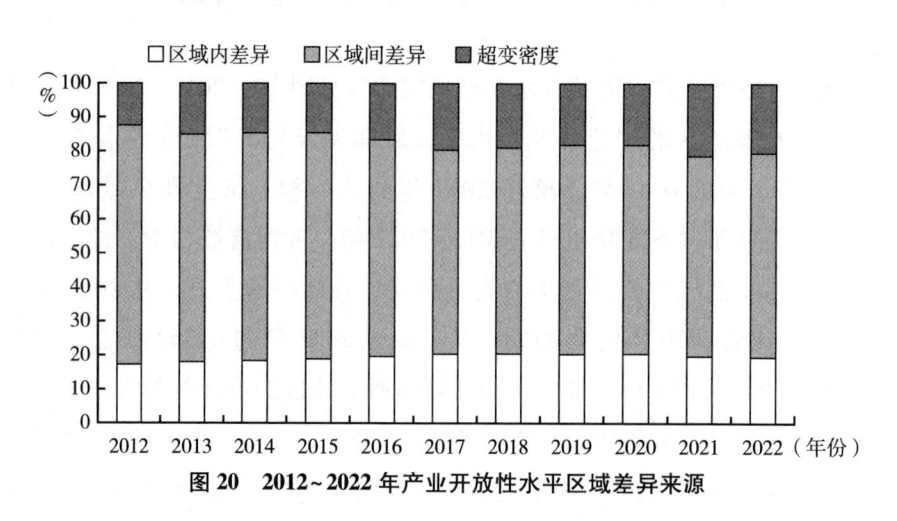

图20 2012~2022年产业开放性水平区域差异来源

六 黄河流域产业安全性

产业链供应链安全稳定是构建现代化产业体系的基础，"要强化高端产业引领功能,坚持现代服务业为主体、先进制造业为支撑的战略定位,努力掌握产业链核心环节、占据价值链高端地位"。①

(一)黄河流域产业安全性指数

2012~2022年黄河流域产业安全性指数见图21。从整体看,黄河流域产业安全性指数呈现先升后降再升的趋势,从2012年的0.0391上升至2015年的0.0447,又回落至2018年的0.0362,然后再上升至2022年的0.0394,绝对水平高于全国平均水平。从各省区看,可大致分为下降型、上升型两类。

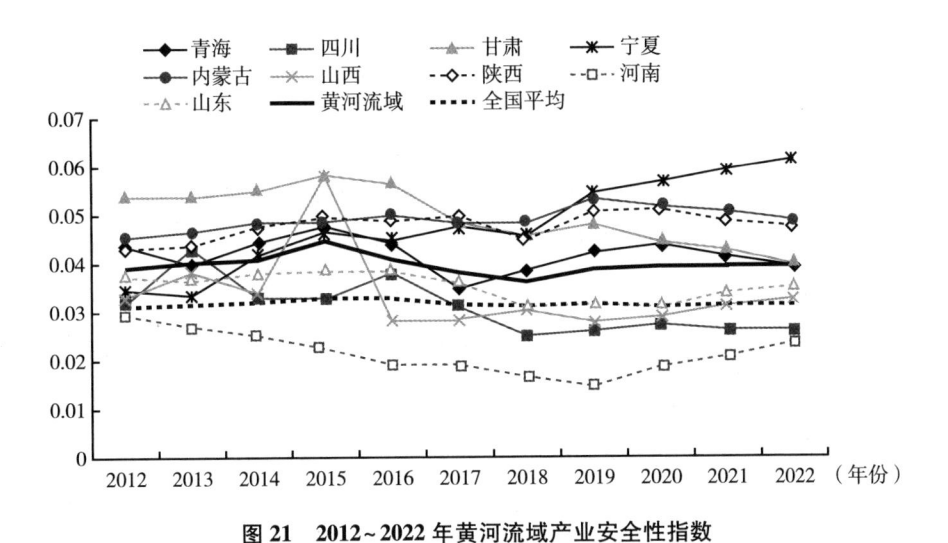

图21 2012~2022年黄河流域产业安全性指数

第一类是下降型,即产业安全性指数整体呈下降趋势,包括青海、四川、甘肃、山西、河南、山东。青海的产业安全性指数从2012年的0.0436波动下降至2022年的0.0393,年均下降速度为1.03%;四川的产业安全性指数从2012年的0.0317波动下降至2022年的0.0263,年均下降速度为1.85%;甘肃的产业安全性指数从2012年的0.0537波动下

---

① 《习近平:深入学习贯彻党的十九届四中全会精神 提高社会主义现代化国际大都市治理能力和水平》,《人民日报》2019年11月4日。

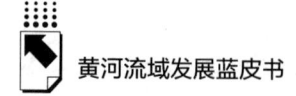

降至2022年的0.0397，年均下降速度为2.98%；山西的产业安全性指数从2012年的0.0330波动下降至2022年的0.0327，年均下降速度为0.1%；河南的产业安全性指数从2012年的0.0293波动下降至2022年的0.0236，年均下降速度为2.14%；山东的产业安全性指数从2012年的0.0372波动下降至2022年的0.0351，年均下降速度为0.58%。上述各省产业安全性指数下降，最主要的原因在于受中美经贸摩擦、新冠疫情的影响。

第二类是上升型，即产业安全性指数整体呈上升趋势，包括宁夏、内蒙古、陕西。宁夏的产业安全性指数从2012年的0.0346波动上升至2022年的0.0614，年均上升速度为5.90%；内蒙古的产业安全性指数从2012年的0.0453波动上升至2022年的0.0488，年均上升速度为0.75%；陕西的产业安全性指数从2012年的0.0431波动上升至2022年的0.0475，年均上升速度为0.98%。内蒙古在维护国家生态安全、能源安全、粮食安全、产业安全、边疆安全等方面肩负重大政治责任，2023年内蒙古的重点工作任务包括粮、畜要稳，豆、奶、肉要增，粮食产量稳定在780亿斤左右、牛奶产量提高到785万吨、肉类产量增加到300万吨，往"中国碗"里多装粮、装好粮、装好奶、装好肉；提高煤炭弹性产能和应急保供能力，加大油气资源勘探和增储上产力度，推动非煤矿产资源绿色安全有序开发。[①] 陕西专门制定《陕西省贸易救济与产业安全预警工作站管理办法》（暂行），丰富贸易调整援助和贸易救济等政策工具，有效应对国际贸易摩擦，健全产业安全预警体系。

（二）黄河流域产业安全性区域差异

2012~2022年产业安全性水平总体及区域内差异见图22。从纵向看，黄河流域产业安全性水平的区域内差异在波动中上升，从2012年的0.1064

---

① 《坚决扛起保障国家能源安全、粮食安全的重大政治责任》，《内蒙古日报》2023年1月20日。

上升至2019年的0.1935，尽管此后有所回落，但2022年仍有0.1586，其中，2020年及之后黄河流域产业安全性水平的区域内差异变小，主要原因在于不少省区产业安全性指数从较高水平下降，少数省区产业安全性指数从较低水平上升，这两类省区之间的产业安全性水平差异开始变小。从横向看，黄河流域产业安全性水平的区域内差异在大部分年份都高于全国平均水平、东部地区、中部地区、西部地区，说明黄河流域产业安全性水平的区域内差异相对较大。

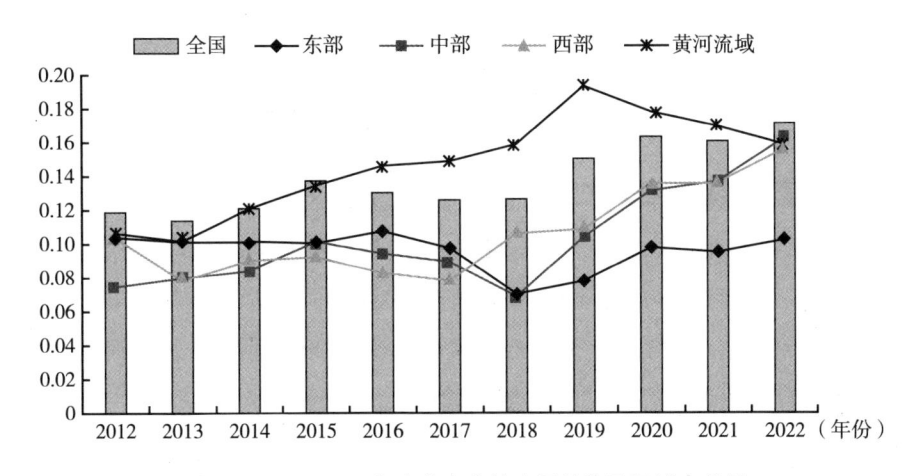

图22 2012~2022年产业安全性水平总体及区域内差异

2012~2022年产业安全性水平区域间差异见图23。2012~2022年，黄河流域与东部地区的产业安全性水平区域间差异波动上升，从2012年的0.1496上升至2015年的0.1928，又下降至2018年的0.1582，然后又波动上升至2022年的0.1715，总体年均上升速度为1.38%。2012~2022年，黄河流域与中部地区的产业安全性水平区域间差异总体呈上升趋势，从2012年的0.0956上升至2022年的0.1910，年均上升速度为7.17%。2012~2022年，黄河流域与西部地区的产业安全性水平区域间差异呈现波动上升趋势，从2012年的0.1099上升至2022年的0.1739，年均上升速度为4.7%。

2012~2022年产业安全性水平区域差异来源见图24。区域内差异方

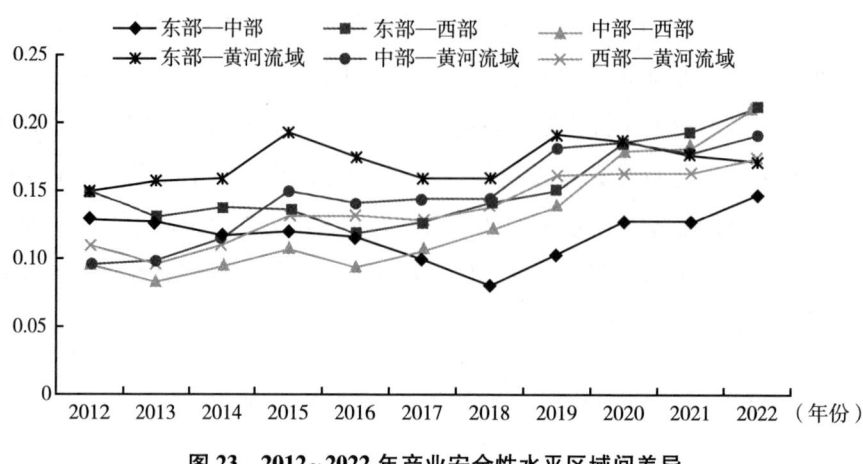

图23 2012~2022年产业安全性水平区域间差异

面，贡献率变化幅度较小，平均值为22.01%；区域间差异方面，贡献率呈现一定幅度波动，最大为50.71%，最小为36.04%，平均值为42.09%；超变密度方面，贡献率也呈现一定幅度波动，最大为41.99%，最小为27.67%，平均值为35.9%。从整体看，区域间差异是黄河流域产业安全性与其他地区存在差异的重要原因。

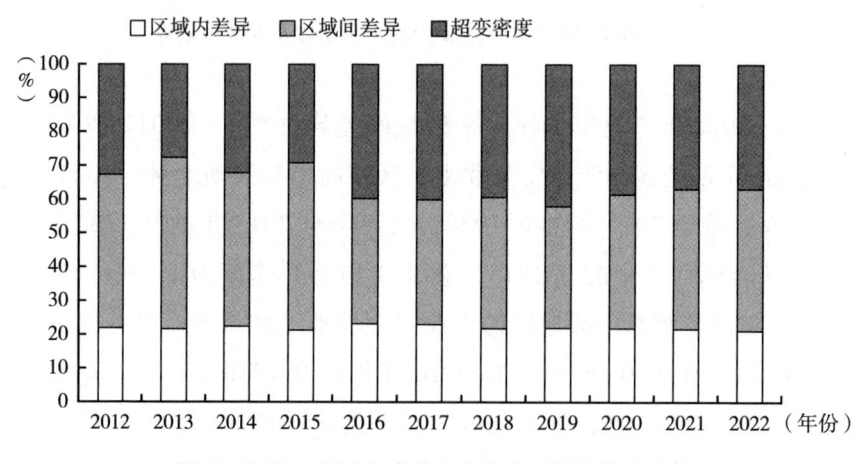

图24 2012~2022年产业安全性水平区域差异来源

七 黄河流域产业支撑性

现代化产业体系需要许多支撑，金融高水平支持、人口高质量发展、社会保障和城乡建设高水平提升，这些都是现代化产业体系的重要支撑。

（一）黄河流域产业支撑性指数

2012~2022年黄河流域产业支撑性指数见图25。从整体看，黄河流域产业支撑性指数呈现上升趋势，从2012年的0.0291上升至2022年的0.0622，年均增速为7.89%，绝对水平高于全国平均水平。从各省区看，每个省区都有不同程度上升。青海的产业支撑性指数从2012年的0.0571上升至2022年的0.1013，年均上升速度为5.9%；四川的产业支撑性指数从2012年的0.0190上升至2022年的0.0528，年均上升速度为10.76%；甘肃的产业支撑性指数从2012年的0.0250上升至2022年的0.0683，年均上升速度为10.57%；宁夏的产业支撑性指数从2012年的0.0461上升至2022年的0.0767，年均上升速度为5.22%；内蒙古的产业支撑性指数从2012年的0.0389上升至2022年的0.0657，年均上升速度为5.38%；山西的产业支撑性指数从2012年的0.0170上升至2022年的0.0480，年均上升速度为10.94%；陕西的产业支撑性指数从2012年的0.0227上升至2022年的0.0564，年均上升速度为9.53%；河南的产业支撑性指数从2012年的0.0139上升至2022年的0.0417，年均上升速度为11.61%；山东的产业支撑性指数从2012年的0.0219上升至2022年的0.0493，年均上升速度为8.45%。

从具体方面看，黄河流域产业各方面支撑都有所提升。金融规模支撑方面，黄河流域九省区金融业增加值占GDP比重大多在6%~8%，最高的超过了10%（青海，2015~2017年）；金融效率支撑方面，本外币各项贷款余额占存款余额比重大多超过70%，甘肃、宁夏、青海等省区在有些年份甚至超过了100%；人才培养支撑方面，人均地方财政教育支出大多从2012年的1000多元增长至2022年的2000多元，四川从1228元上升至

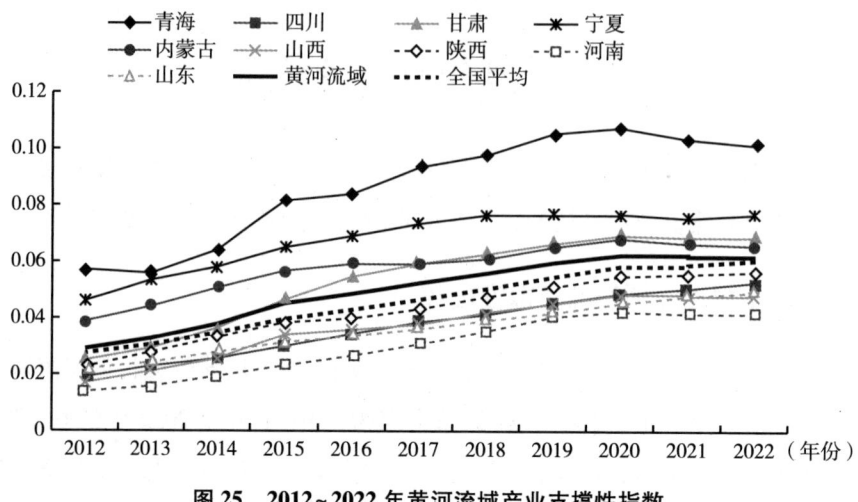

图25 2012~2022年黄河流域产业支撑性指数

2130元，青海2022年甚至超过了3000元，达3803元；卫生健康支撑方面，人均地方财政医疗卫生支出大多从2012年的不足1000元增长至2022年的超过1000元，山西从508元上升至1250元，内蒙古从722元上升至1574元，人均地方财政医疗卫生支出翻番；社会保障支撑方面，人均地方财政社会保障和就业支出大多从不到1000元跨越1000元、2000元，甚至3000元的大关，特别是青海的人均地方财政社会保障和就业支出水平较高，2012年为3144元，2022年为5375元；城乡建设支撑方面，人均地方财政城乡社区事务支出大多从2012年的200~500元增长至2022年的超过1000元。

（二）黄河流域产业支撑性区域差异

2012~2022年产业支撑性水平总体及区域内差异见图26。从纵向看，黄河流域产业支撑性水平的区域内差异总体呈下降趋势，从2012年的0.2574下降至2022年的0.1489，这主要得益于各省区都加大了产业支撑的力度。从横向看，黄河流域产业支撑性水平的区域内差异总体低于东部地区，高于中部地区、西部地区，与全国平均水平大体相当。

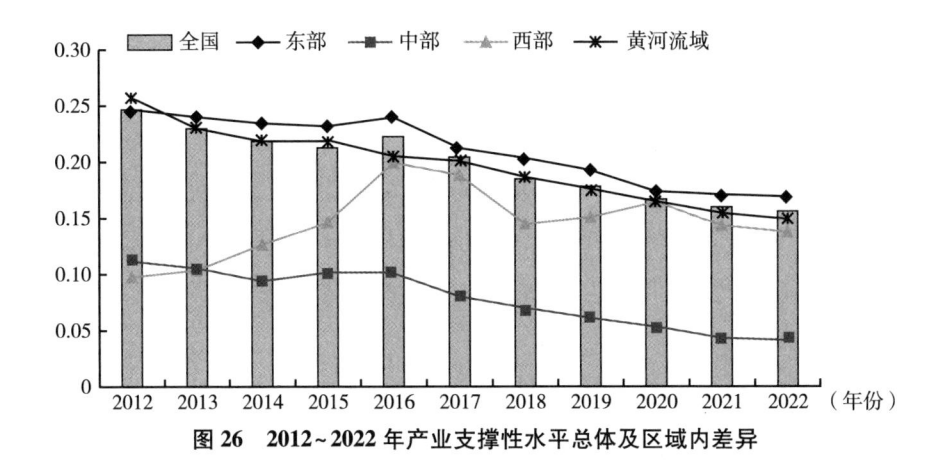

图 26　2012~2022 年产业支撑性水平总体及区域内差异

2012~2022 年产业支撑性水平区域间差异见图 27。2012~2022 年，黄河流域与东部地区的产业支撑性水平区域间差异波动下降，从 2012 年的 0.2813 下降至 2022 年的 0.1799，年均下降速度为 4.37%。2012~2022 年，黄河流域与中部地区的产业支撑性水平区域间差异呈下降趋势，从 2012 年的 0.2525 下降至 2022 年的 0.1161，年均下降速度为 7.48%。2012~2022 年，黄河流域与西部地区的产业支撑性水平区域间差异呈现波动下降趋势，从 2012 年的 0.2130 下降至 2014 年的 0.1899，又上升至 2016 年的 0.2165，然后又下降至 2022 年的 0.1702，总体年均下降速度为 2.22%。

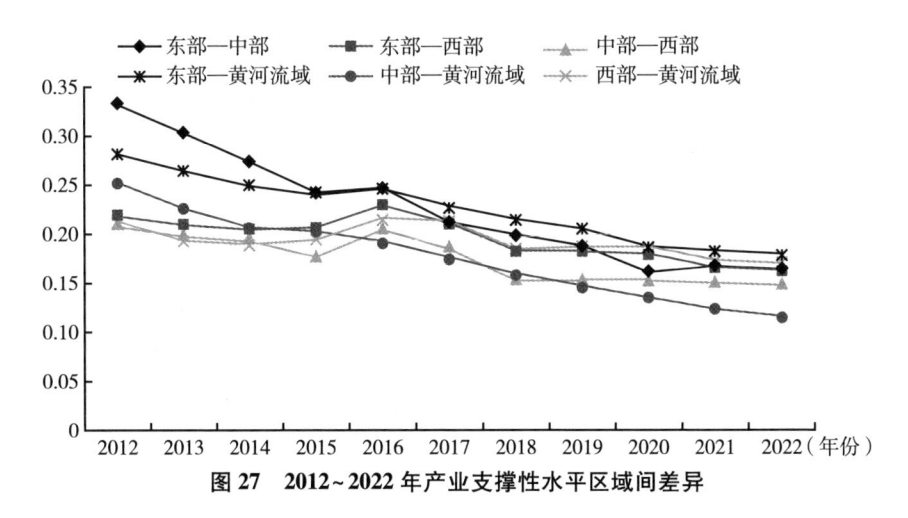

图 27　2012~2022 年产业支撑性水平区域间差异

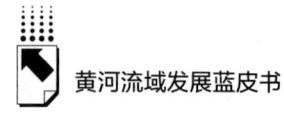

2012~2022年产业支撑性水平区域差异来源见图28。区域内差异方面，贡献率变化幅度较小，平均值为24.76%；区域间差异方面，贡献率呈现先降后升但总体下降的趋势，从2012年的44.5%下降至2017年的33.66%，又上升至2022年的40.2%，平均值为38.04%；超变密度方面，贡献率也呈现一定幅度波动，最大为41.4%，最小为31.44%，平均值为37.21%。从整体看，区域内差异和区域间差异是黄河流域产业支撑性与其他地区存在差异的重要原因。

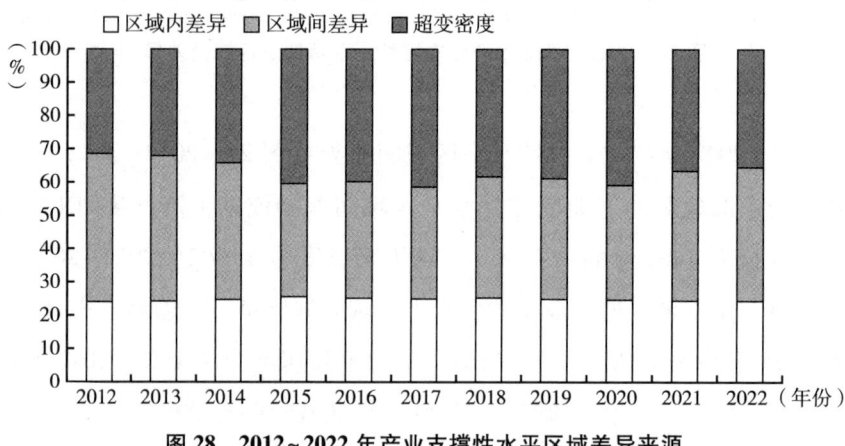

图28 2012~2022年产业支撑性水平区域差异来源

地区报告

Regional Reports

B.4 青海：打造生态型产业发展新优势

张壮 马震 赵红艳 才吉卓玛 刘畅 殷彦培*

摘　要： 现代化产业体系是现代化国家的物质支撑，是实现经济现代化的重要标志。建设现代化产业体系是党中央从全面建设社会主义现代化国家的高度作出的重大战略部署，对推动青海新旧动能接续转换，提高经济质量效益和核心竞争力具有重要现实意义。在分析青海省建设现代产业新体系的现实基础上，阐释了青海省建设现代产业新体系的有利条件和制约因素。有利条件表现为国内国际双循环格局加快构建，新一轮国家发展战略加速实施，自身转型发展优势潜力明显等；制约因素表现为经济形势带来挑战，基

---

* 张壮，博士，中共青海省委党校（青海省行政学院）发展战略研究所副所长、教授，研究方向为产业经济学、国家公园等；马震，中共青海省委党校（青海省行政学院）发展战略研究所所长、副教授，研究方向为区域经济社会发展；赵红艳，博士研究生，中共青海省委党校（青海省行政学院）哲学教研部副教授，研究方向为生态哲学、马克思主义哲学；才吉卓玛，博士，中共青海省委党校（青海省行政学院）生态文明教研部副教授，研究方向为生态文明理论与实践；刘畅，青海省社会科学院经济研究所助理研究员，研究方向为区域经济协调发展；殷彦培，中共青海省委党校（青海省行政学院）科学社会主义教研部讲师，研究方向为绿色发展。

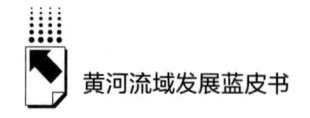

础条件比较薄弱，工业面临绿色转型压力，科技创新仍存短板，生产配套服务支撑不足等。最后提出了青海省建设现代产业新体系的实现路径：推动传统产业焕发新活力，打造生态型产业发展新优势，培育战略性新兴产业新支撑，增强服务经济新动能，优化产业协同发展新布局。

关键词： 现代化产业体系　绿色低碳循环　青海省

现代化产业体系是现代化经济体系的基础，也是实现经济现代化的基本力量。世界大多数国家在推进工业化的同时，也在致力于谋求产业体系的现代化。改革开放后，我国在启动人类历史上规模最大工业化的同时，也开始建设现代化产业体系。进入新时代，习近平总书记多次对建设现代化产业体系作出重要论述。2022年10月，党的二十大提出"建设现代化产业体系"；2022年12月，中央经济工作会议将"建设现代化产业体系"作为2023年经济工作的五项重点任务之一；2023年3月，《国务院政府工作报告》再次强调"加快建设现代化产业体系"。现代化产业体系是实现省域繁荣发展的重要力量。青海省第十四次党代会提出了加快建设绿色发展的现代化新青海的奋斗目标，要求在构建绿色低碳循环发展、体现本地特色的现代化经济体系上迈出扎实步伐。建设具有青海特色的现代化产业体系，必须立足自身产业较为低端的现实基础，紧跟国际科技产业变革新趋势，把发展的着力点放在实体经济上，增强"四地"的引领带动作用，加速推动产业向智能化、绿色化、融合化方向发展，构建创新引领、绿色导向、开放带动、协调融合、共享普惠的现代化产业新格局。

一　青海省建设现代产业新体系的现实基础

近年来，青海上下完整、准确、全面贯彻新发展理念，积极融入和服务新发展格局，持续深化供给侧结构性改革，坚持资源优势转化为产业优势，全力构建壮大特色优势鲜明的现代化产业体系，供给体系稳步优化，绿色低碳转型步伐加快，发展基础更加稳固，发展质量不断提升。

（一）支柱产业基础地位持续巩固

盐湖资源综合利用蹄疾步稳。形成钾、钠、镁、锂、氯五大产业集群，盐湖资源综合利用效率逐步提高，2022年钾肥增产100万吨，为保障国家粮食安全作出重要贡献。率先实现国内IBC电池工业化量产，攻克电解氯化锂、卤水制备氢氧化锂等关键技术，镁基土壤修复材料产品实现从无到有，高纯氧化镁晶体材料生产技术实现突破。盐湖资源绿色高值利用国家级重点实验室启动建设。新能源发展"风光无限"。全力推进国家清洁能源示范省建设，建成海南、海西两个千万千瓦级新能源基地，玛尔挡、羊曲水电站建设全面推进，21台新能源分布式调相机群全面建成。清洁能源装机占比91%、新能源装机占比62%、非水可再生能源消纳比重29%，三项指标保持全国领先。绿电实践活动屡次刷新世界纪录。世界首条全清洁能源输送通道累计外送电超300亿千瓦时。新能源制造行业加速向大向强转变，一批领军企业落户青海。新材料产业优势凸显。相继建成万吨级晶硅及硅材料、万吨级高档电解铜箔、万吨级碳酸锂、万吨级碳纤维、万吨级锂电正负极材料等一批重大产业项目，新材料产业实现了从无到有、从弱到强，初步形成以铝、镁、钛、铜等金属为基础的合金新材料，以碳纤维、镁基土壤修复材料等为主的新型化工材料，以光纤预制棒、电子级多晶硅等为主的电子信息新材料，以电子级高纯氧化铝为基础的蓝宝石光电新材料产业链。

（二）传统优势产业加快转型升级

有色冶金转型加快。铁、铜、铅、锌、镍、钴、钛、钼、黄金等采选冶炼技术工艺水平不断提升，资源开采—冶炼—精深加工产业链培育壮大，精度特钢产品档次和比重持续提高。以降低企业能耗、物耗及排放指标为重点，加快先进成熟绿色低碳技术装备推广，推动能量梯级利用、物料循环利用和余热余压利用，实施节能技术改造项目350项，10年累计出清钢铁落后产能98万吨、铁合金28万吨。绿色建材快速发展。建材产品深加工水平和绿色建材产品应用比重稳步提高，节能减排和资源综合利用水平进一步提升，单位产品综合能耗达到国内先进水平，建材工业结构明显优化。全面实施节能环保和信息化技术的推广应用，优质高标号水泥、特种玻璃等高附加值产品比重持续增加，新型墙材、新型材料产业规模持续扩大。装备制造迈向高端。以数控机床、环卫设备、专用汽车等为核心的特色装备制造业体系初步形成，碳钢无缝钢管、高合金难变形材质钢管居世界先进水平，自主研发建成国内首台钛合金熔炼炉，航空发动机空心轴、铁路整体辙叉等产品具备规模化生产能力，大马力曲轴、连杆用钢高附加值产品实现突破，建成世界唯一具备超大荷载挤压和模锻两大功能的6.8万吨压机，2022年装备制造业增加值增长1.6倍，成为新旧动能转化的重要支撑。

（三）新兴产业迅速崛起

数字经济破题有力。三江源大数据基地、高原大数据中心等一批大数据中心项目相继建成，西宁国际互联网数据专用通道、工业互联网标识解析二级节点建成投运，西北地区首个根镜像服务器上线运行，全省区县主城区实现5G网络全覆盖，行政村实现4G网络和光纤宽带覆盖率"双百"，新能源大数据平台等智能应用场景加快布局，盐湖工业互联网大数据平台等一批项目入选国家试点示范，3200余家企业实现业务上云用云。数字经济增加值占地区生产总值（GDP）比重超过25%，新一代信息技术与实体经济融合发展步伐加快。生物医药稳步发展。枸杞、沙棘、菊粉等深加工产品实现规模化生产，建成冬虫夏草菌丝体工程试验场地，投运青藏高原生物资源高效利用技术集成创新平台，特色生物资源与中藏药集群获批国家级创新产业集群试点。培选育大宗中藏药材20余种，建立种植生产技术规程标准30余项，支持研发藏药新品10余种，"梓醇片"实现全省新药零的突破。环保产业不断壮大。普及推广"互联网+再生"模式，开展绿色回收"五进"活动，绿色包装标准化进程加快，废旧物资循环利用体系加快构建,报废汽车回收网络全面建立,涵盖技术研发、产品与装备制造、安装调试、运行维护和服务的环保产业链初步形成。

(四)其他特色产业方兴未艾

生态旅游蹄疾步稳。东西南北4个方向各具特色的生态旅游精品线路加快打造,省部联合打造国际生态旅游目的地高位推进,一批国家级生态旅游示范区、全域旅游示范区布局建设,西宁市列入国家旅游枢纽城市,海北红色游、海东民俗游入选全国乡村旅游精品线路。创新实践的生态旅游补偿机制、特许经营准入机制加快建立,自然生态、民族风情、丝路文化、观光探险、源头科考等产品供给日益丰富,"大美青海·生态旅游"热度快速提升。特色农牧业释放新潜力。粮食产量保持百万吨以上。创建国家特色农产品优势区5个、国家特色优势产业集群3个、国家级现代产业园4个。牦牛、藏羊、青稞、油菜、冷水鱼等全产业链标准化试点全面推进,主要农畜产品加工转化率达到62%。千头牦牛千头藏羊标准化规模养殖项目突破100个,牦牛、藏羊质量追溯覆盖39个市县。有机监测认证草原面积超1亿亩,绿色、有机和地理标志农产品数量超过1000个,"净土青海·高原臻品"影响力显著提升。现代物流活力彰显。物流产业规模稳步增长,物流基础设施不断改善,重点物流园区、物流中心布局基本形成,西宁和格尔木分别列为商贸服务型和陆港型国家物流枢纽承载城市,丝绸之路国际物流城等一批重大物流项目相继建成投运,初步形成以铁路、公路网为主骨架,以民航为补充,以国家物流枢纽为核心,以市州级物流中心为支撑,以农村(牧区)物流站为节点,布局合理、功能互补的三级物流节点体系。

(五)产业发展保障支撑能力不断提升

价格杠杆作用充分发挥。以绿色发展为导向持续深化价格机制改革,出台《创新和完善促进绿色发展价格机制实施意见》。推动构建科学完善的电价机制,完善峰谷电价动态调整机制和高载能产业差别电价政策。全面实行阶梯水价,推进农业水价综合改革,逐步建立有利于节约用水的价格机制。

建立健全污水处理费动态调整和城镇生活垃圾差别化、分类减量收费机制。财税金融支撑有力。2022年，围绕产业"四地"建设下达资金73.8亿元，支持构建现代化产业体系。顶格出台减征小微企业地方"六税两费"政策，青海新增退税减税降费及缓缴税费218亿元。充分发挥首贷信用贷风险补偿资金池和续贷周转资金池作用，向企业发放资金28.2亿元，近2000家中小微企业从中受益。实施两项直达实体经济货币政策工具，累计办理展期、续贷180亿元，惠及3200余户市场主体，省内企业累计完成直接融资94.59亿元。科技创新活力持续释放。深入实施创新驱动发展战略，围绕盐湖化工、清洁能源、科技文旅、有机农牧等青海特色优势产业，攻克低品位固体钾矿浸取、可再生能源与储能集成应用等一批关键核心技术。创新平台载体建设量质双升，"小成初、初升高、高壮大"全链条科技企业梯级培育体系逐步完善，青海科技型企业数量达644家，青海科技进步贡献率达到55%，创新型省份建设迈出坚实步伐。

二 青海省建设现代产业新体系的有利条件

青海省建设现代产业新体系，需要牢牢把握高质量发展这一主题，辩证分析自身发展的优势潜力，综合用好各种有利条件和积极因素，积极构建具有鲜明青海特点的现代化产业体系。

（一）国内国际双循环格局加快构建

为应对世界经济严峻复杂形势和新冠疫情对全球产业链供应链造成的影响，2020年5月，中共中央政治局常务委员会会议首次提出了"构建国内国际双循环相互促进的新发展格局"，并以此加快提升产业链供应链稳定性和竞争力。我国将进一步深化供给侧结构性改革，挖掘国内大市场潜力，提升国内经济循环的健康平稳运行和抗风险能力。对外加强互联互通，持续创新合作渠道与机制，与国际循环有机衔接，保障国内国际产业链、供应链、需求链循环畅通。国内国际双循环的发展新格局为青海高质量发展提供了新的战略机遇，青海要乘势将生态优势转化为产业优势和新的经济增长点，充分融入国内国际双循环大格局，强化我国东西部地区产业间协同联动，促进东部区域为西部区域发展提供科技创新和高端装备等要素支撑，西部区域为东部区域提供能源供给和上游资源等要素保障。

（二）新一轮国家发展战略加速实施

2020年5月，中共中央、国务院发布《关于新时代推进西部大开发形成新格局的指导意见》，突出推动西部地区进一步融入共建"一带一路"和国家重大区域战略，加快形成全国统一大市场，并发展更高层次的外向型经济。青海处于我国内陆地区与中亚、南亚国家的通衢交界位置，在"向西开放"中具有独特的区位优势，为加强与中亚、南亚国家的经贸交流带来便利条件。共建"一带一路"的深入实施，必将进一步拓展青海对外开放的深度和广度，形成"东出、西进、南下"的全方位对外开放格局。从国内来看，近年来国家坚持推进西部大开发，并在长江经济带、兰西城市群、乡村振兴、脱贫攻坚、对口援青等领域不断释放新的政策机遇，特别是2018年西部地区开发领导小组会议提出抓紧推出一批西部急需、符合国家规划的重大工程，并明确表示加大对引黄济宁、特高压外送通道等重大工程的支持力度，为推动青海经济发展带来了重大历史机遇。"十四五"时期，青海应发挥比较优势，将工业经济的建设有机融入国家重大战略，把深度推进共建"一带一路"高质量发展作为青海持续深化改革和扩大对外开放的重要抓手，在有力有序有效参与共建"一带一路"的过程中寻求更大发展。

（三）国内新基建全面提速实施

"新基建"是发力于科技端的基础设施建设，以5G基建、大数据中心、人工智能、工业互联网、特高压等领域为重点，通过全要素、全产业链、全价值链的全面连接，对众多领域的产业链形成强大带动效应。当前，新基建与实体经济正加速融合，推动了一批新技术产业应用，并催生出网络化协同、规模化定制等新模式新业态，扩大了新供给，形成新的经济模式，从而带动现代服务业、生产性服务业、文化创意等相关产业发展。新兴的服务模式和技术手段为更大范围的经济活动提供可能，成为我国经济发展的新动能。青海省建设现代产业新体系，应加速融入国内新基建发展浪潮，带动数字经济发展，充分发挥区域战略地位、特殊气候、能源资源等条件优势，提升大数据中心、5G基站等基础设施建设水平，同时把握新基建带来的相关产品市场机遇，紧抓数字经济的应用，加速大数据服务、工业互联网平台等应用推广，激发本地市场发展潜力，增强经济发展底蕴和产业影响力。

（四）供给侧结构性改革深入推进

面对现阶段经济运行稳中有变、变中有忧的态势，中央经济工作会议提出了"巩固、增强、提升、畅通"的八字方针，从调整存量、增强活力、提升增量、畅通循环四个方面明确了当前及今后一个时期深入推进供给侧结构性改革的重点发力方向。"八字方针"的提出以及供给侧结构性改革的深入推进为青海的经济发展建立了新的格局，要巩固"三去一降一补"的成果，加大破、立、降力度，推动"三去一降一补"取得实质性进展。要增强微观主体活力、企业和企业家主观能动性，培育更多优质企业。要提升产业链水平，着力解决关键核心技术"卡脖子"问题，培育和发展新的产业集群。要畅通国民经济循环，形成区域内市场和生产主体、经济增长和就业扩大、金融和实体经济良性循环，不断提高经济发展质量和效益。

（五）自身发展优势潜力明显

国家公园示范省、国家清洁能源示范省、兰西城市群等的建设，为青海融入国家发展战略，建设现代产业新体系，带来了前所未有的机遇。青海年均气温3.1℃，天气冷凉、多风少雨，辐射强、温差大的鲜明气候特点，为特色农畜、生物医药、大数据等适宜产业发展提供了优良条件。青海光能、水能和风能潜力巨大。水能资源理论蕴藏量位居全国第五，技术可开发量2585万千瓦；光照资源理论可开发量35亿千瓦，位居全国第二；风能可开发量7555万千瓦，是我国第四大风场。青海清洁能源装机量达4075.2万千瓦，为发展绿色载能产业提供了较好的电价优势。青海是国家重要的战略资源接续储备地，盐湖资源储量大，金属矿产、石油、天然气、页岩气等储量丰富，已探明矿产资源潜在价值约 105 万亿元，矿产资源保有储量占全国的 13.6%，11 种矿产储量居全国第一位，石油、天然气及有色金属等资源，储量大、品位高、类型全、资源组合好、伴生资源多，产品供应已在全国占有重要地位。青海山脉纵横，湖泊众多，峡谷盆地遍布，具有草原雪山、沙漠戈壁、河湖湿地等自然风光资源和独具特色的人文旅游资源，现有世界级旅游景点 11 处、国家级旅游景点 52 处，具有开发前景的旅游资源 400 多项，为打造具有高点站位、地域特色、时代特征的国际生态旅游目的地奠定了坚实基础。

（六）"四种经济形态"引领经济转型

青海最大的价值在生态、最大的责任在生态、最大的潜力也在生态。青海在深入推进"一优两高"战略的基础上，提出培育和壮大生态经济、循环经济、数字经济和平台经济"四种经济形态"，在保护生态、涵养水源的同时要创造更多的生态产品。从目前来看，生态产品价值实现尚存在诸多困难，但是青海作为"中华水塔"，生态意义举足轻重，积极开展生态产品价值实现机制试点，探索政府主导、企业和社会各界参与、市场化运作、可持续的生态产品价值实现路径，是建设生态文明的应有之义，也是新时代必须实现的重大改革成果。青海省建设现代产业新体系，应牢牢把握生态产品价值体系建设这一新机遇，通过培育多元化的生态产品市场生产、供给主体，创设生态产品及其衍生品交易市场。建设有效的价格发现与形成机制，形成统一、开放、竞争、有序的生态产品市场体系，为全国生态文明建设贡献青海智慧、创造青海经验、作出青海示范。

（七）绿色发展理念广泛深入贯彻

生态环境是关系党的使命宗旨的重大政治问题，也是关系民生的重大社会问题。近年来，我国经济建设奉行"创新、协调、绿色、开放、共享"

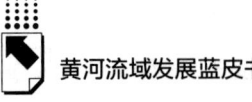

新发展理念，高举和平、发展、合作、共赢的旗帜，倡导构建人类命运共同体，推动建设持久和平、普遍安全、共同繁荣、开放包容、清洁美丽的世界，为维护全球生态安全、实现国家碳达峰碳中和的中长期目标不断作出新贡献。发展绿色经济，既是基于青海资源禀赋的现实选择，也是青海经济转型升级的内在要求。"十三五"以来，青海能源消耗增速减缓，在资源节约、综合利用和清洁生产方面取得突出成效，随着国家对绿色发展的政策支持和基础设施的日趋完善，青海将基于本地资源禀赋，紧抓发展机遇，围绕新型材料、绿色建材、清洁能源、装备制造、特色生物加工、矿物资源循环利用等特色产业构建绿色发展产业体系。①

三 青海省建设现代产业新体系的制约因素

当前，国内外经济形势错综复杂，青海作为资源型地区、生态敏感地区，基础条件比较薄弱，建设现代化产业体系，仍然面临着工业绿色转型、比较优势逐步弱化、科技创新不足、生产配套服务体系欠缺等制约因素。

（一）经济形势错综复杂

我国经济进入高质量发展阶段，经济结构从增量扩能为主转向调整存量、做优增量并存，发展动力从传统增长点转向新的增长点。当前，国内投资和出口增速明显放缓，消费需求难有大的提升，市场有效需求依然不振，作为青海主导产业的原材料工业产品价格持续走低，企业经营困难加剧，工业增速回落较快，稳中向好的基础尚未巩固，稳增长压力进一步加大。从全国范围看，发展目标一致性与各个区域约束条件的差异性使区域协调发展面临困境，青海外部区域发展不平衡主要表现为与东部经济发达省份差距依然明显，内部区域发展不平衡主要表现为省内东部地区和柴达木地区两大优势工业主体区域与其他地区的发展呈现垂直差距。建设现代化产业体系、统筹

---

① 《青海省"十四五"工业和信息化发展规划》，青海省发展改革委网站，2022年2月25日，http://fgw.qinghai.gov.cn/ztzl/zt2022/sswgh/zxgh/202202/t20220225_80429.html。

区域协调不仅要面对国内激烈的市场竞争,同时面临省内各地区均衡全面发展的巨大压力,为青海工业和信息化工作提出更高的要求。只有落实区域协调发展战略和主体功能区战略,优化城镇化格局、农业生态格局、生态保护格局,筑牢生态安全屏障,有效融入国内经济大循环,才能释放出最大的经济活力。

(二)基础条件比较薄弱

习近平总书记视察青海时指出,青海发展底子薄、任务重,发展不足仍然是主要矛盾,发展不平衡、不协调、不可持续问题比较突出。青海90%的区域为限制和禁止开发区域,基础设施建设滞后,教育资源分布不均,医疗保障水平不高,文化生活不丰富,部分地区还存在吃水难、用电难、行路难、上学难、求医难等问题。统一开放、竞争有序的现代产业新体系尚未形成,行政性垄断、所有制歧视尚未完全消除,非公经济占比仅为36.5%,远低于全国平均水平。区域差异是青海的协调难题。青海正由低水平均衡向保护生态和重点开发共同发力转变,区域间整体组织性差,产业密集度低,各项指标分化,民族地区发展落后,县域经济发展缓慢,除西宁、海东、海西以外,其他5个州生产总值仅占青海的17%,省内不同地区、不同功能区和城乡之间发展不均衡的矛盾还在加深,低水平竞争和重复建设仍然存在,产业同质化、结构趋同化问题亟待解决。青海生态环保、意识形态、民族宗教、特定利益群体等领域不安定、不确定、不和谐的因素依然不少。同时,传统因素与非传统因素相互叠加,非传统安全威胁日益增多,金融市场、交通消防、食品药品、信息网络等领域的监管还有盲点。基层基础薄弱的问题还未得到根本解决。

(三)工业面临绿色转型压力

当前,青海面临工业经济发展思路和模式亟待调整、产业发展能源供给不足、高海拔区域经济发展与人口资源环境矛盾突出等问题。传统工业占比大、惯性强。长期以来,青海省在以资源禀赋、资源开发为主导的发展思想下,以水电及盐湖和石油、天然气等优势资源为依托的重工业规模不断扩大,支撑了全省经济30余年的快速发展,打下了坚实的工业基础。但也使青海难以摆脱对资源、重工业的依赖,传统经济发展的惯性将持续较长时间。经济结构不尽合理。在动力结构上,经济增长对投资的依赖性过强,而出口和消费拉动经济增长的作用弱。自西部大开发以来,投资对青海省经济增长的贡献率一直在70%以上,投资拉动已成为青海省经济增长的关键。在产业结构上,三次产业增长方式比较粗放,农牧业规模效益不明显,第二产业比重高,第三产业比重低,2018年第三产业占GDP的比重为47.1%,比全国平均水平低5.1个百分点。在所有制结构上,民营经济所占比重太小,循环经济质量不高、效益低。统计数据显示,2018年,青海省循环经济工业增加值占全部工业增加值的60%以上,产业结构正加速调整优化。但是,目前循环经济试验区仍然存在"经济不循环"和"循环不经济"的尴尬局面。[①] 近年来,青海主动肩负生态保护责任。2018年,出台了《青海省重点用能单位"百千万"行动节能"双控"目标责任考核实施方案》;2021年,颁布了《中共青海省委 青海省人民政府贯彻落实〈关于完整准确全面贯彻新发展理念做好碳达峰碳中和工作的意见〉的实施意见》;2022年,编制了《青海省碳达峰实施方案》。通过开展节能评价考核,形成倒逼机制,以此推动企业落实各项节能政策。建设现代化产业体系,青海自身经济总量偏小、总体实力较弱、优势产业支撑不足、转型发展缓慢等仍是亟待解决的问题,如何在确保生态优先的前提下,找到青海生态环境保护与工业发展之间的平衡点需要更多投入。

(四)比较优势逐步弱化

青海在新一轮西部大开发战略、"一带一路"倡议深入实施过程中,面临周边省份的巨大竞争压力。陕西要将西安打造成"一带一路"的"新

[①] 严维青:《青海省融入黄河流域生态保护和高质量发展的SWOT分析》,《柴达木开发研究》2020年第3期。

起点"和"桥头堡",甘肃致力于打造"一带一路"的"黄金段",新疆借助区域优势打造向西开放的前沿门户。青海地理位置不邻边,不在欧亚大陆桥主干道上,区位优势不及上述省份,自然条件、人力资源、经济发展水平等因素也不在省际竞争中占据显著优势。青海远离国内国际市场中心,市场化水平和开放度都较低,资金、信息、人才、技术等缺乏市场聚集度,产业发展对市场变化的反应明显滞后,参与区域竞争存在先天不足。此外,青海的能源产业与新疆存在较大竞争关系,中藏药产业、枸杞产业、民族服饰产业都与甘肃、四川、西藏、宁夏等存在一定竞争。建设现代化产业体系,青海需要在处理好与周边地区竞合关系过程中走特色化发展道路。

(五)科技创新能力不足

研发投入不足制约自主创新能力提升。2021年青海研发经费投入强度为0.8%,仅高于新疆(0.49%)和西藏(0.29%),与全国平均水平2.44%有较大差距。基础研究薄弱,原始创新偏少,每万人发明专利拥有量3.76件,为全国水平的1/2。体制机制不顺制约科技成果转移转化。调研中,有企业反映成果转移转化评价、创新利益导向、成果权益分享等体制机制仍不顺畅,科技成果转化服务机构发展滞后,科技成果转化率较低。创新意识薄弱制约创新主体数量增加。市场主体创新意愿普遍较低,缺少研发活动,2022年全省高新技术企业仅266家,2018~2022年有创新活动的规上工业企业比例仅为10.7%,低于全国17.3个百分点。多元化的科技创新融资体系尚未完全形成,企业创新面临"研发投入短缺、人才流失—缺乏核心技术、利润更低—更加无力投入研发"的恶性循环。引才聚才环境不优制约创新活力释放。高层次领军人才、高端技术人才仍然紧缺,企业研发人员数量仅占全省总量的三成左右,40%的企业缺少高级技工。地理气候条件艰苦,财力保障激励不足,项目平台支撑有限,公共服务水平较低,人才发展困境一时难以破解。

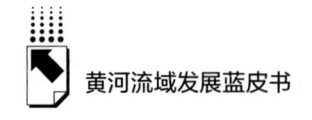

（六）生产配套服务支撑不足

2014年，国务院出台《关于加快发展生产性服务业促进产业结构调整升级的指导意见》，加快生产性服务业向高端化、品质化、集约化转型升级，充分发挥其行业辐射和带动作用。2021年，青海制定实施《青海省加快发展生产性服务业促进产业结构调整升级的实施方案》以来，虽然现代物流、现代金融、信息服务、电子商务等服务业规模总量不断扩大，但从内部结构看，餐饮、商业等传统服务业比较发达，而现代服务业尤其是工业设计、金融、保险、物流等生产性服务业相对落后，与发展目标存在差距，尚未形成对工业经济发展的有力支撑。[①] 比如，青海省内绝大多数公共服务机构的产品和服务都处于初级水平，产品同质化现象较普遍，缺乏特色，围绕"互联网+"的服务手段有待进一步完善。服务机构开拓市场手段过于单一，缺乏与产业服务链条上其他机构的合作。支撑传统产业改造升级和新兴产业培育壮大的生产性服务业发展不足，信息服务、现代物流、电子商务等新产业、新业态发展水平不高。云计算、互联网交换中心等新一代信息技术基础设施配套不足，与工业经济转型升级的迫切需要还有差距。

四 青海省建设现代产业新体系的实现路径

以科技创新为引领，加快传统产业高端化、智能化、绿色化升级改造，加快发展生态产业，抓紧布局新兴产业和未来产业，增强服务经济新动能，优化产业协同发展新布局，推动新旧动能接续转换，着力解决产业层次偏低结构不优、产业关联度不高融合程度不深、产业发展战略管理能力低等问题，加快构建创新引领、协同发展，符合完整性、先进性、安全性要求，具有青海特色的现代产业体系。

---

① 《青海省"十四五"工业和信息化发展规划》，青海省发展改革委网站，2022年2月25日，http://fgw.qinghai.gov.cn/ztzl/zt2022/sswgh/zxgh/202202/t20220225_80429.html。

（一）推动传统优势产业焕发新活力

1. 建设世界级盐湖产业基地

全面提高盐湖资源综合利用效率，着力建设现代化盐湖产业体系，打造具有国际影响力的产业集群和无机盐化工产业基地。加快发展锂盐产业，提升碳酸锂生产规模和产品档次，发展锂电材料、高纯度金属锂等系列产品。稳步发展钾产业链，延伸发展化工基本原料下游产品，提升钾肥产业，开发高效、环保钾肥新品种。打造国家"两碱"工业基地，优化钠资源利用产业链条，开发碱系列下游产品。做大镁产业，推进高纯镁砂、氢氧化镁精深加工，推进金属镁一体化等项目，发展镁基系列产品，建设镁质建材原料生产基地。加大盐湖提硼力度，拓展开发硼系材料及新产品，推进硼化工产业发展中心建设。注重盐湖稀散元素开发，培育硫、锶化工产业。开发食品级和医药级氯化钾、氧化镁等耗氯产品产业链。布局氯平衡能源化工产业。建设国家重要的碱业生产基地、氯盐产品生产基地、锂电产业基地，重点实施锂、镁、钾、硼等资源开发利用项目，推进金属镁一体化、PVC一体化、锂电池基础材料和配套产业、废旧锂电池回收利用等项目。实施钾肥扩能改造项目。

2. 提升冶金建材全产业链竞争力

改造提升有色金属现有产能，提高产业集中度和集约化发展水平，高水平建设有色金属精深加工集聚区，降低企业能耗、物耗及排放。提升铝、铁、铜、铅、锌、钛、钼、黄金等采选冶炼技术工艺水平，提高就地加工转化能力，建设国内重要的有色金属产业集群。提高先进钢材生产水平，鼓励发展高端装备、核电等特种钢材，开展铁合金行业自动化系统技术改造。科学有序开展有色金属资源勘探，提升有色金属资源战略储备支撑能力，打造全国有色金属资源储备战略要地。推进建材产业提档升级，重点支持发展特种水泥、高标号水泥及构件，鼓励发展高端玻璃产品。推进车用轻量化铝板、铜材深加工、洁净硅铁、铝镁工业型材、钛及钛合金、航空铝材、铝锂合金等项目，建设有色金属精深加工集聚区。推进电子玻璃、玻璃纤维、光

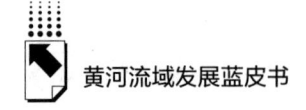

伏玻璃、防火发泡混凝土保温板、镁质特种耐火材料等项目建设。

3. 推动特色轻工业提品质创品牌

聚力打造具有青海地理标志的系列特色轻工品牌，促进高端化特色化品牌化发展。壮大饮料饮品制造业，扩大天然饮用水产业知名度和市场占有率，丰富发展枸杞、沙棘、黄果梨、火焰参等饮品产业，稳固提升青稞酒、枸杞酒等酒类品质。依托原生态生物资源，建设高原绿色有机食品加工生产基地。振兴藏毯、青绣等民族文化产业，瞄准国内外高端市场，突出个性需求和产品研发设计。促进民族手工业、民族服饰业和民族特需品产业品牌化发展。推动特色轻工产品深度嵌入文旅产业链，创意开发民族工艺品和旅游纪念品，建设一批旅游工艺品集聚区。

（二）培育壮大战略性新兴产业新支撑

1. 打造国家重要的新材料产业基地

统筹技术进步、产业基础和市场需求，完善新材料产业链条，打造具有市场竞争力的企业集团和产业集群。对接电解铝、金属镁等前端产业，发展高强高韧先进材料，加快发展铝基、钛基、镍基和锂合金等新型合金材料，研发生产锂镁、锂铝航空航天结构新材料。开发高性能碳纤维等新型非金属新材料。培育有机硅产业，加强电子级多晶硅、超高纯度低成本多晶硅、高效太阳能电池研发。开发高端镁化合物系列优质耐火材料、高端无卤阻燃材料等新型材料。实施有色金属合金、新型无机非金属、人工晶体、新型建筑等新材料项目，重点推进高端金属结构材料、轻质合金、复合材料、高分子材料、特种纤维材料、高性能碳纤维等项目建设。

2. 打造国家重要的生物医药产业基地

紧抓生命科学兴起和健康需求快速增长的发展机遇，打造健康制品、药品等高原特色生物产业集群，建设国家重要的生物医药产业基地。深度开发利用红景天、雪莲、冬虫夏草等中藏药材特色资源，突破中藏药提取物生产集成技术，加强新型藏药、现代中药的研发和生产，发展中藏药新型制剂。推进梓醇一类新药产业化，加大藏黄苷、双果糖酐等一类新药研发力度，建立藏药二次开发研究技术体系，提升中藏药饮片、中成药等传统产品品质。实施药品监管科学行动计划，制定和推广藏医药标准和评审技术规范。发展保健品和化妆品，创新发展生物提纯技术，提高生物保健品产业技术水平。加快生物资源种养殖基地建设，培育中藏药材专业化市场。打造国家中藏药产业基地，建设道地中药饮片深加工及中草药交易中心。实施高原生物健康产业园、医药产业园等项目，开展枸杞、红景天、白刺、沙棘、浆果等精深加工项目。建设生物资源种养殖、特色天然药物GAP种植基地。

3. 推动装备制造向系统集成制造升级

推进装备制造业技术创新和新产品开发，提高关键零部件制造和装备整机智能化水平，实现装备制造自动化集成化发展。加快高端数控机床等前沿技术和装备研发，巩固发展高速铁路专用机床、多轴联动系列加工中心等高端产品及高精度零部件产品。发展餐厨垃圾处理等节能环保设备制造，研发生产适用于高海拔、低气压环境和陡坡地机械装备，推动专用运输车、矿山机械等专用设备发展，支持发展石油机械、压力容器、非标设备和大型铸锻件等产业，建设新能源汽车及配套产业基地。推进工业机器人、先进传感器等应用，推广集成化制造单元和生产线。引进新能源汽车制造、充电桩生产线等项目，推进高原风电、光伏装备制造基地建设等项目，支持发展大型锻铸件制造。

4. 积极培育发展应急产业和节能环保产业

围绕保障国家安全和维护人民健康，聚焦极端条件下抢险救援和生命救护，重点发展医疗卫生、消防、工程抢险、食品药品检测、通信设施以及预警设备等应急产业，提升应急产品供给能力。推动应急产业与机械装备、医药卫生、轻工纺织、信息通信、交通物流等协同发展。健全统一的应急物资保障体系，增强重要应急物资产能保障能力，加强应急仓储、中转、配送设施建设，健全居民生活必需品储备和投放机制。发展应急医药产品、应急救援设备、应急光源电源、轻便型新材料应急设备、应急生活救济品等应急产品。实施废旧锂电池、光伏组件回收利用等项目。实施节能环保产业延链项

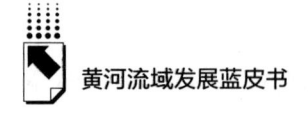

目，构建新型水处理技术装备、生活垃圾处理成套化设备等环卫设备制造产业，布局发展工业固废、污水、危险废物等协同无害化处置产业。

（三）打造生态型产业发展新优势

1.建设国家清洁能源产业高地

开展绿色能源革命，发展光伏、风电、光热、地热等新能源，打造具有规模优势、效率优势、市场优势的重要支柱产业，建成国家重要的新型能源产业基地。加快发展新能源制造产业，扩大切片及电池、太阳能光伏玻璃等产品规模，加快高效电池项目建设，提高电池转化效能，延伸发展下游逆变器、组件测试等光伏发电系统集成产品，培育产业集群。加快储能产业发展，支持建设氢能储能、空气储能、光热熔盐、锂储能产业，实现调峰调频调相技术合成和源网荷储一体化发展；加强锂系细分领域产业布局，构建从资源—初级产品碳酸锂—锂电材料—电芯—电池应用产品的全产业链及废旧锂电池回收利用基地，提升锂电产业品牌影响力和国际市场份额。加快实现风机整机省内制造，建设集制造、测试、售后服务于一体的高端风电装备制造和服务产业链。实施国家重要的新型能源产业基地巩固提升工程，建设可再生能源生产基地、地热能勘探开发利用研究示范基地，推进风光水储和源网荷储一体化项目。建设光伏制造应用产业基地和锂电生产、应用、回收再利用全寿命周期产业基地，推进风机装备制造、服务一体化产业链项目和特种电缆、碳纤维等能源新材料产业项目，开展光热储热熔盐项目示范。实施分布式光伏发电项目。

2.打造国际生态旅游目的地

深入落实全域旅游发展"五三"新要求，构建"一环六区两廊多点"生态旅游发展布局。提升打造高原湖泊、盐湖风光、草原花海、雅丹地貌、冰川雪山等一批国家级生态旅游目的地，开辟自然生态、民族风情、文博场馆、丝路文化、健体康养、观光探险、源头科考等一批生态旅游精品线路，增创国家5A级景区5家，推动大区域、大流域旅游联动发展。统筹"通道+景区+城镇+营地"全域旅游要素建设，推进景观典型区域风景道建设。

促进"旅游+"融合发展，开发温泉疗养、文化体验、体育健身、低空旅游等高附加值特色旅游产品，鼓励和扶持全季、全时旅游项目，重点推出一批冰雪、徒步等旅游产品和民俗、节庆活动，建设国民自然教育基地。完善生态旅游配套体系，加快重点生态旅游目的地到中心城市、交通枢纽、交通要道的支线公路及重点生态旅游目的地之间的专线公路建设。支持区域性旅游应急救援基地、游客集散中心和集散点建设，推进生态旅游宣教中心、生态停车场、生态厕所、生态绿道等配套设施建设，创建国家级自驾车旅游示范营地。实施国家级生态旅游示范区、重点景区基础设施、红色旅游提升、三江文化旅游产业基地、冬季旅游开发等项目，布局建设自驾营地体系，支持建设文旅融合、"旅游+"产业项目，推进旅游交通、住宿餐饮、购物娱乐等旅游要素提升项目建设。因地制宜推进生态旅游体验点建设。到2025年，青海接待游客达到7300万人次，旅游总收入达到800亿元。

3. 打造绿色有机农畜产品输出地

坚持质量兴农、绿色兴农、品牌强农，建成全国知名的绿色有机农畜产品示范省。优化"四区一带"农牧业发展布局，发展牦牛、藏羊、青稞、油菜、马铃薯、枸杞、沙棘、藜麦、冷水鱼、蜂产品、食用菌等特色优势产业，提升生猪生产能力。加强农畜产品功能区和国家级特色农产品优势区建设，创建全国绿色食品原料标准化生产基地和富硒农业种植基地。增强龙头企业对产业链上下游的带动作用，提高产业集中度、科技支撑能力和全产业链发展水平，实现农畜产品加工转化增值、优质优价。发展现代种业，推进青稞、小油菜、马铃薯等制种基地建设，发展高标准农田，切实提高粮食安全保障能力。发展循环农牧业、观光农牧业、定制农牧业等新业态。实施青藏高原原产地品牌培育计划，推动区域公用品牌建设，到2025年累计认证"两品一标"农产品1000个以上。探索利用荒漠化土地发展现代滴灌农业。实施优质青稞、油菜、饲草料基地、生态畜牧业产业提升，畜禽规模养殖场标准化改造，青藏高原绿色食品项目建设；实施化肥农药减量增效，牦牛藏羊可追溯体系，有机肥生产、高标准农田、设施农业提升改造，高原冷凉蔬菜、冷水鱼生态养殖等建设项目。建设牦牛藏羊繁育基地。

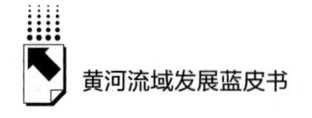

（四）增强服务经济新动能

1. 推动生产性服务业融合发展

主动适应产业转型升级新趋势，推动生产服务专业化发展并向价值链高端延伸，发挥现代服务和现代制造的组合效应，提升产业配套服务能力和整体竞争力。

现代物流。健全集疏运体系，推进国家级多式联运示范工程建设，支持枢纽铁路专用线、多式联运转运设施、专业化仓储建设，提高一体化转运衔接能力。搭建专业性物流公共信息平台和货物配载中心，加强公用型城市配送节点和社区配送设施建设。推进智慧物流发展，实施"邮政在乡""快递下乡进村"工程，探索设立"移动仓库"，建设快递电商融合示范基地。推动应急物流建设，建立应急物流体系。促进现代物流业与制造业深度融合，引导流通企业向供应链综合服务转型。实施青藏高原东部国际物流园、国际物流城公铁联运、现代化综合物流园区、配送中心和末端网点等建设项目，完善市州、县冷链物流配送体系，建设一批乡镇物流服务站和农畜产品直销店。实施智能快递公共枢纽建设项目。到2025年，青海社会物流总费用占GDP比重下降至13%左右。

金融服务。构建高效安全、绿色普惠、开放创新的现代金融服务体系。推动青海省普惠金融综合示范区升级发展，增加县城和乡镇金融服务可及性，健全农村金融服务体系。加快引进政策性银行、股份制商业银行，支持发展地方民营银行、社区银行等中小金融机构。推动证券业务由证券经纪为主向证券资产管理、承销与保荐、代销金融产品等综合性业务转型。推动保险直投和农业保险提标扩面增品。提升保险服务民生领域水平，鼓励金融机构加大养老服务金融产品供给。完善融资租赁服务体系。促进互联网金融健康发展，发展供应链金融，加强产融信息对接服务平台建设。加快发展私募股权基金。实施直接融资强基、信贷补短、非银机构创新发展等项目，提升区域性金融服务功能，推进普惠金融综合示范区建设。支持发展金融租赁、消费金融等金融新业态。推进"多县一行"制村镇银行试点项目。建设产融信息对接服务平台。到 2025 年，金融业增加值占 GDP 比重达到 8.5%左右。

科技服务。建设科技创新全链条、产品生产全周期的科技服务业。引导研发设计企业与制造企业嵌入式合作，推进科技创新公共服务平台建设。发展新型中介服务业，强化技术转移服务，构建新能源产业技术服务体系。开展节能环保咨询、技术产品认证推广等绿色服务，发展检验检测社会化服务。鼓励有条件的制造企业向设计咨询、施工安装、维护管理等总集成商转变。

商务服务。加快发展会展业，举办各类行业展会和节事活动，搭建青海会展服务云平台，打造"线上青洽会""云上中国品牌日青海馆"等智慧展会。发展战略规划、营销策划、管理咨询、市场调查等咨询服务，发展无形资产、信用等评估服务。鼓励各类社会资本以独资、合资、参股联营等形式提供商务服务，加快培育有竞争力的服务机构。推进总部经济集聚区、会展商务集聚区建设，申报建设数字商务产业园。打造商务服务产业圈，建设服务青海的西宁人力资源服务产业园。

2. 推动生活性服务业品质化发展

顺应生活方式转变和消费升级趋势，加强公益性基础性服务供给，推动生活性服务业向高品质和多样化升级，开发居民生活服务衍生品产业链，以高质量服务供给适应引领新的服务需求。

健康服务。鼓励发展健康体检、健康咨询、健康文化、健康旅游、体育医疗康复等多样化健康服务。开展第三方医疗服务评价、健康管理服务评价，发展运动医学和康复医学，推动发展专业规范的护理服务。实施中藏医治未病健康工程，丰富中藏医药健康服务，推广中藏医药养生保健，创新中藏医药健康服务技术手段。开展健身培训、健身指导咨询等服务。加强心理健康服务体系建设和规范化管理。建设高原森林康养基地、中藏医医疗卫生服务综合体，实施东川工业园区大健康产业项目，建设青藏高原中藏药康养中心，建设健康养老产业示范带。

文化服务。提升文化服务品质，推动出版发行、影视制作等传统产业转型升级，鼓励演出、娱乐艺术品展览等传统业态实现线上线下融合。发展数字内容服务，支持网络文化发展，拓展数字出版、高新视听、动漫游戏等新业态。开展溯源文化之旅活动，持续推进"青海50"城市文旅产业创客基地和"青海100"特色文化旅游体验点创建工作。发展广告传媒等服务，促进创意设计服务升级。

家政服务。建立供给充分、服务便捷、管理规范、惠及城乡的家政服务体系。打造"互联网+居家服务""线上订购+线下体验"创新平台，拓展"微生活""云社区"等新服务模式，推广特约、定制等个性化服务。鼓励家政企业品牌化连锁化发展，支持中小家政服务企业专业化特色化发展。完善家政行业标准体系和监管体系，加大对家政服务人员培训支持力度。鼓励农牧区建立综合性家庭服务网点。建设一批家政服务培训基地，组织实施巾帼家政服务专项培训工程，推进家政服务标准化试点示范建设，培育一批产教融合型家政企业，支持社区家政服务网点建设。举办家政服务职业技能大赛。

商贸服务。构建差异化、特色化、便利化商贸服务体系，持续增加中高端消费品和优质服务有效供给。创新社区商业业态，支持便利店—电商—配送集成式消费服务平台建设。开展零售业提质增效行动，打造高端商业休闲体验区，支持连锁经营向多行业、多业态和农牧区延伸。发展客栈、民宿等细分业态，规范外卖、快递配送服务。

实施电子商务服务体系升级项目，建设国家电子商务示范城市，建设大型电商产业集聚区和一批电商物流分拨中心。实施快递电商融合示范项目。建设数字生活服务示范项目，探索建设数字商务与数字生活大数据平台。持续推进电子商务进农村示范县建设项目。推进省级示范步行街、特色步行街改造升级，建设城市老商业中心，打造大学城综合服务商圈，推进城市新区商业综合体建设。在城市和县城建设集餐饮、托幼、维修等基本生活于一体的消费服务中心。

3. 加强服务质量标准品牌建设

引导企业树立标准化、品牌化发展意识，构建责任清晰、多元参与、依法监管的服务质量治理体系。建立服务质量监管协同处置机制，实施服务质量承诺，开展第三方认证。提高服务标准化水平，完善传统服务领域标准，加快新兴服务领域标准研究，推动企业服务标准自我声明公开和监督制度实施。推动产品和服务品牌建设，鼓励品牌培育和运营专业服务机构发展，培育打造一批名优特新产品、"老字号"品牌和"青字号"区域服务品牌，研究建立服务品牌培育和评价标准体系。

（五）优化产业协同发展新布局

1. 深化三类园区改革创新发展

持续优化工业、农业、高技术三类园区产业布局，推动园区由单一生产型向复合功能转变，构建国家级园区引领带动、省级园区支撑有力、地方园区彰显特色的高质量发展载体。打造西宁经济技术开发区具有行业重要影响力的研发制造基地，重点打造东川工业园、甘河工业开发区、南川工业园区，布局发展高端材料、新能源汽车、新一代信息技术、节能环保、高端装备制造等产业。支持海东工业园区上升为国家级经济技术开发区，重点打造河湟新区、互助绿色产业园、乐都工业园、民和工业园、循化产业园、巴燕·加合市级经济区、化隆群科绿色产业园，布局发展新能源、新材料、农畜产品加工业、民族特色纺织服装、民族手工业。打造柴达木国家重要的循环经济产业基地，重点打造德令哈工业园、格尔木工业园、大柴旦工业园、乌兰工业园、冷湖工业园、都兰特色产业聚集区，布局发展以盐湖化工为核心，油气化工、金属冶炼、新能源、新材料等产业相互融合、联动发展、循环闭合的循环经济产业体系。支持海南绿色产业园区升级为省级产业园，布局发展清洁能源及装备制造、大数据产业、农畜产品加工等绿色产业。

提升高新技术园区创新能力，发挥青海高新区创新引领作用，建设青海科技城，增强国家大学科技园和国家级重大科技平台支撑功能，组建产业联盟和产业技术创新联盟，支持建设科技成果中试孵化基地。重点打造生物科技产业园、大学科技园，布局发展生物医药、软件等高新技术产业，配套发展高新技术服务业。推动海东、德令哈、格尔木等产业园加快集聚高新技术

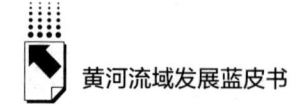

产业，力争1家达到省级高新技术产业开发区标准。

加快建设一批现代农业产业园、国家农村创新创业园区（基地），巩固提升国家级农业科技园区，支持创建国家农业高新技术产业示范区，规划建设一批原产地特色产业集聚园。持续打造都兰、泽库国家级现代农业产业园，申建2~3个国家级现代农业产业园。新培育10个以上省级现代农业产业园。规划建设原产地特色产业集聚园。持续做大做强大通、互助、门源、海晏国家级现代农业示范区，提升打造西宁、海东、海南、海北、海西国家级农业科技园区，申建黄南国家级农业科技园区，创建海西国家农业高新技术产业示范区。深化园区体制改革，优化园区管理运行体制，完善园区经济统计和考核体系，建立授权事项清单制度，强化园区建设用地开发利用强度、投资强度等指标控制，支持新产业、新业态发展用地，探索园区植入自贸区相关政策。

2. 构建绿色产业生态圈

聚焦优化产业功能布局和创新产业发展模式，实施产业功能区建设推进工程，以园区主导产业为基础，推动西宁—海东都市圈共同建设跨境电商与先进制造和现代服务相融合的复合型产业功能区，柴达木建设盐湖化工与新材料深度链接的循环型产业功能区，共和盆地建设新能源与智慧电网互动发展的绿能产业功能区。推动产业功能区专业化建设，制定产业链提升行动计划，精准对接产业供需调配，系统整合产业配套链、要素供应链、产品价值链、技术创新链，构建功能区重点突出、生态圈互补共生的盐湖化工、新能源、新材料、现代农牧、生物医药、特色文旅等产业生态体系。推动建立跨省域协同发展的产业链，探索建立资源要素共保、基础设施共建、运营管理共担、经济统计分成等机制，积极融入支援省份产业链。

3. 提升产业发展战略管理能力

坚持产业发展青海一盘棋和分类指导相结合，强化质量标准、品牌培育和政策配套，推动产业组织模式转型升级。科学界定重点行业产能合理区间，加强产能利用、市场供需、投资项目等动态监测预警，有序推动落后产能置换，为先进产能腾出环境容量和发展空间。开展产业竞争力调查和评价，分行业做好供应链战略设计和精准施策，搭建供应链综合服务平台。探索政府支持企业技术、管理和商业模式创新的新机制，支持企业间开展战略合作和兼并重组，促进要素跨界跨区域集约化配置。加强政策精准支持，全面落实支持产业发展的税收优惠政策和降成本措施，加大省级财政资金、产业基金对制造业高质量发展重大工程项目的支持力度，逐步提高制造业贷款占全部贷款比重。推动建立专利导航产业发展工作机制。持续推进质量强省战略，深入开展质量提升行动，引导企业加强全生命周期质量管理，不断提升"青海制造"知名度。[1]

---

[1] 《青海省国民经济和社会发展第十四个五年规划和二〇三五年远景目标纲要》，青海省人民政府网站，2021年2月10日，http://www.qinghai.gov.cn/zwgk/system/2021/02/19/010376582.shtml。

B.5
四川：着力推动六大优势产业提质倍增

许彦 孙继琼 王伟 王晓青 胡振耘 高蒙 李杰霖 徐迅*

摘 要： 四川省既是黄河流域的重要水源涵养地，也是西部经济大省、全国重要的工业大省，成渝地区双城经济圈国家战略赋予了四川培育竞争优势突出、服务国家大局的现代化产业体系的新使命任务。四川提出了加快建设以实体经济为支撑、体现四川特色的现代化产业体系的目标，将着力推动六大优势产业提质倍增，打造工业主引擎；推动数字经济发展，推动战略性新兴产业融合集群发展，抢占产业发展新赛道；促进"两业"融合、"三产"联动，不断深化体制改革，持续推动新型工业化与信息化深度融合、新型工业化与城镇化良性互动、新型工业化与农业现代化相互协调。

关键词： 黄河流域 现代化产业体系 成渝地区双城经济圈 四川省

建设现代化经济体系是"增强国内大循环内生动力和可靠性，提升国际循环质量和水平"的重要抓手。在黄河流域九省区中，四川省既是黄河

---

* 许彦，经济学博士，中共四川省委党校（四川行政学院）经济学教研部主任、教授，研究方向为宏观经济、政治经济学；孙继琼，经济学博士，中共四川省委党校（四川行政学院）经济学教研部副教授，研究方向为环境经济、生态经济；王伟，经济学博士，中共四川省委党校（四川行政学院）经济学教研部副教授，研究方向为政治经济学、生态经济；王晓青，公共管理学士，中共四川阿坝州委党校高级讲师，研究方向为党政管理、区域发展；胡振耘，中共四川省委党校（四川行政学院）硕士研究生；高蒙，中共四川省委党校（四川行政学院）硕士研究生；李杰霖，中共四川省委党校（四川行政学院）硕士研究生；徐迅，中共四川省委党校（四川行政学院）硕士研究生。

流域的重要水源涵养地，也是西部经济大省、全国重要的工业大省。2020年，中央政治局审议通过的《成渝地区双城经济圈建设规划纲要》旨在将成渝地区双城经济圈打造为"带动全国高质量发展的重要增长极和新的动力源"，该规划纲要赋予了四川培育竞争优势突出、服务国家大局的现代化产业体系的新使命任务。四川以成渝地区双城经济圈建设为战略牵引，鲜明提出以"四化同步、城乡融合、五区共兴"统揽四川现代化建设全局，突出新型工业化的主导性，强化三次产业联动，加快建设以实体经济为支撑、体现四川特色的现代化产业体系。

一 体现四川特色，服务国家大局

四川在全国的战略地位十分重要，具有建设推动新时代西部大开发形成新格局的战略枢纽、服务国家科技自立自强和保障产业链供应链安全的战略支撑、打造保障国家重要初级产品供给的战略基地、巩固实现稳藏安康的战略要地的发展要求。习近平总书记多次就四川发挥独特优势、更好服务国家发展全局作出重要指示，对四川产业发展、科技创新等提出重要要求。这形成了四川建设现代化产业体系的主要内容和主要目标。

（一）优势产业发展突出，工业体系优势明显

四川现代化产业体系的形成起步于20世纪60年代启动的"三线"建设。1964~1980年，在长达三个五年计划的16年时间内，国家在四川布局了一大批军工企业、国有企业、科研院所，攀枝花钢铁厂、攀枝花矿务局落户攀枝花市，国营708厂、国营783厂落户绵阳市，东方电机厂、中国第二重型机器厂、东方汽轮机厂落户德阳市，四川泸州天然气化工厂、长江起重机厂、长江液压件厂落户泸州市，东方锅炉厂、晨光化工研究院、自贡中国电焊条厂落户自贡市等，这些重大国家项目的实施奠定了四川现代工业的基础，初步形成了四川现代化产业体系。

通过几十年的发展，特别是改革开放以后，四川工业发展迅猛，工业结

构不断优化。在工业强省的总体战略部署下，2009年，四川省委提出了"7+3"优势产业，其中包括电子信息、装备制造、能源电力、油气化工、钒钛钢铁、饮料食品以及现代中药等优势产业，同时提出了发展航空航天、汽车制造、生物工程等潜力产业；2013年，提出重点发展"七大优势产业"，推动电子信息、装备制造、饮料食品等行业成为万亿元产业集群，推动油气化工、钒钛钢铁及稀土、能源电力发展成为五千亿元产业集群，进一步明确了扩大规模、提升质量，将汽车制造业做大做强的战略部署；2014年，确定了"五大高端成长型产业"，明确页岩气、节能环保装备、信息安全、航空与燃机、新能源汽车等产业对四川工业发展的引领作用；2018年，进一步提出要着力构建以电子信息、装备制造、食品饮料、先进材料、能源化工5个万亿级支柱产业和数字经济为主体的"5+1"现代产业体系，推动四川工业高质量发展、促进工业体系提质增效。2022年，四川省委相继作出了多项重大战略部署，其中包括"突出新型工业化主导作用"、"以工业化为主引擎建设具有四川特色的现代化产业体系"以及"坚持工业兴省，大力实施制造强省战略"等。这些重大战略部署着力于推进四川新型工业化发展，不断完善和发展现代化产业体系，加快实现经济高质量发展和转型升级。

目前，四川工业已涵盖41个大类行业190个中类行业497个小类门类，形成了门类齐全、结构完善、层次清晰、特色产业优势突出的现代工业体系，电子信息、航空航天、装备制造、清洁能源等产业在全国举足轻重，软件和信息服务、高端能源制造正加快建设世界级产业集群。

（二）地缘优势显现，政策优势在川叠加

从四川的区位格局来看，在构建新发展格局的战略导向下，四川具有的国内国际门户枢纽地位正加快转变为建设现代化产业体系的新驱动力。在东西走向上，四川是长江经济带的重要组成部分，与京津冀、长三角、粤港澳大湾区深度融合；在南北走向上，四川是西部陆海新通道的国际枢纽，联通丝绸之路经济带与21世纪海上丝绸之路，对接中巴经济走廊、中尼印经济

走廊、孟中印缅经济走廊、中国—中南半岛经济走廊,是双循环的重要动力源。这使四川既成为东部发达地区的重要产业转移承接地,成为国家军工产业、电子信息制造业、装备制造业、汽车制造业等重要枢纽地,也是我国向南向西开放发展的重要门户和重要产业集聚地。

近年来,四川经济发展稳中有进,在以成渝地区双城经济圈建设为总牵引的战略实施中,共建"一带一路"、长江经济带发展、新时代西部大开发、黄河流域生态保护和高质量发展在四川形成了叠加效应。目前,四川已规划成为我国四大国际性综合交通枢纽集群之一,是我国综合立体交通协同发展和国内国际交通衔接转换的关键平台。近年来,四川通过不断完善立体大通道体系,高效联通了国内国际主要市场,加快推动了人流、物流、资金流、技术流、信息流循环,已初步形成面向双循环发展的供应链核心节点和供应链资源配置中心,为四川现代化产业体系的高效开放发展奠定了坚实基础。

(三)战略资源丰富,清洁能源优势突出

四川是国家重要初级产品供给的战略基地,目前可开发的优势战略性矿产资源共有 8 种,主要有锂、钒钛磁铁矿(含铁、钒、钛)、稀土、页岩气、天然气、磷等,其中锂、钒钛、稀土等矿产资源查明储量位居全国第一。

四川清洁能源资源优势突出。截至 2020 年底,四川省水电装机容量达到 8082 万千瓦,年发电量达到 3514 亿千瓦时,分别占全国的 21.8% 和 25.9%。此外,四川省天然气(页岩气)探明储量达到 5.18 万亿立方米,年产量达到 432 亿立方米,分别占全国的 27.4% 和 22.9%,各指标均位居全国第一。与此同时,四川省还具有巨大的风能、太阳能等清洁能源开发潜力。根据测算,四川省的风能资源超过 1800 万千瓦,太阳能资源达到 8500 万千瓦。

四川清洁能源开发利用产业发展迅猛。四川发电装备产量连续多年位居世界第一,能源装备产业(含晶硅光伏)年产值占国内总值的 1/5,具有全球最大的太阳能硅料生产基地,太阳能电池片产能位居全国第一,能源装备整体及配套企业超过3300家。四川不仅具备高端能源装备的设计、制造、试验验证、维修、运营等全产业链能力,产业链还有极强的根植性和配套能力,具有较强的全球产业链竞争力。

(四) 人才资源聚集,创新策源能力显现

四川人口众多,聚集了以电子科技大学、四川大学、西南交通大学等为代表的高等院校134所,拥有国家示范性微电子学院、国家软件产业基地及中电子、中电科、中物院等一批国家重要的科研院所,人力资源优势和人才优势突出。

四川作为国家重要的科技创新战略基地之一,创新已成为四川现代产业发展的重要推动力。在强化国家战略科技力量建设的同时,四川狠抓产业技术创新和全社会创新创造,不断集聚高能创新资源,优化布局创新平台,营造创新场景。在创新载体建设方面,天府兴隆湖实验室、天府永兴实验室已正式运行,形成了国家级创新平台17个,包括国家川藏铁路技术创新中心、国家科技创新汇智平台以及省部共建国家重点实验室、国家野外科学观测研究站、国家双创示范基地等;组建了省级技术创新中心4个、国家级和省级技术转移示范机构83家。在科技创新引领区域发展方面,《成渝地区建设具有全国影响力的科技创新中心总体方案》得到了国家部委批复,成立了川渝高新区联盟、技术转移联盟,西部(成都)科学城正式挂牌,绵阳、德阳获批国家创新型城市。在技术攻关和成果转化方面,航空与燃机、工业软件及信息安全、生命健康、川猪、生物育种等5个重大科技专项已正式启动,国家重大新药专项成果转化示范基地累计落地项目170个,成都高新区医药健康、绵阳高新区新型显示列入国家级创新型产业集群试点。

(五) 明确发展方向,突出重点领域

四川建设体现特色、服务全局的现代化产业体系需要以新型工业化为主

引擎，突出优势产业的支撑作用、战略性新兴产业的引领作用，推动"两业"融合、"三产"联动发展，不断完善要素保障。

一是全力实施六大优势产业提质倍增计划。坚持高质量发展，着力推动电子信息、装备制造、食品轻纺、先进材料、能源化工、医药健康等六大优势产业倍增发展，着力推动四川制造业高端化、智能化、绿色化发展。在六大优势产业的重点领域，如集成电路、高端显示、航空航天等领域，着力打造一批世界一流产品、世界一流技术和具有国际竞争力的优质企业，形成一批国家级和世界级产业集群。

二是加快推动战略性新兴产业融合集群发展。瞄准产业革命和科技革命的生产力发展大趋势，坚持"一业一策"推进新能源、人工智能、生物制造等新兴产业发展，谋划布局6G、机器人、量子科技等未来产业，抢占产业发展"新赛道"。

三是推动"两业"融合、"三产"联动。加快推进先进制造业和现代服务业深度融合，深入实施创新驱动发展战略，强化企业创新主体地位，集中力量推进核心技术攻坚，促进产业链和创新链融合。抢抓数字中国的建设机遇和"东数西算"工程机遇，大力推进新型基础设施建设，促进数字经济与实体经济深度融合，建设具有较强国际竞争力的数字产业集群，以数字化、信息化驱动四川现代化产业体系发展。以工业化助推现代农业和现代服务业发展，推动工业反哺农业，提升农业全产业链发展水平，推动农业现代化，打造新时代更高水平的"天府粮仓"。

四是厚植现代化产业体系建设的要素保障。加快建设立体交通体系，畅通物流网络，优化基础设施布局，加强交通、能源、水利等网络型基础设施建设，大力发展物联网，加快推进川藏铁路、成渝中线高铁、引大济岷等重点工程建设，加快构建现代化基础设施体系。大力实施营商环境提升行动，推动国有资本和国有企业做强做优做大，不断促进民营经济发展壮大，切实增强四川重商亲商优势、市场经济优势、开放合作优势。

二　推动六大优势产业提质倍增，打造工业主引擎

2022年，四川工业增加值达到1.64万亿元，规模以上工业增加值累计增长3.8%，比全国水平高0.2个百分点，[1]为稳住全省经济大盘发挥了"定盘星""挑大梁"作用。作为人口大省、经济大省的四川将突出新型工业化主导作用，立足历史阶段和区域特征，在电子信息、装备制造、先进材料、能源化工、食品轻纺、医药健康六大优势产业领域实施提质倍增计划，[2]着力提升四川产业优势和竞争力，为大力实施制造强省战略奠定坚实基础。

（一）六大优势产业发展现状

1. 规模实力稳步提升，产业体系持续优化

四川工业实力稳步提升（见表1）。面对严峻复杂的经济形势，四川将抓工业特别是制造业作为做好经济工作的重中之重，全力以赴稳增长、调结构、提质量，稳定经济大盘，推动工业规模实力稳步提升。2018~2022年，个别年份四川规模以上工业增加值虽受到疫情影响呈现下降趋势，但总体保持年均6.9%的增长，高于全国同一时期年均增速1.3个百分点。2022年，四川全口径工业增加值达到1.64万亿元，占全国工业增加值的4.1%，在全国各省（区、市）中列第八位、在西部列第一位。2023年，四川确定了优势产业提质倍增行动，推动产业体系优化升级，分产业制定提质倍增行动计划，集中力量壮大以电子信息、装备制造等为代表的六大优势产业，力争2027年六大优势产业高质量发展水平明显提升，总体规模在2021年基础上翻一番。

---

[1] 《四川力争五年全省工业规模突破10万亿元》，"中国新闻网"百家号，2023年2月22日，https://baijiahao.baidu.com/s?id=1758539836158804626&wfr=spider&for=pc。

[2] 《四川省委书记王晓晖：加快建设具有四川特色的现代化产业体系》，"新华社客户端"百家号，2023年4月7日，https://baijiahao.baidu.com/s?id=1762475004412400827&wfr=spider&for=pc。

表1 2018~2022年四川六大优势产业营业收入

单位：亿元

优势产业	2022年	2021年	2020年	2019年	2018年
电子信息	16242.5	14611.5	12684.8	10259.9	9258
装备制造	7880.1	8069.8	7327.8	5653.3*	8069.8
先进材料	8439.3	7674.2	6317.3	7359.1*	5780.2
能源化工	8556.2	8556.2	7172.9	5512.7*	6868**
食品轻纺***	12000****	10030.2	9067.7	6485.1*	8217**
医药健康	6000****	—	5000****	—	—

注：* 为2019年前三季度数据；** 为四川省统计局调查数据；*** 为2018~2021年食品饮料产业数据；**** 为四川省经济和信息化厅发布的对相关产业营业收入数据的估算值。

2. 产业成链集聚发展，创新能力持续提升

四川积极推动川渝地区制造业协同，推动产业成链且集群发展。抢抓国家重大区域发展战略的机遇期，聚焦打造电子信息、装备制造等万亿级世界级产业发展集群，出台电子信息、汽车、装备制造、工业互联网产业合作方案，联手打造具有国际竞争力的先进制造业集群。目前，成渝地区电子信息、成都软件和信息服务、成德高端能源装备3个集群已列入国家世界级集群重点培育名单。五大经济区工业竞相发展、各具特色，成都平原经济区工业增加值已突破9200亿元，川南经济区已突破2800亿元。2022年，四川省围绕六大优势产业重点建设特色园区，在33个特色园区中，装备制造领域园区9个、先进材料领域园区8个、电子信息领域园区7个。以电子信息产业为例，目前已构建"大"字形的"一核一带两走廊"电子信息产业空间发展格局，即成都作为电子信息产业空间布局的"一核"，以成绵乐高铁为轴形成电子信息产业发展带，而在川南地区和川东北地区以成都为核心点形成电子信息产业发展的两大走廊。在四川全域形成的制造业集群，始终坚持以创新为核心驱动力，聚焦重点企业开展多种形式的研发激励竞争，通过多种方式实施关键核心技术攻关等工程，构建"政—产—学—研—用"深度融合的产业技术创新体系。积极争取国家重大创新项目落地，培育建设省级制造业创新中心13家，国家级技术创新示范企业36家，省级技术创新示范企业71家，涌现了高温超导高速磁浮样车、单机容量最大海上风电机组、华龙一号等重大成果，实现了重点领域创新突破。

3.大力培育优质企业，制造业竞争力显著提升

实施大企业大集团提升行动，制定大企业大集团上榜奖励办法，累计建成中国500强企业15家，中国制造业500强企业12家，国家级"隐形冠军"、专精特新"小巨人"企业360家，省级"专精特新"企业3065家，培育国家级中小企业特色产业5个。认真开展"万人助万企""天府益企""中小微企业投融资能力提升"活动，服务企业累计超2万家次。全省规上工业企业达到1.6万家，其中，宜宾宁德时代等3家企业入选全球"灯塔工厂"，打造省级重点工业互联网平台36个。加快全国一体化算力网络成渝枢纽节点建设，算力排名全球前十的成都超算中心纳入国家序列，成渝地区工业互联网一体化发展国家示范区加快推进。

（二）六大优势产业提质倍增面临的挑战

1.工业占比下降较快，产业同质化竞争显著

在碳达峰、碳中和背景下，钢铁、化工、有色、建材等行业节能减排要求日益提高，转型绿色发展压力大，工业发展面临较大挑战。从全国看，我国工业化率在2008年达到峰值48%，[1] 对比东部工业先行地区，四川工业化率于2011年达到40.9%的峰值后就开始下降，[2] 工业化率超过40%仅保持了两年，而广东、山东保持了20余年，[3] 江苏、浙江等均保持了30余年。产业同质化竞争凸显，以先进材料产业为例，大部分产品处于产业链前端，存在一定同质化现象，如锂电产业磷酸铁锂正极材料、石墨负极材料项目投资过热，存在产能过剩的风险；60%的钢材属于传统建材，缺乏高端机

---

[1] 高辉清：《我国新经济发展形势分析》，国家信息中心，2018年3月28日，http：//www.sic.gov.cn/News/455/8918.htm？_t=1561130823。

[2] 彭清华：《夯实实体经济 建设制造强省》，《人民日报》2019年3月4日。

[3] 赵倩倩：《差距虽存但未来可期——两种维度、16组数据透视四川广东经济》，《四川省情》2019年第5期。

械结构钢等；90%的钛资源用于生产钛白粉，用于国家航空航天、军工产品还不多。

2. 产业创新水平不高，产业链延伸不足

四川规上工业企业研发投入占全社会研发投入比重不到40%，远远低于全国约62.6%的平均水平；从规上工业企业研发投入强度看，四川（0.89%）比全国平均水平低0.44个百分点，发展形势严峻。供应链水平不高，高端元器件、关键零部件、新型材料以及高端终端产品供给不够，"卡脖子"问题还比较突出。产业链不够完备，深加工及应用环节存在断链情况，以装备制造业为例，四川钒、钛、锂、铁等资源较丰富，但钛合金、高温合金、铸造生铁等还存在本地化生产加工断点。铸造、锻造等基础工艺技术的应用及转型慢、竞争力弱，高端工艺产品缺乏，关键零部件覆盖领域不多、涉及范围不广。

3. 新旧动能转换不快，产业转型发展较慢

长期以来，四川产业层次偏低、结构单一、链条较短的问题仍较突出，"稳"的板块行业占比大、"进"的板块行业发展不足。传统资源型和原材料工业、重化工业占比近70%。四川产业智能化转型发展较慢，以装备制造业为例，2022年四川省相关制造业关键工序数控化率为54.6%，低于全国平均水平1.1个百分点；实现智能化生产企业仅占6.8%，与江苏、山东相比，相差2个百分点以上。2022年，全省装备制造产业利润率为6.6%，比全省制造业低2.6个百分点。供应链价值链不匹配，清洁能源装备省内配套率70%，但价值转化率仅为30%。

4. 基础支撑力不足，资源开发利用水平较低

大企业竞争力不强。四川的世界500强制造企业仅1家，国家级制造业"单项冠军"仅22家。小微企业生存依然艰难。企业自主创新意识和能力不强，资源整合能力较弱，产学研用深度合作不够，创新主体作用发挥不充分。以重点企业为核心的产业集聚带动作用发挥不充分，集群效应不明显，产业发展缺乏整体合力。部分行业绿色化智能化改造相对滞后，适应"双碳"背景的绿色低碳发展亟待加快推进。资源综合开发利用水平

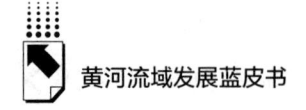

低，以先进材料产业为例，钒钛磁铁矿、稀土矿、锂钾等战略资源开发利用总体水平不高，关键核心技术有待进一步突破，钒钛磁铁矿本地转化率、深加工率、综合利用率低，稀土功能材料及深加工应用较少。

（三）六大优势产业提质倍增思路

四川制造业综合竞争力显著提升，总体上呈现加速发展态势，但仍然需要结合产业基础特征在优势产业高端化、传统产业新型化、新兴产业规模化方面加快产业技术自主创新能力和全要素生产率提升，保证四川省乃至国家产业链、供应链安全，着力推动四川现有六大优势产业提质倍增。具体有以下几个方面的考虑。

第一，着力增强产业自主创新能力。加快推动四川由科技和人才大省向科技和人才强省转变，充分发挥"三线"建设时期的科技和人才资源基础优势，有效利用军民融合发展机遇，加强科技研发和技术转化，以"揭榜挂帅""赛马"等形式推动产业发展相关基础科学、关键核心技术、重大技术等项目或工程加速攻关，促进"政—产—学—研—用"科研转化和产业创新体系建设完善，加速推动"创新链、产业链、资金链、人才链"有机互动、深度融合，打造具有全国重要影响力的产业创新中心。

第二，着力推动产业成链集群发展。有效发挥产业规模效应、集群效应，有计划、分阶段、按进度推动制造业领域重要行业集群发展，充分利用和发挥国家战略机遇和优势，在信息服务、高端能源装备制造、电子信息等三大产业领域打造国家级制造业集群，并持续提升产业影响力和产业能级，在成都、德阳及成渝地区形成链圈互补的世界级制造业产业集群，各地围绕产业生产力空间布局和基础制造业优势，积极培育一批具有地方特色、全国竞争力、分工差异化优势的先进制造业产业集群。大力实施产业链强链、补链工程，提升产业链和供应链安全水平。

第三，着力保障国家产业链供应链安全稳定。为满足国家战略需求和发挥四川资源优势、产业基础，围绕解决"卡脖子""断链子"问题，在集成电路、先进计算和存储、智能网联汽车、航空航天装备、应急智能装备、核医药等重点产业领域，积极争取布局重大产业项目、重大科技创新平台和技术创新项目，集中优势资源打造国家重点产业战略备份基地，提升在极端状况下产业链、供应链的稳定性和安全性。

第四，着力强化优质企业培育。企业是产业链供应链的实施主体，其中优质企业是领头雁和排头兵。要进一步完善企业培育机制，优化服务体系，加强优质企业梯度培育，推动大中小企业成链成群、高质量融通发展。到2027年，力争在优势产业领域和重点行业培育打造一批能够引领制造业发展的领航型企业，努力打造制造业"隐形冠军""单项冠军"企业，形成一批引领、带动能力强，在行业或产业重要核心环节具有全球、全国影响力和竞争力的企业。

三 推动战略性新兴产业融合集群发展，竞争产业发展新赛道

战略性新兴产业是新兴科技和新兴产业深度融合的产业，具有科技含量高、市场潜力大、带动能力强、综合效益好等特征。四川正着力推动以数字经济为核心的战略性新兴产业融合集群发展，持续竞争产业发展新赛道，提出要"加快推进数字经济与实体经济深度融合，抢抓国家'东数西算'工程机遇"，"打造具有国际竞争力的数字产业集群，加快建设数字四川，以信息化驱动现代化"。[①] 数字经济与实体经济融合推动四川战略性新兴产业发展，是以重大技术突破和重大发展需求为基础，能够推动各产业间的融合，进一步提高产业整体的效率和附加值，对经济社会全局和长远发展具有重大引领带动作用，成长潜力巨大。

---

① 《四川省委书记王晓晖：加快建设具有四川特色的现代化产业体系》，"新华社客户端"百家号，2023年4月7日，https://baijiahao.baidu.com/s?id=1762475004412400827&wfr=spider&for=pc。

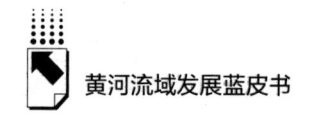

（一）四川省数字经济发展水平现状分析

关于数字经济发展水平的评价体系已经较为完善，结合四川省的实际情况以及数据的可获得性，从信息基础设施、产业数字化、数字产业化、数字经济环境四个维度评价全国30个省（区、市）（港澳台、西藏除外）的数字经济发展水平，通过横向比较可以得出四川省数字经济在全国的发展水平。其中，信息基础设施水平选取光缆密度、移动基站密度、移动电话普及率及人均接入宽带端口数作为测度指标；产业数字化水平选取数字普惠金融指数、每百家企业的网站数、每百家企业电子销售额作为测度指标；数字产业化水平选取人均电信业务量、人均软件业务收入、城镇单位信息传输、计算机服务与软件业从业人员占比作为测度指标；数字经济环境水平选取专利授权数、平均受教育年限作为测度指标。采用熵值法进行客观赋权，评价2017~2022年全国30个省（区、市）的数字经济发展水平，具体步骤如下。

第一步，对所有数据进行标准化处理，区分正向指标与负向指标。正向指标数据计算一般采用公式：

$$x'_{ij} = \frac{x_{ij} - \min\{x_{ij}\}}{\max\{x_{ij}\} - \min\{x_{ij}\}} \qquad (1)$$

对于负向指标，一般采取公式：

$$x'_{ij} = \frac{\max\{x_{ij}\} - x_{ij}}{\max\{x_{ij}\} - \min\{x_{ij}\}} \qquad (2)$$

其中，x_{ij}为第i个省（区、市）的第j项指标的数据，$i=1, 2, \cdots, 30$，$j=1, 2, \cdots, 13$。

第二步，计算第j项指标下第i个省（区、市）值占该指标的比重，公式如下：

$$P_{ij} = \frac{x'_{ij}}{\sum_{i=1}^{n} x'_{ij}} \qquad (3)$$

第三步，计算第j项指标的信息熵：

$$e_j = -\frac{1}{\ln n}\sum_{i=1}^{n} P_{ij} \times \ln(P_{ij}) \tag{4}$$

第四步，计算第j项指标的差异系数：

$$d_j = 1 - e_j \tag{5}$$

第五步，计算各个指标的权重，即对差异系数进行归一化处理：

$$w_j = \frac{d_j}{\sum_{j=1}^{m} d_j} \tag{6}$$

第六步，计算30个省（区、市）数字经济发展水平综合得分：

$$Digscore_i = \sum_{j=1}^{m} w_j \times x'_{ij} \tag{7}$$

利用建立的数字经济发展水平评价体系，运用熵值法对2017~2022年中国30个省（区、市）的数字经济发展水平进行测度与评价，结果见表2、图1。可以看出，2017~2022年全国整体数字经济发展水平还较低，且地区之间发展水平差异较大，北京、天津、上海、广东、浙江、江苏等地数字经济发展水平较大幅度领先于其他地区；从时间维度分析，全国30个省（区、市）数字经济发展水平整体均呈现上升趋势。四川数字经济发展水平虽然逐年上升，但每年仍处于全国平均水平以下，这表明四川数字经济仍存在明显的短板，具有较大的提升空间。

表2　2017~2022年全国30个省（区、市）数字经济发展水平测度结果

省(区、市)	2017年	2018年	2019年	2020年	2021年	2022年
北　京	0.4887	0.5374	0.5551	0.6092	0.6425	0.6784
天　津	0.1521	0.1751	0.1937	0.2559	0.2767	0.3171
河　北	0.0636	0.0715	0.0878	0.1033	0.1154	0.1312
山　西	0.0520	0.0574	0.0686	0.0816	0.0899	0.1020
内蒙古	0.0658	0.0746	0.0854	0.0998	0.1096	0.1222
辽　宁	0.1270	0.1258	0.1193	0.1423	0.1384	0.1466

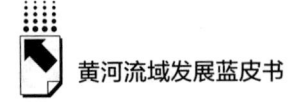

续表

省(区、市)	2017年	2018年	2019年	2020年	2021年	2022年
吉林	0.0584	0.0632	0.0649	0.0909	0.0942	0.1080
黑龙江	0.0715	0.0781	0.0958	0.1155	0.1276	0.1463
上海	0.5469	0.6054	0.6582	0.7320	0.7876	0.8509
江苏	0.2258	0.2561	0.2747	0.3208	0.3452	0.3775
浙江	0.2227	0.2508	0.2683	0.2919	0.3147	0.3353
安徽	0.0443	0.0610	0.0723	0.0985	0.1125	0.1313
福建	0.1358	0.1588	0.1666	0.1893	0.2048	0.2200
江西	0.0432	0.0606	0.0775	0.0982	0.1154	0.1342
山东	0.0767	0.0844	0.1010	0.1266	0.1388	0.1599
河南	0.0395	0.0509	0.0707	0.0857	0.1013	0.1187
湖北	0.0713	0.0874	0.1091	0.1296	0.1486	0.1697
湖南	0.0399	0.0480	0.0664	0.0848	0.0980	0.1164
广东	0.2402	0.2785	0.3005	0.3245	0.3546	0.3776
广西	0.0442	0.0547	0.0664	0.0794	0.0905	0.1029
海南	0.0462	0.0564	0.0676	0.0789	0.0896	0.1008
重庆	0.0703	0.0867	0.0936	0.1110	0.1227	0.1349
四川	0.0577	0.0716	0.0828	0.0988	0.1113	0.1249
贵州	0.0214	0.0322	0.0472	0.0602	0.0731	0.0871
云南	0.0221	0.0291	0.0398	0.0489	0.0577	0.0677
陕西	0.0832	0.0963	0.1102	0.1223	0.1358	0.1488
甘肃	0.0302	0.0378	0.0517	0.0625	0.0733	0.0857
青海	0.0245	0.0341	0.0476	0.0599	0.0715	0.0844
宁夏	0.0481	0.0532	0.0657	0.0758	0.0846	0.0959
新疆	0.0515	0.0598	0.0731	0.0814	0.0922	0.1030
平均	0.1088	0.1246	0.1394	0.1620	0.1773	0.1960

《四川省数字经济发展白皮书（2022）》数据显示，2022年四川省有5个市数字经济核心产业增加值超过100亿元，成都、绵阳、宜宾增加值规模居前三。其中，成都居全省第一位、占比接近2/3。四川省数字基础设施不断优化升级，已建在建数据中心规模达27万架，上架率达到55%；数字技术创新能力不断增强，2022年新认定数字经济领域高新技术企业4111家；数字产业化发展步伐加快，2022年全省数字经济核心产业增加值达到4324.1

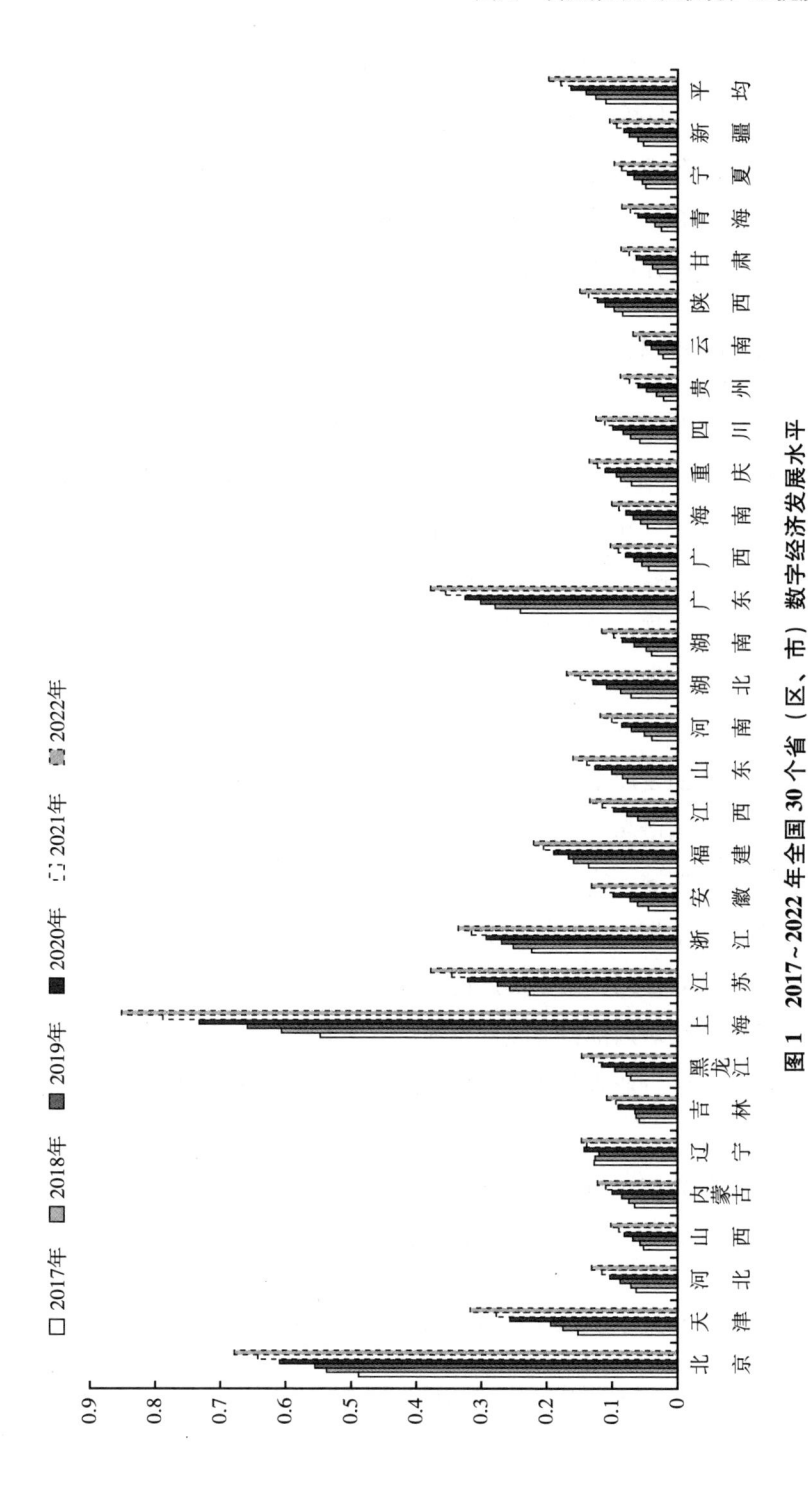

四川：着力推动六大优势产业提质倍增

图1 2017~2022年全国30个省（区、市）数字经济发展水平

亿元，同比增加6.5%，高于地区生产总值（GDP）增速1.6个百分点，占GDP比重达7.6%；产业数字化转型成效明显，全省"两化"融合发展水平居全国前十；公共服务数字化深入推进，"互联网+政务服务"成效明显，数字惠民水平不断提升；数字经济开放合作不断深化，依托重大区域发展战略的实施，如成渝地区双城经济圈的建设，积极推进数字经济领域合作。

（二）推动战略性新兴产业融合集群发展困境与阻碍

四川省作为中国西部地区的经济中心之一，已经在数字经济领域取得了不小的成果。截至2022年，四川省数字经济增加值规模已突破1.9万亿元，近5年年均增速超12%、始终保持在全国前五，占四川省GDP比重已超过35%，[①] 说明四川省数字经济发展水平不高，但发展速度较快，已经成为四川省推动经济高质量发展的重要引擎之一。根据2021年四川统计数据，四川新能源、生物医药、先进制造等战略性新兴产业增加值在全省GDP中所占比重分别为3.2%、1.7%和4.5%，[②] 发展空间巨大。但要进一步提升四川省战略性新兴产业的发展水平，依托数字经济推动战略性新兴产业融合集群发展，还面临诸多困境和阻碍。

第一，省内不同领域战略性新兴产业间协同不足。四川省不同领域的战略性新兴产业发展不平衡，相互间缺少交流和合作。新能源、智能制造、生物医药等领域缺乏有效协同，难以形成协同效应。

第二，数字经济领域内部行业发展不平衡，尤其是云计算、大数据、人工智能等重要数字经济行业内的协同发展程度不高，使得数字产业链的协同发展受到限制。

第三，战略性新兴产业与区域经济发展融合度不高，经济资源配置和战略性新兴产业有机互动不足。四川省地理区位和地形地貌独特，"三线"建

[①] 《2022中国信息通信大会举办新闻通气会》，四川省经济和信息化厅网站，2022年10月28日，https://jxt.sc.gov.cn/scjxt/gzdt/2022/10/28/cf3659065afa41bfa2ae15de2068259b.shtml。

[②] 四川省统计局、国家统计局四川调查总队编《四川统计年鉴（2022）》，中国统计出版社，2022。

设中大量生产力布局在山地、丘陵等地区，而随着经济社会发展，依托本地研发和技术等优势形成的战略性新兴产业却因各种因素影响，既无法与当地产业发展相融合，地方经济也未能充分借助战略性新兴产业的发展实现经济转型升级。

第四，产业数字化水平不高。四川部分传统产业数字化转型进展缓慢，数字化技术的应用和普及还不够，企业数字化程度参差不齐，尤其是中小型企业在数字化技术应用方面尚需时间。

第五，数字经济与传统产业融合难度较大。数字经济代表的战略性新兴产业的发展模式、运营逻辑与传统产业发展模式存在较大差异，且受到高素质人才匮乏等因素影响，传统产业中的企业缺乏适应数字经济发展的能力和自我创新能力，无法有效依托数字经济实现产业和企业自身的转型升级。

（三）战略性新兴产业融合集群发展策略

在大数据时代，大力发展数字经济，促进战略性新兴产业融合集群发展是构建现代化产业体系的破题之道。四川将紧紧围绕数字经济创新发展试验区建设任务要求，积极探索与大胆创新，推动具有四川特色的战略性新兴产业融合集群发展。

第一，促进基础设施领域的信息化升级。加强信息基础设施建设，建立高速、安全、可靠的信息通信网络，加强物联网技术应用，提高数据传输效率和质量。建立信息化安全保障体系，确保信息安全。积极推进数字农业发展，将信息技术与农业生产相融合，促进农业信息化、智能化，推动全产业链数字化升级，优化农业结构，提升农业品质和效益。促进工业化、信息化深度融合，加强工业生产和信息技术相融合的应用，探索智能制造、数字化工厂、物联网等新模式和新技术，推进工业化、信息化深度融合，提升工业化程度和能级。

第二，促进战略性新兴产业间的融合发展。加强政策引导，通过制定扶持、引导战略性新兴产业发展的政策和规划，明晰不同领域战略性新兴产业的重点发展方向，依托产业园区推动产业集聚发展，促进战略性新兴产业间资源共享和技术交流。加强产业衔接，利用区位优势，打通新兴产业与传统产业之间的衔接路径，实现产业链和产业生态的协同发展，如农业产业链与先进制造业的结合、旅游业与文化创意产业的结合等，发挥各领域的优势，进行协同创新。持续加强科技创新，推动实施产业技术领先战略，加大科技投入，积极引进和孵化高新技术企业和创新团队，鼓励技术创新和产业融合创新。

第三，因地制宜推动数字经济区域间协调发展。发挥成都综合优势，以提升数字技术、数据要素、数字基建三大数字经济新要素供给能力为基础，加快形成功能引导、场景驱动、优势互补的数字经济发展格局，促进数字产业集聚发展，推动传统行业数字化转型。发挥绵阳科技优势，聚焦数字核心产业集聚发展，推动数字技术赋能实体经济，利用互联网新技术全方位、全链条推进传统产业数字化改造，打造中国科技城产业数字化转型服务支撑体系典范。雅安、德阳、达州等依托数字经济发展基础，重点推动数字产业化、产业数字化，打造数字产业基地，提升数字经济与产业、城市融合水平，持续优化区域间创新生态系统，拓展国内和国际市场，推进数字经济与战略性新兴产业、传统优势产业的深度融合。

第四，推动数字经济与实体经济的融合发展。推进"互联网+"行动，以数字化技术为基础，推动传统产业的数字化转型，培育新兴数字经济领域的企业。提高数字化招商引资水平，政府可以利用数字化技术提供更为全面和准确的招商引资信息，吸引更多的数字经济产业进入四川省。建立数字化监管机制，促进数字经济与实体经济的良性互动，如建立电子商务诚信体系、加强知识产权保护、规范数字经济活动等。

第五，发挥基础优势培育产业新赛道。积极挖掘四川军工优势，持续扩大军民融合产业规模，做强军民融合、卫星互联网特色赛道。运用市场机制加大激励力度，激发创新动力，促进科技成果转化，深入推进军民融合。聚合北斗系统在科学技术、工业技术、商业技术三个维度的资源优势和应用潜在价值，加大对北斗产业与卫星应用直接相关的芯片、器件、软件、终端设备、基础设施等领域的政策、资金、项目等支持力度，提升北斗产业衍生带动形成的关联产业规模。

四 促进"三产"联动发展，打造现代化驱动力

国家"十四五"规划提出，要加快构建先进制造业和现代服务业深度融合的现代产业体系。党的二十大也明确要求，推动创建当代农业、制造业和服务业深度联合的现代化服务业体系。四川是西部经济大省，拥有齐全的产业门类和良好的产业基础。2022年，四川省GDP为56749.8亿元，比上年增长2.9%（按照可比价格计算）。其中，第一产业、第二产业与第三产业的增加值分别为5964.3亿元、21157.1亿元和29628.4亿元，同比分别增长4.3%、3.9%和2.0%，对经济增长的贡献率依次为16.6%、48%和35.4%。三次产业结构由2021年的10.5∶36.9∶52.6演变为10.5∶37.3∶52.2。人均GDP为67777元，同比提升2.9%。促进"三产"联动发展，是顺应新一轮科技革命和产业变革、培育四川现代化产业体系、实现高质量发展的重要途径。

（一）以新型工业化助推现代农业发展

新型工业化与农业现代化彼此依存、互为支撑。当前，四川新型工业化转型正不断推进，农业现代化也随着乡村振兴战略的实施进入加速阶段。促进新型工业化和现代农业融合发展，应围绕农产品加工提质增效、农业装备水平提升、农业农村信息化建设等方面发力。

第一，促进农产品加工提质增效。立足四川在茶叶、生猪与粮食生产等方面的优势，着力促进精制川茶、预制菜、肉制品与粮油加工等富民产业的提质倍增。对茶叶、果蔬与粮油等农产品主产区创建农产品加工园区给予相应扶持，主动引导区域中现有企业入驻园区发展。加快培育一批具有示范带动作用的农产品加工重点企业，引导企业实现"种养加销"一体化经营。组织加工企业与原料基地对接，形成产业上下游之间精准对接的高效产品供应链。

第二，推进山区丘区粗加工与智慧农机装备发展。充分发挥四川装备制造等方面的优势，积极利用省丘区山区智能农机装备创新中心等相关平台，促进智能控制、精准作业等核心关键技术突破。立足四川地貌地形条件，联合一、二产业研发"耕播管收"综合性山区丘区智慧农机装备，开发新型农产品加工设备。整理归纳并编制农业装备和重点零部件攻坚目录，加快绿色高效粮食烘干、智能育苗等相关设备的研发。促进农机研发、生产、推广、运用一体化试点，把更多农机设备纳入《四川省重大技术装备首台套软件首版次推广应用指导目录》并提供相应扶持，以提升农业机械化和智能化水平。

第三，发挥现代信息技术促进作用。加大乡村基站建设力度，提升乡村基站覆盖率，夯实乡村数字基础设施。支持健全农信链，扩展面向"三农"的融资、惠农服务等运用场景。

促进重点园区与优势企业创建农业生产数字化试点。提升会东、丹棱等省级新型智慧城市试点绩效，加强耕地智能监管、数字果园、智慧气象服务等新业态运用。推广数字乡村优秀处理方案、技术创新产品和典型应用案例，举办数字赋能乡村振兴现场会，开展数字赋能进公司、园区与乡村活动。

（二）促进现代服务业与先进制造业深度融合

现代服务业和先进制造业融合发展，有助于增强制造业核心竞争力，推动产业结构向价值链中高端迈进。近年来，四川现代服务业与先进制造业融合发展的水平呈不断上升趋势，四川省经济和信息化厅与国家统计局四川调查总队对"制造业与服务业融合发展"的调研显示，制造业与服务业融合已是四川省内企业转型发展的重要路径。其中，96.7%的企业涉及现代服务业和先进制造业融合业务，77.3%的企业有服务投入，78.9%的企业有服务业收入，其中，20%的企业服务业收入占营业收入的比重在10%以上。同时，随着社会分工日益细化，企业不断发展壮大，服务购买需求随之增加，调查显示，72.6%的企业有外购服务（见表3）。

表3 四川省制造业与服务业融合发展的调研结果

	服务投入	服务业收入	服务业收入占比10%以上	外购服务
企业占比（%）	77.3	78.9	20	72.6

资料来源：四川省经济和信息化厅与国家统计局四川调查总队调研数据。

但从四川现代服务业和先进制造业融合水平看，仍存在整体融合水平不高、融合区域差异较大、融合嵌入环节不合理等方面的问题。未来，应进一步把握产业融合的规律和趋势，围绕重点行业和领域，探索特色融合发展路径，促进制造业高质量发展和服务业提质增效。

第一，打造多元化融合发展主体。一方面，支持"链主"企业带动产业链上下游企业协同联动和分工合作，推进要素、资源、市场有效整合和交流共享；另一方面，积极发挥行业领军企业的带动引领作用，优先选择一批融合基础条件好、技术模式先进的企业，推动其在产业融合的路径和模式上先行先试。此外，完善"平台型"组织的综合服务功能，着力培育融合"平台型"企业，引导优势企业和上下游企业、关联企业围绕核心业务共建信息平台、研发平台、供应链管理平台等，形成融合的产业生态圈。

第二，探索重点行业的融合发展路径。一方面，积极推进原材料行业与服务业融合发展。鼓励原材料行业企业加强研发设计以及生产制造，推动原材料行业从"提供原料产品"向"提供原料和工业服务解决方案"转变。另一方面，推动消费品行业与服务业深度融合。随着社会主要矛盾的变化，居民消费需要的数量、层次和结构都发生了相应变化，应积极把握消费结构演化的现状和趋势，推动研发设计、市场销售、售后服务等多环节变革。同时，加强清洁能源和制造业绿色融合发展。立足四川清洁能源优势，促进清洁能源与光伏制造、储能电池等产业融合互促，打造清洁能源产业集群。

第三，打造"两业"融合的物质基础和载体。要以信息通信基础设施建设为着力点，积极培育和打造先进制造业与现代服务业融合的平台载体。依托数字化和网络化技术，提高信息高速公路发展水平，推动互联网全面、有效融入制造企业的研发、设计、生产、流通以及售后等各环节，对数字化设计、协同研发、个性化定制、远程诊断和维护等基于信息技术的服务功能进行创新。

（三）推进现代服务业同现代农业深度融合

党的二十大报告提出："构建优质高效的服务业新体系，推动现代服务业同先进制造业、现代农业深度融合。"现代农业是一个完整的产业体系，包括产前、产中、产后多个流程，现代农业发展壮大，必然需要相关服务业做支撑保障。四川是国家战略大后方和农业大省，是全国十三个粮食主产省之一和西部唯一的粮食主产省，促进现代服务业和现代农业深度融合具有重要的现实意义。未来，促进现代服务业和现代农业深度融合，要把握好以下几方面着力点。

第一，注重现代服务业与现代农业深度融合的载体培育。现代服务业同现代农业深度融合离不开载体的培育和平台的搭建，其中，农业合作社由于具备组织功能、中介功能、载体功能和服务功能，是促进现代服务业同现代农业深度融合的有效载体。四川应积极培育壮大各类农业合作组织，鼓励农业合作社向产品加工、物流配送、市场营销环节拓展，带动农业产前、产中、产后等各环节优化整合，不断拓宽服务领域，实现从田间到餐桌、从生产到生活的农业产业链全覆盖。

第二，注重现代服务业和现代农业深度融合的基础设施和外部环境建设。一方面，加强农业法律法规和政策体系建设。通过建立健全农产品质量安全、农业资源环境、农民权益保护等方面法律法规和政策体系，为现代服务业与现代农业深度融合提供法律保障。另一方面，着力推进农业基础设施建设。针对全省各地实际情况，因地制宜完善农田水利、道路、电网、销售网点等基础设施。此外，加大支农强农政策支持力度，在财政政策、金融创新、科技支撑、农民培训等方面出台专门性扶持政策。

第三，注重现代服务业和现代农业深度融合模式创新。四川省地貌东西差异大，地形复杂多样，山地、丘陵、平原、盆地和高原分别占全省面积的

77.1%、12.9%、5.3%和4.7%。要针对四川农业区域特征和资源禀赋，推进现代服务业与现代农业深度融合的模式创新，构建"纵向推进、特色引领、高端渗透"的融合模式。要集约配置资源、资本、技术等要素，延长农业产业链条，健全农业市场体系，用信息、科技、金融、人才等高端要素联结农业产业链条各环节，打造现代服务业和现代农业深度融合的"四川模式"。

（四）建设天府粮仓，保障粮食安全

2022年6月，习近平总书记在四川视察时强调，"成都平原自古有'天府之国'的美称，要严守耕地红线，保护好这片产粮宝地，把粮食生产抓紧抓牢，在新时代打造更高水平的'天府粮仓'"。2022年，四川粮食产量为3510.5万吨，连续三年稳定在3500万吨以上，粮食产量保持全国第九位。新时期建设更高水准的天府粮仓，需要突出以下几方面任务。

第一，守牢耕地保护红线，夯实"天府粮仓"的根基。一方面，要压紧压实耕地保护责任，加快健全耕地保护长效机制，全力推进田长制，构建五级田长责任体系，足额带位置下达耕地保护目标任务，严格耕地保护党政同责考核。另一方面，严格落实国土空间规划管控规则，强化"三区三线"管控约束，把永久基本农田、生态保护红线、城镇开发边界三条控制线作为调整经济结构、规划产业发展、推进城镇化不可逾越的红线。此外，要加强耕地用途管制，严格执行耕地占补平衡和进出平衡制度，强化永久基本农田储备区建设，巩固耕地和永久基本农田划定成果。

第二，优化"天府粮仓"建设布局。针对四川气候、地形、发展程度等方面的差异，明确"成都平原、盆地丘陵、盆周山区、攀西地区、川西高原"五大区域的重点产业和主攻方向。其中，成都平原是"天府粮仓"核心区，主要发展稻麦、稻油、稻菜轮作和稻鱼综合种养等，逐步实现平原地区以粮为主。盆地丘陵是以粮为主集中发展区，重点推广水旱轮作高效种植、旱地粮经复合、粮经作物生态立体种养等模式，逐步实现浅丘地区以粮油生产为主。盆周山区是粮经饲统筹发展区，主要发展特色粮食和种养循

环,实现粮经饲统筹协调发展。攀西地区作为特色高效农业优势区,主要是发挥独特的光温资源和气候优势,发展高档优质稻、高原马铃薯等优势特色产业,打造"天府第二粮仓"。川西高原农牧循环生态农业发展区,主要是稳定青稞种植面积,发展高原绿色蔬菜和特色养殖,推动农牧循环发展。

第三,积极推进高标准"天府良田"建设。建设"天府良田",是打造更高水平"天府粮仓"的重点内容。首先,要进一步摸清家底。结合"三区三线"划定最新成果,统一技术路线,统一图斑信息,摸清永久基本农田范围内高标准农田建设情况,完善市县两级的高标准农田建设规划。其次,制定高标准"天府良田"总体方案。细化落实总体目标和阶段性目标,明确重点任务和推进举措,确保将6308万亩永久基本农田全部建成高标准农田。最后,完善建设标准,分类、分区制定高标准农田建设标准,实施差异化补助政策,稳定平原地区建设的补助标准,提高对丘陵、高原山区的补助标准。

第四,强化"天府粮仓"建设的科技赋能。一方面,积极推进种业创新。围绕水稻、玉米、小麦、薯类、油菜、猪牛羊等,推动选育一批优质高产、绿色高效、抗病抗逆的农畜突破性新品种。另一方面,加快推进"科技兴粮"。积极推进节水灌溉、垂直农业、农业机器人等农业高新技术研发,推进水稻宜机化、小麦免耕带旋播种、薯类优质高产、节水节肥、生物防治、耕地重金属治理、疫病精准防控、节粮减损等关键共性技术创新。此外,着力在成都平原、川南、川东北等打造一批科技示范基地和成果转移转化示范区,推进以水稻、生猪、蔬菜为主导产业的国省农业科技园区建设,重点布局建设一批省级农高区。

五 深化体制改革,夯实现代化产业体系的要素支撑

现代化产业体系建设是一项复杂的系统性工程,需要深化体制机制改革,突出科技创新、市场一体化、国资国企改革、新型基础设施、深化开放等领域支撑。

（一）突出科技创新的核心地位

创新是引领发展的第一动力。四川应以加快建成国家创新驱动发展"先行省"为引领，围绕"西部科学城"建设，聚力服务国家科技自立自强，聚力推进创新驱动引领高质量发展，聚力建设具有全国影响力的科技创新中心，抓紧抓实科技创新各项工作，努力为全面推进四川特色现代化产业体系建设提供坚实的科技支撑。

第一，打造战略科技力量，合作共建国家级创新平台。构建凸显四川优势的实验室体系，健全天府实验室运行机制，推进技术创新平台建设。整合成渝地区创新资源，支持川渝共建联合实验室，推动建立成渝国家技术创新中心等国家级创新平台。

第二，深化科技体制机制改革，持续优化创新生态。支持有条件的地方试行科创金融改革，建设绿色金融改革创新试验区，支持成渝地区发展"数据驱动"的科技金融模式。按照既定程序扶持负责专项技术转移的机构，推动建立成德绵国家科技成果转移转化示范区，支持国家和省级双创示范基地的建设，提高众创空间、大学科技园、孵化器、加速器等对科技成果转移转化的服务能力。

第三，发展数字经济核心产业，推动重点领域产业数字化转型。在打造"全国数字经济创新发展实验区"的基础上，建立成渝地区"大数据产业基地"，推动成渝地区"大数据智能创新"和"大数据产业集群"的发展。建立"5G+工业互联网"的集成实施试验区，推动商贸、物流、金融、文化、旅游等服务领域的数字化发展。加速推进"数字农业"的发展，争取创建"全国'数字农业'示范基地"。

第四，加强民生社会领域科技创新，扎实推进科技惠民利民富民。加强人口健康科技创新，加强创新药物、高端医疗与健康设备、中医诊疗设备的研究与开发，加快建设四川转化医疗中心。增加对生态和环境相关科学和技术的供应，建立以新能源为主的新型电力体系，并逐渐实现电能替代。推动智慧施工和工程产业化的技术创新。健全社会治理创新体系，健全立体化智能化社会治安防控体系。加快建设新型智慧城市和数字乡村，推进新一代信息技术与城乡基层治理深度融合。

（二）推进市场一体化建设

区域市场一体化是全国统一大市场建设的突破口。成渝地区双城经济圈市场一体化建设在推动深层次改革方面实现率先探索，在破除地方保护方面实现率先突破，在完善公平竞争方面实现率先做实，对于全国统一大市场建设具有重大意义。四川应以推动成渝地区市场一体化为抓手，持续深化改革，优化营商环境，激发市场活力，提振市场信心，助力经济运行整体好转，为促进全省经济社会发展，构建体现四川特色的现代化产业体系，提供强有力的支持。

第一，在共同完善市场基础设施方面，交通、物流以及信息基础设施和网络是推进市场一体化的物质支撑。要加速推进川渝省际高速公路、邻市区道路网、"智慧长江"物流项目的实施，推进西部陆海新通道跨区综合运营平台的建立，推进川渝电商双基地的建立，共同建立川渝公共资源共享平台，共同制定川渝两地公共资源交易市场服务规范目录。通过健全流通网络、畅通信息交互、丰富平台功能等方式实现高标准的基础设施连通，努力提升市场运作效率。

第二，在共同优化要素资源流通方面，川渝要率先在破除地方保护和市场分割方面实现突破。重点从土地、劳动力、资本、技术与信息、生态环境五个方面着手，进一步扩大生产要素的流动。协同建设大数据法规标准体系，共建技术转移人才资源库，探索建立川渝碳中和联合服务平台。

第三，在共同健全市场制度规则方面，要聚焦全面融入全国统一大市场建设，建立完善与全国统一制度规则相衔接的市场基础制度。具体而言，以川渝两地为重点，加快四川、重庆两个国家知识产权区域运营中心的建设，深入推进"异地市场准入同等标准"制度建立，在相邻省份开展"平等竞争审查"互评试点，探索构建川渝两地市场竞争状态评价指标体系，推进"政府质量奖""首席质量官"互认，"质量管理专家"共享等工作。

第四，在加强地区市场监督管理方面，要加强地区间的市场监督管理合作，并在川渝两地重点案例上建立联合挂牌督办的制度。要强化统一市场监管执法，加强信用监管合作，深化消费维权协作，联动查处垄断和不正当竞争行为。要加快互联网监控和监控信息的共享，争取在川渝两地建立"跨地区的投诉和举报移送制度"。

（三）突出国资国企改革

党的二十大报告提出，深化国资国企改革，加速国有经济布局优化和结构调整，促进国有资本和国有企业做强做优做大，提高企业的核心竞争力，并对进一步深化国资国企改革发展作出了一系列重大部署。近年来，四川聚焦"两降两控两提"（降成本、降两金，控亏损、控风险，提质量、提能力），以全面深化改革狠抓效益提升，出台了进一步推进国有企业高质量发展的若干举措，蜀道集团整合、川煤集团重整、生态环保集团资产整合顺利完成，省属企业旅游资产、民用机场整合取得阶段性成果。未来，应继续加速国有资本布局调整，深化国有资本国企改革，加强专业化、制度化和法治化的"三化"管理，强化科技创新和资产证券化，健全资产监督机制，激发企业活力，进一步促进国资国企高质量发展。

第一，健全以资金管理为核心的金融监督制度。要坚持"放活"和"管好"相结合，监管和服务并举，加速建立以管资本为主体的国企监管制度，真正做到在监管的同时服务企业发展，在服务的同时，更好履行监管职责。同时，要继续转变作风，优化服务，提升质量，提高效率，坚持并完善企业监督制度。

第二，提高企业发展的动力。一是建立权责法定、权责透明、相互协调、相互制约的现代公司管理体制，充分发挥中国特色现代企业制度的显著优势。二是聚焦企业的主体责任，深化企业的重组与整合。巩固深化四川在交通、环境、旅游等领域的改革成果，顺势而为，加快能源、建设等重点行业的战略性重组与专业化整合，努力培育出一批在国内有较强影响力和竞争力的大行业、大板块、大集团。三是在加强改革系统性、整体性和协同性的

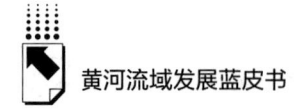

基础上，在科技创新、市场机制和激励约束等领域，以"天府综合改革"为抓手，力争在改革上取得重大突破，力争打造国有企业改革的"四川样板"。

第三，培育发展新动能、新优势。一方面，要完善国企创新制度，巩固其创新主体地位，着力构建以企业为主体、以市场为导向、产学研相结合的技术创新体系，加速整合高校、科研院所、国家实验室等创新资源，形成一批以"国企+"为核心的创新联盟，积极推动中国科技城（绵阳）、西部科学城（成都）、天府实验室等国家重大科技平台的建设。另一方面，要完善国有企业的创新激励机制，加强对研发投入强度的"硬约束"，突破科研人员工资的"天花板"，进一步深化职务科技成果的产权或永久性使用制度改革，并促进科技成果高效转化、产业化，构建国有企业的科技成果转化体系，形成国有企业科研成果的"直通车"，围绕战略性新兴产业的发展、产业转型升级等重大需要，将其转化为实际的生产力。此外，要充分利用四川的科技和教育资源，加快国有企业的原创性技术中心建设，充分发挥国有企业在创新领域的引导和支持作用。

第四，以高素质党建工作为引领，确保高素质发展。深入贯彻落实党的二十大关于"推进国有企业、金融企业在完善公司治理中加强党的领导、加强混合所有制企业、非公有制企业党建工作"等重要部署，坚持国有企业姓党的政治基因。以"强根固魂"为抓手，积极推进省、市国有资本布局和结构调整与国家"十四五"国有资本经营规划的有机结合，写好优布局、调结构的"四川篇"，实现更大规模、更高水平的国有资本有序流动，实现国有资本的合理配置。

（四）加强新型基础设施建设

近年来，四川坚持把新型基础设施建设作为支撑经济社会数字转型、智能升级、融合创新的坚实保障，出台了新型基础设施建设行动方案等政策文件，加快实施跨行业信息通信基础设施建设重大项目，加速拓展融合应用场景，不断提升创新基础设施能级，新型基础设施建设取得明显成效。未来，四川在持续推动新型基础设施建设的过程中，要以国家数字经济创新发展试验区建设为统领，以提升新型基础设施供给质量为着力点，因业施策、因地制宜，构建高层次高水平的新型基础设施体系，为夯实四川现代化产业体系提供强劲动能。

第一，要大力推进自主创新，加快突破关键核心技术。服务国家战略和未来发展，聚焦信息通信、工业软件、网络安全等优势领域，以及区块链、人工智能等重点方向，布局建设更多前瞻引领的高能级创新平台，积极打造原始创新和产业创新集群，不断提升创新支撑力和核心竞争力。

第二，要持续完善规划布局，系统布局新型基础设施。对标国家部署要求，清单制、项目化推进"十四五"数字经济、新型基础设施建设等系列重点规划落地。实施5G和光纤超宽带"双千兆"网络全域部署工程，持续推动通信网络演进升级。抢抓全国一体化算力网络成渝国家枢纽节点建设机遇，加快构建数据中心和智能算力体系。突出特色和优势产业，如电子制造业、航空设备制造业和冶金钢铁工业，大力推进工业互联网的网络化改造和标识解析的集成创新应用。不断推动数字技术赋能交通、能源、水利、市政、物流等传统基础设施的改造升级，促进生产方式和组织方式的变革，强化数字转型、智能升级、融合创新支撑。

第三，要加快实施重大项目，积极扩大有效投资。严格落实国家发展改革委关于数据中心和5G等新型基础设施绿色高质量发展的总体规划布局，积极推动纳入国家"十四五"规划102项重大工程的新型基础设施建设项目落地实施，强化中央和省预算内支持项目实施和调度管理。

第四，要不断强化要素保障，努力营造良好发展环境。充分发挥财政资金的引导和带动作用，用好国家补助资金、各级财政资金、政府专项债券。持续推进四川天府芯云数字经济发展基金，加大新型基础设施建设投入。积极引导企业债券、供应链金融、私募股权投资、保险资金等社会资本参与新型基础设施建设、传统基础设施数字化转型。发挥四川清洁能源优势，强化5G、数据中心等新型基础设施能耗管理、用电成本等方面支持。地方政府在按规定保障用地计划指标的同时，尽量减少用地成本。加强人力资源保

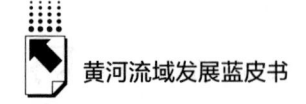

障，加强新型基础设施相关领域的行业管理人才、技术领军人才和具有国际视野的企业家人才招引培育。

（五）突出开放要素支撑

在建设具有四川特色现代化产业体系中，开放发展极为重要。四川要始终坚持以对外开放为重点，积极与国家对外开放战略相结合，与国内国际两个市场相结合，与国内国际两种资源相结合，以共建"一带一路"为抓手，着力打造成渝地区双城经济圈对外开放新高地，通过深化开放合作战略，着力推进全方位开放，探索一条打造西部内陆省份开放经济新高地的新路径。进一步推进开放发展，促进现代化产业体系建设，应做好以下几方面工作。

第一，要把营造良好营商环境放在首位。新时代四川对外开放已从"扩大贸易、引进外资"转变为"全面开放"，进入更高水平开放的新阶段。要加强对外开放的"软力量"，对全省的对外开放能力进行评估，为对外开放创造更好更便利的营商环境。要继续深化"放管服"改革，建立"亲""清"政商关系，完善招商引资"绿色通道"。突出国际化学校和国际化医院建设，为外籍人士营造舒适、安心的工作和生活环境。要增强对外沟通的能力，精心构筑对外沟通的话语系统，向世界展示一个多维、多姿、多彩的开放四川，全方位提高全省的对外形象和影响力。

第二，要进一步突出开放的重点区域。在共建"一带一路"的背景下，四川应进一步加强南向的对外开放，积极参与孟中印缅经济走廊和中国—中南半岛经济走廊的建设，着力推进四川机电产品和富余生产能力出口，促进部分资金、项目和原料的引进；要继续做好北向的对外开放工作，在扩大与欧洲各国经贸往来的同时，积极引入国外的先进企业、技术。在推动长江经济带建设过程中，应注重区域协同发展，特别是加强与重庆等地的协同发展，同时，主动承接中下游地区的工业转移。在进一步推进西部大开发过程中，加强与云南、广西、贵州、西藏、陕西、甘肃、新疆等地区的协作，共同规划和建设具有战略意义的区域合作平台。

第三，要充分利用好各类发展载体与平台。"天府新区""国家级高新技术产业开发区""全面创新改革实验区",是发展新产业、培育新动能、抢占未来发展制高点的重要载体与平台,要充分发挥优势,推动四川现代化产业体系建设再上一个新台阶。要继续对标、引进更多的优秀人才。坚持以招商引资为最直接的抓手,坚持"分层次、分区域"的精准招商,突出电子信息、新能源汽车、石墨烯、生物医药等全产业链招商,引导项目合理布局,防止出现同质性竞争。

B.6
甘肃：扎实推进强工业行动

张建君 王璠 张瑞宇 蒋尚卿 马桂芬*

摘　要： 甘肃省地处突破"胡焕庸线"的战略纵深地带，建设现代化产业体系，是甘肃实现黄河流域高质量发展与生态保护的重要举措，甘肃省工业化进程经过三个阶段的持续推进，现在处于产业结构深度调整阶段。甘肃现代产业主要集中于石化、有色、电力、冶金、装备制造、食品、煤炭等主导产业，战略性新兴产业和高新技术产业占比低，现代产业呈现分布区域集聚、特色鲜明、产业链条培育逐步提速、农业产业特色凸显等特征。产业高构化演进滞后于全国总体水平，亟待全面发力提升，既面临严峻的问题与挑战，也存在快速发展的潜力与机遇。整体判断：未来十多年是甘肃建设现代化产业体系的关键机遇期。为此，一要强基础，建设现代化的基础设施体系；二要提动能，增强现代化发展的技术动能；三要壮实体，突出现代化产业体系的根基；四要优产业，培育现代化产业体系的新局面；五要增特色，发展数字经济催生新产业新业态新模式，建设具有甘肃特点的现代化产业体系。

关键词： 甘肃省　现代化产业体系　强工业行动

---

* 张建君，中共甘肃省委党校（甘肃行政学院）甘肃发展研究院院长、教授，研究方向为社会主义经济理论、区域经济发展战略；王璠，中共甘肃省委党校（甘肃行政学院）甘肃发展研究院发展规划与战略研究室主任、教授，研究方向为农业经济、农村发展、扶贫开发；张瑞宇，中共甘肃省委党校（甘肃行政学院）甘肃发展研究院社会调查研究室主任、副教授，研究方向为甘肃省情及区域经济发展战略；蒋尚卿，中共甘肃省委党校（甘肃行政学院）甘肃发展研究院助教，研究方向为甘肃省情及区域经济发展战略；马桂芬，中共甘肃省委党校（甘肃行政学院）甘肃发展研究院副院长、教授，研究方向为民族经济、民族宗教文化。

习近平总书记指出："现代化产业体系是新发展格局的基础。"[①] 甘肃省地处突破"胡焕庸线"的战略纵深地带，省会兰州市是黄河上游重要的工业城市，处于联通西宁、乌鲁木齐、拉萨、银川、呼和浩特的枢纽位置，甘肃省是推动国家构建"双循环"新发展格局名副其实的战略支点。建设现代化产业体系，是甘肃实现黄河流域高质量发展与生态保护的重要举措，需要从国家战略全局出发，结合中国式现代化战略实践，全面推进现代化产业体系建设的战略任务。

一 黄河流域甘肃段现代产业的发展历程

甘肃省真正意义上的近代工业，源起于清朝末期陕甘总督左宗棠兴办兰州制造局、甘肃织呢总局等新式企业，清末新政时期至民国初年，续有发展。[②] 抗日战争时期，东南沿海地区沦陷，大批有识之士撤退至西北，兰州作为大后方为数不多的省会城市，容纳了大批人才，以及一批从东南沿海迁移来的工矿企业，官僚资本及民族资本也部分内移，如上海机器厂等工业企业的建设初具规模。虽然从清末到整个民国时期甘肃的工业开始起步，但工业底子很薄，没有从根本上改变甘肃的产业结构。

新中国成立后，"一五"时期国家确定的156项苏联援建和其他限额以上的重点工程建设项目中16项落户甘肃，以及"三线"建设时期142家以机械、电子、军工为主的企事业单位迁入甘肃，极大地推动了甘肃工业化水平尤其是重工业化水平的提升，而工业化水平的提升催生了甘肃的产业结构升级，第二产业在地区生产总值（GDP）中的占比迅速提升。改革开放后，随着我国融入全球市场体系步伐加快，甘肃的产业结构体系又一次发生了深刻调整。根据甘肃省三次产业结构随着时间演化的特征，可以把甘肃产业结构体系的演进划分为三个阶段（见图1、图2）。

[①] 中共中央宣传部编《习近平新时代中国特色社会主义思想学习纲要》，学习出版社、人民出版社，2023，第161页。
[②] 魏丽英：《左宗棠与甘肃近代机器工业的开端》，《社会科学》1984年第4期。

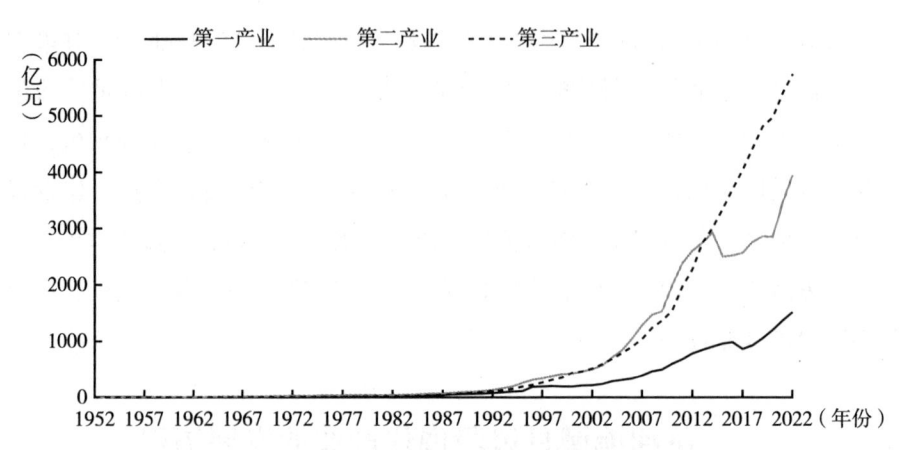

图1　1952~2022年甘肃三次产业增加值发展趋势

资料来源：《中国统计年鉴》。

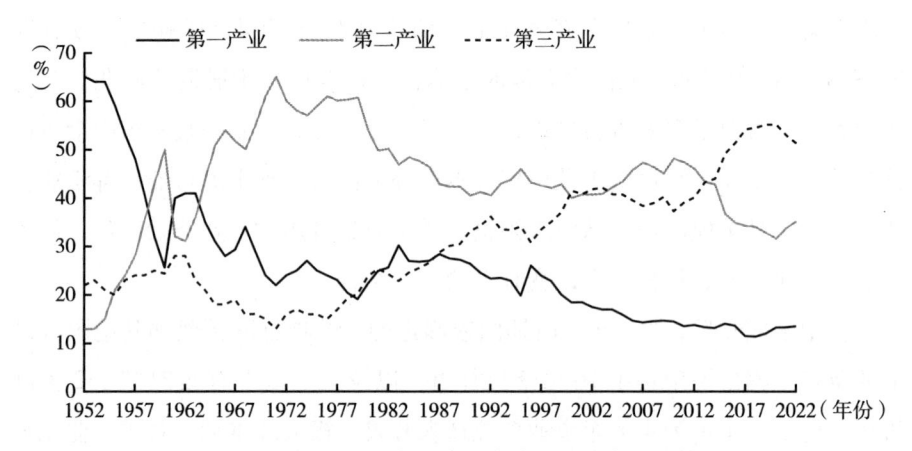

图2　1952~2022年甘肃三次产业结构变化趋势

资料来源：《中国统计年鉴》。

第一阶段是1949~1978年[①]，这一阶段甘肃第二产业在工业的带动下快速发展，受国家以农支工政策影响，农业发展受限，第三产业因受计划经济体制影响也发展缓慢。受我国宏观政策的引导，作为重工业建设基地，甘肃省根据自身资源优势，在国家要求优先发展重工业的政策号召下，大力发展

[①] 未获得1949~1951年统计数据，但本文以1949年作为第一阶段起始年份。

了以开发和加工稀有资源为主的重工业,包括石油、有色金属和能源。因此,在这一时期,产业结构的主要转变方向是用工业产业结构替代传统农业产业结构,并形成了"重重轻轻"的产业结构。之后在"三线"建设时期,通过大力兴建基础设施,甘肃省进一步巩固了这一产业结构。到了"三五""四五"计划时期,甘肃省又从沿海工业发达城市引进了一批制造业骨干企业,为自身发展奠定了基础。

第二阶段是1979~2020年,这一阶段是三次产业快速发展调整阶段。改革开放后,在世界市场中我国劳动力具有明显的比较优势,不少跨国企业把劳动力密集型产业布局到了我国沿海地区,"两头在外"的出口带动型增长使深处内陆的甘肃丧失了区位优势,工业优势地位也在市场化进程中逐步丧失,虽然建筑行业增长较快但在第二产业中占比并不高,这也造成第二产业增速逐步回落的情况,第二产业在三次产业中的占比也逐步下降。在甘肃产业体系调整的过程中,2014年值得注意:2014年,甘肃第二产业增速为负,第三产业比重超过了第二产业。第二产业增速降为负值拉低了甘肃经济社会发展的整体水平,当年人均GDP排名降至全国第31位。

第三阶段是2021年至今,这一阶段是甘肃产业结构深度调整阶段。在这一阶段,我国经济增长速度开始回落,受大环境影响甘肃的经济增速也逐步回落,但增速在全国的排名有所提升。经济增速回落后,之前高速发展中出现的问题也逐步暴露了出来,尤其是在甘肃产业重心从第一产业向第二产业、第三产业发生顺次转移的同时,劳动力人口并未发生顺次转移。例如,2021年,甘肃三次产业结构为13:34:53,而就业结构为44:18:46。事实上,第二产业产值高而就业人数少的问题在甘肃长期存在,第二产业就业岗位数就像一个"峡口"难以突破,劳动力在产业间的错配问题十分突出。第一产业发展不温不火,这一方面受城乡二元经济结构体制制约,另一方面受国际粮食市场价格影响。第二产业受政策支持力度较大,发展较为迅速。第三产业增速有所下滑,占比也有所回落。

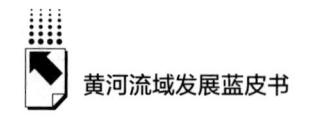

二 黄河流域甘肃段现代产业体系发展态势

甘肃现代产业主要包括石化、有色、电力、冶金、装备制造、食品、煤炭等主导产业，各主导产业2021年总资产见表1，主导产业的年末总资产占全省工业总资产的79.17%。2021年，主导产业的增加值占全省工业增加值的85.85%，工业产值占全省工业产值的85.58%。战略性新兴产业和高新技术产业占比低，但增长的势头迅猛。2020年，甘肃战略性新兴产业产值占工业总产值的10.94%，增速为14.89%；高技术产业产值占工业总产值的5.66%，增速为21.99%。2021年，甘肃战略性新兴产业产值占工业总产值的10.43%，增长了18.84%；高技术产业产值占工业总产值的6.13%，增长了31.15%。

表1 2021年甘肃省主导产业总资产

单位：亿元

	合计	石化	有色	电力	冶金	装备制造	食品	煤炭
产值	11125.29	1838.61	2415.62	3532.36	709.79	1089.29	758.31	781.14

资料来源：《甘肃统计年鉴（2022）》。

（一）现代产业分布区域集聚

一是围绕兰白都市经济圈形成了以现代制造业为主的产业布局。以兰州市为中心形成了以石油化工、有色冶金、装备制造、能源电力、生物医药为支柱的工业体系。白银市作为传统工业城市，形成了以有色、化工、煤炭、电力、陶瓷等为主导的传统产业。二是河西地区形成了以钢铁、冶金、新能源为主的产业布局。嘉峪关市围绕钢铁产业链"上展下延"，大力发展装备制造、建材、食品加工等产业，形成了以酒钢大型企业集团为依托的"冶金—循环经济—装备制造"千亿级产业链。依托"光伏发电—电解铝—铝制品加工"千亿级产业链，金昌市形成了以有色金属化工为主的产业布局。酒泉市形成了以新能源、石油化工、冶金等为主的产业布局。张掖市形成了以"一特两新"为主的产业布局。武威市形成了以农产品精深加工、建材化工等为主的产业布局。三是陇东南地区形成了能源与制造业产业布局。平凉市形成了以煤电化产业为主的产业布局。庆阳市形成了以能源为主的产业布局。天水市形成了以机械制造、电工电器、电子信息、医药食品、建筑材料、新型能源六大产业为主导，装备制造业为主体的工业格局。陇南市形成了以冶金、水电、农产品加工等为主的产业布局。

（二）现代产业体系特色鲜明

从甘肃产业体系的构成来看，甘肃产业体系主要包含传统产业、新兴产业、现代服务业以及生态产业。传统产业主要有以酒钢集团、金川集团、白银有色集团等大型地方国有企业为龙头的有色冶金业，以兰州石化国家装备制造高新技术产业化基地、天水电工电气及先进机床基地和河西走廊新能源装备制造研发基地为基础的装备制造业，以智能终端产品、电子材料与元器件、电器制造业为代表的电子信息产业。新兴产业是指以半导体材料、氢能、电池、储能和分布式能源、电子、信息为主要业态的产业，半导体材料产业依托甘肃省有机半导体材料及应用技术工程研究中心等研究机构，航空航天配套产业依托兰州空间技术物理研究所以及兰州万里航空机电有限责任公司等大型国有企业，氢能产业、电池产业以及储能和分布式能源产业等新兴产业受益于国家支持西部发展新能源产业的政策。现代服务业指以金融服务、信息服务、商务服务、专业生产服务、服务外包等为主要业态的生产性服务业，以养老服务、家政服务等为主要业态的生活性服务业，以及以智慧会展、云展览等为新业态的新型服务业。

生态产业指的是甘肃省自2018年1月以来着力构建的十大生态产业。2019年8月习近平总书记在甘肃考察时，对这一工作举措给予了肯定。十大生态产业指节能环保产业、清洁生产产业、清洁能源产业、循环农业、中医中药产业、文化旅游产业、通道物流产业、数据信息产业、先进制造产业以及相关融合产业。其中，节能环保产业已培育10家龙头企业，分别是兰州金川新材料科技股份有限公司、窑街煤电集团有限公司、天水华天科技股份有限公司、兰州兰石重型装备股份有限公司、兰州长城电工股份有限公司、中铁一局市政环保公司、甘肃稀土新材料股份有限公司、兰州兴盛源再生资源回收公司、甘肃兰亚铝业有限公司，以及方大炭素新材料科技股份有限公司，培育主板上市企业9家；在大型高效换热装备制造、铜、镍等有色金属冶炼，烟气和重金属酸性废水处理技术研发和装备制造等方面处于全国领先地位。清洁生产产业已建立企业牵头组织、高等院校和科研院所共同参与的产业技术创新机制，推动了节能环保资源循环利用，行业关键技术产业化、规模化生产应用。清洁能源产业中新能源装机占比已达到42%以上，可再生能源装机占比达到了60%以上，在全国名列前茅。循环农业项目带动效应非常明显，定西安定区、临洮县成功创建国家现代农业产业园，张掖海升现代农业智能玻璃温室也成为现代丝路寒旱农业及"一带一路"国际合作示范项目。中医中药产业呈现一二三产业融合发展、"中医药+"产业融合发展态势，推拿按摩、针刺艾灸、拔罐药浴、温泉疗养等衍生产业发展迅速。文化旅游产业发展迅速，精品丝路游、寻根问祖游等精品旅游线路产品基本形成，从甘南开幕到敦煌闭幕，荣获博鳌国际旅游奖年度节庆活动榜大奖，被文旅部誉为文旅融合的典范。通道物流产业以及数据信息产业中，丝绸之路信息港业已建成，全省区块链基础平台"数字甘肃、如意之链"已经上线，兰州新区国际互联网数据专用通道、金昌紫金云大数据中心、庆阳华为云计算大数据中心等项目建成投运。先进制造产业越来越聚焦于高端领域，甘肃装备制造业除了在石化通用装备、高档数控机床、电工电器以及节能环保装备等新领域，打造了在国内外具有影响力的拳头产品，也形成了以稀有金属材料和功能材料、高性能稀土功能材料、高端金属结构材料等产业为核心的新材料产业发展格局，部分企业技术水平和生产规模全国领先。相关融合产业主要指的是军民融合产业，甘肃已在核装备制造、天然铀储备浓缩、后处理等核心功能提升项目上取得技术突破，三大优势产业——航空航天、特种化工、军工电子已逐步向规模化、集约化方向发展。

（三）产业链条培育逐步提速

从产业链角度看，甘肃形成了特色农产品及食品加工、有色冶金、航空航天、文化旅游康养、新材料、核、生物制药、信息、装备制造、中医药、新能源及装备制造、电子、石油化工、绿色环保（含绿色矿山）等14条重点产业链，还建立了省政府主要领导担任全省产业链"总链长"、相关省级领导担任产业链"链长"的工作机制。

其中，石油化工产业链围绕化工园区与产业链集成发展，逐步推进"油化并举"产业结构转型。2021年在兰州石化、银光集团等"链主"企业带动下，218家产业链上下游企业共谋划实施116个项目，总投资426亿元，积极延伸石化产业链。有色冶金产业链以加快推进高端化、绿色化、智能化改造升级为主线，确定了9家有色冶金"链主"企业和14条细分产业链，2021年推动实施了重大项目86个，总投资达242亿元，加快淘汰落后工艺设备，大力发展新材料，全行业经济效益保持较快增长。新能源及装备制造产业链立足甘肃新能源资源优势，着力培育壮大风光电前端材料、中端制造和后端发电等产业链重点环节和关键领域，全省风电光伏发电制造业全产业链已初具规模。宝丰集团、浙江正泰等一批龙头企业谋划在甘肃投建硅料、多晶硅、单晶硅重大项目，引进了凯盛大明公司太阳能光热和光伏发电用聚光材料及深加工项目，年生产能力达4500万平方米，风光电装备制造在满足省内自用项目开发需求的同时可辐射周边省区，正在形成发、输（配）、储、运、造一体的综合产业体系。文化旅游康养产业链储备项目300多个，启动了康复疗养、养生文化体验、膳食养生、温泉养生等八大养生保健系列旅游产品开发，围绕完善提升优化庆阳岐黄周祖医食养生保健、平凉崆峒山道释文化养生、皇甫谧针灸保健养生等七大中医药养生保健旅游产业基地功能，加快文化旅游康养产业链建设步伐。特色农产品及食品加工产业链瞄准牛、羊、菜、果、薯等特色优势产业，大力推进现代农产品加工产业体系建设。2021年，全省特色种植业面积已达3640万亩，特色养殖业畜禽存栏量达到8700万头以上，新创建省级现代农业产业园61个，发布了"甘味"农产品品牌目录,重点推介了60个地方公用品牌和300个企业商标品牌,全产业链产值达343亿元。中医药产业链依托甘肃建设国家中医药产业发展综合试验区的机遇,稳步提升中医药创新能力、中医服务能力,不断增强中医药产业竞争力,兰州生物所年产20亿剂重组新冠疫苗车间、奇正藏药定西医药产业基地、佛慈红日药业中药配方颗粒生产基地等工程项目稳步实施。信息产业链加快推进新一代信息技术与制造业融合发展,强化5G、数据中心、工业互联网等新型基础设施建设。电子产业链持续向好,2021年共实现主营业务收入210.26亿元,同比增长46.33%。电子产业集群正在加速形成,张掖智能制造产业园已入驻企业29家,智能机器人、手机、小家电、医疗器械等产品成功下线,平凉智能终端光电产业园现已入驻企业5家并全部投产,华天电子集团集成电路多芯片封装扩大规模项目有序实施,天水电子信息产业基地规模进一步扩大,东旭集团天水高端装备产业园已开工建设。装备制造产业链紧盯电工电气、数控机床、工程机械和现代农机等重点领域,稳步提升装备制造产品核心竞争力和产业协作能力,行业规模进一步扩大。

(四)农业产业特色凸显

以特色农产品及食品加工产业链为例,甘肃构建了以"牛羊菜果薯药"六大优势特色产业为主导、地方特色农产品为补充的农业产业新格局,培育壮大了一批"独一份""特别特""好中优""错峰头"的特色优质农产品,农业特色产业向优势区快速集中,已走上"跨乡成片、跨县成带、集群成链、品牌营销"的规模化、集约化、产业化发展路子,全省一产增加值连续多年增长5%以上、居全国前列,农村人均可支配收入增幅保持在9%以上,突破万元大关。按照"寒旱农业—生态循环—绿色产品—甘味品牌"全产业链打造的理念,以特色农产品及食品加工业为重点,引导一产往后延、二产两头连、三产走高端,推进一二三产业融合发展。紧盯产业链短板,实施强链、补链、延链,实现全环节提升、全链条增值、全产业融合,形成了比较完整的特色农产品及食品加工产业链。

三 黄河流域甘肃段产业结构高级化测度

美国著名发展经济学家钱纳里等运用多国模型对人均 GDP 水平与工业化进程的关系进行了深入研究,得出人均 GDP 水平与工业化程度成正比。在《工业化和经济增长的比较研究》一书中,钱纳里等人将经济社会发展过程分为 6 个阶段,即初级产品生产阶段、工业化初期阶段、工业化中期阶段、工业化后期阶段、发达经济初期阶段以及发达经济时代。本文根据美国劳工统计局公布的 CPI 数据,将 1970 年以人均美元衡量的钱纳里工业化阶段划分标准推演至 2021 年,如表 2 所示。按此标准,1978~2021 年,甘肃省工业化可以划分为 3 个阶段:第一阶段是 1978~2007 年,甘肃省处于初级产品生产阶段;第二阶段是 2008~2011 年,甘肃省处于工业化初期阶段;第三阶段是 2012~2021 年,甘肃省处于工业化中期阶段(见图 3)。2021 年至今,甘肃还未跳过工业化中期阶段。

表 2 钱纳里工业化阶段划分标准推演

单位:美元/人

年份	CPI	初级产品生产阶段	工业化初期阶段	工业化中期阶段	工业化后期阶段	发达经济初期阶段	发达经济时代
1970	38.8	140.0	280.0	560.0	1120.0	2100.0	3360.0
1980	82.4	297.3	594.6	1189.3	2378.6	4459.8	7135.7
1990	130.7	471.6	943.2	1886.4	3772.8	7074.0	11318.4
2000	172.2	621.3	1242.7	2485.4	4970.7	9320.1	14912.2
2010	218.1	787.0	1573.9	3147.8	6295.7	11804.4	18887.0
2020	257.0	927.3	1854.8	3709.3	7418.5	13909.8	22255.7
2021	269.2	971.3	1942.7	3885.4	7770.7	14570.1	23312.2

资料来源:霍利斯·钱纳里、谢尔曼·鲁宾逊、摩西·赛尔奎因《工业化和经济增长的比较研究》,吴奇等译,格致出版社、上海人民出版社,2015。

从黄河流域九省区工业化的历史进程来看,虽然甘肃是国家西部重要的老工业基地,"一五"期间支撑共和国工业化底子的 156 项重点工程就有 16

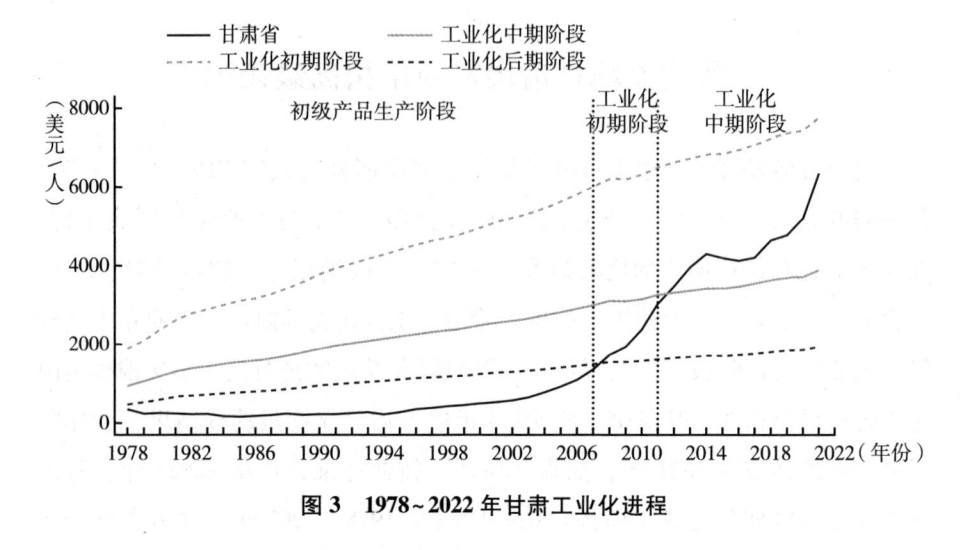

图3 1978~2022年甘肃工业化进程

项落户甘肃，"三线"建设时期还有142家工业型企业从沿海等地迁入甘肃，但是从人均GDP（把人均人民币按照历年汇率转换为人均美元）指标来看，甘肃是最晚进入工业化中期阶段的黄河流域省区，2012年才进入工业化中期阶段。黄河流域九省区中最早进入工业化中期阶段的是山东省，2005年后即进入工业化中期阶段；2006年后内蒙古也进入了工业化中期阶段（见图4），原因可能是内蒙古具有矿产资源丰富等自然资源禀赋优势。这两个省区也是黄河流域九省区中最早进入工业化后期阶段的省区，而近年来甘肃进入工业化后期阶段的难度较大。

产业结构高级化是指随着经济不断增长，产业结构相应地发生规律性变化的过程，主要表现为三次产业比重沿着第一、第二、第三产业的顺序依次不断上升。付凌晖用空间向量夹角法对我国产业结构高级化程度进行了测度[1]，这种方法在我国学术界研究产业结构高级化方面得到了比较高的认同度，比如高远东等人[2]在比较了多种产业结构高级化测度方法之后仍然采用

---

[1] 付凌晖：《我国产业结构高级化与经济增长关系的实证研究》，《统计研究》2010年第8期。
[2] 高远东、张卫国、阳琴：《中国产业结构高级化的影响因素研究》，《经济地理》2015年第6期。

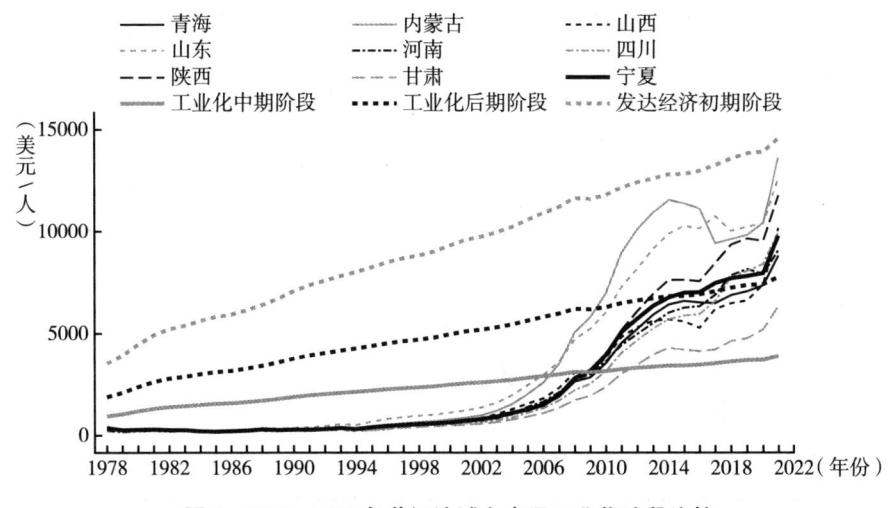

图 4 1978~2022 年黄河流域九省区工业化阶段比较

了空间向量夹角法。本文也采用空间向量夹角法对产业结构高级化进行测度，为此，定义产业结构高级化值 TS 如下：首先根据三次产业划分将 GDP 分为 3 个部分，每一个部分增加值占 GDP 的比重作为空间向量中的一个分量，从而构成一组三维向量 $X_0 = (x_{1,0}, x_{2,0}, x_{3,0})$，然后分别计算 X_0 与产业由低层次到高层次排列的向量 $X_1 = (1, 0, 0)$，$X_2 = (0, 1, 0)$，$X_3 = (0, 0, 1)$ 的夹角 θ_1，θ_2，θ_3：

$$\theta_i = \arccos \frac{\vec{X}_0 \times \vec{x}_i}{|\vec{X}_0| \times |\vec{x}_i|} (i = 1,2,3) \tag{1}$$

定义产业结构高级化值的计算公式如下：

$$TS = \sum_{j=1}^{3} \sum_{i=1}^{j} \theta_i \tag{2}$$

产业结构高级化值越大，表明产业结构高级化水平越高。基于全国及黄河流域九省区 1952~2022 年产业结构数据，相关数据测度结果显示，1952~1991 年甘肃省在全国工业化布局的大盘子当中具有重要作用，甘肃该阶段的产业发展在全国处于领先水平。但自 1992 年市场化改革特别是进入 21 世纪以来，甘肃省的产业结构高级化演进滞后于全国总体水平，亟待全面发力提升（见图5、表3）。

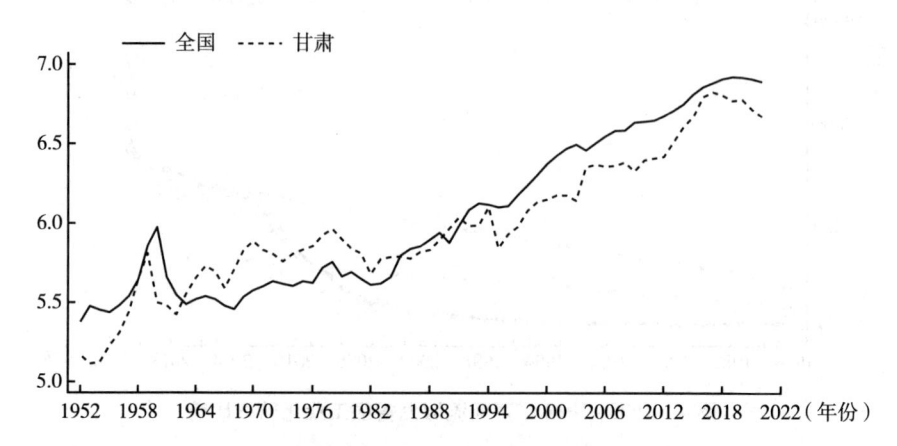

图5　1952~2022年全国和甘肃产业结构高级化演进历程

表3　2000~2022年全国及黄河流域九省区产业结构高级化值

年份	全国	青海	四川	甘肃	宁夏	内蒙古	陕西	山西	河南	山东
2022	6.8938	6.6319	6.7836	6.6731	6.6729	6.4839	6.6762	6.7092	6.7420	6.8962
2021	6.9108	6.7173	6.7951	6.7186	6.7321	6.5406	6.7123	6.7553	6.7519	6.9018
2020	6.9216	6.7335	6.7612	6.7813	6.7988	6.6691	6.7445	6.9195	6.7267	6.9095
2019	6.9246	6.7593	6.7948	6.7741	6.8333	6.7130	6.7295	6.9409	6.7485	6.9010
2018	6.9125	6.7042	6.7549	6.8084	6.7794	6.7550	6.6727	6.9983	6.6769	6.8492
2017	6.8867	6.7023	6.6955	6.8284	6.7650	6.7405	6.6487	6.9546	6.6248	6.8104
2016	6.8613	6.6367	6.6255	6.7994	6.7234	6.6427	6.6226	6.9913	6.5493	6.7630
2015	6.8158	6.6062	6.5363	6.6731	6.6855	6.5726	6.5853	6.9386	6.4907	6.7120
2014	6.7524	6.4954	6.4276	6.6082	6.6723	6.5509	6.5128	6.7522	6.4118	6.6681
2013	6.7123	6.4016	6.3397	6.5139	6.6166	6.4815	6.4520	6.6616	6.2973	6.6007
2012	6.6760	6.4225	6.3015	6.4202	6.6219	6.4743	6.4478	6.6490	6.2764	6.5802
2011	6.6488	6.4136	6.2688	6.4105	6.5941	6.4656	6.4412	6.5864	6.2469	6.5403
2010	6.6415	6.4344	6.2909	6.3984	6.5835	6.4767	6.4710	6.6099	6.1973	6.4947
2009	6.6362	6.4732	6.2768	6.3289	6.5860	6.5072	6.5134	6.6355	6.2033	6.4475
2008	6.5858	6.3851	6.1432	6.3845	6.4269	6.3499	6.3663	6.6126	6.1870	6.4186
2007	6.5835	6.4340	6.1620	6.3638	6.4626	6.3655	6.4068	6.6220	6.1971	6.4197
2006	6.5489	6.4551	6.2155	6.3588	6.4845	6.3723	6.4143	6.6029	6.1413	6.4038
2005	6.5054	6.4505	6.1799	6.3708	6.5050	6.3511	6.4277	6.6076	6.0993	6.3638
2004	6.4607	6.4290	6.1294	6.3548	6.2785	6.1075	6.3541	6.4429	6.0745	6.3382

续表

年份	全国	青海	四川	甘肃	宁夏	内蒙古	陕西	山西	河南	山东
2003	6.4970	6.4914	6.1481	6.1446	6.3048	6.1314	6.4099	6.4725	6.1379	6.3650
2002	6.4710	6.4634	6.1466	6.1767	6.2956	6.0929	6.3633	6.4704	6.0248	6.3588
2001	6.4272	6.4334	6.1103	6.1774	6.2839	6.0437	6.3541	6.5218	5.9903	6.3143
2000	6.3748	6.4268	5.9906	6.1509	6.2451	5.9731	6.2939	6.4753	5.9608	6.2846

四 甘肃省建设现代化产业体系的态势分析

（一）甘肃现代化产业体系建设面临的问题

甘肃轻工业与重工业结构不合理。甘肃工业发展中，重工业长期以来占据了主导地位。2000~2020年，多数年份重工业增加值更是占规模以上工业增加值的80%以上，其中，2018年、2019年、2020年分别达到了85.56%、87.9%和84.75%（见表4）。

表4 2000~2020年主要年份甘肃规模以上工业增加值情况

单位：亿元，%

指标	2000年	2005年	2010年	2015年	2016年	2017年	2018年	2019年	2020年
规上工业增加值	263.00	601.80	1376.34	1662.00	1565.41	1603.71	1742.9	2319.75	2470.53
轻工业占比	24.03	18.77	14.09	19.24	19.00	16.21	13.44	12.1	15.25
重工业占比	75.97	81.23	85.91	80.76	81.00	83.79	86.56	87.9	84.75

资料来源：根据历年《甘肃发展年鉴》和《甘肃省国民经济和社会发展统计公报》整理。

以资源加工为主的重工业结构不合理。《2021年甘肃省国民经济和社会发展统计公报》显示，甘肃规模以上工业企业主要集中于石化、有色、电力、冶金等行业，其中石化工业增加值占规模以上工业增加值的31.1%、有色工业增加值占规模以上工业增加值的 13%、电力工业增加值占规模以上工业增加值的 15.7%、冶金工业增加值占规模以上工业增加值的 5.8%、机械工业增加值占规模以上工业增加值的 4.1%、食品工业增加值占规模以上工业增加值的 9.1%、煤炭工业增加值占规模以上工业增加值的 7.1%，这 7 个行业增加值占规模以上工业增加值的 85.9%，其他行业占少数。

轻工业结构也不合理。轻工业是我国国民经济的传统优势产业，涉及国民经济行业分类中的 21 个大类、69 个中类和 213 个小类。按其所使用的原料不同，可分为两大类：以农产品为原料的轻工业，是指直接或间接以农产品为基本原料的轻工业，主要包括食品制造、饮料制造、烟草加工、纺织、缝纫、皮革和毛皮制作、造纸以及印刷等工业；以非农产品为原料的轻工业，是指以工业品为原料的轻工业，主要包括文教体育用品、化学药品制造、合成纤维制造、日用化学制品、日用玻璃制品、日用金属制品、手工工具制造、医疗器械制造、文化和办公用机械制造等工业。轻工业大致可以概括为耐用消费品、快速消费品、文化艺术体育休闲用品和轻工机械装备四大类。甘肃省轻工业规模小、结构不尽合理、发展水平低。2019 年，甘肃轻工业增加值占全省工业增加值的比重不到 16%，对全省经济贡献不足。2019 年，甘肃消费品工业总产值主要集中在农副食品加工、医药食品制造、烟草几种产业。其中，食品制造产值占总产值的 9.5%；医药产值占总产值的 17.1%；农副食品加工产值占总产值的 25%；烟草产值占总产值的 24.5%；这几种产业产值占消费品工业总产值的 76.1%，产业结构不合理。

（二）甘肃省建设现代化产业体系的机遇

"十四五"是我国经济高质量发展的关键时期。从国内看，我国正处于转变经济发展方式、调整经济结构、转换发展动能，实现经济高质量发展的关键时期；从国际看，全球新一轮技术革命催生的产业革命方兴未艾，国际形势错综复杂，逆全球化、贸易保护主义和单边主义盛行，不确定因素增加，机遇和挑战并存。

1. 国家战略政策带来的机遇

国家推动丝绸之路经济带建设，甘肃省的区位优势更加突出。国家实施黄河流域生态保护和高质量发展战略，甘肃省作为国家生态安全屏障的地位更加突出。国家实施新一轮西部大开发，必然会为甘肃省带来新的机遇。甘肃省必须抢抓这些政策机遇，把这些战略机遇、政策优势转换为发展的项目，转变为拉动甘肃省经济发展的动力。

2. 大力发展国内大循环的机遇

当前，逆全球化、贸易保护主义在全球的蔓延，以及不稳定因素对全球产业链与供应链的冲击，使很多国家和企业认识到产业安全的重要性，对供应链全球分工合作模式产生怀疑。针对全球产业链、供应链模式的改变，中央提出构建"以国内大循环为主体，国内国际双循环相互促进"的新发展格局。一方面将不断完善国内产业链供应链，另一方面将会扩大国内的消费需求，这为大力发展工业生产带来了新的机遇。

3. 全球新一轮科技革命和产业变革为产业发展注入新动能

当前，全球新一轮科技革命和产业变革呈加速趋势，世界正在迎来科技创新浪潮，人工智能、云计算、大数据、物联网、3D打印、区块链等新技术新产业加快成长为重要的经济增长点。世界各国积极抢抓新一轮技术革命催生的机遇，打造经济发展新的增长极。甘肃省在新一轮产业革命中能够抓住多大的机遇，直接影响未来制造业的发展，因此，甘肃省必须抢抓新一轮产业革命的战略机遇，培育经济发展新的增长极。战略性新兴产业具有较高的技术门槛，甘肃省工业整体科研实力弱、技术水平低，制约了战略性新兴产业的发展，需要认真研究解决。

4. 消费需求持续升级将加速产业高端化发展

随着人民生活水平的提升，我国消费品需求朝着个性化、品质化、品牌化、定制化等高端方向持续快速升级。消费者发展型、享受型支出占比逐步提高，对时尚、品质、节能、智能等升级类产品愈加青睐；对商品和服务的品牌、质量更加重视。消费需求持续升级将引领带动制造业供给能力不断提升，不断增加高端消费品的供给。目前，甘肃省供给高端消费产品不足、能

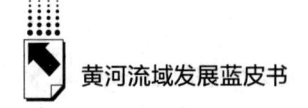

力不强,不能满足消费者需求升级的要求,需要认真解决。

5. 东部产业转移带来的机遇

东部发达地区面临产业转型升级的压力,一些低端产业需要向中西部转移。甘肃省要抢抓东部发达地区产业转移的机遇,通过"东部企业+甘肃资源""东部市场+甘肃产品""东部总部+甘肃基地""东部研发+甘肃制造"等模式,深化东西协作,促进甘肃省产业发展。

(三)甘肃省现代化产业体系的发展态势判断

1. 人力资源向东部集聚的趋势仍然未扭转

从国内外经验看,城市群都市圈化是城市化发展的必然趋势和科学规律,尤其是在城市化中后期,人口和产业的区域集聚效应将更明显。由于规模效应、交易成本、学习效应等,大多数产业需要集聚发展,所以工业化带动城市化,人口大规模从乡村向城市集聚。服务业比工业更需要集聚发展,所以在城市化中后期,人口主要向一二线大城市和大都市圈集聚,即城市群都市圈化。改革开放以来,中国人口迁移经历了从"孔雀东南飞"到2010年后的回流中西部,再到近年的粤浙人口再集聚和回流中西部并存等阶段。

从城市层面看,近年人口迁移,一是向粤浙大都市圈集聚,二是向中西部大城市回流。甘肃省人口呈现净流出状态,从第七次人口普查数据就可以明显看出,全省常住人口与2010年第六次全国人口普查的25575254人相比,减少555423人,年平均增长率为-0.22%。

当前,我国人口向大都市圈、大城市群迁移的趋势,从三个方面增强了人口流入城市竞争力。一是规模效应,人口集聚降低企业生产与城市公共服务的边际成本;二是专业化分工,流动人口的多样性带来不同领域的比较优势,通过在不同部门的相互协作实现专业化分工;三是学习效应,不同文化背景、受教育程度的人口集聚,促进知识、技能的共享与传播。改革开放早期大规模流动人口向长三角、珠三角等地集聚,形成劳动力供给规模效应,使其在纺织、低端制造业领域迅速形成较强的竞争优势。近年来,长三角、珠三角等地进一步发挥在各类人才、资本、创新资源集聚等方面的优势,促进先进制造业集群和现代服务业集群融合发展，形成协同集聚的合理空间布局。人口将向大都市圈、特大城市群集中，从特大城市看，到2030年中国有望形成10个以上1000万人口特大城市（北京、上海、天津、广州、深圳、重庆、武汉、成都、南京、东莞等）和12个以上2000万人口大都市圈（上海、北京、广佛肇、深莞惠、郑州、成都、杭州、苏锡常、青岛、重庆、武汉、南京等）。这些地方是中国经济发展的高地，甘肃等一些西部省区的优质资源必然向这些地区转移，经济社会发展必然会受到影响。

2. 西部地区承接东部产业转移受到向国外转移的挑战

改革开放以来，东南沿海通过发展"三来一补"，即"来料加工"、"来件装配"、"来样加工"和"补偿贸易"，利用发达国家的技术、资本，积极发展加工出口贸易来实现经济追赶。经过几十年的发展，东南沿海的各种生产要素价格不断上涨，一些产业开始向低成本地区转移。在东南沿海产业转移中，我国西部面临东南亚国家特别是越南的竞争。越南人力成本比我国西部低20%以上，也没有美国强加的关税，原材料、厂房、能源、价格也与中国相差无几。这就是不少产业愿意追随苹果和三星外迁的直接原因。更重要的是越南也建立了各种园区和保税区，这使得我国广大的中西部承接东部产业转移面临东南亚国家的竞争。制造业的流向归根结底取决于两个字：成本。只要成本依旧能与其他国家拉开差距，任何外部势力都不可能逆经济规律让制造业外流。成本归结起来，有5个最基本的要素：原材料、人力、水电、厂房以及税收。为了与越南等国竞争，甘肃等一些西部省区必须改善要素结构。

一是改善能源结构。巨型水电站和光伏电站，正在改变中国西部能源结构。二是改善交通，降低原材料的运输成本。具体来说，就是用密密麻麻的高速和高铁将西部整合成一张不输东部的交通网，东部的零部件、原材料可以低成本、顺畅地输入西部的生产基地。改变了要素结构以后，西部手中平添了几张大牌。比如电价的下降，将会增强对高耗电的半导体产业的吸引力。以台积电为例，其一年的耗电量为130亿度，如果每度电便宜1毛钱，每年就能节省2亿美元的电费成本。这意味着，西部可以成为半导体等高耗

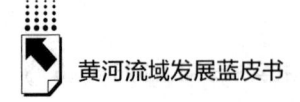

能电子制造业的基地。

3. 创新能力弱，知名品牌产品较少

甘肃企业科技投入不足，自主创新能力不强，创新人才缺乏，工业设计研发能力弱，整体技术装备水平低。例如，2019年食品、医药行业研发投入占销售收入的比重分别为0.2%、2.2%。尽管甘肃在品牌建设方面做了不少工作，但品牌数量依然偏少，知名度依然偏低，名牌效应未能充分发挥。

4. 企业小弱散缺乏龙头企业带动

全省80%以上工业企业为中小微企业，缺乏具有较强竞争力的大企业、大集团，龙头企业的带动能力不足。企业规模小，融资困难，留不住高端人才，科研实力不强，自我发展能力弱，普遍缺乏竞争力，抵御市场风险能力不足。

5. 产业链条短融合程度较低

甘肃省工业产业链条短，产品处于价值链的最低端且同质化问题突出。例如，马铃薯加工业以精淀粉、变性淀粉、全粉等初级产品加工为主，产品档次低，能够带动整个产业结构升级的精品少，品牌培育力度不够，产品附加值、技术含量较低，新品、名品、精品开发少。甘肃省消费品产业产品市场占有率不高，特色资源优势未能转化成产业优势，经济效益普遍较低。

五 构建具有甘肃特色的现代化产业体系

从1978年甘肃GDP构成来看，第一产业占比20.41%、第二产业占比60.31%、第三产业占比19.28%；到2021年，第一产业占比13.32%、第二产业占比33.84%、第三产业占比52.83%；三次产业呈现符合产业演进规律的整体发展态势，持续优化与提升，甘肃已进入现代化产业体系建设的关键时期。从国际经验来看，当人均GDP为10000美元左右时，大部分国家处在产业结构快速升级阶段。当前，我国人均GDP已经超过12000美元，处于向高收入国家跨越的窗口期。2022年，甘肃省人均GDP约6684美元，全国产业结构快速升级的战略机遇，为甘肃推进现代化产业体系建设提供了有利态势。可以说，未来十多年是甘肃建设现代化产业体系的关键机遇期。

结合党的二十大报告和习近平总书记对甘肃重要讲话及批示指示精神，甘肃省委、省政府明确提出：要聚焦聚力提升产业实力，按照强龙头、补链条、聚集群的要求，扎实推进强工业行动，加强初级产品保供，加大科技创新力度，加力新兴产业培育，构建具有甘肃特色的现代化产业体系。当前，全球产业体系和产业链供应链呈现绿色化转型、数字化加速、区域化合作等全新发展态势，这对建设具有甘肃特色的现代化产业体系，既提供了转型升级的发展机遇，也存在竞争加剧的现实压力。需要强调的是，现代化产业体系的培育，必须和中国式现代化"两步走"战略相结合，要结合甘肃经济社会发展的实际，认认真真做好强基础、提动能、壮实体、优产业、增特色等具体工作，从而让构建甘肃特色现代化产业体系的工作行稳致远、取得实效。

（一）强基础，建设现代化的基础设施体系

历史地看，甘肃所处地理方位对其建设现代化产业体系影响巨大，伴随改革开放东部市场力量的持续壮大，地处偏远、交通受限的甘肃现代化产业体系建设就被拉开了较大差距。习近平总书记指出："基础设施是经济社会发展的重要支撑。建设现代化产业体系，必须优化基础设施布局、结构、功能和系统集成，构建系统完备、高效实用、智能绿色、安全可靠的现代化基础设施体系。"[1] 放眼全球，现代化发展的一个基础和前提条件就是基础设施的现代化；没有现代化的基础设施，就不可能形成现代化的产业体系，这已经成为发展经济学的一个基本结论。在瑞士洛桑国际管理学院每年披露的世界竞争力排名中，"基础建设"与"经济表现"、"政府效率"、"营商效率"是厘定各个经济体年度竞争力排名的四大指标。可以说，基础设施是衡量经济社会发展水平的硬标准，"基础建设"代表着经济体的活力与动能，对

---

[1] 中共中央宣传部编《习近平新时代中国特色社会主义思想学习纲要》，学习出版社、人民出版社，2023。

经济发展具有显著的"乘数效应",没有现代化的基础设施就不可能形成现代化的产业体系。基础设施包括交通、水利、供水供电、商业服务、科技研发、城市农村等方方面面,是国民经济发展的基础。以交通基础设施为例,甘肃仍有2个市州、35个县没有通铁路,14个县不通高速公路,6个市州没有高铁,这就是发展的潜力与诉求。因此,全面加强甘肃交通基础设施(特别是新型基础设施)、水利基础设施、供水供电基础设施、商业服务基础设施、科技研发基础设施、城市农村基础设施等的现代化建设,落实习近平总书记所指出的"构建系统完备、高效实用、智能绿色、安全可靠的现代化基础设施体系",仍然是甘肃建设现代化产业体系的重要内容和前提条件。

(二)提动能,增强现代化发展的技术动能

构建现代化产业体系,无论是发展战略性新兴产业,还是培育数字经济、赋能传统产业,都离不开科技研发能力提升与技术创新突破,这些都要求将创新作为引领发展的第一动力,其中一个关键就是要持续增加科技研发经费(R&D研发经费)投入占比。我国R&D研发经费投入占比从2010年的1.76%上升到2021年的2.44%,呈现较为显著的提升态势,但甘肃R&D研发经费投入占比从2010年的1.02%上升到2021年的1.26%,只有0.24个百分点的提升,投入强度从相当于全国水平的58%降为52%(见图6)。实践证明,如此低的科技研发经费投入强度根本支撑不起构建现代化产业体系的目标任务,只会被不断拉大发展差距。一个不容回避的事实就是,甘肃省在科技活动投入、科技活动产出、企业创新能力等多方面存在明显不足,甘肃省综合科技创新水平指数已经从全国第18位下降为第23位,很有可能失去全国第二梯队的位次。目前,甘肃积极推进"四强行动",将"强科技行动"作为第一动能,必须确保未来十年每年将R&D研发经费投入占比提高0.1个百分点,这样十年之后才能达到全国2021年的水平;如果不能确保R&D研发经费投入占比的提升,甘肃现代化产业体系的建设就是无本之木、无源之水,不可能形成突破性进展,现代化产业体系培育的动能就会大打折扣,这个问题必须破解。

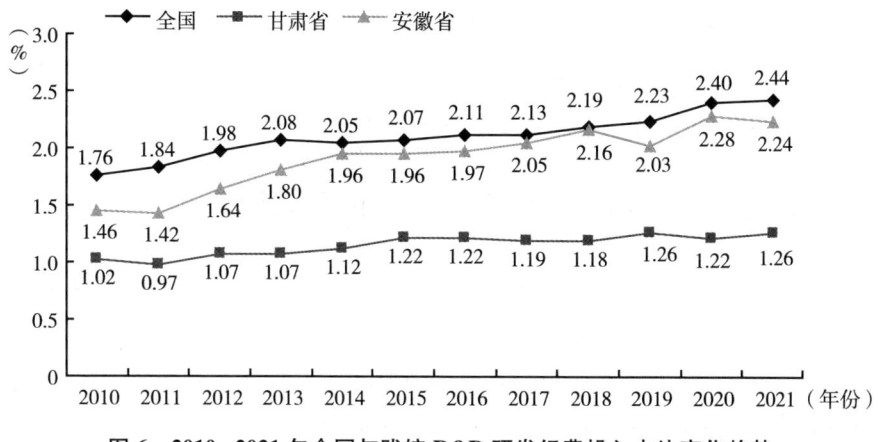

图 6　2010~2021 年全国与陇皖 R&D 研发经费投入占比变化趋势

（三）壮实体，突出现代化产业体系的根基

习近平总书记指出，"要坚持把发展经济的着力点放在实体经济上，推动资源要素向实体经济集聚、政策措施向实体经济倾斜、工作力量向实体经济加强，形成具有持续竞争力和支撑力的工业体系"。① 一是坚持做强做优八大支柱性产业，发挥甘肃作为全国重要工业省份的实体经济优势。特别是石化、有色、电力、冶金、煤炭、建材、装备制造、食品等八大产业，总资产占全省工业总资产近八成、增加值和工业产值分别占全省工业增加值和工业产值的八成以上，要加快推广先进适用技术，加快数字化转型，大力提升高端化、智能化、绿色化的发展水平。二是结合消费需求升级态势加速优化轻工业结构。当前，我国消费需求朝着个性化、品质化、品牌化、定制化等高端方向持续快速升级，发展型、享受型支出比重逐步提高，甘肃省要加大以工业品为原料的轻工业发展力度，特别是在文教体育用品、化学药品制造、合成纤维制造、日用化学制品、日用玻璃制品、日用金属制品、手工工具制造、医疗器械制造、文化和办公用机械制造等轻工业领域积极作为；尽快解

---

① 中共中央宣传部编《习近平新时代中国特色社会主义思想学习纲要》，学习出版社、人民出版社，2023。

决甘肃轻工业弱小涣散、占比较低等实际困难，推动农副产品加工、食品制造、烟草、酒及饮料等优势轻工业加快发展；通过实体经济和产业的持续发展壮大，为建设现代化产业体系奠定坚实基础。

（四）优产业，培育现代化产业体系的新局面

现代化产业体系不是空中楼阁，是实实在在的产业结构。面对现代化发展的宏伟蓝图，现代化产业体系就是基本架构和实践路径，这既需要我们大胆畅想，更需要我们脚踏实地。甘肃省要紧扣一二三产业发展的实际，有的放矢地推动全省产业向结构高级化、现代化发展。

在第一产业方面，要久久为功，以打造现代丝路寒旱特色农业高地和中国育种农业基地为龙头，推动新奇特优农业产业的现代化发展。在第一产业内部，持续优化农林牧渔产业占比，瞄准农林牧渔现代化产业样板，按照可复制、可借鉴、可推广的产业发展要求，打造具有样板性、示范性的新奇特优农林牧渔品牌并进行现代丝路寒旱特色农业现代化园区建设，全面推动甘肃省传统农业向现代化农业的转型升级。

在第二产业方面，要扬长补短，坚持推进新能源产业和十大绿色生态产业的发展，这是引领甘肃现代化产业体系构建的新支柱、新赛道。习近平总书记指出："战略性新兴产业是引领未来发展的新支柱、新赛道，要推动战略性新兴产业融合集群发展，构建新一代信息技术、人工智能、生物技术、新能源、新材料、高端装备、绿色环保等一批新的增长引擎。"[①] 可以说，在新能源及装备制造、新材料、生物技术、绿色环保等战略性新兴产业培育方面，甘肃省存在巨大发展潜力和广阔发展空间。

在第三产业方面，要百花齐放，结合时代科技进步推动现代化创新发展，使之成为时代进步的标志和现代化的样板。第三产业包括流通部门（如交通运输业）和服务业部门（如金融保险业、房地产业、旅游业、科教

---

① 中共中央宣传部编《习近平新时代中国特色社会主义思想学习纲要》，学习出版社、人民出版社，2023。

文卫体育产业等），在甘肃省 GDP 中占比近 53%，是塑造现代化生活的主力军。特别是金融保险业、批发和零售业、房地产业、交通运输仓储和邮政业、住宿和餐饮业等，它们既贡献了甘肃省第三产业一半以上的产值，也塑造了甘肃省现代化的社会风貌，其中金融中心、商业 CBD、城市综合体等产业新形态新模式，创新着人们的现代化认知。要积极培育并扶持第三产业的现代化改造提升，让现代化产业体系变得更加生动鲜活、贴近实际。

（五）增特色，发展数字经济催生新产业新业态新模式

一是紧扣新一轮科技革命和产业变革的突出特点，瞄准数字经济、人工智能、信息技术等新兴产业，形成与传统产业的良性互动、与新兴产业的深度融合，通过大规模的技术创新与研发投入，特别是产学研商一体化的创新机制，充分发挥市场经济的创新创业创意动能，实现新技术革命下的新产业培育、新业态扩张、新模式催生，扬长避短，充分展现甘肃省在新一轮技术革命中的特色和优势。二是抢抓东西部产业合作的历史性机遇，推动短板产业补链、优势产业延链、传统产业升链、新兴产业建链，增强甘肃现代化产业体系建设的特色优势。特别是要围绕科技革命所催生的新产业新业态新模式，深化有色冶金、航空航天、文化旅游、新材料、生物制药、信息、中医药、新能源及装备制造、电子、特色农产品及食品加工等 14 条重点产业链的东西合作与产业协同，切实加大产业链招商引资的力度，全面推进民营经济东西深度合作，解决好甘肃企业小弱涣散、创新能力不足、产业链条短、知名品牌少等产业发展老大难问题，让新的特色产业和产业链不断发展壮大。

B.7 宁夏：聚焦"六新六特六优"产业

刘雪梅 徐如明 霍岩松 朱丽燕 刘彩霞 孙治一 芦建红 杨丽艳*

摘　要： 建设现代化产业体系既为全面建设社会主义现代化国家夯实发展基础，也是高质量发展的重要途径。社会主义现代化美丽新宁夏的现代化产业体系建设取得了一定成效，但是也面临一些挑战。本文在总结宁夏建设现代化产业体系的基础、机遇和挑战等基本情况后，提出宁夏推动现代化产业体系智能化、绿色化、融合化，聚焦"六新六特六优"产业，打造完整、先进、安全的现代化产业体系的具体路径。

关键词： 现代化产业体系　宁夏　"六新六特六优"

现代化产业体系是一个动态且不断发展的概念，其边界不断扩大，但核心要义始终是推进工业化进程不断深化、服务业经济比重不断提高，通过技术进步和人力资本价值提升打造具有竞争力和可持续性的产业体系。

---

* 刘雪梅，博士，中共宁夏区委党校（宁夏行政学院）经济学教研部副教授、副主任，研究方向为社会主义市场经济理论、农村经济、"一带一路"；徐如明，博士，中共宁夏区委党校（宁夏行政学院）黄河流域生态保护与高质量发展研究中心秘书长、副教授，研究方向为经济社会学、农村社会学；霍岩松，学士，中共宁夏区委党校（宁夏行政学院）经济学教研部教授、主任，研究方向为创新、高质量发展；朱丽燕，硕士，中共宁夏区委党校（宁夏行政学院）经济学教研部教授，研究方向为社会主义市场经济理论与实践；刘彩霞，博士，中共宁夏区委党校（宁夏行政学院）经济学教研部副教授，研究方向为数字经济；孙治一，博士，中共宁夏区委党校（宁夏行政学院）经济学教研部讲师，研究方向为产业经济；芦建红，硕士，中共宁夏区委党校（宁夏行政学院）经济学教育部副教授，研究方向为区域经济；杨丽艳，硕士，中共宁夏区委党校（宁夏行政学院）经济学教研部教授，研究方向为区域经济、黄河流域高质量发展、生态文明。

它将工业的发展、结构的调整、科学的发展与个人的成长紧密联系起来，包括发达的制造业、强大的战略性新兴产业、优质的服务业以及保障有力的农业。

一 宁夏建设现代化产业体系的基础

2022年，宁夏集中力量推动经济社会高质量发展，努力克服不利因素影响，经济保持平稳较快增长，产业结构逐步优化，质量效益不断改善，地区生产总值（GDP）突破5000亿元大关、达5069.57亿元，按不变价格计算，比上年增长4.0%，两年平均增速高于全国平均水平0.2个百分点。分产业看，第一产业增加值407.48亿元，增长4.7%；第二产业增加值2449.10亿元，增长6.1%；第三产业增加值2212.99亿元，增长2.1%。[1] 2021年，宁夏GDP 4522.31亿元，比上年增长6.7%。其中第一产业增加值364.48亿元，同比增长4.7%，第二产业增加值2021.55亿元，同比增长6.6%，第三产业增加值2136.28亿元，同比增长7.1%。[2]

（一）现代农业发展稳中有进

2022年，宁夏狠抓"三农"工作不放松，积极推动脱贫攻坚成果巩固与乡村振兴有效衔接，农业现代化取得了积极成效。一是乡村振兴开局良好。2022年，宁夏农村居民人均可支配收入16430元，同比增长7.1%，高标准农田建设、农村人居环境整治、乡村治理等经验在全国交流。二是粮食生产再获丰收。2022年全区粮食播种面积1038.44万亩，比上年增加4.51万亩；全年全区粮食总产量375.83万吨，比上年增产7.39万吨，增长2.0%，实现十九连丰。三是特色产业提档升级。2022年，奶牛存栏达到83.69万头，同比增长19.2%，奶产业成为"拳头产

---

[1] 《宁夏回族自治区2022年国民经济和社会发展统计公报》，2023年4月26日。
[2] 《宁夏回族自治区2021年国民经济和社会发展统计公报》，2022年4月14日。

业",肉牛、滩羊饲养量分别达 220 万头、1380 万只,同比分别增长 4.8%、4.3%;加快推进枸杞产业高质量发展,宁夏枸杞种植面积达到 43.5 万亩;积极打造闻名遐迩的"葡萄酒之都",酿酒葡萄种植面积 58.3 万亩,成功举办两届中国(宁夏)国际葡萄酒文化旅游博览会;冷凉蔬菜种植面积 299.1 万亩,总产量 729 万吨;创建现代农业全产业链标准化示范基地 30 个,农产品加工企业达到 2309 家,农产品抽检合格率、加工转化率分别达到 98%和 70%。

宁夏回族自治区第十三次党代会确定现代化农业重点发展"六特"产业,并制定了 2025 年发展目标规划(见表 1)。

表 1 2025 年宁夏"六特"产业发展目标规划

产业	规模	产值	目标
牛奶	规模化养殖比重达到 99%以上,年均单产 10000 公斤,总产量 550 万吨	1000 亿元	打造"宁夏牛奶"区域公用品牌
肉牛	饲养量 260 万头,规模化养殖比重 55%	600 亿元	优化布局,推进经营规模化、生产标准化、发展产业化
滩羊	饲养量达到 1750 万只	400 亿元	加快"中国滩羊之乡"建设,做强"盐池滩羊"品牌
冷凉蔬菜	种植面积 350 万亩	—	提升产业质量效益和竞争力
枸杞	种植面积 70 万亩,鲜果产量 70 万吨	综合产值 500 亿元	突出"中国枸杞之乡"战略定位,构建"四大体系",实施"六大工程"
葡萄酒	基地达到 100 万亩,年产 24 万吨(3 亿瓶)以上	综合产值 1000 亿元	品牌价值翻番

资料来源:根据《宁夏回族自治区农业农村现代化发展"十四五"规划》、宁夏回族自治区发展改革委经济研究中心《重塑产业优势 促进宁夏发展动能转换调研报告》整理。

(二)现代工业发展稳中增效

2022 年,通过推进重点工业项目建设、聚焦问题分类施策、落实惠企政策激发企业活力等举措,推动工业转型升级高质量发展,宁夏工业经济总体呈现"工业生产持续增长,质量效益明显提高"的积极态势。一是工业经济平稳增长。2022年，全区工业增加值2093.96亿元，比上年增长6.4%。规模以上工业增加值增长7.0%；在规模以上工业中，分轻重工业看，轻工业增加值增长13.8%，重工业增长6.4%。分经济类型看，国有控股企业增加值增长3.0%；股份制企业增长6.2%，外商及港澳台商投资企业增长12.4%；非公有工业增长10.4%，其中，私营企业增长10.8%。分门类看，采矿业增加值增长6.0%，制造业增长9.0%，电力、热力、燃气及水生产和供应业增长0.7%。二是工业结构亟需改善。宁夏产业"倚能倚重"特征明显，2022年全区重工业比重为89.8%，其中，煤炭、电力、原材料三大行业增加值占全区规模以上工业增加值的63.7%；六大高耗能行业增加值占规模以上工业增加值的比重为68.7%，比全国平均水平高23.5个百分点。宁夏加快培育新产业、新引擎、新动能任务非常迫切。三是节能降耗成效明显。近年来，宁夏坚决落实"双碳"战略，扎实抓好能耗"双控"工作和碳达峰行动，努力推进重点领域节能降碳工作，绿色低碳发展迈出实质性步伐，能耗强度下降等指标实现历史性突破。但总体来看，能源结构偏煤、产业结构偏重、能耗强度偏高的问题没有根本扭转，二氧化碳排放总量、强度"双控"任务仍然艰巨。2022年，全区万元GDP能耗1.3吨标准煤，是全国的4.1倍；2020年，全区二氧化碳排放强度5.69吨/万元，是全国平均水平的5倍。[①]

宁夏回族自治区第十三次党代会确定现代工业重点发展"六新"产业，"六新"产业发展概况见表2。

表2 宁夏"六新"产业发展概况

产业	目标	产值	现状
新型材料	新材料向高纯度、高强度、高精度、高性能方向发展，打造高质量发展的先行产业	超过1000亿元	2022年底，规上新材料企业完成工业产值1765亿元，同比增长37%，占宁夏规上工业总产值的24.3%

---

① 根据宁夏回族自治区发展改革委经济研究中心《重塑产业优势 促进宁夏发展动能转换调研报告》整理。

续表

产业	目标	产值	现状
清洁能源	光伏制造居行业领先水平,风电制造能够支持区内及周边资源开发,氢能、储能及电动汽车产业发展取得突破	1000亿元	优化布局,推进经营规模化、生产标准化、发展产业化
装备制造	产品升级和技术创新带动产业迈向中高端,提升装备制造产业价值链水平	500亿元	形成沿黄经济带先进装备制造产业集群
数字信息	突出数字化、网络化、智能化,推进产业数字化和数字产业化,不断催生新产业、新业态、新模式,用新动能推动制造业高质量发展	电子信息制造业产值达到500亿元	力争数字技术应用开发产值达到300亿元
现代化工	推动煤化工向高端化、精细化、绿色化、品牌化方向发展,促进产业共生耦合,构建高效率、低排放、清洁加工转化利用的现代煤化工产业体系	1500亿元	2022年,宁夏现有规模以上现代化工企业185家,全年累计实现工业产值约2022亿元,同比增长31.3%。现已形成煤制油产能40万吨、煤制烯烃产能320万吨、煤制乙二醇产能20万吨
轻工纺织	围绕羊绒、棉纺、亚麻、化纤等行业,构建以科技和品牌为引领的先进现代纺织产业体系	综合产值200亿元	

资料来源:课题组调研数据。

(三)现代服务业发展稳步提质

2022年,宁夏现代服务业稳步恢复,批发和零售业,交通运输、仓储和邮政业,住宿和餐饮业,金融业,房地产业,营利性服务业和非营利性服务业七大门类中的大部分呈现稳中有进、稳步提质的运行态势,服务业发展潜力不断释放。一是服务业实现较快增长。2022年全区批发和零售业增加值218.83亿元,同比增长0.5%;交通运输、仓储和邮政业增加值213.50亿元，同比增长0.2%；住宿和餐饮业增加值54.10亿元，同比增长0.2%；金融业增加值352.17亿元，同比增长4.2%；信息传输、软件和信息技术服务业增加值174.58亿元，同比增长10.7%。二是新兴产业加快培育。全区现有各类市场主体75.81万户（家），每万人拥有市场主体数量为1041个，是全国平均水平的86%；其中实有私营企业19.28万家、个体工商户53.73万户。从企业规模看，宁夏市场主体中个体户、农村专业合作社占比为72.7%，规上企业仅有1440多家，占比仅为0.19%；规上企业平均产值5.04亿元，产值规模最大为704.9亿元，年产值过百亿的企业仅有8家，与全国相比还有较大差距；截至2023年7月，全区有上市企业54家，其中主板上市16家、新三板上市38家。[①] 三是质量效益明显改善。2022年，宁夏规模以上现代服务业企业营业收入同比显著增长，同时，全区货物运输总量4.9亿吨，同比增长3.6%；货物运输周转量874.0亿吨公里，同比增长7.6%；邮政行业寄递业务累计完成19267.1万件，同比增长2.0%。其中，邮政业完成邮政函件业务201.1万件，包裹业务4.5万件，快递业务9905.9万件，快递业务收入15.6亿元。2022年全区完成电信业务总量106.9亿元，同比增长22.6%；全区电话用户总数938.4万户，其中移动电话用户891.0万户。（固定）互联网宽带接入用户349.4万户，同比增加32.3万户；移动互联网用户787.9万户，同比增加37.1万户；移动互联网接入流量18.0亿GB，同比增长20.9%。[②]

宁夏回族自治区第十三次党代会确定"现代金融、现代物流、电子商务、会展博览、文化旅游、健康养老"为"六优"产业，"六优"产业发展取得了一系列的成绩，也制定了一系列的目标规划，具体如表3所示。

---

① 根据宁夏回族自治区发展改革委经济研究中心《重塑产业优势 促进宁夏发展动能转换调研报告》整理。
② 《宁夏回族自治区2022年国民经济和社会发展统计公报》，2023年4月26日。

表3 宁夏"六优"产业发展情况及2025年目标

产业	2022年基本情况	2025年目标
现代金融	2022年底,金融业增加值352.17亿元,增长4.2%、占第三产业的16%、占GDP的6.9%	金融业增加值占GDP比重保持在8.2%以上
现代物流	2022年,宁夏实现社会物流总额10230.1亿元,首次突破万亿元,增长16.2%。其中:工业品物流总额为7104.4亿元,增长18.5%,占比为69.4%;批发业、农业、进口货物及单位与居民物品物流总额分别为2337.8亿元、702.1亿元、60.6亿元和25.3亿元,分别增长10.6%、11.6%、54.5%和4.2%,占比分别为22.9%、6.9%、0.6%和0.2%	宁夏物流业增加值占GDP比重达到10%
电子商务	电子商务市场主体蓬勃发展,宁夏网商总数共计14.4万家,其中,平台型网商31家,应用型网商14.08万家	电子商务网络零售额达到350亿元以上
会展博览	建成了以银川国际会展中心、宁夏国际会堂为核心,以宁夏园艺产业园、博物馆、科技馆等7个场馆为补充,以宁夏阅海湾商务中心、悦海宾馆等7个高端酒店以及周边商贸交通食宿设施为保障的会展博览业基础设施综合网络	打造一批具有国内国际知名度的品牌展会和高端会议
文化旅游	宁夏现有国家A级旅游景区117家,其中,国家5A级景区有沙湖、西部影视城、沙坡头、水洞沟4家,国家4A级景区有30家,国家3A级景区有50家,国家2A级景区有31家,国家A级景区有2家 宁夏文化及相关产业实现增加值占宁夏GDP的2.7%左右	国家5A级和4A级旅游景区分别达到7家和30家以上,争取全区游客接待量突破1亿人次,旅游总收入突破1000亿元
健康养老	医养结合是健康养老产业融合发展的主要方向,宁夏持续推进养护院等护理型养老机构建设	重点发展健康医疗、健康养老、健康保险、健康管理、体育服务等产业

资料来源:课题组调研数据。

二 宁夏建设现代化产业体系的机遇

宁夏建设现代化产业体系面临着千载难逢的重大机遇,抢抓机遇将是实现社会主义现代化美丽新宁夏的关键一步。

（一）全球新一轮科技革命和产业变革带来的机遇

未来 5~10 年，是全球新一轮科技革命和产业变革集体迸发的关键时期。信息革命持续快速演进，云计算、大数据、人工智能等技术广泛渗透进经济社会各个领域。智能制造、新能源、新材料等领域技术不断取得重大突破，重塑制造业国际分工格局。精准医学、生物合成等新模式加快推广，极大改变人类生产生活方式。清洁生产技术应用规模持续提高，数字创意、智能制造引领消费新风尚，新技术、新产业、新业态、新模式推动全球经济进入了新时代，为宁夏构建现代化产业体系开拓了全球视野，为产业转型升级提供了更多的选择方向、拓展了更大的发展空间。

（二）国家实施重大战略带来的新机遇

一是国家重大战略为宁夏的发展创造了发展机遇。新中国成立特别是改革开放以来，为了加快推进社会主义现代化，国家实施了科教兴国、可持续发展、人才强国等重大战略，推进西部大开发、振兴东北地区等老工业基地，促进中部地区崛起，支持东部地区率先发展，促进区域协调发展。党的十八大以来，又实施了乡村振兴、区域协调发展、新型城镇化等一系列重大发展战略，国家出台了许多鼓励发展的政策，为宁夏的发展创造了良好的政策环境和千载难逢的发展机遇。

宁夏主动融入新发展格局和"一带一路"，对接京津冀协同发展、长江经济带、粤港澳大湾区建设、长三角一体化发展战略，高标准建设宁夏内陆开放型经济试验区，对外开放的通道、平台、园区建设迈上了新台阶。特别是宁夏作为全国一体化算力网络国家八大枢纽节点之一、国家四大新型互联网交换中心之一、东西部科技合作引领区，吸引了中国电信等大型央企、数字经济头部企业来宁投资。

2020 年 6 月，习近平总书记视察宁夏时赋予了宁夏建设黄河流域生态保护和高质量发展先行区的时代使命。2022 年 4 月，国务院批复同意、国家发改委印发支持宁夏建设先行区实施方案，11 个部委出台支持性政策，为宁夏经济社会高质量发展带来了新机遇。

二是国家持续推进现代化产业体系建设的战略部署提供的机遇。党的十七大作出了建设现代产业体系的战略部署，突出了产业发展与科学发展观、转变发展方式以及产业结构优化升级之间的联系，补充和发展了新型工业化理念。党的十八大以加快转变经济发展方式为主线，着力构建现代产业发展新体系。党的十九大提出着力加快建设实体经济、科技创新、现代金融、人力资源协同发展的产业体系，这是对我国新时代产业体系建设作出的新表述和新部署，标志着我国产业体系建设进入了一个新的时代。构建"四维协同"发展的现代化产业体系，是现代化经济体系建设的主要内容。党的十九届五中全会进一步要求加快发展现代产业体系，推动经济体系优化升级，坚持把发展经济的着力点放在实体经济上，坚定不移建设制造强国、质量强国、网络强国、数字中国，推进产业技术高级化、产业链现代化，提升产业链供应链现代化水平，发展战略性新兴产业，加快发展现代服务业，提高经济质量效益和核心竞争力。党的二十大提出"建设现代化产业体系"，要求"坚持把发展经济的着力点放在实体经济上"。这是站在改革开放40多年发展实践基础上，面向全面建成社会主义现代化强国、实现第二个百年奋斗目标作出的战略部署，关系全局、影响深远。国家的战略部署为宁夏建设现代化产业体系提供了前所未有的发展机遇，为宁夏的产业转型升级指明了方向和目标。

（三）宁夏产业政策带来的机遇

一是印发了《宁夏黄河流域生态保护和高质量发展规划》和《宁夏水安全保障"十四五"规划》等16个规划方案，制定了支持先行区建设的财政、金融等政策性文件，形成"1+N+X"政策体系，颁布先行区促进条例，搭建了先行区建设的"四梁八柱"。

二是提出大力发展"六新六特六优"产业的目标任务。自治区党委、政府准确把握建设现代化经济体系的基本要求，科学研判宁夏产业发展所处阶段和面临的问题，全面落实国家建设现代化产业体系的重大部署，统筹抓好产业升级和产业转移，在提升产业链供应链现代化水平，提升产业发展的内生性、稳定性和自主性方面持续发力。自治区第十三次党代会在明确了建设现代化产业体系重点任务的基础上,从宁夏实际出发,集中资源要素,集聚发展动能,集合产业优势,提出了要打造支撑高质量发展的"现代产业基地",着力打造"六新六特六优"产业,大力实施新型工业强区、特色农业提质、现代服务业扩容、数字赋能"四项计划",进一步优化产业结构和布局,推动产业向高端化、绿色化、智能化、融合化方向发展。为此,制定了新型工业强区计划、特色农业提质计划、现代服务业扩容计划、数字赋能计划等实施方案,整合设立了产业发展基金,为宁夏在更高层次实现产业的优化与升级提供了良好的政策环境,为加快培育现代产业带来难得新机遇。

三 宁夏建设现代化产业体系面临的问题

近年来,宁夏经济社会发展取得了巨大成就,但总体来看,宁夏现代化产业发展仍处于产业链、价值链的中低端,建设创新引领、协同发展的现代化产业体系任重道远。

(一)实体经济根基不牢

实体经济是现代化产业体系的根基,制造业是实体经济的核心。从国际经验来看,一个国家在迈向现代化的进程中,制造业比重会趋于下降,但下降不宜过快过早,应该在整个国家人均 GDP 超过 1.5 万美元以后再逐步下降。国内普遍的认识是,以中国目前的基本国情,制造业占比不宜过低,制造业占比在 2035 年前不能低于 25%,在 2050 年前不能低于 20%。

宁夏制造业增加值占 GDP 比重过低,一直低于 25%,制造业对现代化产业体系的支撑不足。2008 年以后,宁夏制造业占比趋于下降,从 2008 年的 24.45%下降到 2012 年的 19.7%,2012 年以后常年低于 20%,到 2021 年才刚上升至 20%,但仍然低于全国平均水平 7.4 个百分点;同期,全国制造业增加值占比虽然趋于下降,但是一直在 25%以上(见表 4)。

表 4 2008~2021 年宁夏制造业增加值及占 GDP 比重

单位：亿元，%

年份	宁夏 增加值	宁夏 占 GDP 比重	全国制造业增加值占比
2008	294.34	24.45	—
2009	299.67	22.14	—
2010	342.57	20.19	—
2011	432.56	20.48	—
2012	463.6	19.7	—
2013	504	19.46	—
2014	516.83	18.68	—
2015	465.64	18.1	—
2016	499.47	18	—
2017	599.06	18.7	29.3
2018	628.04	17.9	—
2019	679.37	18.1	26.8
2020	682.84	17.3	26.3
2021	905.51	20	27.4

资料来源：历年《宁夏统计年鉴》及《中国统计年鉴》。

（二）产业结构不合理

产业结构高级化是现代化产业体系的基本特征。宁夏的产业结构不合理，发展层次不高。一是产业结构偏重，重工业比重高达92%，远高于全国平均水平。2017~2020年，宁夏规模以上重工业增加值增速一直高于宁夏规上工业增加值增速，2020年以后宁夏重工业增加值增速趋于下降，但一直高于宁夏GDP增速，重工业发展速度依然较快（见表5）。

表 5 2017~2022 年宁夏主要经济指标增速

单位：%

年份	GDP 增速	规上重工业增加值增速	规上工业增加值增速
2017	7.8	9.9	8.6
2018	7.0	11.4	8.3
2019	6.5	9	7.6

续表

年份	GDP 增速	规上重工业增加值增速	规上工业增加值增速
2020	3.9	5	4.3
2021	6.7	7.6	8
2022	4	6.4	7

资料来源：历年《宁夏统计年鉴》。

二是高耗能产业集中，能耗倚煤严重。宁夏作为国家重点能源基地和煤化工基地，经济发展严重依赖煤炭资源。2012~2021年，除2016年以外，宁夏煤炭消耗占能源消耗总量的比重高于80%。全国煤炭消耗占能源消耗总量的比重从2012年的68.5%下降到2021年的55.9%，下降了12.6个百分点；同期，宁夏只从82.44%下降到80.2%，下降了2.24个百分点，下降速度极为缓慢。目前，宁夏煤炭消耗占能源消耗总量的比重比全国高24.3个百分点，远远高于全国平均水平（见表6）。尽管宁夏大力发展光伏、风电等新能源，能源消费结构不断优化，但以重工业为主的产业结构和以煤炭为主的能源结构决定了宁夏煤炭消耗占比仍然较高，"倚煤"情况在一定时期内将继续存在。

表6 2012~2021年宁夏与全国煤炭消耗占能源消耗总量的比重对比

单位：%

年份	宁夏	全国
2012	82.44	68.5
2013	81.63	67.4
2014	82.49	65.8
2015	81.2	63.8
2016	78.8	62.2
2017	80.9	60.6
2018	81.9	59
2019	81.3	57.7
2020	81.7	56.9
2021	80.2	55.9

资料来源：历年《宁夏统计年鉴》及《中国统计年鉴》。

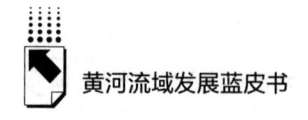

（三）产业质量效益依然偏低

一是劳动生产率低，2022年宁夏全员劳动生产率只有14.4万元/人；人均GDP不到7万元，全国为8.57万元，广东、江苏等发达地区均超过12万元。二是投入产出率低，宁夏投入产出率12.6%，比全国平均水平低2.4个百分点。其中，每度电的产出3.48元，是全国平均水平的26.4%；每吨煤的产出5189元，是全国平均水平的26.7%；每立方米水的产出55元，是全国平均水平的40%。三是企业利润率低，宁夏企业营业收入利润率3.92%，比全国平均水平低2.4个百分点。而且宁夏生产价格倒挂严重，工业利润增速回落。2022年1~11月，宁夏工业生产者出厂价格同比上涨12.2%，居全国第五位；工业生产者购进价格同比上涨19.0%，居全国第二位，出厂价格与购进价格涨幅倒挂6.8个百分点，价格倒挂持续挤压企业利润空间。2022年，宁夏规上工业利润总额412.72亿元，比上年下降10.9%。尤其是制造业利润为268.33亿元，比上年下降31.3%。四是产业规模偏小。除煤化工、火电等有一定规模外，其余行业规模都很小。机械行业产值仅为全国的1/2000，医药行业产值仅为全国的1/1000，轻纺行业产值相当于广东的1/100。五是产品附加值偏低。宁夏中低端产品居多，知名品牌数目少，品牌价值低。宁夏初级加工产品占80%，高附加值产品不足20%。

（四）发展动能乏力

近年来，宁夏的经济增长不断放缓，呈现"减速降挡"态势，进入了由高速增长向中高速增长转换的阶段。宁夏GDP增速在2010年达到峰值12.5%，2011~2014年增速下降幅度最大；2015~2018下降幅度趋缓，2020年增速最低，为3.9%，2021年又小幅反弹（见图1）。宁夏经济增速下降的根本原因在于，原有经济增长的动能正在逐步衰减，新的增长动能尚在孕育和形成之中，出现了新旧动能转换的"断档期"。

一是传统生产要素拉动经济增长乏力。首先，宁夏投资增速明显下滑。

宁夏：聚焦"六新六特六优"产业

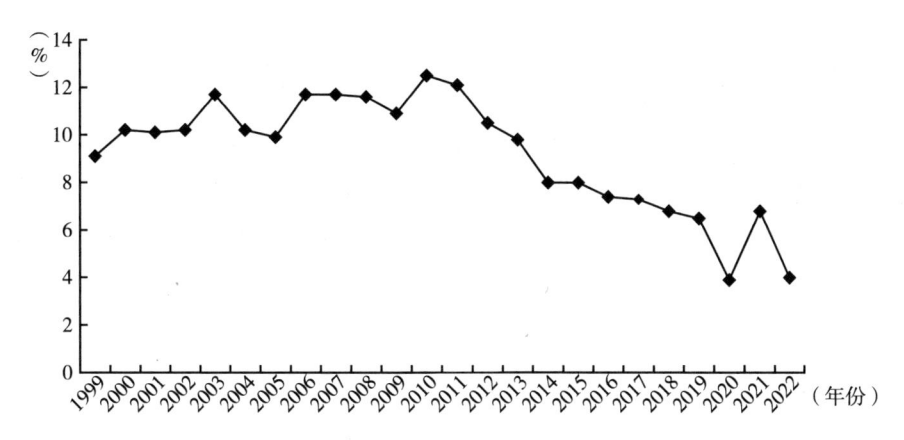

图 1　1999~2022 年宁夏 GDP 增速

资料来源：历年《宁夏统计年鉴》。

2017~2019 年，宁夏全社会固定资产投资增速均为负值，2020 年以后才由负转正，但投资增速远远低于 2016 年以前的年均两位数增长（见图 2），投资拉动宁夏经济增长的动力不足。其次，宁夏消费低位徘徊。2012~2021 年，宁夏社会消费品零售总额增速总体呈现下降趋势（见图 3）。2022 年，全区全体居民人均消费支出 19136 元，比上年下降 4.4%。按常住地分，城镇居民人均消费支出 24213 元，同比下降 4.6%；农村居民人均消费支出 12825

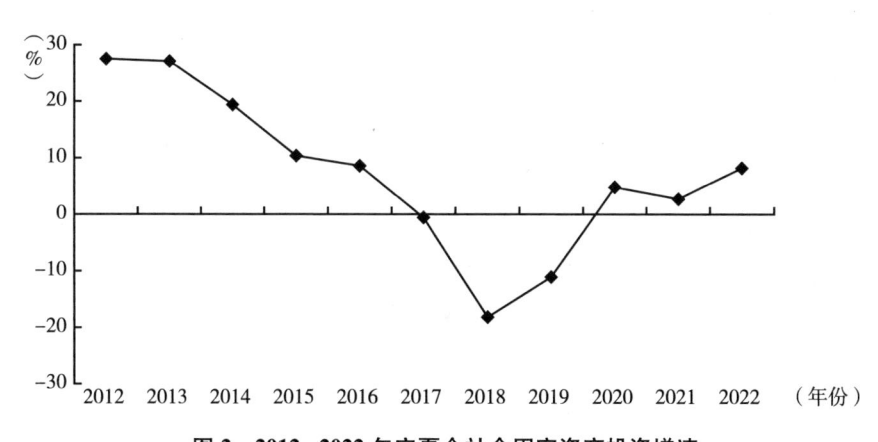

图 2　2012~2022 年宁夏全社会固定资产投资增速

资料来源：历年《宁夏统计年鉴》。

175

元，同比下降5.2%。消费拉动宁夏经济增长乏力。最后，出口市场发展不稳。对外贸易增速回落，国际贸易摩擦等对全球采购链、供应链、产业链、价值链造成冲击，宁夏483家外向型企业受到不同程度的影响。2014~2022年，宁夏仅有少数年份出口总额上升，2015~2016年、2018~2020年宁夏出口总额增速均为负值，宁夏出口市场不稳定，拉动经济增长动能不稳、不强（见图4）。

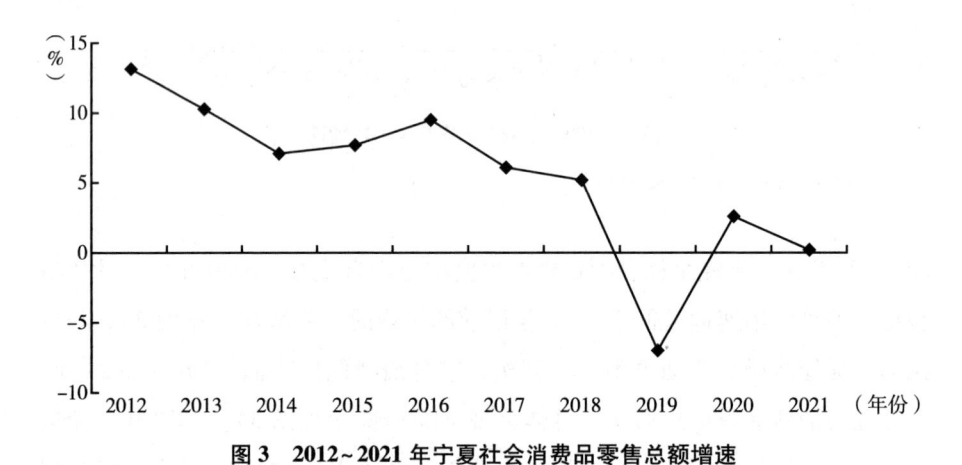

图3 2012~2021年宁夏社会消费品零售总额增速

资料来源：历年《宁夏统计年鉴》。

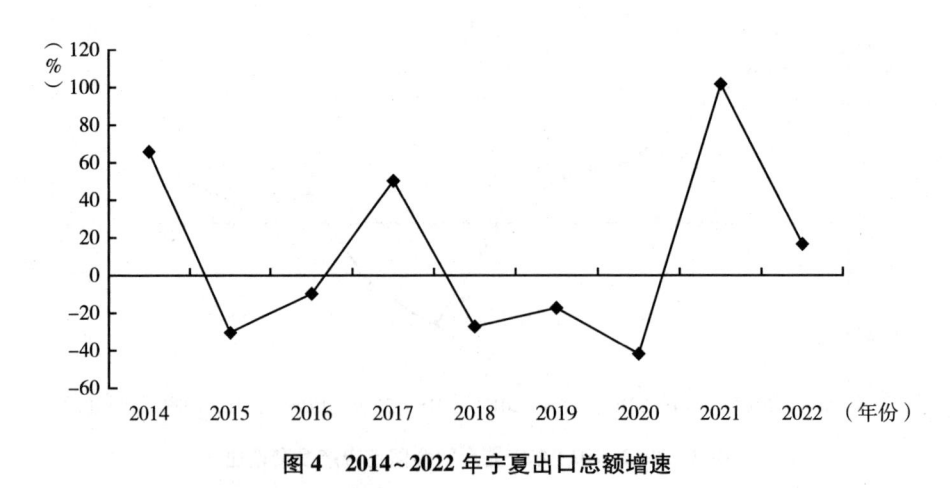

图4 2014~2022年宁夏出口总额增速

资料来源：历年《宁夏统计年鉴》。

二是创新动能依然不强。宁夏回族自治区第十二次党代会以来，宁夏大力实施创新驱动发展战略，扎实推动科技创新，攻克了一批核心技术。但由于受到地域条件和经济发展水平等因素制约，宁夏创新资源不足、创新能力不强、创新平台不多，企业缺技术、缺人才的问题比较严重。2021年，宁夏R&D经费投入强度1.56%，比全国平均水平低0.88个百分点，有研发活动的企业不到30%，每万名劳动力中研发人员38.24人，均为全国平均水平的38%。目前，宁夏仅有院士两名，其中一名已经退休，高技能人才仅占技能劳动者的13.9%，低于全国水平14.6个百分点。人才短缺困扰着宁夏创新动能提高。

（五）产业发展方式粗放

长期以来，宁夏经济发展走的是拼土地、拼资源、拼投入的路子，发展方式粗放、经济效益不高、矛盾问题突出。一是土地使用粗放。宁夏工业园区土地使用效益不高，工业园区亩均投资强度205万元，仅为全国的35.8%，土地亩均产出强度99.8万元、仅为全国的11.4%，亩均税收仅为全国的11.7%。二是能源利用粗放。宁夏以"两高一资"企业居多，万元GDP能源消费量2.26吨标准煤，是全国平均水平的4倍之多，位居全国第一；万元GDP水耗207立方米，是全国平均水平的3倍；一般工业固废综合利用率32%，仅为全国的60%。三是污染物排放管理粗放。从国家重点监控的污染物排放指标看，2021年，涉及水质的化学需氧量（COD）、氨氮排放分别只下降3.3%和3.06%，这意味着污水排放的空间已经很小，上大规模涉水项目的空间几乎没有。

（六）企业竞争力较弱

企业是国民经济的细胞，是产业的基本构成要素。企业竞争力强弱直接决定产业竞争力大小。宁夏企业整体实力偏弱，一是企业数量少，企业数目多少直接决定经济活力的强弱。宁夏民营经济总量不到宁夏经济总量的50%、比发达地区低20多个百分点，县均拥有民营企业数和规上企业数分别不足全国平均数的60%和40%。二是企业规模小，主要表现为世界500强企业以及全国民营500强企业数目少。宁夏不仅进入世界500强的本土企业为0，而且进入全国500强的企业也屈指可数。2022年宁夏进入全国民营500强的企业只有2家，制造业500强只有3家，没有一家企业进入全国服务业500强，也没有服务业百年品牌企业。三是企业缺乏核心技术。宁夏企业主要在产业链中低端，80%的企业没有研发活动，从事的是粗加工，核心技术严重缺乏。四是企业集聚发展态势弱。集聚发展可以发挥企业整体效能，从而提高企业竞争力。宁夏企业集聚程度低，集聚发展态势弱，作为集聚发展载体的产业园区普遍规模较小。截至2022年底，单个开发区工业总产值超过1000亿元的仅有宁夏宁东能源化工基地开发区1家，其他大多处于300亿元以下。

四 宁夏建设现代化产业体系的路径

（一）准确把握现代化产业体系的基本特征和要求

立足宁夏，结合黄河流域生态保护和高质量发展先行区建设目标，构建现代化产业体系既要注重智能化、绿色化、融合化，也要注重完整性、先进性、安全性。

1. 打造智能化、绿色化、融合化的现代化产业体系

推动宁夏现代化产业体系智能化发展。智能化是把握人工智能等新科技革命浪潮的必然要求。前沿技术飞速进步，如人工智能、生物医药、新能源等，这些前所未有的创造力和应用不仅会彻底颠覆传统的经济模型，还会给全球带来前所未有的重大影响，引起全球范围内的关注和参与。宁夏作为西部欠发达省区，推动产业智能化是实现跨越式发展的关键。因此，宁夏推动现代化产业体系高质量发展，必须持续拓展信息化、数字化的深度，努力抢占产业体系智能化的战略制高点。

推动宁夏现代化产业体系绿色化发展。为推动黄河流域生态保护和高质量发展先行区建设，促进经济增长和工业体系建设的可持续发展，必须统筹经济发展和生态保护的关系,不能只顾眼前利益而忽视生态保护。宁夏应以绿色为发展底色,不断推进新能源综合示范,构建绿色产业系统,促进生态保护质的提升,以现代化产业体系的高质量发展助力推进黄河流域生态保护和高质量发展先行区建设。

推动宁夏现代化产业体系融合化发展。融合化是提升产业体系整体效能的必然要求。现代化产业体系不是若干产业门类的简单组合,而是一个内部存在有机联系、功能互补的复杂产业生态体系。随着新技术新业态新模式不断涌现,行业边界越来越模糊,前沿科技跨领域交叉融合趋势越来越明显。因此,宁夏构建现代化产业体系,必须推动产业门类之间、区域之间、大中小企业之间、上下游环节之间的高度协同耦合,以更好释放产业网络的综合效益。

2. 打造完整、先进、安全的现代化产业体系

提升宁夏现代化产业体系的完整性。结合宁夏区域禀赋特征,打造"六新六特六优"现代化产业格局,优化区域布局,增强宁夏传统产业体系优势,持续发挥范围经济效应。

提升宁夏现代化产业体系的先进性。高效集聚创新要素、自主拓展产业新赛道,需要重点把握好科技、人才和创新的重要性,将它们紧密结合,以推进国民经济社会的可持续发展,打造一大批富有竞争性的新兴经济,为国家的经济社会发展注入强大的动力。

提升宁夏现代化产业体系的安全性。当前,由于国内外形势多变,构筑完善的、具备竞争优势的现代化产业体系变得更加困难。宁夏要依托资源优势和技术创新,以链式思维谋篇布局,努力建设产业集群,推动全产业链集聚发展,全面提升产业链韧性。加大预警力度,牢固树立基本原则,加快改善产业链的稳定性,确保其可靠性,以便有效地抵御外部的风险与威胁。

(二)强化要素资源配置,以要素协同推进现代化产业体系建设

党的十九大报告提出要建立实体经济、科技创新、现代金融和人力资源相互协同的产业体系,这是宁夏扎实构建现代化产业体系的根本遵循。对于

宁夏而言，建设高标准要素市场、推进要素资源商品协同是建设现代化产业体系的核心路径。之所以提出以要素协同推进现代化产业体系：一是推动宁夏区域经济高质量发展，需要降低资源消耗和占用，使粗放型经济增长方式向集约型经济增长方式转变，把"汗水经济"转变为"智慧经济"，使经济增长更多地依靠科技创新和人力资本；二是提升科技创新在经济发展中的贡献水平，必须要克服科技创新与产业发展的脱节现象，需要围绕产业链部署创新链，围绕创新链布局产业链；三是要解决实体经济不振、虚拟经济膨胀等问题，防范区域经济发展"脱实向虚"。

以要素协同提高现代化产业体系要素配置效率。我国改革开放四十多年的实践经验一再证明，坚持市场取向的改革、让市场机制起决定性作用是根本的遵循。目前，宁夏商品市场体系已经基本形成，并趋于完善，市场对商品的调节机制充分而且有效，但是高标准要素市场的建设仍然任重道远。要加快融入全国统一大市场，使各地区市场以及不同地方各具优势和特色的专业市场形成一个有机衔接、相互协同的整体，不断拓展宁夏市场的广度、宽度和深度。

促进以科技和人力资本为主导的内生增长。目前，宁夏科技创新人才供给仍显不足，由此影响高新技术产业的竞争力提升，关键技术、设备、工业、材料和软件仍被发达国家"卡脖子"。因此，聚焦打造区域科技创新高地、高水平建设全国东西部科技合作引领区，着力解决科技型企业培育、民营企业科技创新等重点任务推进中的卡点淤点。

明确政府与企业的职能。坚持市场取向的改革，在市场机制不健全的领域要加大市场化改革力度，在市场改革过度的领域，如人才培养、大学科研机构产业化等领域进行纠偏。同时，按照市场原则大力发展各种中介机构，尤其是连接科学创新与技术创新的中介组织和市场组织。

（三）以"六新六特六优"产业为核心，推动宁夏现代化产业体系高质量发展

集中资源要素，集聚发展动能，集合产业优势，加快形成分工合理、特

色鲜明、功能互补的"六新六特六优"产业发展格局,着力打造支撑高质量发展的现代产业基地,构建现代化产业体系。

1. 推动"六新"产业高质量发展

一是开展"六新"关键核心技术攻关,聚焦"六新"产业核心基础零部件、先进基础工艺、关键基础材料、基础软件等领域短板,重点支持行业龙头骨干企业、产业链的"链主"企业,围绕产业链部署创新链,瞄准产业关键节点,通过自主研发、委托研发或联合高校、科研院所及产业链上下游企业协作研发等方式,形成一批核心技术成果,力促产业转型升级。二是加快"六新"重大科技成果转化,强化科技成果的信息交流与精准对接,根据产业壮链、延链、补链的要求,大力引进和转化一批成熟技术成果。三是深化开放合作,坚定不移推进东西部科技合作引领区建设,持续扩展合作网络、丰富合作主体、创新合作模式、深化合作程度。四是强化"六新"创新主体培育,引导创新要素向企业集聚,强化企业在技术攻关和成果转化中的主体地位,建立完善以企业为主体、市场为导向、产学研深度融合、创新主体有活力、创新活动有效率的技术创新体系。要推进"六新"人才队伍培养,大力培养自治区杰出科技人才、科技领军人才、科技创新团队,加强与东部发达地区在"六新"产业领域具有技术优势的高校、科研院所、企业的合作,充分发挥中国工程科技发展战略宁夏研究院高端智库作用。

以宁夏数字信息产业为例,坚持突出创新引领,强化产业资源环境优势,持续深入推进融合应用。

强化产业发展基础,提高政府保障能力。打造"信息技术应用创新"基地,壮大光伏产业链,培育集成电路产业链,发展"宁夏造"服务器产品,扩大电子专用材料规模。建立招商企业目录和项目库,明确时间表、牵头人、路线图,围绕产业主导产品及其上下游产品专项招商。瞄准电子信息产业核心基础零部件、基础软件等领域短板弱项,实施揭榜攻关项目;支持创建企业技术中心、工程技术研究中心等创新平台;加强校企产学研合作、东西部人才交流,加快宁夏现代数字信息产业学院运行。加快建设数据要素市场。整合数据资源,实现数据要素高效流通。推进政府部门数据资源的汇聚，整合人口、企业、信用、电子证照等基本数据资源，基于政府数据资源的统一归口管理，建立数据共享开放的端口和服务机制，盘活政府部门数据库，助推数据要素市场建设；搭建数据资源要素流动交易中心，构建基于各区域的分级数据交易体系，打造区域中心化的数据要素流动交易平台；完善数据要素交易平台标准和监管体系，动态完善交易平台的功能，促进数据交易平台规范发展。优化数字信息产业制度供给。适度超前部署数字基础设施建设。加强对宁夏数字信息产业发展的统筹协调，及时解决跨区域、跨领域的重大问题；完善组织协调机制，在政策、市场、监管、保障等方面加强部门联动，推动重大政策、重点工程落地；分行业选树数字化转型、智能制造标杆企业，培育支持可复制可推广的典型案例；全面开展企业"两化"水平、智能制造能力评估评价，建立完整的地区、园区、行业、企业数字化水平评价图谱，创建国家工业互联网示范区，聚合自治区工业互联网产业联盟、工业互联网平台应用创新推广中心等优势资源，深化工业互联网对外交流与合作。提升政府管理专业化水平。建立适应数字信息产业发展需求的专业化政府管理体系，构建监测预警、政务服务、信息披露、大数据征信、社会评价等环节共建、共享、共治的完整体系与互动机制，推动政府管理精准化与智能化。通过对行业领域的划分来制定相应的扶持优惠政策与负面清单政策；打造"数字孪生政府"，提升政府工作人员的数字化信息素养与业务能力水平，吸纳行业精英参与共治决策。

加快推进数字信息产业链延链补链强链。加快培育行业头部企业。选择几家起步较早，创新力、带动力强的数字信息企业重点打造，培育在全国有一定知名度、影响力、市场占有率的宁夏数字信息企业。实施产业链招商引资。提高招商引资针对性，以拉长数字信息产业链为目的，围绕当前产业链上下游招商，通过上下游企业紧密衔接耦合发展，形成产业"1+1>2"的聚合力，降低企业对外部市场的高度依赖。通过延链补链强链，提高产业链整体科技水平和安全水平，增强产业链核心竞争力，逐步实现产业集群式发展。紧盯重点领域、重点企业开展招商引资活动。线上线下相结合，重点联系接洽数字信息产业国内外500强、国有大型企业、行业领军企业等，力争新招引落地一批投资量大、技术领先的好项目、大项目，在用地、用电、用能、用水、资金等方面给予大力支持，用好项目补齐产业链短板。加大对宁夏本土数字信息产业相关企业扶持力度，打造可持续的产业生态。

充分挖掘和发挥大数据技术应用价值。夯实工业互联网基础性支撑。推进工业互联网平台安全应用标准化，找准关键工业消费场景，结合5G技术增设工业互联网平台的安全检测功能，针对安全隐患形成工业消费场景的数字化和标准化解决方案。加速消费市场的数字化转型。强化互联网领域大数据技术应用，促进制造业数据、劳动力等全要素与消费市场的双向互联，推进消费市场全产业链上下游高度协同，加速实现消费市场的数字化转型。加速推进"六新"产业智能化转型，以数字信息技术赋能"六优"产业发展。重点将数字技术融入"六新"产业实践过程，有效破解"卡脖子"技术瓶颈。通过数字信息技术助力打造高水平国家全域旅游示范区，建设区域物流枢纽、医疗康养胜地，推动跨境电商综合试验区创新发展，发挥数字信息产业在现代服务业高质量发展中的支撑作用。构建多层次消费服务供给系统。引入社会资本，支持医疗、教育、文娱等数字化消费服务发展，鼓励更多社会力量参与构建多层次消费服务供给系统。推出云货架和云橱窗，打造"线上为线下引流、线下为线上服务"的新型闭环消费模式。充分发挥数据优势，提高数字化综合服务水平，促使下沉市场由商品消费向"服务+商品"型消费转变。以数字信息技术赋能乡村振兴。完善农业信息网络，搭建农业信息资源数据库，深入挖掘农业数据潜能，为政府决策提供数据服务；创建农业技术网络推广体系，为提升农民生产效率和拓宽农村消费市场奠定基础；建立涉农生产领域的专家决策支持系统，利用现有数据库资源进行市场情况分析，制定调控决策方案，推进农村消费市场可持续发展。助推农业数字化智能化转型。借助多样化互联网零售平台，拓宽农产品销售渠道，有效解决产品滞销问题。充分发挥数字信息产业在公共服务领域的基础作用，提高数字信息技术惠民水平。推动政务信息化共建共用，强化政务数据共享和业务协同，提升政务服务标准化、规范化、便利化水平；深化"互联网+社会服务"，提高公共服务资源数字化供给和网络化服务水平，提升服务资源配置效率和共享水平；加快推动信息无障碍建设，运用数字技术为弱势群体生活、就业、学习等增加便利；统筹推进智慧城市和数字乡村融合发展，加快智能设施和公共服务向乡村延伸覆盖，形成以城带乡、共建共享的数字城乡融合发展格局。维护市场有序透明与公平竞争，对垄断等弊端进行有效规制，强化算法应用技术备案，从技术层面与应用层面对"平台垄断"进行规制；保护数据安全与保护消费者隐私并行，以保障公民的基本权益和福利作为数字信息产业的基石。

提升数字信息产业核心竞争力。培育数字信息产业关键技术领域的龙头企业，带动工业软件和数据挖掘分析技术相关产业的快速发展。在新型基础设施方面，用好国家"东数西算"工程以及《全国一体化算力网络国家枢纽节点宁夏枢纽建设方案》，抓住国家扩大内需重大战略机遇期，积极布局新型基础设施，提升新型基础设施领域投入效率。在数字信息产业和实体经济融合方面，深化规上企业数字化转型，引导鼓励中小企业数字化转型，为中小企业数字化转型提供更多可选择的低成本解决方案，提升中小企业数字化转型积极性。利用数字信息产业梯度转移原理，引进一批、培育一批集成电路、新型显示、通信设备、智能硬件等数字技术重点领域的产业。在政策设计上，对数字硬件研发和生产、数字内容和软件平台建设实行分类支持，不断提升筛选、支持、考核的科学性、合理性。加大数字信息产业投资力度，加强对企业研发、市场应用测试的政策支持。着力完善下游应用商业生态。加大对内容、软件的孵化和支持力度，加强内容、软件的知识产权保护，提升数字信息产业的核心竞争力。

积极培育引进数字信息产业人才。加快培养引进中高层次人才。大力支持数字信息企业面向海内外招才引智，加强本土数字信息产业人才的培养与创新团队建设，多渠道聚集产业发展人才。适当调整人才管理机制，避免高薪引进的创新或技术人才"水土不服"，避免内部培养的优秀人才流失。引进人才以适用为最高标准，以实际能力、贡献为标准，更加重视用情、用事业留人，解决好人才的后顾之忧，为人才发挥更大作用提供平台。深化产教对接、校企合作，加快宁夏电子信息现代产业学院运营，鼓励高校加强相关学科建设和专业设置，培养更多信息化、数字化专业人才。加强宁夏职业教育对数字信息产业人才的精准培养。切实提高宁夏职业院校学生的职业技能，不断优化职业院校专业设置，切实提高学生解决实际问题的能力。拓展数字信息产业人才政策的覆盖面，让更多不同层次的数字信息产业人才能够享受政策红利，搭建各行各业人才的流转通道和平台，引导高校和电子信息产业之间更好做到人才的供需平衡。

2. 推进"六特"产业高质量发展

大力实施特色农业提质计划，抓好基地建设、龙头培育、精深加工、品牌打造和市场开拓，着力构建现代农业"三大体系"。支持"六特"产业"链主"培育，构建"六特"全产业链式发展生态，嵌入国内外知名企业产业链条，提升产业链配套协作水平。支持"六特"产业中的优质大企业培育，打造具有行业领先示范效应的本地企业，发挥政府投资基金的撬动作用。支持"六特"中小企业培育，强化平台建设，开展"专精特新"企业培育，支持中小企业服务平台建设。加强开发区建设，提升企业综合能力，强本固基助力"六特"企业发展。加强技术改造和技术创新，支持升级技改，扩大投资规模，激励创新性产业技术突破，鼓励标准化生产、数字化赋能和绿色化转型。提升综合服务水平，助力企业成长，加强公共服务能力建设，扩大服务补贴券覆盖范围，帮助应急转贷纾困，支持人才分级培训，实施稳增长奖励。

以宁夏牛奶产业为例，聚焦破解牛奶产业面临的困境，推进宁夏牛奶产业高质量发展。

一是多方合力解决企业资金难题，完善牛奶产业相关保险产品。增加奶业发展专项基金，用于良种引进与推广、畜牧科技推广、防疫补助、养殖小区基础设施建设、龙头企业技术改造贷款贴息等。推动牛奶产业相关企业建立信用机制，与银行对接，确保不抽贷不断贷，保障资金链不断裂；鼓励银行逐步推广"活体质押""购牛贷"等金融产品，拓宽企业融资渠道。积极协调金融机构为奶牛企业提供中长期低息或贴息贷款。出台稳定收奶专项补贴，提高青贮收储补贴，增加苜蓿青贮生产补贴。不断完善牛奶产业相关保险产品，逐步改善目前对保险公司的直接补贴方式，建议将财政补贴直补给奶牛企业而非保险公司。积极鼓励区内保险公司持续优化赔付模式，积极创新与奶牛养殖相关的保险产品，提高赔付水平，不断拓宽保险范围。逐步探索开展生鲜乳价格保险试点。扩大养殖保险覆盖面，推广"政策保险+商业保险"模式，创新推广畜产品价格指数保险。

二是提升精细化养殖水平，补齐牛奶产业科技短板。持续开展奶牛良种繁育技术推广，调整畜群结构。加快奶畜良种繁育体系建设，坚持"引、育、推、改"四者并行，加强宁夏种公牛站建设，通过基因组检测，开展胚胎移植，优化牛群结构，提升奶畜生产的核心竞争力；加快育种、高产奶牛快速扩繁、动物防疫冷链建设；加大对优质奶牛冻精细管的补贴力度，健全奶牛系谱档案，全面开展选种选配，加快良种化步伐，提高单产水平；鼓励奶牛养殖场、小区和乳品企业，依托科研院所，组建奶用种畜集团，探索奶用种畜培育生产一体化路子；健全奶用种畜质量监督体系。开展新技术研究与应用。建设奶牛科技创新中心，开展饲草料资源开发评价与高效利用，推动兽医实验室检测、DHI检测工作。健全完善宁夏奶牛生产性能测定体系、数据采集体系和品种登记体系建设。推广奶牛数字化应用技术，依托自治区物联网项目、国家奶业生产能力提升整县推进项目、国家现代农业产业园项目，推动数字智慧牧场、5G示范牧场和奶产业大数据平台建设。加强奶业产学研合作。开展奶牛高产高效技术集成研究与示范应用，加强与科研院所合作，加大奶牛良种繁育、粪污资源化利用等关键技术研究及成果转化力度。通过实训基地建设、人才技能认证等方式，培养奶产业高层次人才。补齐奶业循环发展科技短板。加强优质牧草引进推广，探索一年两茬种植模式，形成养殖企业稳定可靠的饲草料供应体系，实现种养一体化协调发展。开展智能牧草工厂建设，使用无土栽培水培系统，采用室内多层立体种植技术。在牧场就地处理粪污、就地生产有机肥，产品由粪污处理企业自行销售。加快大型粪污资源化利用项目建设，有效提高生态养殖基地粪污资源化利用水平。

三是打造宁夏牛奶区域品牌，扶持和培育本土奶制品龙头企业。全力扶持和培育以宁夏农垦乳业股份有限公司等为代表的本土奶制品企业，让本土企业在整个宁夏牛奶产业链上获取一定的话语权和主动性，稳步增强宁夏奶制品企业的市场竞争力。做好区域品牌发展的长期战略规划。政府搭建平台，积极邀请世界奶业领域的知名机构及专家，对区域品牌进行科学的顶层设计。完善牛奶产业区域品牌管理体系。对宁夏牛奶产业的品质、特色及优势进行深入挖掘分析，做好品牌定位。对区域品牌名称、品牌标识、品牌包装、品牌吉祥物、品牌口号等进行全方位优化、长远性谋划。对全产业链进行标准化管理。建立完善的质量追溯体系，建立完善宁夏牛奶产业区域品牌建设的服务和监管体系，设置公共品牌培育资金。创新宁夏奶产业区域品牌营销策略，走区域乳品行业一二三产业融合发展之路。构建系统完善的区域公共品牌营销体系，放大品牌传播的效果。中小型乳品企业通过上游种植、养殖、牧场的建设，拓展第一产业观光旅游、第二产业现场体验、第三产业销售多样化等业态和模式，满足消费者的多元化需求。

四是科学规划保障要素供给，提升种养结合一体化水平。科学规划，增加用地支持。将建设养殖小区、扩大圈舍、饲料生产和加工贮藏设施的用地，视为农业生产用地，合理规划，简化审批手续，减免相关收费。增加项目支持，对奶业发展项目重点倾斜和扶持。实行种养结合的生产制度，保障粗饲料供给和低成本消纳粪污。建立健全种养结合绿色发展循环体系，科学统筹粪污资源用地，实现奶牛场粪污资源化利用、近零排放、种养循环。比如，宁夏农垦乳业股份有限公司可供消纳的土地大幅减少，需要协调流转部分土地用于粪污消纳和土壤改良。加快调整种植业结构，增加饲料作物种植，建立优质的牧草生产基地，提高奶牛饲料中优质牧草的占比。

五是破解乳制品企业高端人才匮乏难题，加快建立社会化的技术服务体系。积极落实自治区出台的有关政策意见，鼓励乳制品企业加强高职院校人才对接培养，健全校企人才对接模式。提高工资和福利待遇，完善人才职业规划机制。适应奶畜产业化的要求，逐步建设一批具有"品种改良、技术服务、疫病防治、生资供应、畜产品购销、技术培训"等功能的前站后场；积极发展各类专业协会，鼓励和支持畜牧兽医技术人员兴办或领办民营服务组织，建立以科技和市场信息为重点的社会化综合服务网络。加强畜产品市场体系建设，有计划地建设一些规模较大、功能配套、辐射力强的畜产品专业批发市场。

六是完善利益联结和定价机制，创建乳品产业联盟，充分发挥奶协的作用。完善公平合理、科学规范的奶制品企业和养殖户利益联结和定价机制。成立辖区生鲜乳购销公司，针对蒙牛、伊利停站限购，奶牛养殖场生鲜乳无法交售的问题，自主联系外省市乳制品企业，洽谈临时合作协议，确保辖区内所产生鲜乳有处可交，交售价格有所保障。成立宁夏地区乳品产业联盟，建立定期交流机制，实现联盟成员间信息资源共享，引导联盟加强区域合作。搭建奶制品企业交流平台，每年举行乳品行业管理和技术交流研讨会。发挥奶业协会的引导作用，协助政府制定奶业方面的有关政策和行业规范并负责组织实施。预测市场前景，指导牧场生产经营，参与奶业科研开发。生产、加工、销售各个环节的有关技术服务和技术培训，均由各专业化协会或相关的社会化服务组织按要求有偿提供。以牧场主持股合作组成乳品生产、加工、销售一体化的产业化经营模式。

3. 推进"六优"产业高质量发展

以市场需求为导向，顺应"六优"产业转型升级和消费升级趋势，充分发挥市场在资源配置中的决定性作用，更好发挥政府引导作用，在公平竞争中提升"六优"产业竞争力。支持文化旅游产业政策措施，高水平打造国家全域旅游示范区，持续提升文化旅游产业市场竞争力。支持现代物流产业政策措施，补齐基础设施建设短板，大力提升物流数字化、智能化水平，实施冷链扩容增效行动，积极优化发展环境，培育市场主体。支持现代金融产业政策措施，积极引进各类金融机构，健全现代金融市场体系，做优做强地方金融机构。支持健康养老产业政策措施，织牢织密养老服务网络，支持医养结合服务能力提升，支持社会力量举办养老服务机构。支持电子商务产业政策措施，支持电子商务集群壮大发展，支持电子商务供应链打造和电子商务创新融合发展，巩固提升农村电商成效，营造宁夏电商产业发展氛围，重点支持各地推动农村电商公共服务体系提质升级，促进农村电商和快递物流协同发展，培育农村电商多元化市场主体，建立农村电商供应链体系。制定支持会展博览产业政策措施，培育品牌会展博览项目，壮大会展博览主体，打造优质会展博览营商环境，支持重点会展博览场馆实施信息化、智能化、绿色化提质升级项目，建设和维护会展博览公共服务平台，开展会展博览人才培养培训等公共服务项目。

以现代物流业为例，推进物流业与制造业、商贸业深度融合发展，重点发展多式联运、供应链管理、冷链物流、城乡物流配送等，推动物流设施绿色化、智能化、标准化、一体化提升改造，完善物流服务体系，建成覆盖宁夏、联通国内国际的物流网络。

一是支持建设物流枢纽园区。推进国家物流枢纽建设，支持银川市重点发展高端制造业物流、商贸物流、冷链物流、快递物流、航空物流、保税物流、跨境电商、国际快件等业态。打造区域物流示范园区，在宁夏范围内支持建设辐射能力强、综合化程度高、集疏运条件好的商贸服务型、生产服务型、口岸服务型和综合服务型物流园区。依托现有物流基础设施和仓储配送资源，优化完善重点综合物流园区、各级分拨配送中心的设施和功能，形成高效便捷、覆盖全域的三级商贸物流网络体系。

二是支持创新发展。提升物流数智化水平，加强大数据、云计算、人工智能等信息技术在物流业的推广应用，支持互联网道路货运发展。推进物流供应链创新与应用。围绕"六新六特"产业发展需求，引导现代物流企业拓展上下游产业链，发展横向配套、纵向延伸的供应链体系，探索涵盖原材料供应、采购执行、仓储管理、库存管理、订单开发、产品代销、出口代理等专项或集成的供应链管理服务。加快构建物流标准化体系。培育建设标准化物流器具循环共用示范中心项目，加速推广托盘、周转筐等标准物流器具在生产企业、物流企业和商贸流通企业之间循环。支持大宗商品物流"散改集"，推广应用集装技术和托盘化单元装载技术，推广叉车装卸、带板运输等机械化作业。

三是支持物流与产业融合发展。加快发展农产品冷链物流，畅通农产品上行渠道，推动物流尤其是冷链物流设施、服务、系统嵌入优势农产品主产区，拓展农产品第三方物流业务。推动物流业、制造业深度融合发展，支持有条件的制造企业主辅分离，设立专业物流公司，再造企业内部流程，整合分散在采购、制造、销售等环节的物流服务能力，以及铁路专业线、仓储、配送等存量设施资源，开展专业化、社会化物流服务。提升商贸物流服务效率和水平，统筹整合城市商业设施、物流设施、冷链设施、交通基础设施布局建设和升级改造，推广应用移动冷库等新型设备，优化城市配送线路规划和网点布局。加强县域商业体系建设，完善农村寄递物流体系。

四是支持培育龙头企业。支持引进重点物流企业，积极引进国家5A级物流企业来宁投资发展。壮大物流市场主体，鼓励和引导区内大中型物流企业通过兼并重组、股权合作等多种方式，进行规模扩张和资源优化，在供应链服务、国际物流、快递物流、智能仓储、多式联运等领域形成一批具有区域竞争力的现代物流企业。

五是支持优化发展环境。加强物流融资政策支持，积极引导银行业金融机构落实交通物流领域再贷款政策，鼓励金融机构创新符合物流行业发展特点的金融产品，加大对优质项目和诚实守信、发展前景良好的中小物流企业金融支持力度。加强物流人才引进培育，加大高级物流人才引进力度，强化现代物流专业建设，支持现代物流职业技能公共实训中心建设，鼓励物流企业建设产教融合型实训基地，鼓励校企共建现代物流产业学院，支持物流研究中心和智库平台建设。健全现代物流统计。加强物流统计制度建设，完善行业统计标准、调查方法和指标体系，不断增加样本数量、丰富样本类型，鼓励建立现代物流统计系统，及时发布宁夏物流业监测报告、行业景气指数，为政府决策和企业经营提供及时准确的数据参考。

B.8 内蒙古：构建绿色特色优势现代产业体系

张学刚 郭启光 王 薇*

摘 要： 黄河流域内蒙古段地处黄河上中游，区位独特、面积广阔、资源富集、产业集中，在保障国家能源安全、粮食安全、产业链供应链安全、生态安全上地位重要，是黄河上中下游协同发展的重要环节。党的十八大以来，黄河流域内蒙古段坚定不移走以生态优先、绿色发展为导向的高质量发展新路，生态环境持续改善，经济社会发展取得重大成就。同时必须看到，经济发展仍然面临产业转型升级较慢、低碳循环发展水平滞后等诸多成长中的"烦恼"和转型中的困境。新时代新征程，黄河流域内蒙古段要深入贯彻习近平总书记的重要指示精神，完整、准确、全面贯彻新发展理念，加快构建绿色特色优势现代产业体系，在推进黄河流域生态保护和高质量发展中体现新担当、展现新作为。

关键词： 内蒙古 黄河流域 绿色特色优势 现代产业体系

黄河流域内蒙古段地处黄河上中游，区位独特、面积广阔、资源富集、产业集中，在保障国家能源安全、粮食安全、产业链供应链安全、生态安全上地位重要，是黄河上中下游协同发展的重要环节。

---

* 张学刚，中共内蒙古自治区党校（内蒙古行政学院）经济学教研部主任、教授，研究方向为区域经济；郭启光，中共内蒙古自治区党校（内蒙古行政学院）经济学教研部教授，研究方向为产业经济；王薇，内蒙古社会科学院副研究员，研究方向为生态经济。

一 内蒙古产业发展现状和主要特征

（一）产业发展总体情况

2017~2022年，内蒙古沿黄7盟市的经济总量由1万亿元增加到1.6万亿元，占全区经济总量的比重由67.3%提高到69.1%。[①] 其中，第二产业增加值比重由75.6%上升到77%，第三产业增加值比重由67.4%上升到68.7%（见图1）。可见，内蒙古的沿黄地区不仅是全区的经济核心区，而且是全区工业和服务业的集中区。区域内，呼和浩特、包头、鄂尔多斯的地位十分重要。2022年，呼包鄂三市的经济总量占全区经济总量的比重达到54.8%，第二产业和第三产业增加值比重分别达到62.2%和56.2%。[②]

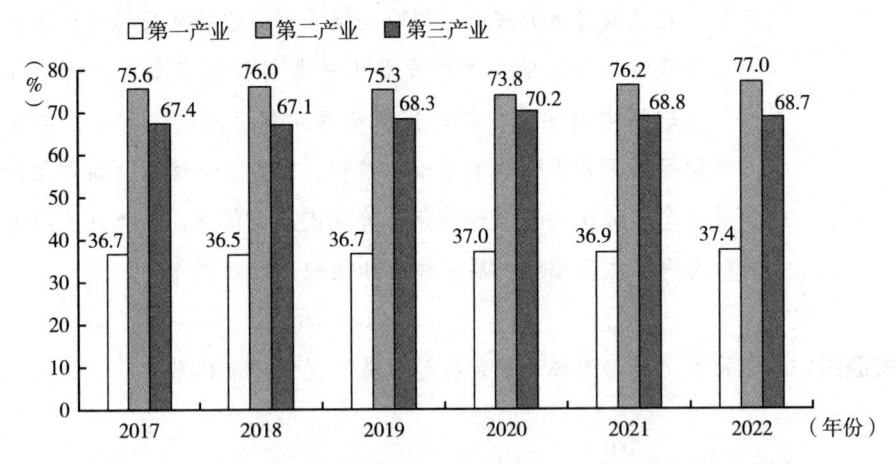

图1 2017~2022年内蒙古沿黄7盟市三次产业增加值占全区比重

资料来源：《内蒙古统计年鉴》（2018~2022）、国家统计局官网和2022年7盟市国民经济和社会发展统计公报。

[①] 根据《内蒙古统计年鉴》（2018~2022）和国家统计局官网相关数据整理。
[②] 根据《内蒙古自治区2022年国民经济和社会发展统计公报》和2022年呼和浩特市、包头市、鄂尔多斯市国民经济和社会发展统计公报相关数据整理。

目前，黄河流域内蒙古段的产业发展主要有以下特点。

一是第一产业以种植业和养殖业为主。2021年，内蒙古沿黄7盟市农林牧渔业总产值1400亿元，其中农业和牧业的占比高达97.2%。这表明，种植业和养殖业是内蒙古沿黄地区第一产业中的主体（见图2）。

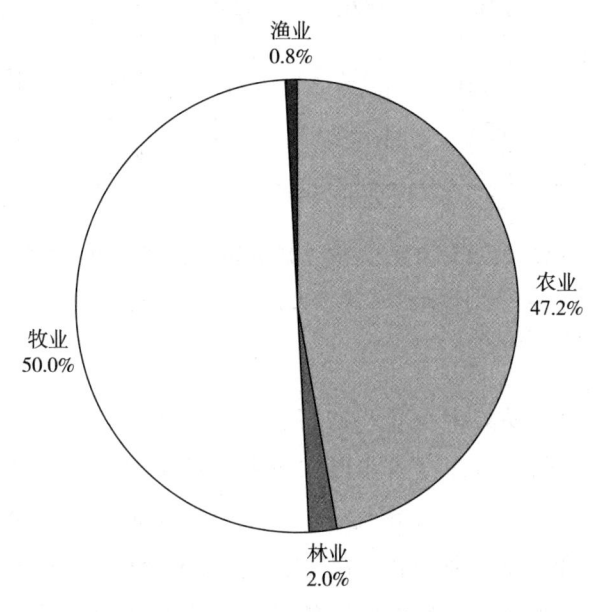

图2　2021年内蒙古沿黄7盟市农林牧渔业构成

资料来源：《内蒙古统计年鉴（2022）》。

二是工业化进程开始加快。2017~2022年，内蒙古沿黄7盟市三次产业结构由6.0∶44.3∶49.6演进到6.2∶54.1∶39.7，第二产业增加值占GDP比重从2021年开始超过第三产业，目前在50%以上（见图3）。2022年，7盟市的工业增加值占GDP比重均超过30%，其中鄂尔多斯、乌海、阿拉善的占比更是超过了50%，分别达到54.8%、61.8%、50.9%。[①]

[①]　根据2022年7盟市国民经济和社会发展统计公报和7盟市统计局官网相关数据整理。

黄河流域发展蓝皮书

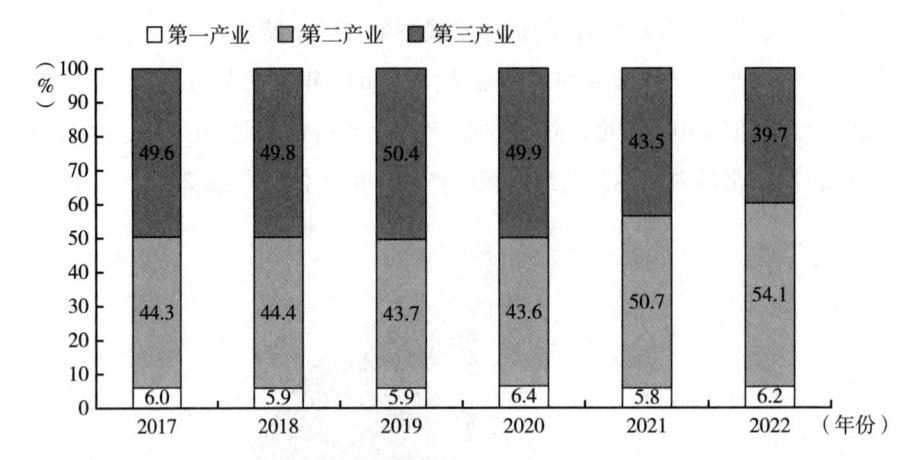

```
□ 第一产业  ■ 第二产业  ■ 第三产业
```

年份	第一产业	第二产业	第三产业
2017	6.0	44.3	49.6
2018	5.9	44.4	49.8
2019	5.9	43.7	50.4
2020	6.4	43.6	49.9
2021	5.8	50.7	43.5
2022	6.2	54.1	39.7

图 3　2017~2022 年内蒙古沿黄 7 盟市整体三次产业结构演变情况

资料来源：《内蒙古统计年鉴》（2018~2022）、内蒙古统计局官网和 2022 年 7 盟市国民经济和社会发展统计公报。

　　三是服务业主要集中在呼和浩特、包头、鄂尔多斯。2022 年，呼和浩特、包头、鄂尔多斯的服务业增加值占沿黄 7 盟市服务业增加值的比重达到 81.9%。[①] 相比其他盟市而言，呼和浩特的服务业总体水平相对较高，2022 年其服务业增加值占 GDP 比重达到 60.5%，其中交通运输、仓储和邮政业，金融业，信息传输、软件和信息技术服务业，租赁和商务服务业的占比达到 31.5%。[②] 近年来，包头的服务业发展速度较快，2021 年获评全国供应链创新与应用试点城市、生产服务型国家物流枢纽承载城市、国家电子商务示范城市，2022 年"黄河岸寻梦·阴山下赏花"旅游线路入选全国乡村旅游精品线路，包钢工业旅游景区获批国家工业旅游示范基地。[③] 鄂尔多斯的服务业正在加快提质升级，2022 年规上民营服务业企业数占全部规上服务业企业数的比重达到 78.9%。[④] 鄂尔多斯入选国

---

① 根据 2022 年沿黄 7 盟市国民经济和社会发展统计公报相关数据整理。
② 根据《呼和浩特市 2022 年国民经济和社会发展统计公报》相关数据整理。
③ 根据《2022 年包头市人民政府工作报告》和《2023 年包头市人民政府工作报告》整理。
④ 《2022 年鄂尔多斯市规模以上服务业营业收入总量突破 500 亿　奋力迈上新台阶》，鄂尔多斯市统计局网站，2023 年 2 月 10 日，http://tjj.ordos.gov.cn/dhtjsj/tjxx/78352/202302/t20230210_3337509.html。

家级一刻钟便民生活圈建设试点城市，达拉特旗成为国家级县域商业体系建设示范县，"多多评·码上生活"入选全国"诚信兴商"典型案例。①

（二）产业结构合理化分析

产业结构合理化描述的是各产业之间要素投入结构和产出结构的耦合程度，可以比较好地反映各产业之间的协调程度和资源的利用程度。借鉴干春晖、郑若谷、余典范的研究方法②，利用泰尔指数构建产业结构合理化指数，计算公式为：

$$RS = \frac{1}{\sum_{i=1}^{n}\left(\frac{X_i}{X}\right)\ln\left(\frac{X_i}{L_i}\bigg/\frac{X}{L}\right)} \tag{1}$$

其中，RS 表示产业结构的合理化水平，X_i 为第 i 产业增加值，L_i 为第 i 产业就业人数，n 为产业部门数。RS 值越大表明产业结构合理化水平越高。从计算结果看，2017~2021 年呼和浩特、巴彦淖尔、阿拉善的产业结构合理化水平总体呈上升趋势，包头、乌海的产业结构合理化水平整体有所下降，乌兰察布、鄂尔多斯的产业结构合理化水平总体上变化不大。从 7 盟市的比较上看，2021 年呼和浩特、包头的产业结构合理化水平显著高于其他 5 盟市，巴彦淖尔、乌海、阿拉善的产业结构合理化水平高于全区平均水平，鄂尔多斯的产业结构合理化水平与全区平均水平相当，乌兰察布的产业结构合理化水平为 7 盟市最低，同时低于全区平均水平（见表 1）。

---

① 《政府工作报告——2023 年 1 月 2 日在鄂尔多斯市第五届人民代表大会第二次会议上》，鄂尔多斯市人民政府网站，2023 年 1 月 6 日，http://www.ordos.gov.cn/gk_128120/ghjh/zfgzbg/202301/t20230106_3325641.html。
② 干春晖、郑若谷、余典范：《中国产业结构变迁对经济增长和波动的影响》，《经济研究》2011 年第 5 期；余典范、干春晖、郑若谷：《中国产业结构的关联特征分析——基于投入产出结构分解技术的实证研究》，《中国工业经济》2011 年第 11 期。

表1　2017~2021年内蒙古沿黄7盟市产业结构合理化水平

盟市	2017年	2018年	2019年	2020年	2021年
呼和浩特	8.7	8.7	9.8	22.9	16.0
包头	13.7	13.3	12.8	10.0	6.7
乌兰察布	2.6	2.3	2.4	2.8	2.7
鄂尔多斯	3.5	3.5	3.5	5.6	3.6
巴彦淖尔	2.5	2.8	3.2	4.5	3.7
乌海	4.3	2.9	3.1	5.7	3.8
阿拉善	3.3	2.4	3.8	6.3	4.6
全区	4.5	4.6	4.5	4.5	3.6

资料来源：《内蒙古统计年鉴》（2018~2022）。

（三）产业集聚度分析

借鉴现有研究方法，选取赫芬达尔—赫希曼指数和空间基尼系数对沿黄7盟市产业集聚度进行测算和评价。

赫芬达尔—赫希曼指数的计算公式为：

$$HHI = \sum_{i=1}^{n} \left(\frac{X_i}{X}\right)^2 \tag{2}$$

其中，HHI表示某产业的赫芬达尔—赫希曼指数，X_i为i盟市某产业规模，X为该产业总规模。赫芬达尔—赫希曼指数HHI的取值范围为0~1，HHI越趋近于0，表明该产业在空间上越呈均匀分布特征；HHI越大表明产业空间集聚度越高，当$HHI = 1$时，表明该产业在空间上完全集聚在某地。

空间基尼系数的计算公式为：

$$G = \sum_{i=1}^{n} (S_i - Y_i)^2 \tag{3}$$

其中，G表示某产业的空间基尼系数，S_i为i盟市某产业就业人数占沿黄7盟市该产业就业人数的比重，Y_i为i盟市就业人数占7盟市就业人数的比重。G 也可以用各产业增加值进行计算。与赫芬达尔—赫希曼指数 HHI 类似，空间基尼系数 G 的取值范围也为 0~1，G 越小表明某产业在空间上分布越均匀，G 越大表明某产业在空间上集聚度越高。

从赫芬达尔—赫希曼指数的测算结果看，内蒙古沿黄 7 盟市的产业集聚度比较低。2017~2022 年，第二产业和工业的指数平均值分别为 0.2569 和 0.2742，第一产业、第三产业的指数平均值大致相当，分别为 0.2015 和 0.2373。可以看出，黄河流域内蒙古段第二产业特别是工业的集聚度高于第一产业和第三产业。从空间基尼系数的测算结果看，内蒙古沿黄 7 盟市的产业集聚度也不高。从采用各产业就业人数计算的空间基尼系数 A 可以看出，2017~2021 年三次产业的空间基尼系数 A 平均值分别为 0.0689、0.0179 和 0.0090。从采用产业增加值计算的空间基尼系数 B 也可以看出，2017~2022 年第一产业、第二产业、工业、第三产业的空间基尼系数 B 平均值分别为 0.0949、0.0165、0.0282、0.0153（见表 2）。综合判断，黄河流域内蒙古段的产业集聚度水平总体不高。但是，相对而言，第一产业和工业的产业集聚度要高于服务业。

表 2　2017~2022 年内蒙古沿黄 7 盟市产业集聚度测算结果

指数	产业	2017 年	2018 年	2019 年	2020 年	2021 年	2022 年	平均
赫芬达尔—赫希曼指数	第一产业	0.1963	0.2015	0.203	0.2022	0.203	0.2031	0.2015
	第二产业	0.2515	0.2475	0.2517	0.2443	0.2669	0.2795	0.2569
	工业	0.2781	0.2724	0.268	0.2582	0.2821	0.2862	0.2742
	第三产业	0.2392	0.2397	0.2356	0.2366	0.2363	0.2361	0.2373
空间基尼系数 A	第一产业	0.0621	0.0627	0.0673	0.0766	0.0757	—	0.0689
	第二产业	0.0185	0.0185	0.0174	0.0178	0.0171		0.0179
	第三产业	0.0100	0.0104	0.0109	0.0070	0.0068		0.0090
空间基尼系数 B	第一产业	0.0858	0.0904	0.094	0.0925	0.1035	0.1031	0.0949
	第二产业	0.0168	0.0162	0.0178	0.016	0.0161	0.016	0.0165
	工业	0.0319	0.0307	0.0306	0.0279	0.0268	0.0213	0.0282
	第三产业	0.0131	0.0125	0.0124	0.0112	0.0183	0.0241	0.0153

注：空间基尼系数 A 和 B 分别表示采用就业人数和产业增加值计算。
资料来源：《内蒙古统计年鉴》（2018~2022）和 2022 年 7 盟市国民经济和社会发展统计公报。

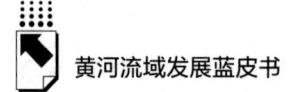

进一步分析可以看出,第一,第一产业主要集中在巴彦淖尔、乌兰察布和鄂尔多斯。2017~2022年,巴彦淖尔第一产业增加值占内蒙古沿黄7盟市第一产业增加值的30%左右,乌兰察布和鄂尔多斯的占比也都接近19%(见图4)。从细分行业看,农业主要集中在巴彦淖尔、鄂尔多斯、乌兰察布,2021年三市农业产值占沿黄7盟市农业总产值的比重分别为35.2%、21.8%、16.5%。此外,该地区还有少量的林业和渔业分布,林业主要分布在鄂尔多斯、巴彦淖尔、乌兰察布,渔业主要分布在巴彦淖尔、呼和浩特、鄂尔多斯(见表3)。

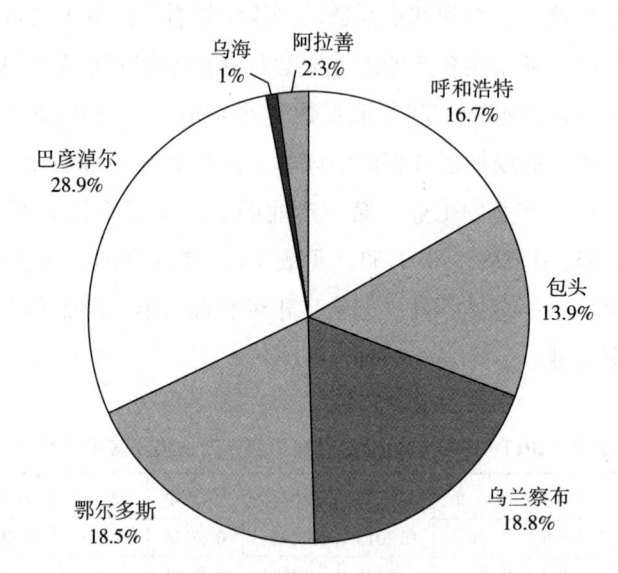

图4 2017~2022年内蒙古沿黄7盟市第一产业增加值占比分布

注：数据为2017~2022年的平均值。
资料来源：《内蒙古统计年鉴》(2018~2022)和2022年7盟市国民经济和社会发展统计公报。

表3 2021年内蒙古沿黄7盟市第一产业细分行业产值及占比

单位：万元，%

盟市	农业 产值	农业 占比	林业 产值	林业 占比	牧业 产值	牧业 占比	渔业 产值	渔业 占比
呼和浩特	805564	12.2	28391	10.0	1530444	21.9	25669	22.2
包头	724543	11.0	8599	3.0	1271563	18.2	13061	11.3
乌兰察布	1088651	16.5	70765	24.9	1359316	19.4	10345	8.9

续表

盟市	农业		林业		牧业		渔业	
	产值	占比	产值	占比	产值	占比	产值	占比
鄂尔多斯	1441532	21.8	82880	29.1	926076	13.2	24854	21.4
巴彦淖尔	2321302	35.2	79239	27.8	1719906	24.6	38988	33.6
乌海	48517	0.7	3001	1.1	62952	0.9	709	0.6
阿拉善	172731	2.6	11670	4.1	126937	1.8	2247	1.9

注：各盟市细分行业占比为行业产值占沿黄7盟市总产值比重。
资料来源：《内蒙古统计年鉴》（2022）。

第二，工业主要集中在呼和浩特、包头、鄂尔多斯。2017~2022年，鄂尔多斯工业增加值占沿黄7盟市的比重达到45.1%，包头和呼和浩特的占比分别是19.4%和14.1%，三市工业增加值合计占比高达78.6%（见图5）。从规模以上工业企业总产值看，2018~2021年鄂尔多斯、包头、呼和浩特规上工业产值占沿黄7盟市的比重均值分别为35.7%、24.3%、12.7%，三市占比均值合计达到72.7%。从轻重工业看，2018~2021年呼和浩特、巴彦淖尔轻工业产值占比平均

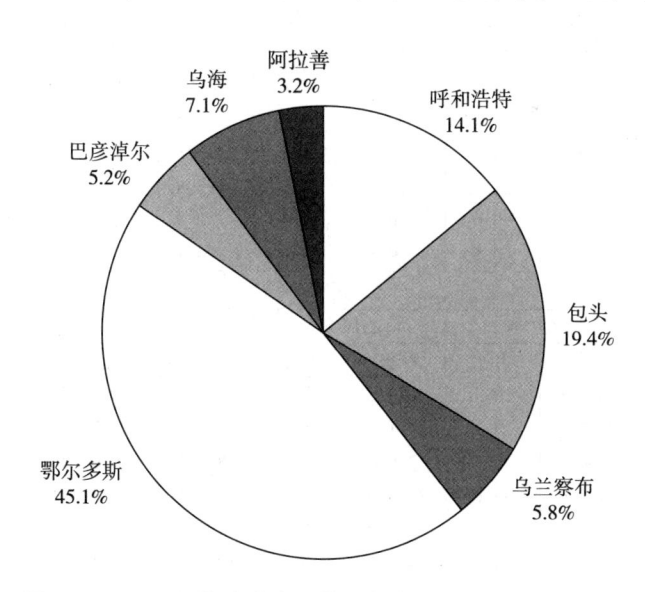

图5 2017~2022年内蒙古沿黄7盟市工业增加值占比分布

注：数据为2017~2022年的平均值。
资料来源：《内蒙古统计年鉴》（2018~2022）和2022年7盟市国民经济和社会发展统计公报。

值分别为55.6%和23.4%，两市合计达79.0%；鄂尔多斯、包头重工业产值占比平均值分别为38.4%和25.5%，两市合计达63.9%。可以看出，轻工业主要分布在呼和浩特、巴彦淖尔，重工业主要分布在鄂尔多斯、包头（见表4）。

表4　2018~2021年内蒙古沿黄7盟市规模以上工业企业产值及占比

单位：万元，%

盟市	规上工业								
	2018年		2019年		2020年		2021年	
	产值	占比	产值	占比	产值	占比	产值	占比
呼和浩特	1401.7	14.5	1320.6	12.7	1353.2	12.4	1828.6	11.3
包头	2179.8	22.5	2599.5	25.0	2808.2	25.7	3867.7	23.9
乌兰察布	785.5	8.1	842.4	8.1	903.4	8.3	1128.2	7.0
鄂尔多斯	3472.1	35.9	3586.6	34.5	3710.4	34.0	6242.1	38.5
巴彦淖尔	696.1	7.2	736.4	7.1	678.8	6.2	898.0	5.5
乌海	775.8	8.0	934.7	9.0	1032.2	9.5	1610.2	9.9
阿拉善	371.7	3.8	375.2	3.6	427.0	3.9	635.0	3.9

盟市	轻工业								
	2018年		2019年		2020年		2021年	
	产值	占比	产值	占比	产值	占比	产值	占比
呼和浩特	450.0	55.8	481.4	53.6	539.3	58.4	607.5	54.8
包头	71.9	8.9	108.3	12.1	86.5	9.4	105.2	9.5
乌兰察布	35.1	4.3	43.4	4.8	46.3	5.0	62.7	5.6
鄂尔多斯	46.1	5.7	43.8	4.9	35.3	3.8	45.1	4.1
巴彦淖尔	200.2	24.8	211.2	23.5	195.5	21.2	269.2	24.3
乌海	0.0	0.0	0.0	0.0	0.0	0.0	0.0	0.0
阿拉善	3.8	0.5	9.5	1.1	20.7	2.2	19.5	1.8

盟市	重工业								
	2018年		2019年		2020年		2021年	
	产值	占比	产值	占比	产值	占比	产值	占比
呼和浩特	951.8	10.7	839.3	8.9	813.9	8.1	1221.0	8.1
包头	2107.9	23.7	2491.2	26.3	2721.7	27.2	3762.5	24.9
乌兰察布	750.4	8.5	799.0	8.4	857.1	8.6	1065.6	7.1
鄂尔多斯	3426.0	38.6	3526.3	37.2	3675.1	36.8	6197.0	41.0
巴彦淖尔	495.8	5.6	525.2	5.5	483.3	4.8	628.8	4.2
乌海	775.8	8.7	934.7	9.9	1032.2	10.3	1610.2	10.7
阿拉善	367.9	4.1	365.7	3.9	406.3	4.1	615.5	4.1

注：各盟市规上工业产值占比为工业产值占沿黄7盟市总产值比重。

资料来源：《内蒙古统计年鉴》（2019~2022年）。

（四）7盟市产业发展状况分析

1. 呼和浩特市

呼和浩特三次产业结构由2017年的3.9∶27.5∶68.6演变为2022年的4.8∶34.7∶60.5。[①] 目前，呼和浩特以乳业、草种业为龙头的绿色农畜产品加工业，以绿色电力为基础的清洁能源产业，以节能低碳为方向的现代化工产业，以电子级硅、智能技术为引领的新材料和现代装备制造业，以生物疫苗为重点的生物医药产业，以大数据、云计算为特色的电子信息技术产业等优势产业的规模效应和集群雏形已经逐步显现。积极打造"中国乳都"升级版，成功获批全国唯一的国家乳业技术创新中心，2022年伊利、蒙牛按照销售额统计分别占据21.2%和16.3%的市场份额，呼和浩特的乳制品产业集群入选国家先进制造业集群。[②] 清洁能源发展迅猛，2022年呼和浩特规上工业清洁能源发电量54.5亿千瓦时，其中风力发电量29.5亿千瓦时、水力发电量13.2亿千瓦时、太阳能发电量11.9亿千瓦时。生物医药产业特色突出，2022年实现营业收入63.4亿元，其中兽用疫苗、动物血清等生物医药行业产值38.4亿元，中蒙药制造业产值3.3亿元。2022年，全市共有与电子信息技术相关的规模以上服务企业34家，实现营业收入86.5亿元，利润总额同比增长16.7%，研发费用同比增长22.7%。以硅产业为代表的新材料产业迅速壮大，拥有全球最大的高效太阳能用单晶硅生产基地，产品全球市场份额超过50%。[③]

2. 包头市

包头三次产业结构由2017年的3.2∶41.1∶55.7演变为2022年的3.5∶52.7∶43.8。[④] 2022年，全市粮食总产量117.8万吨，拥有市级以上

[①] 根据内蒙古统计局官网及《呼和浩特市2022年国民经济和社会发展统计公报》相关数据整理。
[②] 《2022年我国乳制品行业市场主要竞争厂商及其销售额占比统计》，立鼎产业研究网，2023年4月25日，http://www.leadingir.com/datacenter/view/8971.html。
[③] 《六大产业集群成首府经济发展"主引擎"》，《呼和浩特日报》2023年2月6日。
[④] 根据内蒙古统计局官网及《包头市2022年国民经济和社会发展统计公报》相关数据整理。

农牧业产业化重点龙头企业217家。其中，国家级4家、自治区级39家、市级174家。① 全市拥有全部41个工业大类中的30个，目前非公路矿用车、稀土精矿、冶炼、金属、储氢及抛光等产品的产量居全国前列，钢材、重卡、铁路车辆、工程机械、稀土永磁材料等产品的产量居全区首位。特别是，稀土产业已经形成"稀土原材料—稀土新材料—稀土终端应用产品"配套发展的产业新格局，稀土原材料就地转化率达70%。② 从重点产业看，2022年，全市六大重点产业增加值比上年增长27.8%，其中光伏制造业增长114.6%，稀土产业增长77.4%，装备制造业增长59.3%。③

3. 乌兰察布市

乌兰察布三次产业结构由2017年的17.9∶40.0∶42.1演变为2022年的17.4∶44∶38.6。④ 2022年，全市粮食总产量119.5万吨，"中国马铃薯之都"地位进一步巩固，"中国燕麦之都""中国草原酸奶之都"成功命名，"乌兰察布燕麦"等10种产品获得国家地理标志认证。⑤ 新能源产业不断壮大，国内首个陆上单体规模最大的600万千瓦平价外送风电基地及"源网荷储一体化"示范项目启动实施，风电、光伏等清洁能源装机并网容量达679.5万千瓦，占全市总装机容量的47%，形成1000台（套）的风机配套生产能力。⑥ 新材料产业延伸发展，石墨及碳素产能达到63万吨，负极材料产能达22万吨，合

---

① 《2022年农牧业高质量发展工作要点》，包头市人民政府网站，2023年4月，https：//www.baotou.gov.cn/mlbt/zhsl/nmy.htm。

② 《华丽转身 包头打造工业经济升级版》，"青山人青山事"微信公众号，2021年9月27日，https：//mp.weixin.qq.com/s?__biz=MzA3Nzc4OTAxNg==&mid=2654644690&idx=1&sn=3a6252cff628102056562f5d206db6d8&chksm=8482abe5b3f522f341c41e3babe9bfe9f4653f681e8fa8cac07bb60fd1e1e82e0006a9116660&scene=27。

③ 《2022年包头市规模以上工业经济运行情况》，内蒙古自治区人民政府网站，2023年1月28日，https：//www.nmg.gov.cn/tjsj/sjfb/gyjjyxqk/ms/202301/t20230128_2218741.html。

④ 根据内蒙古统计局官网及《乌兰察布市2022年国民经济和社会发展统计公报》相关数据整理。

⑤ 《关于乌兰察布市2022年国民经济和社会发展计划执行情况与2023年国民经济和社会发展计划草案的报告》，乌兰察布市人民政府网站，2023年5月10日，https：//www.wulanchabu.gov.cn/dssgwnghgy/1396591.html。

⑥ 《清洁能源总装机突破千万千瓦 乌兰察布市绿色经济"风光无限"》，《内蒙古日报》2022年8月4日。

金系列产能达780万吨,氯碱化工产能达436万吨。①

4. 鄂尔多斯市

鄂尔多斯三次产业结构由2017年的3.1∶52.8∶44.1演变为2022年的3.5∶68.9∶27.6。② 2022年,全市粮食总产量210.5万吨,羊绒产量3300吨,羊绒制品生产能力占全国的1/2、世界的2/5。③ 目前,鄂尔多斯是国家规划的重要煤炭基地、煤电基地、现代煤化工生产示范基地,已经形成煤制油、煤制气、煤制甲醇和烯烃、煤基新材料等多条产业链。同时,积极发展新能源产业,全力打造集能源生产、装备制造、应用示范于一体的"风、光、氢、储、车"全链条产业集群,建成全球首个零碳产业园。2022年,鄂尔多斯市规模以上工业完成营业收入8002.6亿元,同比增长16.2%,占自治区规模以上营业收入总额的28.4%。其中,煤炭开采和洗选业完成营业收入4616.1亿元,同比增长17.3%;化学原料和化学制品制造业完成营业收入931.8亿元,同比增长6.1%;电力、热力生产和供应业完成营业收入595.5亿元,同比增长23.1%;石油、煤炭及其他燃料加工业完成营业收入732.3亿元,同比增长20.1%;石油和天然气开采业完成营业收入356.5亿元,同比增长18.6%。④

5. 巴彦淖尔市

巴彦淖尔三次产业结构由2017年的21.5∶39.5∶39.0演变为2022年的27.1∶33.1∶39.8。⑤ 2022年,全市粮食总产量58.2亿斤,农作物总播

---

① 《关于乌兰察布市2022年国民经济和社会发展计划执行情况与2023年国民经济和社会发展计划草案的报告》,乌兰察布市人民政府网站,2023年5月10日,https://www.wulanchabu.gov.cn/dssgwnghgy/1396591.html。
② 根据内蒙古统计局官网及《鄂尔多斯市2022年国民经济和社会发展统计公报》相关数据整理。
③ 《打造世界一流产业发展集群 "中国绒都"这样提高全球竞争力》,"中国新闻网"百家号,2022年9月28日,https://baijiahao.baidu.com/s?id=1745205317017674964&wfr=spider&for=pc。
④ 《鄂尔多斯"挑大梁"工业经济韧性向好》,《鄂尔多斯日报》2023年2月6日。
⑤ 根据内蒙古统计局官网及《巴彦淖尔市2022年国民经济和社会发展统计公报》相关数据整理。

种面积1138.1万亩。①"天赋河套"品牌荣获中国农业最具影响力品牌、中国农产品百强标志性品牌等17项大奖，国家农高区获得国务院批复，磴口县、杭锦后旗成为全国奶业生产能力提升整县推进县，五原县、杭锦后旗成为全国农产品产地冷藏保鲜整县推进县，"天赋河套"品牌价值达到260.18亿元，获评"新时代区域农业品牌十年卓越影响力品牌"，目前农畜产品加工业基本形成乳制品、肉类加工、酿造、粮油加工、番茄、籽仁加工等十大特色优势产业多元发展的格局。2022年，"四个集群"建设取得突破性进展，新能源装机获批规模达到222.2万千瓦，1~11月农畜产品深加工业增加值同比增长12.7%，新材料、装备制造业增加值同比分别增长83.3%和7.1倍。②

6. 乌海市

乌海三次产业结构由2017年的1.2∶57.7∶41.1演变为2022年的1∶73∶26。③ 2022年，全市粮食总产量3.75万吨，油料产量88.9吨，蔬菜及食用菌产量3.98万吨，瓜果类产量0.54万吨，园林水果产量1.76万吨。④近年来，乌海依托丰富的煤炭、煤焦油资源，大力发展"煤—焦炭—沥青—针状焦—负极材料"煤基新材料产业，建成全球规模最大的BDO及下游深加工产品全产业链生产基地。同时，积极发展制氢、储氢、用氢等氢能源产业，建成投产全国首座民用液氢工厂、自治区首座加氢站，氢基熔融还原铁项目基本建成，标志着世界首创的氢基熔融还原冶炼技术成功落地转化。

7. 阿拉善盟

阿拉善三次产业结构由2017年的5.7∶57.3∶37.0演变为2022年的6.0∶64.3∶29.7。⑤ 2022年，全盟粮食作物播种面积17252.5公顷，经济作物播种面积47622.1公顷，粮食总产量14.2万吨，油料产量1.3万吨，

---

① 根据《巴彦淖尔市2022年国民经济和社会发展统计公报》相关数据整理。
② 《巴彦淖尔市2023年政府工作报告》，巴彦淖尔市人民政府网站，2023年1月10日，https：//www.bynr.gov.cn/xxgk/gzbg/202301/t20230110_496323.html。
③ 根据内蒙古统计局官网及《乌海市2022年国民经济和社会发展统计公报》相关数据整理。
④ 根据《乌海市2022年国民经济和社会发展统计公报》相关数据整理。
⑤ 根据内蒙古统计局官网及《阿拉善盟2022年国民经济和社会发展统计公报》相关数据整理。

蔬菜及食用菌产量6.1万吨，瓜果类产量11.7万吨。① 近年来，阿拉善现代煤化工、盐化工、精细化工等特色优势产业持续发展壮大，20多种化工产品产能占全球市场份额50%以上，其中靛蓝、金属钠、光引发剂产能居全球第一位。② 阿拉善由于兼具"资源好、空间大、区位优"等优势，目前还聚力建设全国重要的亿千瓦级清洁能源大基地，全力打造绿能替代转化应用、区域绿能合作、清洁能源全产业链高质量发展"三个示范区"。

二 内蒙古产业发展面临的困境和难题

（一）生态基础依然脆弱，发展和保护的矛盾突出

生态脆弱区面积大、类型多，生态系统极易发生退化。一是荒漠化、沙化土地集中。沿黄7盟市的荒漠化土地面积5.49亿亩，占全区荒漠化土地面积的60.1%，该区域沙漠及沙化土地面积占整体黄河流域面积的26%，③ 是我国荒漠化和沙化土地最为集中、危害最为严重的地区之一。二是土地盐碱化程度比较高。巴彦淖尔盐碱化耕地占全市耕地面积的44%，占全区盐碱化耕地面积的1/3;④ 包头盐碱化耕地面积约112.4万亩，占全市总耕地面积的17.4%;⑤ 鄂尔多斯盐碱化耕地195万亩，占全市耕地

---

① 根据《阿拉善盟2022年国民经济和社会发展统计公报》相关数据整理。
② 《签约330亿 我盟在内蒙古新型化工暨现代煤化工产业招商引资推介会收获颇丰》，阿拉善盟发展改革委网站，2023年5月16日，http://fgw.als.gov.cn/art/2023/5/16/art_1093_497693.html。
③ 《今年内蒙古将完成黄河流域林草生态建设任务550万亩》，内蒙古自治区人民政府网站，2022年3月31日，https://www.nmg.gov.cn/ztzl/zyhjbhdcfkyjzglszt/mtjj/202203/t20220331_2026795.html? slb=true。
④ 《发力改良484万亩盐碱化耕地，全国人大代表张继新建议》，中国气象新闻网，2023年3月8日，http://www.zgqxb.com.cn/zx/yw/202303/t20230308_5351740.html。
⑤ 《包头市人民政府办公室关于印发〈包头市高标准农田建设规划（2023—2030年）〉的通知》，包头市发展改革委网站，2023年3月16日，http://fgw.baotou.gov.cn/zxgh/24978323.jhtml。

面积的22%。① 土地盐碱化严重降低了耕地质量和耕地利用率，对土地资源利用、农牧业可持续发展产生十分不利的影响。三是森林覆盖率和草原综合盖度较低。2021年，沿黄7盟市森林平均覆盖率只有16.7%，草原综合植被平均盖度也只有32.8%，②不仅低于全区整体水平，也低于全国平均水平。天然草原多为荒漠、半荒漠草原，产草量低、生物群落少，个别地方还有不少流动沙丘，一些地方水土流失现象也比较严重。四是污染防治任务繁重。目前，内蒙古沿黄地区依然存在工业、城镇生活和农业面源三方面污染的问题，加之尾矿库污染，部分支流监测水质较差，污染防治任务十分艰巨。2021年，流域范围内35个断面监测中Ⅰ～Ⅲ类水质断面只占74.3%，劣Ⅴ类占比达到11.4%，比2020年上升了2.8个百分点。③结构性、季节性、区域性大气污染问题比较突出。2021年，除乌兰察布以外，其余6盟市空气优良天数占比低于90%，其中乌海及周边地区平均空气优良天数占比仅为74.9%。④

（二）发展方式依然粗放，发展质量亟需进一步提升

长期粗放型资源开发利用模式造成了资源浪费、质量不高等迫切需要解决的问题。一是节约集约发展水平较低。资料显示，内蒙古沿黄地区水资源

---

① 《鄂尔多斯市中度盐碱化耕地改良技术模式》，"鄂尔多斯市农牧局"微信公众号，2022年10月25日，https://mp.weixin.qq.com/s?_ _biz=MzI5NDExMDU0OA==&mid=2650105209&idx=5&sn=1ee1896859aa28090925b086b1c3f74c&chksm=f4661142c31198543163e26a52c7834e7ef8f75f0e3e6a6a5acd785d1f68b4aec00bc523cbca&scene=27。

② 《践行绿色发展理念 筑牢生态安全屏障》，"内蒙古新闻广播"微信公众号，2022年9月26日，https://mp.weixin.qq.com/s?_ _biz=MzA3ODE0MDkzOA==&mid=2651865183&idx=3&sn=0c3f4a3a527e22be7697bc2becf767a&chksm=84a3a33ab3d42a2cdccd48f9874d2209613975860855d234464f59a76815dfd256e52c20a8df&scene=27。

③ 《2021年内蒙古自治区生态环境状况公报》，内蒙古自治区生态环境厅网站，2022年6月1日，https://sthjt.nmg.gov.cn/sjkf/hjzl_8138/hjzkgb/202206/P020220623609342227812.pdf。

④ 《2021年内蒙古自治区生态环境状况公报》，内蒙古自治区生态环境厅网站，2022年6月1日，https://sthjt.nmg.gov.cn/sjkf/hjzl_8138/hjzkgb/202206/P020220623609342227812.pdf。

总量只占全区水资源总量的7.6%，用水量却占全区总量的53.87%，[1]农业"大水漫灌"方式没有改变，城镇和工业用水紧张问题没有改观，单位GDP水耗远超全国平均水平，水资源短缺和浪费现象非常突出。人均城镇工矿用地面积高于发达地区和周边相关省区，建设用地批而未供、供而未用问题仍然存在，农村牧区"空心村"土地整治工作也比较滞后，提高土地资源综合利用效率迫在眉睫。同时，现有各类开发区和工业园区亩均能效和产值低下，与发达地区相比存在很大差距。二是产业绿色化水平亟待提升。以煤为主的能源生产和消费结构没有发生根本性改变，工业内部高耗能、高排碳行业比重仍然较高，规模以上工业企业综合能源消费量还在较快增长，单位GDP碳排放强度、能耗强度都远高于全国平均水平。三是风险隐患较多。财政自给能力不强，目前除鄂尔多斯财政自给率超过70%以外，其余6盟市的财政自给率均处在30%~56%；财政收支矛盾也比较突出，截止到2021年底，7盟市的政府债务率处在160%~260%，偿债能力较弱。[2]同时，在地方政府隐性债、中小金融机构、房地产等领域，也累积了很多老问题，面临着一些新情况，叠加风险和关联影响不可低估。

（三）产业结构不合理，"四多四少"问题依然突出

产业发展较多依赖资源开发，至今仍存在传统产业多新兴产业少，低端产业多高端产业少，资源型产业多高附加值产业少，劳动密集型产业多资本科技密集型产业少的突出问题。一是农牧业整体水平依然较低。区域内农林牧渔资源丰富，主要农畜产品产量在全国也占有一定位置，但内部结构不合理，精深加工能力不足，农畜产品加工业与农牧业总产值之比与全国平均水平差距较大。特别是，品牌影响力有待进一步提升，虽然已经形成"天赋河套"等区域公用品牌，但仍然存在重创建、轻保护，重营销、轻管理等

---

[1]《唱好新时代黄河大合唱》，"海外网"百家号，2021年10月23日，https：//baijiahao.baidu.com/s？id=1714389761256733120&wfr=spider&for=pc。

[2]《地方政府与城投企业债务风险研究报告——内蒙古篇》，"金融界"百家号，2022年11月2日，https：//baijiahao.baidu.com/s？id=1748377998350599738&wfr=spider&for=pc。

问题，大多数农畜产品规模化、标准化、产业化、市场化程度较低。二是工业资源性、重型化、低层次的特征十分明显。从工业内部看，目前增加值比重大的只有煤、电两个行业，制造业增加值比重低，制造业内部高技术制造业、装备制造业增加值比重更低，与黄河流域其他城市相比差距较大。从主要工业产品看，大多数是初级化、低端化、附加值低的产品。2022年，沿黄7盟市主要工业品产量中原煤达到84762.87万吨、发电量达到3886.5亿千瓦时、水泥达到2197.2万吨、单晶硅达到38.9万吨、多晶硅达到12.5万吨、粗钢达到1915.4万吨，分别占全区的69.8%、58.7%、62.4%、94.4%、89.7%、87.4%。① 先进制造业发展不充分，战略性新兴产业尚处在起步或初级阶段，很多新兴产业中头部企业、链主企业缺失或规模较小，产业链供应链还不健全。产业数字化、数字产业化滞后，融合应用场景不多，数字经济发展的层次和水平偏低。三是现代服务业发展明显滞后。服务业中传统服务业比重高，现代服务业比重低，目前除首府呼和浩特现代服务业发展较好以外，其他6盟市现代服务业发展比较缓慢。目前，鄂尔多斯、巴彦淖尔、乌海、阿拉善的金融业增加值占GDP比重均低于5%，与国家平均水平有着很大的差距。② 文化和旅游融合还不够深入，供给和需求还不相匹配，公共文化和旅游服务体系还不完善，宣传推广创新不够，品牌影响力亟待提升。此外，制造业和服务业融合度也不高。

（四）高端要素供给不足，科技创新能力不强

产业发展缺乏高端要素供给，面临创新链、价值链、产业链"低端锁定"的困境。一是人才短缺和外流问题严重。2021年，内蒙古科学研究和技术服务单位只有94家，从事科技活动的人员数不仅增长较慢，而且高级职称人员占全部科技活动人员的比重只有30.8%。③ 部分盟市人口数量增长

---

① 根据内蒙古沿黄7盟市2022年国民经济和社会发展统计公报相关数据整理。
② 根据鄂尔多斯市、巴彦淖尔市、乌海市、阿拉善盟2022年国民经济和社会发展统计公报相关数据整理。
③ 根据《内蒙古自治区2022年国民经济和社会发展统计公报》相关数据整理。

和结构不合理问题凸显，制造业劳动力呈收缩状态，中青年骨干人才存在外流现象。此外，本地高等院校、企业人才培养能力有限，同时产业生态、人居环境、政策优惠等对外来人才的吸引力有限，现有人才的数量和质量还很难满足数字经济发展的需求。二是科技金融发展滞后。区域内缺少大型创投企业，服务高技术产业的风险投资机构也非常稀少，中小企业融资难问题没有得到有效解决，企业融资方式仍以间接融资为主导，现有金融体系还不能满足战略性新兴产业前期研发投入大、周期长、风险高的发展需求。三是科技创新能力提升速度慢。2021年，沿黄7盟市研发经费平均投入强度0.97%，仅相当于全国平均水平的40%，其中乌兰察布、巴彦淖尔、阿拉善的研发经费投入强度低于0.6%，分别只有0.51%、0.3%、0.37%。[1] 7盟市财政科学技术支出占一般公共预算支出比重不高，平均水平只有0.9%，有3个盟市的比重低于0.6%。[2] 四是科技产出水平较低。目前，每万人拥有的专利申请受理数、专利授权数、科技论文数、科技著作数、软件著作权数等指标都明显低于全国平均水平，这已经成为制约产业向高端化、智能化迈进的最大障碍。

（五）城市群辐射带动能力弱，领军型企业不足

资料显示，在中国19个大城市群中呼包鄂榆城市群的综合实力排名相对靠后。2020年，呼包鄂榆城市群中全国GDP百强城市只有鄂尔多斯和榆林，城市群普通高校数量54所、排第17位，城市群研发经费投入强度只有0.9%、排第15位，城市群千亿市值企业只有3家，在城市群整体实力排名中属第三梯队。[3] 2022年，沿黄7盟市只有7家企业进入《财富》中国500强，分别只有5家和8家民营企业入围中国民营企业500强和中国民营企业制造业500强，而且这些企业主要集中在农畜产品加工和能源重化工领域。

---

[1] 根据《2021年全国科技经费投入统计公报》和《2021年内蒙古自治区科技经费投入统计公报》相关数据整理。
[2] 根据《2021年内蒙古自治区科技经费投入统计公报》相关数据整理。
[3] 前瞻产业研究院：《2022年中国城市群发展报告——引领中国发展新格局》，2021。

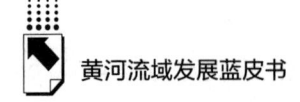

可以看到，尽管黄河流域内蒙古段在传统产业中已经培育出一些领军型企业，但是与构建现代产业体系的要求相比，领军型企业还存在数量不多、空间分布不均、引领带动能力不足等突出问题。

三 构建绿色特色优势现代产业体系的思路、原则和方向

（一）总体思路

深入贯彻习近平总书记对内蒙古重要指示精神，全面落实党的二十大精神，完整、准确、全面贯彻新发展理念，坚定不移走以生态优先、绿色发展为导向的高质量发展新路子，紧扣"两个屏障""两个基地""一个桥头堡"目标任务，树立产业链思维和产业集群意识，发挥绿色农畜产品、能源资源、制造业、大数据等产业优势和潜力，充分用好国内国际两个市场、两种资源，坚持以扩大内需为战略基点，持续深化供给侧结构性改革，加快推进农牧业规模化、产业化、品牌化，加快推进能源经济多元化、低碳化、高端化，加快推进制造业高端化、智能化、绿色化，加快推进服务业扩规模、提质量，构建符合战略定位、体现区域特色优势的现代产业体系，成为国内大循环重要节点和国内国际双循环战略支点，为服务和促进黄河流域生态保护和高质量发展作出新的更大贡献。

（二）基本原则

1. 生态优先、绿色发展

牢固树立"绿水青山就是金山银山"的理念，严格实行能源消耗总量和强度双控，加快推动绿色低碳循环发展，严格控制高耗能高污染产业，加快转变倚能倚重的产业结构，推动产业绿色清洁高效发展。

2. 量水而行、节水优先

全方位落实"四水四定"，深度实施节水控水行动，推进水权改革，推

行总量控制、用余管制，坚持用市场手段倒逼水资源节约集约利用，推动产业发展用水方式由粗放低效向节约集约转变，坚决抑制不合理用水需求。

3. 节约、集约发展

实施全面节约战略，围绕能源、矿产资源等重点领域和生产、建设、流通、消费等重点环节，加强科学配置，提高循环利用水平。加强共伴生矿综合开发利用，增强煤矸石、粉煤灰等工业固废综合开发利用，开展城市废旧物资循环利用体系建设。

4. 优化布局、协同联动

促进呼包鄂乌城市群立足产业基础和产业集群优势推动高质量发展，提升产业层次和发展能级；加快乌海资源枯竭型城市转型，推进河套灌区现代化改造，共同培育接续替代产业，增强区域发展整体竞争力。

（三）主攻方向

1. 推进农牧业规模化、产业化、品牌化

坚持农牧业、农村牧区优先发展，扛稳保障国家粮食安全责任，深化农牧业供给侧结构性改革，牢固树立大食物观，聚焦"扩大数量、增加产量、提高质量"，加快构建供给保障能力强、产业链韧性强、科技装备支撑强、并按型经营体系强、绿色发展水平高的现代农牧业发展体系，为保障国家粮食安全、推动内蒙古由农牧业产业大区向农牧业产业强区转变作出更大贡献。

2. 推进能源经济多元化、低碳化、高端化

围绕自治区"两个转变""两个率先""两个超过"[①] 目标任务，加快建设新型能源体系，推动新能源全产业链发展，加强能源产供储体系建设，加强煤炭清洁高效利用，形成多种能源协同互补、综合利用、集约高效的供能方式，推进战略资源绿色安全开发利用，增强战略资源供应保障能力，提

[①] "两个转变"即推动内蒙古由化石能源大区向清洁能源大区转变、推动单一发电卖电向全产业链发展转变；"两个率先"即在全国率先建成以新能源为主体的能源供给体系、率先构建以新能源为主体的新型电力系统；"两个超过"即到2025年新能源装机规模超过火电装机规模、到2030年新能源发电总量超过火电发电总量。

升能源和战略资源现代化水平，更好履行保障国家能源安全责任，推动内蒙古由化石能源大区向清洁能源大区加快转变。

3. 推进制造业高端化、智能化、绿色化

立足工业经济结构实际，一体推进产业基础再造、工业技术改造、企业矩阵构造，加快推进钢铁、有色、化工等传统产业向中下游延伸、向中高端迈进，建设若干先进制造业集中区；依托综合试验区、骨干直联点、算力枢纽节点、东数西算和"千兆城市"工程，全方位推进产业数字赋能；全行业促进低碳循环发展，打造更多低碳园区、零碳园区，不断提升产业链、供应链绿色化水平。

4. 推进服务业向专业化、高品质、多样化升级

加快发展研发设计、检验检测、服务外包、人力资源、现代物流等生产性服务业，提升数字化、智能化水平；推进制造业服务化，培育服务型制造新业态；加快发展健康、养老、文化、旅游等服务业，推动服务业标准化、品牌化建设，不断提升消费者满意度。

四 构建绿色特色优势现代产业体系的重点任务

（一）加快提升产业发展的科技创新支撑能力

1. 高质量建设农牧业科技和装备体系

一是推进种业振兴。推动优势特色品种培育，在牛、羊、饲草料、粮食等方面，开展"揭榜挂帅"和联合攻关；建设现代化农作物制繁种基地和畜禽良种繁育基地，加快良种推广应用；开展生物育种试点，发挥生物育种产业化重大技术协同推广团队的重要作用。二是推动科技创新高地建设。聚焦耕地保育和资源高效、抗逆栽培与清洁生产、高效繁殖与智能养殖、疾病防控等领域，组织开展基础性研究和应用型研究，在先进种养技术、农畜产品生产加工等领域开展重点关键技术攻关，着力提升科技成果转化应用水平；加快乳业、草（种）业、农牧业等国家级和自治区级创新平台建设，大力培育和发展农牧业科技园区。三是强化技术装备保障。全面落实农机购置和应用补贴政策，加大大型、高端、智能化、节能型作业机械推广使用力度，推进农作物生产全过程机械化，提升畜牧养殖重点环节机械化水平；加强数字技术和装备集成应用，推动农牧生产经营管理数字化改造。

2. 强化工业领域科技创新能力建设

一是加快关键技术和先进适用技术攻关。发挥企业创新主体作用，围绕能源、化工、冶金、装备制造、农畜产品精深加工等特色优势产业和新材料、节能环保、生物技术、中医药（蒙医药）等新兴产业领域，组织实施一批重大关键核心技术攻关工程，尽快突破工艺、设备、材料等方面的关键技术瓶颈。二是实施创新示范专项行动。发挥市场空间大、工程实践机会多的优势，围绕源网荷储一体化、新能源微电网、零碳产业园、现代煤化工、资源智能绿色开采、产业数字化改造等重点领域，建设一批创新示范工程；探索在规模化新能源制氢、新型电力系统、碳捕集利用与封存、稀土功能材料等前沿领域，集中实施一批具有前瞻性和战略性的重大科技项目，在全国范围内形成可复制、可推广的经验和做法。三是建设高能级创新平台。提高创新研发投入强度，推动科研院所、高等院校和企业科研力量整合优化配置，培育和建设新能源、稀土、装备制造、人工智能等技术创新中心和重点实验室，积极融入国家创新体系。四是促进科技成果转移转化。加快完善科技成果转化配套政策措施，深化科技成果使用权、处置权和收益权改革，开展赋予科研人员职务科技成果所有权或长期使用权试点，更好激发科研人员创新活力；鼓励企业与国际知名科技机构开展合作，联合开展科技创新重点项目研究，推进高水平科技成果在本地转化。此外，要用好用足各类货币政策工具，鼓励金融机构创新金融产品和融资模式，持续加大对企业创新的金融支持力度。

3. 强化人才队伍建设

大力引进和培育农牧业科技领军人才、高水平创新团队、青年科技人才，实施农牧民致富带头人培育、乡村产业振兴带头人培育、高素质农牧民培育、乡村振兴青春建功和巾帼行动，构建规模较大、结构合理、素质优良的人才队伍；围绕能源和战略资源、先进制造业、生产性服务业、战略性新兴产业等重大工程、重点产业链，培育和引进高层次人才、产业领军人才、技术带头人和复合型人才；深化高等院校改革，推动高等院校优化相关学科建设和专业设置；推进职业教育提质培优，推动产教融合、校企联合，不断壮大高水平工程师和高技能人才队伍；实施面向国外的杰出人才引进计划，推动技术转移应用合作，共建联合实验室。

（二）做优做强现代农牧业

1. 夯实现代农牧业发展根基

一是加快提升耕地质量。实施耕地质量提升专项行动，逐步把永久基本农田全部建成高标准农田；实施保护性耕作行动，加强中低产田和盐碱地改造，完善耕地质量调查监测评价体系，严格落实耕地占补平衡制度，坚决遏制耕地"非农化"、严格管控"非粮化"。二是加快发展高效设施农业。在呼和浩特、包头、乌兰察布、巴彦淖尔等地大力建设设施蔬菜基地，发展智能化高标准设施农业；因地制宜发展蔬菜、瓜果、食用菌、花卉、中草药等的种植，着力打造具有较强市场竞争力的区域性供应基地；推进农商对接、农超对接、产销对接，建设好"本地仓"、实现卖全国。三是加快发展现代设施畜牧业。全面加强肉牛、肉羊、生猪现代设施养殖基地建设；加快培育龙头企业、养殖大户、专业合作社，带动农牧民积极参与，构建既"顶天立地"又"铺天盖地"的多元化设施畜牧业发展新格局；推进信息化、标准化、智能化饲养，不断提升标准化圈舍、饲草料收贮、饲喂等环节的设施化水平。四是加快冷链物流体系建设。完善农畜产品产地冷链物流设施节点布局、服务网络和支撑体系，加快巴彦淖尔、呼和浩特国家骨干冷链物流基地建设，支持包头、鄂尔多斯争创国家骨干冷链物流基地；大力发展牛羊肉等冷鲜产品和果蔬物流配送，支持和引导生鲜、邮政、快递企业建设前置仓、分拨仓，配备冷藏和低温配送设备。

2. 构筑重要农畜产品供给保障体系

一是强化粮食产能建设。深入实施藏粮于地、藏粮于技战略，充分调动农民种粮积极性,确保粮食播种面积稳定;积极稳妥调整种植业内部结构,有针对性地发展特色农作物种植业;分地区、分作物推广密植、滴灌、精准调控等高产种植技术,不断提高粮食单产水平。二是提升肉类保障供给能力。推进肉牛扩群增量,稳定肉羊规模,落实生猪生产长效支持政策,不断提高养殖效率和生产效益。三是推进奶业全面振兴。建设内蒙古沿黄地区奶源基地,提升奶畜繁殖率和单产水平;引导龙头企业优化鲜奶加工项目布局,开发高端液态奶、奶酪等高附加值产品,鼓励中小乳品和传统奶制品加工企业差异化发展,建设乳业全产业链。

3. 推动农牧业精深加工和品牌建设

一是延伸产业链、提升价值链。推进屠宰加工向养殖集中区转移,大力发展牛羊肉精细分割、冷鲜肉加工、熟食制作,促进"运畜"向"运肉"加快转变;大力发展预制菜肴、脱水果蔬、即食小吃、休闲食品等精深加工,开发更多功能性、保健型食品,不断提高产品附加值和市场美誉度。二是大力推动农牧业品牌建设。健全品牌建设体系和评价机制,加大宣传营销力度,塑造"健康农畜产品"的品牌形象;搭建农畜产品流通平台,定期举办区域性优质农畜产品产销线上线下对接会,不断扩大国内外影响力。

4. 建设新型农牧业经营体系

一是巩固完善农村牧区基本经营制度。加强农村牧区土地、草牧场经营权流转管理和服务,发展多种适度规模经营;发展新型农村牧区集体经济,积极开展资源发包、物业出租、居间服务、资产使用权入股等风险较小、收益稳定的经营活动,增强集体经济带动农牧民增收致富能力。二是培育壮大新型经营主体。培育辅导本地优势特色农畜产品加工、餐饮和饲料生产等企业上市,积极引进国内外知名农牧业龙头企业落户;加快种养加一体化企业上市步伐,新培育一批有全国影响力的大企业、大集团;突出抓好家庭农牧场和农牧民合作社,引导家庭农牧场组建农牧民合作社,推动农牧民合作社兴办农畜产品加工业,健全完善利益联结机制。三是大力发展社会化服务。培育农牧业社会化服务组织,支持整乡、整村集中连片开展社会化服务,推动服务领域由代种代养、代管代收等产中服务向产前、产后拓展延伸,大力发展农资供应、仓储烘干、产品销售等服务，带动小农牧户节本增产、提质增效。

5. 构建农牧业绿色发展体系

一是大力发展节水高效农业。深化水权制度改革，制定完善灌溉定额和水价形成机制；推广水肥一体化、浅埋滴灌、膜下滴灌等高效节水技术，同步推广抗旱品种；建设高效节水灌溉工程，强化农田水利基础设施建设和管护，不断提高农田灌溉水有效利用水平。二是积极发展生态畜牧业。严格实施草畜平衡和禁牧休牧制度，探索在农牧交错区推行种养结合、农牧循环模式；落实草原奖补政策，推进国家和自治区级现代畜牧业试验区建设。三是持续实施产地环境净化工程。加大耕地轮作、测土配方施肥、统防统治和绿色防控力度，开展地膜科学使用回收和秸秆综合利用，推进畜禽粪污资源化利用示范；鼓励研发和应用减碳增汇型农牧业技术，增强农田储碳固碳能力，推动畜禽养殖低碳减排。四是持续提升产品质量安全水平。强化兽医社会化服务体系建设，健全病死畜禽无害化处理体系建设；加强绿色食品、有机农产品培育认证和地理标志农产品保护和发展，全面开展农畜产品品质评鉴工作。

（三）加快现代能源经济示范区建设

1. 夯实能源供应保障基础

一是实现煤炭稳产保供。提升优质煤炭产能，优化空间布局，加快现有煤矿智能化改造，建设更加集约高效的煤炭保供基地。二是提升煤电兜底保障作用。推进在建燃煤机组建设，科学安排电力生产，保障供应安全，加快煤电由主体性电源向基础保障性和系统调节性电源转型；推广先进适用节能减排技术和节能环保标准，深入实施煤电机组超低排放和节能升级改造，加快建立更加先进清洁的煤电体系。三是大力发展现代煤化工。加快国家规划布局的现代煤化工项目建设，高质量建设国家现代煤化工产业示范区；加快现代煤化工、煤焦化等项目延链补链扩链，推动产业链向下游延伸，产品向新材料和精细化学品方向迈进，促进煤炭由燃料为主向燃料与原料、材料并重转变。同时，加大油气资源勘探开发力度，促进油气增储增量；推动页岩气、煤层气等非常规油气资源勘查与开发利用。

2. 推进新能源跃升发展

一是加快大型风电光伏基地建设。在新能源资源富集地区布局建设风电光伏基地，重点在巴丹吉林、乌兰布和等沙漠、戈壁、荒漠地区建设大型风电光伏项目，建设国家级风电光伏电源基地。二是广泛拓展新能源应用场景。实施重点产业绿电替代行动，加快建设源网荷储一体化、风光制氢一体化等市场化新能源项目，不断提高区域内新能源消纳能力。三是加快发展绿氢产业。建设国家级绿氢生产应用基地，推动氢能在交通、化工、冶金等领域应用，促进重点用能行业绿色低碳发展。四是协同发展装备制造业。围绕风光氢储产业链，重点建设呼包鄂新能源装备制造基地，加快发展氢能、储能装备制造产业，抢占氢能、储能产业发展制高点。四是实施数字能源工程。加快"大云物移智链"等现代信息技术、先进通信技术在能源领域应用，推动实施智能化煤矿和智能电网改造建设，促进能源产业数字化转型；促进能源装备制造和服务业融合发展，支持能源企业与装备制造企业合作，提高能源设备制造企业产能利用率。

3. 推进战略资源绿色安全开发利用

一是推动战略资源合理有序开发。加大战略性矿产资源勘查力度，优化矿山结构，控制矿山数量，提高大中型矿山比例，加快战略性矿产资源采选冶加一体化发展，促进矿山资源向总量管理、科学配置、全面节约、高值利用方向发展。二是做精做优做强战略资源产业。延伸稀土产业链条，加快构建稀土资源—采选和冶炼分离—稀土新材料——稀土终端应用产业链，建设国家级稀土新材料基地；做大石墨、碳纤维等碳基材料产业；提高粉煤灰提取氧化铝能力水平，全力打造国家粉煤灰资源综合利用基地。

（四）发展先进制造业和战略性新兴产业

1. 优化生产力布局

推进蒙西产业转型升级示范区建设，加快包头现代装备制造业基地和应急产业示范基地建设,协同推进国家新型工业化产业示范基地建设;推动鄂托克经济开发区、包头装备制造产业园区、准格尔经济开发区等发展成为千亿级园区;支持呼和浩特敕勒川乳业开发区、呼和浩特和林格尔乳业开发区打造成为世界级乳业产业园区。

2. 推动制造业转型升级

一是改造提升传统制造业。加快用高新技术和先进适用技术改造传统制造业,促进高载能、高排碳、低水平产业转变为高载能、低排碳、高水平产业,做优存量、扩大增量,推动制造业高质量发展。二是大力发展先进制造业。加快发展先进装备制造、新材料、新型化工、生物医药、绿色环保等优势特色产业,积极引进高端装备、信息技术、通用航空、绿色冶金等新兴产业,大力培育专精特新企业,打造一批细分行业和细分市场的领军企业、单项冠军和"小巨人"企业。

3. 培育新产业新动能

一是推进内蒙古和林格尔新区超算中心建设。鼓励开展云计算、边缘计算应用,加快建设国家政务云北方节点、北斗内蒙古分中心。二是建设呼包鄂及乌兰察布、巴彦淖尔等数字经济产业集聚区。培育建设电子制造、软件、5G、北斗、人工智能、网络安全等专业园区。三是做大做强大数据关联制造业。大力发展海量存储设备、高性能计算机、网络设备、智能终端等电子信息制造业,提高工业互联网、大数据、云计算、5G、人工智能、区块链等数字技术对传统产业的渗透率。

(五)促进服务业创新发展、繁荣发展

1. 加快发展现代物流业

顺应物流业基地化、平台化发展趋势,推动呼和浩特、鄂尔多斯、乌兰察布—二连浩特国家物流枢纽现代化升级,培育本土网络货运平台和龙头企业,推进多式联运示范工程和特色冷链物流试点建设,扩大高速公路差异化收费试点范围,促进货运物流降本增效,让物流业发展更多惠及当地、惠及民生。

2. 推动金融业改革发展

发挥国有商业银行示范引领作用，引导股份制银行、地方中小金融机构聚焦主责主业，加大对重要项目建设的中长期贷款支持力度，更好服务实体经济；扩大直接融资规模，实施企业上市储备培育计划；建立资本金补充长效机制，推进农信社和村镇银行产权制度、组织形式改革，提升治理能力和水平；发展融资租赁、消费金融、货币经纪、商业保理等新型金融业态，健全完善会计、法律、资产评估、资信评级、投资咨询等中介服务体系；培育和引进风投、创投、天使投资等各类基金。

3. 发展服务新业态

发展研发设计、检验检测、创业孵化等现代服务业；鼓励商贸流通业态与模式创新，推进数字化智能化改造和跨界融合，推动传统消费与新型消费、线上消费与线下消费深度融合；在呼和浩特、包头、鄂尔多斯建设消费中心城市，规划建设消费集聚区、体验中心、城郊大仓和互贸进口商品展示店，大力发展潮流夜市、民生早市、城乡集市消费场景。

4. 创建全域旅游示范区

坚持文化以旅游为载体、旅游以文化为灵魂的理念，立足区域内多元文化优势，跨盟市打造大景区，推出更多个性化、多样化、品质化旅游线路和旅游商品；推动旅游业全域性统筹、差异化协同、智慧化运行、一体化管理，广泛采用"文化+生态+康养""文旅+农牧业+康养""农牧业+研学+休闲""观光+度假+健身"等多种融合发展模式，加强品牌营销、策划包装、对外推广和运营管理，发展多种旅游业态，推动各盟市旅游业差异化协调发展。

（六）全面提升开放型经济水平

1. 大力发展泛口岸经济

一是增强腹地支撑能力。以呼包鄂乌城市群为重点，依托联运主通道和枢纽节点城市、货物集疏运中心、资源转化园区，打造向北开放重要战略腹地。二是促进口岸同腹地协同联动。推动呼包鄂乌城市群与二连浩特、满都拉等口岸分工协作，深入推进乌兰察布与二连浩特协同发展，以呼和浩特、鄂尔多斯两个航空口岸为重点大力发展空港经济，依托甘其毛都、策克等口岸在巴彦淖尔、乌海、阿拉善建设能源资源进口加工基地。三是完善各类开放平台功能。申请创办世界新能源新材料大会、国家向北开放经贸洽谈会、中国（包头）陆上装备博览会；推动呼和浩特、巴彦淖尔国家级经济技术开发区提质增效，提升呼和浩特、鄂尔多斯综合保税区运营质量，加快中国（呼和浩特）跨境电子商务综合试验区和中国（鄂尔多斯）跨境电子商务综合试验区建设。

2. 拓展对外贸易和投资合作

一是促进外贸增量提质。巩固俄蒙市场，深化与日韩合作，提升与东盟国家合作层次水平，拓展与欧美、中亚、中东等国家和地区合作，切实增强外贸综合服务企业的服务能力。二是提高对外投资水平。深化与俄蒙等国家在油气、煤炭、能源装备、农畜产品加工等领域合作；鼓励企业到共建"一带一路"国家开展实物投资、股权置换、联合投资、并购重组；支持企业承接境外工程建设项目，带动装备、人员、技术、标准和服务"走出去"。

3. 深化国内区域交流协作

一是加强与京津冀地区交流合作。积极融入京津冀协同发展战略，深化京蒙协作机制，加强与天津、河北等省市港口资源共享和内陆港合作，共同打造陆港群。二是加强与东部沿海地区交流合作。聚焦长三角、粤港澳大湾区，充分发挥沪蒙、苏蒙、粤蒙等战略合作平台作用，积极承接产业转移，探索建立高质量的"飞地"产业园区、跨省合作园区。三是加强与毗邻省区和中部地区交流合作。深入落实国家重大战略，全面深化与相关城市群分工协作，提升合作交流层次；深化同黄河流域各省区交流合作，推动蒙陕、蒙甘、蒙青等战略合作框架协议全面落地；加强与中部地区城市群、经济圈协作，以中欧班列为纽带不断拓宽合作领域。

4. 打造高水平开放环境

深化简政放权、放管结合、优化服务改革，创新"互联网+政务"模式，全面实施政务服务"一网通办"和线下窗口"一件事一次办"；稳步扩大规则、规制、管理、标准等制度型开放，营造市场化、法治化、国际化营商环境；健全外商投资促进和服务体系，推动投资项目审批便利化，依法保护外商投资权益；强化市场主体全生命周期服务，有效降低市场主体制度性交易成本；深化商事制度改革，保障各类市场主体平等使用资金、技术、人力、自然资源等生产要素和公共服务。

B.9
山西：推进现代化产业体系与区域融合发展

郝玉宾　樊亚男　燕斌斌*

摘　要： 推进现代化产业体系建设与区域融合发展，是山西贯彻落实国家黄河流域生态保护和高质量发展战略，实现资源型经济转型的根本驱动力。为明确山西的现代化产业体系在沿黄省份中的角色与定位，基于2011~2020年山西省的面板数据，从数字化、韧性化、创新化、绿色化和安全化视角多个维度构建山西产业链现代化水平指标体系，采用熵值法对产业链现代化水平赋予权重并进行测度。研究表明，山西产业链现代化水平整体呈上升趋势。从五大维度的贡献来看，山西现代化产业体系建设以绿色化和数字化为主要发展方向，韧性、创新和安全方面的发展程度较为均衡，但由于韧性的权重较高，且山西担负国家能源供应压舱石的重任，因此，山西应着力构建高端智能制造业高地、生态旅游产业融合基地，同时打造"数智化"煤炭产业转型示范高地，以保障国家能源安全。为此，山西构建现代化产业体系需要做到"三个坚持""八个聚力"，即坚持传统产业升级与新兴产业壮大"两条腿"走路的发展理念，坚持系统推进与重点突破"两点论"的工作法则，坚持区域融合与打造比较优势产业"两步走"的方向指引，围绕"八个聚力"的具体路径深入探索，走出一

---

* 郝玉宾，中共山西省委党校（山西行政学院）社会和生态文明教研部主任、教授，研究方向为社会发展理论；樊亚男，博士，中共山西省委党校（山西行政学院）社会和生态文明教研部讲师，研究方向为绿色发展、绿色技术创新；燕斌斌，中共山西省委党校（山西行政学院）报刊社助理研究员，研究方向为生态文明建设。

条符合山西发展规律,体现山西发展特色,落实山西发展责任的现代化道路。

关键词: 产业链现代化 区域融合 数字化 发展韧性

现代化产业体系是经济现代化的重要标志。党的二十大关于"建设现代化产业体系"的要求,是党中央从全面建设社会主义现代化国家的高度作出的重大部署。在全面建设社会主义现代化国家新征程上,山西作为传统产业在经济发展中占据较大比重、转型发展与产业结构调整任务艰巨的省份,作为沿黄地区在全省经济社会发展中具有重要影响的省份,推动构建现代化产业体系是推动发展转型、再塑产业竞争优势、推动高质量发展的必然要求。

一 山西现代化产业体系建设与区域融合发展的背景

山西现代化产业体系建设与区域融合发展,是在山西贯彻党中央重大决策部署和山西经济社会发展,对推进现代化产业体系建设与区域融合发展形成内在要求的背景下进行的。

(一)特殊的发展机遇

伴随与全国同步实现党的第一个百年奋斗目标、全面建成小康社会进程,山西与全国的发展一样,保持经济稳中向好、长期向好的基本趋势,沿黄河流域区域处于转变发展方式、优化经济结构、转换增长动力的转型攻关期,高质量转型发展面临诸多机遇。一是国家对山西战略定位的政策机遇期。国家赋予山西"建设资源型经济转型发展示范区、打造能源革命排头兵、构建内陆地区开放新高地"三大定位,给山西高质量转型发展提供了重大机遇。二是承接国内发达地区产业转移的合作机遇期。山西在中部崛起、黄河流域生态保护和高质量发展等重大战略中具有重要地位，借助区位、能源等要素成本优势与营商环境持续优化，可大规模承接东部产业转移及创新要素资源流动，为战略性新兴产业开展跨区域合作提供空间。三是新一轮产业革命加速演进带来的后发机遇期。以生物技术、数字信息技术等为代表的新一轮产业革命加速演进，新兴产业发展势头迅猛，各地在很多领域均处在同一起跑线上，山西可将比较优势培育转化为后发优势、竞争优势，大力布局战略性新兴产业。

（二）多重性政策机遇

党的十八大以来，党中央把推进现代产业体系建设与区域融合发展，作为改革开放和现代化建设的战略性任务，并作出了一系列重大部署。同时，国家为推进山西资源型经济转型与区域融合发展制定了一系列政策，包括《关于支持山西省进一步深化改革促进资源型经济转型发展的意见》《关于支持山西省与京津冀地区加强协作实现联动发展的意见》《关于在山西开展能源革命综合改革试点的意见》《关于新时代推动中部地区高质量发展的意见》等。《中华人民共和国国民经济和社会发展第十四个五年规划和2035年远景目标纲要》《黄河流域生态保护和高质量发展规划纲要》等，更确定了山西中部城市群是全国打造"两横三纵"城镇化战略格局的重要节点，为山西推进资源型经济转型与区域融合发展提供了政策支持。

（三）内在的发展机遇

一方面，推进现代化产业体系建设与区域融合发展，是山西沿黄区域高质量发展的内在要求。党的十八大以来，山西围绕结构性、体制性、素质性问题，开展科技创新、标准制定、机制创新等改革，实现"一煤独大"向"八柱擎天"转变，推动现代化产业体系建设与区域融合发展取得了明显成就。2022年，山西三次产业结构为5.2∶54∶40.8，[①] 工业战略性新兴产业

[①]《山西省2022年国民经济和社会发展统计公报》，《山西日报》2023年3月24日。

增加值增长15.5%，明显快于全省规上工业增速，①煤炭先进产能占比达80%，新能源和清洁能源装机量达到4900万千瓦、占比40.25%。同时，顺应产业发展趋势和时代发展需求，山西基于资源和战略优势、地域特色、区域功能谋划产业发展，布局融合性推进，在提升产业竞争力、促进区域协调发展、保证流域产业链安全和稳定等方面取得的成就，使全省上下更清晰地认识到，推进现代化产业体系与区域融合发展，是山西实现黄河流域生态保护和高质量发展的必然要求，更是实现黄河流域高质量发展的重要动力。

另一方面，受历史、自然等因素影响，破解山西产业结构单一、区域发展融合度不高难题，推进黄河流域山西段生态保护、区域融合与产业转型升级所面临的困难和挑战，也对推进现代化产业体系与区域融合发展形成了倒逼性呼唤。一是传统产业升级与新兴产业补强"双重难题"，凸显了推进现代化产业体系与区域融合发展的重要性。总体上看，黄河流域山西段现代产业发展仍然存在制造业占比较低、新兴产业规模弱小、数字经济基础薄弱、技术创新能力不足等问题，山西实际上面临的是提升产业档级、层次的"补考"与引进、开发新兴产业的"赶考"两场"大考"。二是国内特别是区域产业竞争不断加剧的大形势，增强了推进现代化产业体系与区域融合发展的紧迫性。在构建新发展格局的背景下，山西除了面临缩小与东部地区发展差距、追赶中部区域先进地区、应对西部地区加速发展的挑战以外，周边雄安新区、西咸新区等国家级新区，不仅发展定位高、政策创新力度大，对高端产业要素也产生更强的吸引力，山西面临着多方面区域、产业竞争的压力。三是多重性不确定因素对经济社会发展的影响，催生了推进现代化产业体系与区域融合发展的现实性。诸如国内、国际经济下滑压力加大，国际环境风谲云诡，"脱钩""断链"风险不断，都对黄河流域山西段构建"多业支撑"的现代化产业体系、不断强化产业基础能力、积极促进区域融合发展、实现高质量发展带来了挑战。

---

① 《2022年全省经济运行情况》，山西省人民政府网站，2023年1月20日，http://www.shanxi.gov.cn/zfxxgk/zfxxgkzl/fdzdgknr/tjxx/jdsj_73505/202302/t20230215_7986957.shtml。

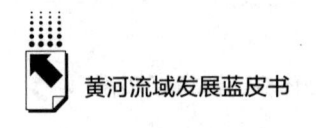

二 山西现代化产业体系与区域融合发展现状

长期以来,山西产业的发展一直以"能源""基地"为基调,并依托天然的资源条件,不断扩大能源类产业规模;受地理环境所限,山西的区域融合发展存在开放度、协同度不高,与国家发展战略、区域发展战略融入度较低,以及内部在城乡、中心城市与县域城镇间发展不平衡、不协调的问题。改革开放特别是党的十八大以来,在习近平总书记考察调研山西重要讲话重要指示精神指引下,按照省委、省政府"打造能源革命排头兵,构建内陆地区对外开放新高地"发展战略,山西着力改造提升传统产业,补强补足新兴产业,大力推动金融、现代物流、康养等现代服务业发展,在促进产业升级与区域融合发展等方面取得了显著的成就,产业结构逐步向技术密集、门类齐全转变,山西现代产业体系建设和区域融合发展迈出了可喜的一步。

(一)山西产业体系与区域融合发展的历史脉络

新中国成立以来,山西紧跟国家政策的变化,结合自身的经济发展特征,确定了不同的产业体系定位。

改革开放之前:全国重工业基地。基于丰富的煤炭矿产资源和区位优势,山西在新中国成立初期发展速度迅猛。"一五"计划中全国156个重点工程中有18个投在山西,项目范畴囊括了煤电、化工、装备制造等,奠定了山西作为全国重工业基地的基础。

1978~2003年:全国能源重化工基地。改革开放以来,山西发挥资源优势,逐步建成了门类齐全的工业体系。1982年,党中央、国务院和山西省委、省政府确立了把山西建设成为全国能源重化工基地的目标。"六五"和"七五"计划投资2753亿元用于煤炭、电力、焦化能源工业建设,逐渐形成了以煤炭、电力和焦炭为主导的产业体系,确立了山西能源大省的地位。

2004~2009年:国家新型能源和工业基地。山西聚焦建设全国重要的新型能源和工业基地目标,推动重点产业进行优化升级,打造多元、稳固的现代化工业体系。针对多年来煤炭工业"多、小、散、低"的基础格局，2008年山西开始对煤炭企业进行兼并重组，实现了煤炭工业的转型提质，提高了产业的现代化水平。

2010年至今：国家资源型经济转型综合配套改革试验区。我国经济发展进入新常态，对资源型经济的转型发展提出了更高要求。2010年，国务院批复山西建立国家资源型经济转型综合配套改革试验区，为解决资源制约经济发展的深层次问题进行体制机制创新，为其他资源型地区经济转型提供可复制、可推广的制度性经验。

总体上看，山西区域融合发展与产业体系建设如影随形。在省内，既形成了区域发展中资源禀赋突出区域与资源缺乏区域发展的较大差距，也为相应的区域融合发展带来了现实的挑战。在省外，改革开放之前，区域融合基本按照计划指令进行，承担国家能源基地重任；改革开放之后，在不断推进开放步伐的同时，山西与外省特别是中部区域融合发展不断深入。但总体来看，发展的深度与广度都存在深入拓展的较大空间，尤其是在如何借力国家发展战略、加强与其他区域发展的协同合作、发挥区域优势特点等方面，还需要进一步努力。

（二）山西建设现代产业体系与区域融合发展现状

党的十八大以来，山西深入贯彻习近平总书记关于黄河流域生态保护和高质量发展的重要指示精神，依托资源禀赋和产业基础，形成了以钢铁、焦化等传统优势产业为主导，以高端装备、煤化工等新兴产业为重要支撑的制造业产业体系，在规模基础提升、产业机构多元与区域融合发展等方面取得显著成绩，为黄河流域产业转型升级高质量发展奠定了坚实的基础。

从山西现代产业体系来看，突出的发展成就体现为四个方面。一是产业结构逐步优化。山西坚持产业结构优化调整，促进产业高质量发展，钢铁、有色、焦化、化工、特色轻工等传统优势产业高端化、智能化、绿色化改造成效显著，产品附加值和综合竞争力明显提升；高端装备制造、节能环保、新材料、数字产业、节能与新能源汽车等战略性新兴产业蓬勃发展，一批引领产业发展的标志性项目建设落地，达到国际领先水平的新产品不断涌现，新旧动能转换全面提速。二是绿色发展成效显著。积极践行"两山"理念，建立能效"领跑者"制度，稳步推进工业节能降耗。扎实推进国家级工业资源综合利用基地建设，加快推进煤矸石、粉煤灰、冶炼渣、脱硫石膏等大宗工业固废减量化、资源化、无害化利用，大宗工业固废综合利用量呈逐年递增态势。扎实推进绿色制造体系建设，累计创建37个绿色工厂、3个绿色工业园区、16个绿色设计产品、2条绿色供应链，绿色生产方式正在加快形成。三是创新能力不断提升。坚持把创新作为引领发展的第一动力，积极推进创新生态体系构建和企业创新全覆盖，推动创新平台建设成效显著，共创建31个国家级、372个省级企业技术中心，新创建省级制造业创新中心试点（培育）14个。推动创新能力大幅提升，太钢碳纤维、笔尖钢打破国外技术垄断，太重高速动车组轮轴制造关键技术填补国内空白，中车永济电机强迫内通风的永磁电机直驱驱动等技术为世界首创。四是改革攻坚持续深化。"十三五"以来，能源革命综合改革试点工作全面启动，煤矿智能化改造试点、"三气"综合开发试点、电力体制改革综合试点工作有序推进，增量配电业务试点、电力交易现货市场建设积极探索。同时，山西还获批国家通用航空业发展示范省，成为第二个获批的国家通用航空业发展示范省，为率先构建通用航空业一流发展环境提供了有力支撑，为加快产业转型升级注入新的强大动力。

从区域融合发展来看，山西加速了区域融合发展的步伐。突出的表现是近年来加快融入国家发展战略，在加速与不同区域特别是周边省份合作交流的基础上，围绕国家发展战略对山西区域融合发展进行科学布局与实践探索。按照《山西省"十四五"京津冀、长三角、大湾区等区域融合发展实现高水平崛起规划》，"十四五"时期山西在逐步深化与京津冀、长三角、粤港澳大湾区和毗邻地区合作的过程中，将充分发挥自身资源禀赋、地理区位、发展潜力等方面优势，积极对接重大国家战略，主动融入京津冀，东进对接长三角，南下携手大湾区，加强与中部省份、沿黄省份及周边省份的区域合作，加速构建区域融合发展"3+N"新模式。其中，"3"为京津冀、长三角、粤港澳大湾区，是规划的核心内容。与这三个区域谋求合作，将山西区域融合发展推向更高的发展平台。"N"涉及山西与周边区域的合作，包括郑州都市圈和中原城市群、晋陕豫黄河金三角和关中平原城市群、乌大张长城金三角、晋陕蒙能源金三角、黄河流域省份。对于山西来说，与每个区域的合作和融合发展都是全方位开放不可或缺的组成部分。同时，在推进区域融合发展的实践中，山西顺应区域协调发展和城市群发展大势，深度融入京津冀实现联动发展，抢抓山西中部城市群发展进入国家规划的重大机遇，实施太忻（太原和忻州）一体化经济区发展战略，并推动中部城市群五市联动机制化、协作常态化，强化协作长三角实现共赢发展、精准对接粤港澳大湾区实现协同发展、务实合作毗邻区实现共融发展，融入京津冀、对接雄安新区步伐加快，与发达区域融合发展深度推进，对山西高质量发展发挥了积极促进作用。

三 山西现代化产业体系与区域融合发展在沿黄省份的角色与定位

产业链现代化转型作为构建新发展格局的关键环节，直接关系山西现代化产业体系建设与区域融合发展。明确山西现代化产业体系在沿黄九省份的角色与定位，打好产业基础高级化、产业链现代化的攻坚战，需厘清产业链现代化进程中的突出问题，而客观评价产业链现代化水平是基础和前提。[①]

（一）山西产业链现代化水平指标体系构建

1. 山西产业链现代化水平指标体系构建的要素特征

结合以往学者关于产业链现代化的研究，从数字化、韧性化、绿色化、创新化和安全化5个维度，[②] 对山西产业链现代化水平进行测评，这既考虑

---

① 罗仲伟、孟艳华：《"十四五"时期区域产业基础高级化和产业链现代化》，《区域经济评论》2020年第1期。
② 姚树俊、董哲铭：《我国产业链供应链现代化水平测度与空间动态演进》，《中国流通经济》2023年第3期。

了产业链的数字化水平，也统筹了环保性、创新性、安全性、稳定性等因素，指标体系相对全面和科学。

一是数字化指标。在现代化产业体系建设中，数字化是产业高值化、现代化发展的重要驱动因素。构建数字化赋能和数字化服务两个二级指标，对衡量山西现代化产业体系的数字化水平极为重要。

二是韧性化指标。产业链的韧性指的是现代化产业体系的抗风险能力和恢复能力，构建抗风险能力和恢复能力两个二级指标，可以较为科学地衡量产业链现代化的韧性。

三是绿色化指标。产业链绿色化是传统产业转型升级的内在要求，更是现代产业发展的重要方向。选取绿色治理和绿色转型两个二级指标衡量山西产业链绿色化发展程度，是构建现代化产业体系的战略性、持续性与实践性要求。

四是创新化指标。地区强大的创新能力可以直接转化为对市场需求的反应能力。[1] 以科技投入程度作为创新投入的衡量指标，以发明专利授权量和实用新型专利申请授权量作为创新产出的衡量指标，可以通过投入产出的平衡度来反映产业链现代化的创新水平。

五是安全化指标。产业链的安全与稳定是现代化产业体系稳定的基石。山西在保障我国能源安全中发挥着压舱石作用。考虑构建知识人才、信息安全及安全保障三个二级指标来表征产业链现代化的安全水平，并借此补足发展技术短板，推进安全等领域的关键技术突破，强化在政府导向下深化产业链的安全保障。[2]

2. 山西产业链现代化水平指标体系构建的研究方法

由于产业链现代化的评价体系包含多个一级指标和二级指标，因此单一的评价方法无法从多维度准确衡量山西产业链的现代化水平。熵值法指的是利用一定权重对多个指标进行赋值，避免单一指标评价时的偏差，多被应用

---

[1] Aydin, H., "Market Orientation and Product Innovation: The Mediating Role of Technological Capability," *European Journal of Innovation Management*, 2020 (4): 1233-1267.

[2] 盛朝迅：《新发展格局下推动产业链供应链安全稳定发展的思路与策略》，《改革》2021年第2期。

于数字经济发展、城市高质量发展及互联网发展水平等相关研究,具有一定的科学性。本文以熵值法作为研究方法,从多维度、多层次衡量山西产业链的现代化水平。具体方法如下:

第一步,对原始数据进行无量纲化及标准化处理。

$$\bar{X}_{ij} = \begin{cases} \dfrac{X_{ij} - \min(X_{ij})}{\max(X_{ij}) - \min(X_{ij})} (负向指标) \\ \dfrac{\max(X_{ij}) - X_{ij}}{\max(X_{ij}) - \min(X_{ij})} (正向指标) \end{cases} \tag{1}$$

其中,$\bar{X}_{ij}$为经过无量纲化及标准化处理的指标,i为年份,j为被测量的指标,$\max(X_{ij})$和$\min(X_{ij})$为X_{ij}的最大值和最小值。

第二步,计算第i年的第j个指标数据的占比ω_{ij}。

$$\omega_{ij} = \dfrac{\bar{X}_{ij}}{\sum_{i=1}^{m} \bar{X}_{ij}} \tag{2}$$

第三步,计算信息熵e_{ij}。

$$e_{ij} = -\dfrac{1}{\ln m} \times \sum_{i=1}^{m} \omega_{ij} \times \ln \omega_{ij} \tag{3}$$

其中,m是被评价的年份。

第四步,计算指标信息熵的冗余度ρ_j和指标的权重λ_j。

$$\rho_j = 1 - e_j \tag{4}$$

$$\lambda_j = \dfrac{\rho_j}{\sum_{j=1}^{n} \rho_j} \tag{5}$$

第五步,将指标占比ω_{ij}与所占权重λ_j代入公式,得出产业链的现代化水平。

$$ICSCM_i = \sum_{j=1}^{n} \lambda_j \times \omega_{ij} \tag{6}$$

其中,$ICSCM_i$为山西在第i年的产业链现代化水平,得分范围为0~1,数值越高代表该年份产业链的现代化水平越高。

3. 山西产业链现代化水平指标体系及指标数据

表1 山西产业链现代化水平指标体系及2011~2020年指标数据

一级指标	二级指标	三级指标	权重	指标方向	2011年	2012年	2013年	2014年	2015年	2016年	2017年	2018年	2019年	2020年
数字化	数字化赋能	有电子商务交易活动的企业比重（%）	0.169	正向	1.53	1.35	1.76	3.7	6.10	8.10	6.50	6.30	6	6.50
		每百人使用计算机机数（台）	0.191	正向	13	15	16	18	19	21	22	23	24	26
		每百家企业拥有网站数（个）	0.177	正向	52	50	43	47	46	45	42	39	34	32
	数字化服务	移动电话普及率（部/百人）	0.150	正向	69	76.9	85.6	91.4	88.5	91.4	98.5	106.6	106.9	115.2
		电信光缆总长度（万公里）	0.314	正向	57	60	60	68	77	90	107	119	128	132
韧性化	抗风险能力	人均GDP（万元）	0.285	正向	3.04	3.29	3.38	3.42	3.36	3.40	4.12	4.55	4.85	5.11
		城镇化率（%）	0.163	正向	49.3	50.7	52.1	53.3	54.4	56.2	57.3	58.4	59.6	61.5
	恢复能力	城镇登记失业率（%）	0.414	负向	3.5	3.3	3.1	3.4	3.5	3.5	3.4	3.3	2.7	3.1
		社会保障程度（%）	0.138	正向	14	13	14	15	15	16	17	16	15	16
绿色化	绿色治理	工业废水排放量（万吨）	0.281	负向	39665	48108	47795	49250	41356	28513	24041	21872	19914	15859
		工业二氧化硫排放量（万吨）	0.247	负向	122.5	153.0	201.7	252.2	385.7	129.4	119.5	114.1	107.8	90.1

续表

一级指标	二级指标	三级指标	权重	指标方向	2011年	2012年	2013年	2014年	2015年	2016年	2017年	2018年	2019年	2020年
绿色化	绿色转型	绿色覆盖率(%)	0.185	正向	2.75	2.87	3.35	3.71	3.72	3.98	4.25	5.20	4.30	4.30
		环境保护投入水平(%)	0.287	正向	3.47	3.20	3.24	3.08	2.89	3.36	3.43	3.98	4.80	5.09
创新化	创新投入	科技投入水平(%)	0.292	正向	1.15	1.21	2.05	1.75	1.09	1.00	1.34	1.38	1.22	1.29
	创新产出	发明专利授权量(件)	0.274	正向	1114	1297	1332	1559	2432	2411	2382	2284	2300	2987
		实用新型专利申请授权量(件)	0.434	正向	3036	4689	5708	5569	6037	6532	7730	11258	12758	21933
	知识人才	高等教育水平(%)	0.149	正向	0.90	1.00	1.11	1.20	1.28	1.35	1.39	1.44	1.48	1.51
		数字化人才水平(%)	0.298	正向	1.33	1.26	1.34	1.26	1.25	1.16	1.14	1.15	1.18	1.17
安全化	信息安全	信息安全水平(‰)	0.081	正向	0.00036	0.00056	0.00011	0.00024	0.00023	0.00022	0.00016	0.00014	0.00026	0.00075
	安全保障	公共安全水平(‰)	0.473	正向	5.50	5.21	5.16	5.19	5.05	3.01	5.75	5.79	5.35	5.07

4. 山西产业链现代化水平指标体系的数据来源

选取2011~2020年山西省宏观数据对产业链现代化水平进行测度。数据主要来源于《中国统计年鉴》《山西统计年鉴》《中国环境统计年鉴》《中国财政统计年鉴》《中国电子信息产业统计年鉴》。为保证数据来源的严谨性，采用线性插值法对缺失数据进行补充。

（二）山西产业链现代化水平的测度结果分析

1. 山西产业链现代化水平的总体变化态势

利用熵值法计算出各指标权重，再计算出2011~2020年山西产业链现代化水平指数（见表2）。

表2　2011~2020年山西产业链现代化水平指数

指标	权重	2020年	2019年	2018年	2017年	2016年	2015年	2014年	2013年	2012年	2011年
现代化	1	0.751	0.612	0.517	0.424	0.314	0.250	0.228	0.224	0.141	0.113
数字化	0.17	0.727	0.664	0.665	0.612	0.579	0.456	0.379	0.226	0.238	0.178
韧性化	0.22	0.539	0.611	0.384	0.346	0.195	0.164	0.163	0.228	0.107	0.023
绿色化	0.25	0.929	0.845	0.784	0.614	0.519	0.223	0.144	0.137	0.081	0.157
创新化	0.19	0.563	0.332	0.350	0.292	0.183	0.200	0.293	0.356	0.102	0.042
安全化	0.17	0.516	0.335	0.250	0.235	0.192	0.365	0.373	0.409	0.453	0.448

从整体来看，山西产业链现代化水平呈上升趋势，总体可以分为三个阶段：2011~2013年为快速增长阶段，2014~2015年为缓慢增长阶段，2016~2020年为高速增长阶段。

快速增长阶段（2011~2013年）。山西产业链现代化水平从2011年的0.113增长至2013年的0.224。从国家层面来看，2012年国务院颁布的《"十二五"国家战略性新兴产业发展规划》指出，要大力发展节能环保与生物产业、创新信息技术产业，从数字化、绿色化两个维度提升产业链现代化水平；从省内看，2010年山西获批国家资源型经济转型综合配套改革试验区，山西的产业转型上升到国家战略层面，叠加政策的利好，山西产业链现代化水平实现一波快速增长。

缓慢增长阶段（2014~2015年）。这一阶段山西产业链现代化水平仅增长至0.250，增速较第一阶段大幅放缓，原因主要为受到煤炭价格下跌、工业出厂价格连续负增长和新旧产业"青黄不接"的影响。2014年，山西地区生产总值（GDP）增速全国倒数第一，导致产业链现代化发展受阻。

高速增长阶段（2016~2020年）。经过前一阶段的发展受阻，山西深刻反思长期以来的结构性、体制性、素质性问题，深入推进科技创新、标准制定、机制创新等，2016年着力推动"三去一降一补"和煤炭减优绿，2019年5月开展能源革命综合改革试点，大力发展战略性新兴产业和传统产业绿色升级，推动产业结构从"一煤独大"向"八柱擎天"转变。到2020年，山西产业链现代化水平大幅增长，达到0.751（见图1）。

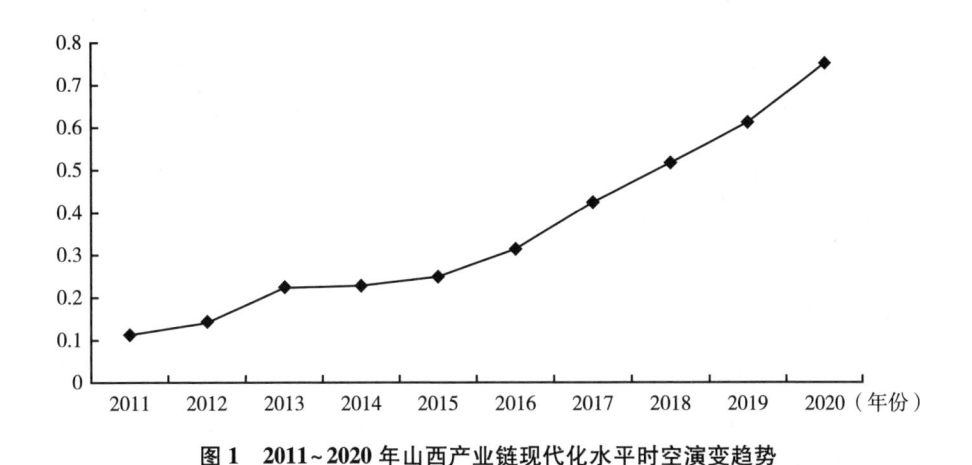

图1 2011~2020年山西产业链现代化水平时空演变趋势

2. 五个维度指标的时空变化态势

为进一步分析山西产业链现代化水平不同维度指标的变化情况和贡献，对数字化、韧性化、绿色化、创新化和安全化五个维度指标进行熵值法测算。从所占权重来看，韧性化和绿色化权重最大，合计达到0.47，数字化、创新化和安全化的权重均小于0.2。

其一，数字化水平整体稳中有升。数字化水平虽然在2011~2013年增长缓慢，但2014年开始实现大幅增长。原因可能是2014年以前我国信息化建设主要集中在基础建设阶段，对数字化水平提升贡献不大。但随着2014年我国进入4G时代，各项信息技术得到飞速发展，山西数字经济发展提速。2014年、2015年山西数字化发展水平增长幅度均超过20%，随后以每年6%左右速度稳步提升。近年来，山西加快实施数字强省、网络强省战略，数字经济核心产业收入已达到1948亿元，数字经济规模突破4300亿元，数字经济已成为山西产业链现代化发展的重要助推器。

其二，韧性化水平呈现波动上升趋势。山西经济发展水平总体稳步提高，经济体量逐步增大，经济抗风险能力也在逐步增强。虽然2014年经济增速受到煤价波动的影响短暂回落，但较低的失业率和较高的社会保障程度使得山西经济恢复能力有效提高，整体上促进了山西经济发展韧性的提升。

其三，绿色化水平在2015年后呈显著上升趋势。这是由于早期山西产业结构"一煤独大"，环境污染程度较高，符合山西资源型经济发展的实际。随着山西开展蓝天、碧水、净土三大保卫战，加大污染处置力度和绿色治理投入，环境保护投入水平从2015年的2.89%提升至2020年的5.09%，极大地改善了生态环境状况。2020年，山西推行"两山七河一流域"生态保护工作，统筹推进黄河流域生态保护和修复，将生态效益不断转化为社会效益和经济效益，极大提升了山西产业链的绿色化水平。

其四，创新化水平波动提升。科技创新是产业链现代化的重要驱动因素，但山西创新化水平相对落后。一是科技成果总量不足。近几年，山西虽然高度重视科技成果转化，但与全国相比，山西的科技成果总量偏少，2020年全省共登记科技成果1262项，占全国的比重不足2%。二是科技成果的转移转化率不高。2020年山西产业化应用的科技成果仅占全部科技成果的22.93%，较全国水平低22个百分点。三是科技研发投入不足。山西的科技研发投入呈现投入强度低、结构不优的问题。从总量上看，2020年山西R&D经费投入强度为1.20%，仅达到全国2.40%的一半。

其五，安全化水平总体呈先降后升的趋势。安全化水平的发展主要分为两个阶段：一是山西的安全化指数从2011年的0.448下降到2016年的

0.192。究其原因可能是产业链现代化的早期发展大多集中于提升产业链效率方面，发展重心没有放在提升安全效能方面，导致安全化指数持续下滑。二是随着对能源安全问题的重视，山西产业链安全化指数逐渐回升，2020年回到0.516的水平（见图2）。但是要看到的是，安全方面始终存在"卡脖子"问题，数据安全问题难以保障，给山西产业链的安全带来挑战和隐患。作为全国能源安全的"压舱石"，山西仍需要大力补齐产业链安全方面的短板。

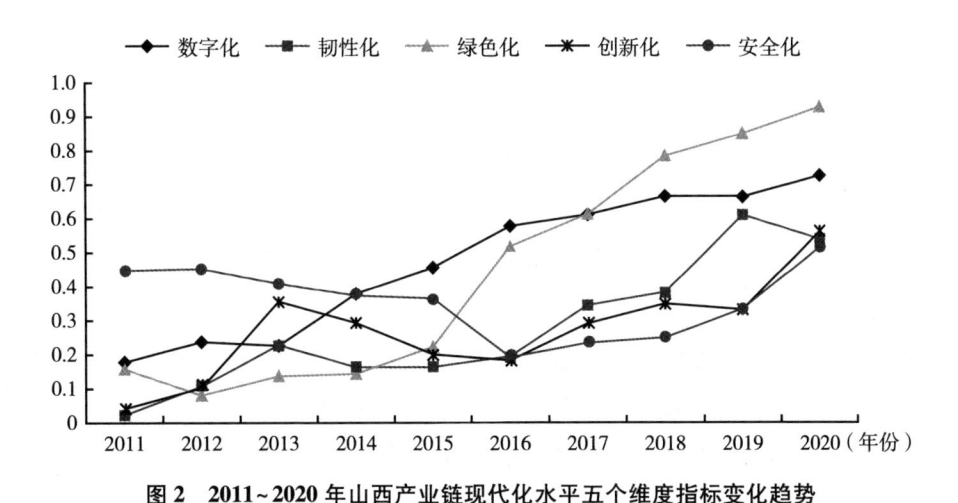

图2 2011~2020年山西产业链现代化水平五个维度指标变化趋势

（三）山西现代化产业体系与区域融合发展在沿黄九省份中的作用与地位

结合山西的资源禀赋和发展历程，着力提升产业竞争力、构建现代化产业体系是黄河流域山西段实现高质量发展、融入区域融合协调发展战略的关键举措。根据使用2011年、2015年和2020年山西产业链现代化水平五个维度指标指数构建的雷达图，可以明确看到山西在现代化产业体系建设中的优势与劣势，对重新确定山西现代化产业体系建设方向具有一定参考意义（见图3）。

山西现代化产业体系建设以绿色化和数字化为主要方向，韧性化、创新

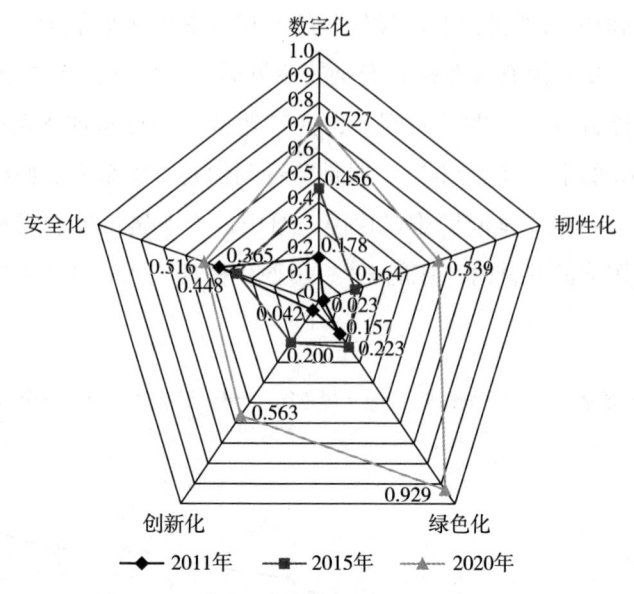

图 3 主要年份山西产业链现代化水平对比

化和安全化的发展水平较为均衡。但由于韧性化的权重较高，再加上山西担负着国家能源供应压舱石的重任，因此需要加强韧性建设工作。结合前文的分析讨论，山西现代化产业体系在沿黄九省份的定位如下。

其一，高端智能制造业高地。以制造业为核心的工业，是现代化产业体系的主体。在207个工业中类产业中，山西具有显性比较优势的产业有28个。因此，山西应以推动制造业振兴为纲领，以高端化、智能化、绿色化发展为方向，加快构建现代化产业体系，大力实施制造业振兴"229"工程，即突出产业链和专业镇"两个引擎"，抓实传统产业改造提升和新兴产业培育壮大"两项攻坚"，推进九大专项行动，促进制造业实现质的有效提升和量的合理增长，奋力打造中部地区先进制造业基地和数字经济创新发展高地。

其二，"数智化"煤炭产业转型示范高地。山西矿产资源种类多样、优势明显、分布广泛，发现矿产105种，已利用的矿产67种，储量居全国第一位的矿产有煤、铝、镁、煤层气、耐火黏土、镓矿、铁钒土、沸石、建筑石料用灰岩等。依托丰富的矿产资源，山西是全国重要的新型能源化工基地，担负着保障国家能源安全的重要使命，已经形成以煤炭开采利用、镁铝冶炼加工、新材料等为主的资源优势产业。其中，2022年，山西煤炭产量超13亿吨、位居全国第一，以长协价保供24个省份电煤6.2亿吨，[1] 抽采天然气96.1亿立方米，约占全国同期煤层气产量的83.2%。[2] 数字化是山西现代化产业体系发展的主要方向。为了提高煤矿开采的智能化水平，华为煤矿军团全球总部落户太原，推出矿山鸿蒙操作系统；中国移动携手合作伙伴成立5G智慧矿山联盟，联合山西潞安化工集团打造5G"智矿通"；精英数智、科达自控等一批根植煤矿智能化领域多年的本土信息化企业，着力打造完整的智能化应用场景解决方案。因此，山西应继续大力推进智能煤矿建设，将人工智能、5G通信、大数据技术引入煤矿智能化建设，推动煤矿装备向智能化、高端化发展，建设多种类型、不同模式的智能化煤矿。

其三，生态文化旅游产业融合高地。山西文旅资源丰富，拥有国保单位531处，傲居全国榜首。其中，云冈石窟、平遥古城、五台山为世界文化遗产。截至2021年，山西共有9家国家5A级旅游景区，20家国家4A级旅游景区。山西也是非遗大省，国家级非遗达130项，居全国第三位。临汾、运城"中华根祖文化""关公文化"，长治、晋城"上党文化""炎帝文化"，晋中、太原"唐风晋韵""晋商文化"，太行（吕梁）精神、红色文化、廉政文化等都极具历史文化底蕴。以"黄河、长城、太行"三大品牌为核心，自然美景、历史文明、革命遗迹和新时期建设成就等共同构成山西丰富的文化旅游资源。结合绿色化的发展方向，山西应以文化旅游资源作为发展基础，形成全域旅游发展的大格局，促使山西从旅游大省向旅游强省的转身。

---

[1] 《政府工作报告》，《山西日报》2023年1月19日。
[2] 《山西2022年抽采煤层气96.1亿立方米 产量占全国8成以上》，"山西省人民政府"微信公众号，2023年2月9日，https://mp.weixin.qq.com/s?__biz=MzI1MzU4NTkyOA==&mid=2247703003&idx=1&sn=9ae93306efa956a18711546826e07ef5。

四 山西构建现代化产业体系与区域融合发展的实践及需要解决的问题

建设现代化产业体系与区域融合发展是推动山西高质量发展的必然要求。党的十八大以来，在习近平新时代中国特色社会主义思想的指引下，山西深入学习贯彻党的十八大、十九大和二十大精神，以习近平总书记考察调研山西重要讲话重要指示精神为指导，立足新发展阶段、贯彻新发展理念、构建新发展格局，聚焦建设转型综改试验区、深化能源革命综合改革试点、打造内陆地区对外开放新高地、建设黄河流域生态保护和高质量发展重要试验区等使命任务，系统推进以实体经济为支撑的现代化产业体系建设，推动传统产业加快转型升级，战略性新兴产业和现代服务业快速成长，能源革命综合改革试点稳步实施，经济转型发展呈现强劲态势，实现了经济总量的合理增长和经济质量的有效提升。

（一）山西现代化产业体系建设的成功实践

新时代10年来，山西一手抓传统产业率先转型，实现内涵集约发展，一手抓战略性新兴产业引领转型，实现成链条集群发展，现代化产业体系建设呈现良好态势。2022年，面对严峻复杂的经济形势和疫情多点散发等多重超预期因素冲击，全省实现GDP 25642.59亿元，首次突破2.5万亿元大关，在全国位次上升至第二十位，人均GDP首次突破7万元，全省规模以上工业增加值同比增长8%，[①] 取得了全国排名第四、中部地区排名第一的亮眼成绩。

1. 坚定内涵集约发展，推动传统优势产业率先转型

山西是全国能源重化工基地，具备资源与工业基础雄厚、市场规模空间

[①] 《2022年全省经济运行情况》，山西省人民政府网站，2023年1月20日，http://www.shanxi.gov.cn/zfxxgk/zfxxgkzl/fdzdgknr/tjxx/jdsj_73505/202302/t20230215_7986957.shtml。

巨大、创新创业需求活跃、龙头企业技术优势明显等独特优势，能够为建设现代化产业体系提供坚实基础。新时代10年来，山西持续做大做强以煤炭、电力、钢铁、有色、焦化、化工、建材、装备制造为代表的传统优势产业，实现产业发展模式由外延粗放型向内涵集约型转变。2022年，全省第二产业增加值为13840.85亿元，增长6.2%，规模以上工业增加值按可比价格计算比上年增长8.0%，其中，采矿业增长7.5%、制造业增长8.7%，[1] 传统优势产业发展态势良好，在山西工业经济中依然发挥着主体作用。

2. 坚定成链集群发展，推动战略性新兴产业引领转型

新时代10年来，山西坚持前瞻布局、创新引领，以加快集群化、规模化为方向，实施千亿产业培育工程、全产业链培育工程、高成长性企业培育工程、未来产业培育工程，做强做大信息技术应用创新、半导体、大数据、碳基新材料产业，加快发展光电、特种金属材料、先进轨道交通、煤机智能制造、节能环保产业，全力培育生物基新材料、光伏、智能网联新能源汽车、通用航空、现代生物医药和大健康产业，推动战略性新兴产业从零到一、从一到多。2022年，全省规模以上工业中工业战略性新兴产业增加值增长15.5%，明显快于全省规上工业增速。从投资看，2022年高技术制造业投资同比增长45.7%，远远高于5.9%的全省固定资产投资增速，高技术制造业成为引领全省投资增长的主要产业。[2]

3. 坚定扛起能源革命和保障国家能源安全重大使命

大力提升能源安全保障能力，是确保国民经济循环畅通、建设现代化产业体系的重要基础。作为全国能源革命综合改革试点，山西深入贯彻"四个革命、一个合作"能源安全新战略，坚决扛起能源保供使命担当，持续推动传统能源和新型能源优化组合，在发挥传统能源兜底保障作用的同时，持续提升新能源安全可靠供应能力。着力推动能源消费革命，深入贯彻

---

[1]《2022年全省经济运行情况》，山西省人民政府网站，2023年1月20日，http://www.shanxi.gov.cn/zfxxgk/zfxxgkzl/fdzdgknr/tjxx/jdsj_73505/202302/t20230215_7986957.shtml。

[2]《2022年全省经济运行情况》，山西省人民政府网站，2023年1月20日，http://www.shanxi.gov.cn/zfxxgk/zfxxgkzl/fdzdgknr/tjxx/jdsj_73505/202302/t20230215_7986957.shtml。

"双碳"战略，坚决遏制"两高"项目，分行业落实节能指标，促进能源绿色消费，2021年万元GDP能源降低率为5.4%。着力推动能源供给革命，构建绿色多元能源供给体系，大力优化能源产业结构，能源供给体系质量持续提升。着力推动能源技术革命，以绿色低碳为方向，完善科技创新平台体系建设，加强低碳前沿技术、减污降碳技术攻关和推广应用，煤层气勘探开发、储能等领域的"卡脖子"关键共性技术攻关项目顺利推进，煤炭智能化改造稳步推进。着力推动能源体制革命，建立健全碳中和行动"1+X"政策体系，煤层气体制改革深度破题，电力双边现货市场发展相对成熟。着力加强对外能源合作，紧跟国际能源技术革命趋势，与国际能源巨头、外国友好省州、科研机构等在功率电池应用、燃气掺氢等众多领域，依托太原能源低碳发展论坛等平台开展国际能源技术合作。新时代10年来，山西强化能源保供工作，通过矿井智能化、数字化改造，煤炭上产效率大幅度提高，全省累计建成39座智能化煤矿、933处智能化采掘作业面，煤炭先进产能提升至80%。2021年、2022年连续两年新增产能1亿吨，位居全国第一，为国家夯实能源生产基础、保障能源供应发挥了压舱石作用。

4. 坚定优质高效发展，推动农业特色转型

新时代10年来，坚持农业农村优先发展，深入贯彻农业"特""优"战略，深入推进农业供给侧结构性改革，着力构建现代农业产业体系、生产体系、经营体系、推广体系和服务体系，走产出高效、产品安全、资源节约、环境友好的农业现代化道路，推动传统农业向现代农业转型升级。一方面，守牢粮食安全底线，落实"藏粮于地、藏粮于技"战略，着力改善农业基础设施条件，推动科技创新与现代农业紧密融合，农业生产综合能力稳步提升，发挥汾渭平原晋中、吕梁、临汾、运城等农业主产区优势，粮食生产屡获丰收，畜牧业生产平稳增长，蔬菜、水果产量持续增长。另一方面，农业特色转型成效明显，晋中国家农高区（山西农谷）建设高水平推进，酿品、饮品、乳品、主食糕品、肉制品、果品、功能食品、保健食品、化妆品、中医药品等农产品精深加工十大产业集群扎实发展，"南果、中粮、北肉、东药材、西干果"五大平台建设初见成效，"小杂粮"王国和有机旱作农业品牌效应持续显现。

5. 坚定高端融合发展，推动服务业提质转型

新时代10年来，山西把现代服务业作为产业结构转型升级的重要方向，着力推动现代物流、现代金融、文化旅游、康养等现代服务业提质转型，服务业呈现跨越式发展的良好态势，产业增加值规模日益壮大，综合实力不断增强，质量效益大幅提升，新产业新业态层出不穷，为转型发展注入了强大动力。生产性服务业蓬勃发展，以服务业转型升级为发展方向，依托产业优势、场景优势、技术优势，推动传统产业发展数字服务业，智能矿山、智慧物流、软件信息服务、服务贸易、农业生产性服务业等呈现茁壮成长的态势。生活性服务业提速换挡，以提升人民生活便利度为导向，以品牌化、品质化、融合化、多元化为目标，促进文化旅游、健康养老、现代商贸、体育休闲、教育和人力资源培训、家庭服务等传统生活性服务业焕发新活力。2021年，山西服务业增加值首次突破万亿元大关，2022年服务业增加值达到10461.34亿元，其中，金融业增加值同比增长5.9%，信息传输、软件和信息技术服务业等营利性服务业增加值同比增长5.1%，公共管理、社会保障等非营利性服务业增加值同比增长7.9%。[①]

（二）构建现代化产业体系与区域融合发展需要解决的问题

山西凭借资源优势获得过经济高速发展，随着经济转型、产业结构不断优化，构建现代化产业体系与区域融合发展仍需要解决一些比较突出的问题。一是产业竞争力需要进一步加强。全省企业整体竞争实力偏弱，具备优势竞争力的企业主要集中在煤炭行业。2021年中国企业500强中，山西仅有6家企业，其中5家为煤炭企业；2021年中国制造业企业500强中，山西仅有潞安化工（第56位）等7家企业，上榜制造业企业中多数为钢铁企业；2021年中国服务业企业500强中，山西仅有3家企业。总之，山西优势行业多为资源投入型行业，不具备长期发展的竞争能力。二是技术创新能

[①] 《2022年全省经济运行情况》，山西省人民政府网站，2023年1月20日，http://www.shanxi.gov.cn/zfxxgk/zfxxgkzl/fdzdgknr/tjxx/jdsj_73505/202302/t20230215_7986957.shtml。

力需要进一步提升。全省整体研发投入水平不高,高端科技创新平台不多,高水平科技创新人才总体偏少,社会科技创新对现代化产业体系的支撑作用不强。三是新兴产业规模需要进一步扩张。工业战略性新兴产业发展速度较快,但由于发展时间短,在整体经济规模中的占比还比较低,有待于进一步培育壮大。四是基础设施和公共服务需要进一步强化。物流体系效率低、成本高的矛盾比较突出,各种运输方式融合衔接不够顺畅,农村地区物流基础设施建设滞后,公共服务供给能力不足。五是区域竞争能力需要进一步增强。山西周边雄安新区、西咸新区等国家级新区发展定位高,政策创新力度大,对高端产业要素的吸引能力较强,对山西进一步提升区域竞争力提出更加迫切的需求。

五 山西推进现代化产业体系与区域融合发展的实现路径

推进现代化产业体系与区域融合发展,是实现高质量转型发展的重要抓手。山西要立足省情实际,明确发展理念,理顺发展思路,聚焦短板弱项,充分发挥能源资源优势、原材料产业优势、文旅康养资源优势、毗邻京津冀的区位优势、开发区和专业镇的集聚优势、要素成本优势、算力资源优势、政策红利优势,着力构建现代制造业、现代农业、现代服务业,突出产业链和专业镇"两个引擎",抓实传统产业改造提升和新兴产业培育壮大"两项攻坚",切实增强产业发展的持续性和竞争力,全面提升现代化产业体系与区域融合发展水平。

(一)推进山西现代化产业体系与区域融合发展的应有思路

对山西这样的传统产业体量大、能源经济比重高的省份来说,推进现代化产业体系与区域融合发展是一次系统性变革。推进与建设的思路,决定山西现代化产业体系与区域融合发展的出路,必须按照党的二十大部署,走出一条符合发展规律、体现山西特色的道路。

1. 坚持传统产业改造升级和新兴产业培育壮大"两条腿"走路理念

从山西的实际看，传统产业改造升级是建设现代化产业体系的重要支撑，是制造业高端化、智能化、绿色化的重要应用领域，是稳增长、稳就业的重要途径，还能为新兴产业发展提供技术、人才、品牌和市场支持，是现代化产业体系建设的基底。必须坚持传统产业改造升级和新兴产业培育壮大"两条腿"走路，使传统产业改造升级能够为新兴产业发展提供广阔的市场空间，新兴产业培育壮大又能够为传统产业改造升级提供新技术和生产力。一方面，要大力推动传统产业向高端化、智能化、绿色化发展，培育先进制造业产业集群，巩固提升传统优势产业；另一方面，要结合本地资源禀赋优势，培育一批新兴产业和未来产业，打造引领未来增长的新引擎，构建山西特色的现代化产业体系。

2. 坚持系统推进与重点突破"两点论"工作方法

构建现代化产业体系是一项复杂的系统工程，需要处理好全局与局部、当前与长远、宏观与微观等关系，注重各领域、各产业、各要素的内在关联性，以系统观念、协同方法整体推进。此外，山西产业结构特点与推进现代化产业体系建设面临的突出问题，决定了在充分注重推进进程系统性、协同性的同时，必须确定主攻目标与对象，有重点和针对性地深化供给侧结构性改革，稳步推进要素市场化配置改革，着力推动产业发展从数量扩张向质量提升的战略性转变，不断增强产业发展的综合竞争力。

3. 坚持区域融合发展与打造比较优势产业"两步走"实现途径

推进区域融合发展，是实现高质量发展的内在要求，也是推进高质量发展的重要手段。但从本质上说，区域融合发展要基于不同区域的发展基础、自然条件确定功能定位、产业重点，尤其要注重发掘不同区域资源禀赋，调整产业结构，实现经济转型、社会转型、生态转型，构建符合发展规律、符合实际的产业体系，形成优势特色明显的规模化产业。因此，必须将优势互补作为推进区域重大战略融合发展的基本遵循，按照优势互补的原则推进融合发展，不断优化生态空间、产业空间、城镇空间，宜水则水、宜山则山、宜粮则粮、宜农则农、宜工则工、宜商则商，彰显不同区域重大战略的比较优势，促进不同区域重大战略间的优势互补，实现"1+1＞2"的融合发展效应。

（二）推进山西现代化产业体系与区域融合发展的实践路径

按照上述思路，推进山西现代化产业体系与区域融合发展，要围绕以下实践路径深入探索。

1. 聚力补链延链、升链建链，推动重点产业链发展壮大

坚持把产业链作为构建现代制造业的重要引擎。深入实施特钢材料产业链、新能源汽车产业链、风电装备产业链、光伏产业链、现代医药产业链、氢能产业链、高端装备制造产业链、铝精深加工产业链、第三代半导体产业链、合成生物产业链等十大重点产业链培育行动，[①] 新培育铜基新材料、新型储能电池、信创等产业链，推动短板产业补链、优势产业延链、传统产业升链、新兴产业建链。要创新实施"链长制"，建立健全"总链长统领、链长推动、链主企业挂帅、责任部门牵头主抓、市级专班精准服务、链长办专班具体组织"高位推动的工作架构，以有为政府激活有效市场。要坚持问题导向，推动惠企政策系统化、集成化，有效整合行政、财政、人才、土地、用能等各类资源，提升产业链政策的精准性、针对性，加速产业链企业的发展壮大和项目的引进落地，推动链主企业做强做优、链核企业提质增效，更多产业、企业、产品进入国内外产业链的中高端，更好融入国内国际双循环。要增强链主企业带动能力，推动链主企业合作共赢、适度让利，为上下游配套中小企业提供足够的发展空间和生存资源，发挥产业链协同效应，加快产业迭代升级，推动区域产业规模扩大。要发挥产业链招商的重要作用，聚焦产业链关键领域和薄弱环节，围绕"无链"生有、"短链"延长、"断链"贯通、"弱链"变强，推广"政府+链主+园区"产业链招商模式，引进落地一批高端优质项目，培育壮大产业链整体规模、扩大整体营收。

---

① 《我省培育打造十大重点产业链》，《山西日报》2022年6月9日。

2.聚力抱团发展、梯次培育，推动特色专业镇茁壮成长

专业镇是县域经济的重要支撑、重要抓手、重要平台。要坚持把专业镇培育作为构建现代制造业的重要抓手，立足产业基础、发挥比较优势，着力打造杏花村汾酒、定襄法兰、太谷玛钢、万荣外加剂、怀仁陶瓷、平遥牛肉和推光漆、祁县玻璃器皿、清徐老陈醋、上党中药材、代州黄酒等十大特色专业镇，① 抱团发展、梯次培育，全力做强特色产业、做精特色产品，努力打造北方地区新的特色制造产业和消费品工业集聚区，打造更多有生命力、有影响力、有竞争力的山西特色专业镇品牌。针对专业镇总量及单个体量偏小，积极推动131个省级重点专业镇重点项目建设，在审批服务、专项资金、项目用地、能耗排放等方面给予支持，不断提升核心竞争力，推动龙头企业做大做强，带动上下游配套中小企业发展。针对研发投入不足、技术水平较低，积极培育建设省级创新平台，运用产学研共建等模式，开展关键核心技术和共性技术攻关，引导专业镇企业建设技术中心，实现省级重点专业镇新型研发机构和企业技术中心全覆盖。针对产业附加值低、节能环保压力大，谋划实施一批产业基础再造、智能制造示范、产业链锻长补短等重点项目，推动智能工厂、智能车间建设，推广一批"5G+"融合创新应用。针对产业链上下游互补效应发挥不够、产业链条短，精准实施专业镇招商，绘制产业招商图谱，有针对性地制定招商引资方案和落实举措，深化主导产业链延链补链强链、数字化智能化提升、特色产业新动能培育。针对产业规模小、品牌知名度不高，梯次培育省级"专精特新"企业、小升规企业、规上企业，积极承接经济发达地区产业转移，梯次打造一批拳头产品和知名品牌。

3.聚力改造提升、转型升级，推动传统产业做大做强

传统产业是高质量转型发展的基底，发挥着基础性、支撑性作用，推动传统产业转型升级是建设现代化产业体系的内在要求。深入实施传统产业改造提升行动，深入推进产业基础再造，把传统优势转化成发展能力，不断提

---

① 《全省特色专业镇发展工作会议召开》，《山西日报》2022年9月15日。

高传统产业竞争力。一要突出高端化，推动传统优势产业转向先进制造业。深入实施产业基础再造和产业链提升工程，围绕国家和山西重大战略，以省级技改项目建设为牵引，推动煤炭、钢铁、有色、焦化、化工、建材等产业向煤基新材料、特种金属材料、新型铝镁合金、化工新材料、绿色建筑等方向延伸，[①] 推动传统装备制造业向高端基础零部件、大型装备、工业母机等方向加快升级，推动煤化工产业开展关键核心技术集成攻关，加快向高端碳基新材料升级拓展，加快打造新的增长点。二要突出智能化，推动传统优势产业降本增效。要把握好数字化、网络化、智能化融合发展契机，推进物联网、云计算、大数据、人工智能等新兴技术同传统产业深度融合，积极培育煤炭、钢铁、焦化、装备制造等行业工业互联网应用项目，推动生产设备、信息采集设备、生产管理系统等生产要素的智能化改造，不断提高企业生产效率和盈利水平。三要突出绿色化，推动传统优势产业降能耗提能效。坚持煤炭绿色安全开采和清洁高效利用，积极发展新能源和清洁能源，大力推动"风光火储""源网荷储"一体化发展。严格控制煤炭消费增长，有序推进煤炭消耗减量替代，加大钢铁、焦化、有色、化工行业超低排放和节能改造力度。深入实施碳达峰山西行动，坚决遏制"两高"项目盲目发展，推动能耗"双控"向碳排放总量和强度"双控"转变，加快推动能源消费领域绿色低碳转型。

4. 聚力多点支撑、融合集群，培育壮大战略性新兴产业

战略性新兴产业代表着新一轮科技革命和产业变革的方向，发展壮大战略性新兴产业是加快构建现代化产业体系的内在要求。一要培育竞争力强的新兴产业集群。现代煤化工产业要坚持高端多元低碳发展，推动煤基特种材料、全合成润滑油等产品研发应用，实现煤炭从能源向原料、材料、终端产品的转变。节能和新能源汽车产业要以电动汽车、甲醇汽车、氢燃料汽车为重点发展方向，推动产业规模扩大、营业收入增加。二要超前布局发展力强

[①] 林武：《牢记领袖嘱托 扛起时代使命 全方位推动高质量发展奋力谱写全面建设社会主义现代化国家山西篇章——在中国共产党山西省第十二次代表大会上的报告》，《前进》2021年第11期。

的未来产业。以现有产业未来化、未来技术产业化为方向，超前布局量子、碳基芯片、人工智能等产业，加快推动物联网、区块链、数字孪生、虚拟现实等未来数字产业落地，推动人工智能在智慧矿山、高端装备制造等领域的深度融合，抢占未来产业发展先机，助力经济高质量转型发展。

5. 聚力数实融合、数智赋能，激活数字经济强大引擎

数字经济是构建协同发展的现代化产业体系的重要引擎。要深入实施数字经济发展战略，推动数字经济与实体经济的深度融合。一是加快数字基础设施建设。加快布局以5G基站、数据中心、工业互联网为代表的新型基础设施，建设高速泛在、天地一体、云网融合、智能敏捷、绿色低碳、安全可控的智能化综合性数字信息基础设施，夯实数字经济发展的根基。二是加快推动数字产业化。持续壮大数字核心产业，引导数字产品创新、服务创新、模式创新，推进半导体、智能车联网、大数据、信创等数字产业集聚；拓展教育、医疗、能源等行业数字融合应用场景，普及推广融合应用新技术、新产品和新业态。三是持续深化产业数字化。利用5G、物联网等新一代信息技术对制造业、服务业、农业等产业进行全方位全链条改造，[1] 深入推进智能制造，建设一批智能工厂、智能车间，通过数字经济赋能传统产业，提高全要素生产率。

6. 聚力创新驱动、节能降碳，推动高端智能绿色发展

创新是建设现代化产业体系的根本动力。要聚力创新驱动，坚持围绕产业链部署创新链，以创新引领质量变革、效率变革、动力变革，夯实现代化产业体系的发展根基。积极支持企业打造创新生态，实施企业创新体系构建行动、企业创新能力提升行动，聚焦行业新技术研发、新产品研制、新工艺研究，梯次培育创新平台，持续提升研发水平，厚植创新驱动发展动力源。积极培育新型研发机构，布局一批重大关键技术、核心技术、共性技术研发攻关项目，引导企业承接研发成果转化，推动创新成果转化为经济效益，构

---

[1] 林武：《牢记领袖嘱托　扛起时代使命　全方位推动高质量发展奋力谱写全面建设社会主义现代化国家山西篇章——在中国共产党山西省第十二次代表大会上的报告》，《前进》2021年第11期。

建科学创新、科技研发、成果转化的完整闭环。要深入推进重点行业能耗"双控",坚决遏制"两高"项目盲目发展,推进企业节能降耗、降本增效,稳妥有序推进制造业领域碳达峰碳中和。要聚力节能减碳,开展绿色低碳循环发展行动,实施再生资源高效循环利用工程、工业固废综合利用提质增效工程、废弃资源综合利用能力提升工程,着力推进废弃资源综合利用。加强绿色制造示范培育,积极开展绿色工厂、绿色园区、绿色产品、绿色供应链创建活动,全面构建绿色制造体系,加快制造业绿色化转型。

7. 聚力提质增效、融合发展,激活现代服务业新动能

现代服务业是现代化产业体系的重要组成部分,是加快转变经济发展方式的有效举措。要以深化现代服务业供给侧结构性改革为主线,创新实施市场主体培育、集聚区拓展、服务业数字化、融合发展、标准化建设和平台载体提升等六大工程,深入实施消费提质扩容、乡村e镇培育、大力支持网络货运发展、金融提振赶超、房地产优服务促稳定、数字化场景拓展、文旅体高质量发展、提升科技成果转移转化服务、养老惠民提升和人力资源服务业高质量发展等服务业提质增效十大行动,① 推动现代服务业同先进制造业、现代农业深度融合。一是聚焦产业转型,以服务先进制造业发展为导向,促进生产性服务业高端化发展。要做大做强现代物流业、科技服务业和现代金融业,促进生产性制造向服务型制造转变;率先发展具有较高潜力和高成长性的信息服务业、高端商务服务业、节能环保服务业和通航服务业,抢占新兴服务业发展高地;建设检验检测、认证认可、知识产权等专业性公共服务平台和集创业孵化、信息查询、研究开发等功能于一体的综合性公共服务平台;以服务农业全产业链、打造现代化农业生产体系为导向,大力培育和发展多元化多层次多类型的农业生产性服务业。二是聚焦消费升级,以满足群众多样需求为导向,促进生活性服务业品质化发展。积极推动商贸服务、家庭服务、体育服务、教育培训、托育服务和房地产业等六大生活性服务业转型升级;建强旗舰企业,引领上下游优势企业发展壮大,优化布局科技服

---

① 中共山西省委宣传部编《产业升级转型发展》,山西人民出版社,2022,第81页。

务、现代物流、文化旅游等省级现代服务业集聚区；依托独特的文化资源，大力发展"文旅+"产品新业态，推行"景区+民俗文化"等新模式，打造具有山西特色的文化旅游融合产业，打造国际知名旅游目的地；依托良好的生态环境，加快建立覆盖全生命周期、形式多样、结构合理的康养产业体系，擦亮"康养山西、夏养山西"品牌。

8.聚力稳字当头、稳中求进，打好农业"特""优"组合拳

推动农业由生产型向市场型转变、粗放型向集约型转变、家庭型向融合型转变、数量型向质量型转变、"靠山吃山型"向"'两山'理念型"转变。要稳粮固产夯基础，坚持藏粮于地、藏粮于技，牢牢守住基本农田，建设改造高标准农田，大力发展设施农业，大力构建农业社会化服务体系，提高粮食生产供给能力和水平。要因地制宜兴产业，坚持"特""优"发展方向，深化农业供给侧结构性改革，大力发展有机旱作农业，做大做强南果、中粮、北肉、东药材、西干果等特色产业，培育壮大农产品加工酿品、饮品、乳品、主食糕品、肉制品、果品、功能食品、保健品、化妆品、中医药品十大产业集群。要科技赋能提效益，聚力"卡脖子"技术、原创性技术、颠覆性技术、前沿性技术，以"揭榜挂帅"激发科研活力，加强种质资源保护和种业科技攻关，做好气象灾害和病虫害防治，切实通过科技创新提高农业生产劳动率、土地产出率、资源利用率。

B.10 陕西：兼顾传统产业改造升级与新兴产业培育

张品茹 张爱玲 张 倩 李 娟*

摘 要： 陕西作为西北地区的重要省份，是贯通中东西部省份的重要纽带。经过多年的发展，陕西在能源产业、文旅产业、特色农业、高新技术产业等产业发展上取得了显著成效，然而，在经济发展中依然存在科教优势向创新动能转化不足，先进制造业核心竞争力、产业规模有待提升，能源化工产业绿色低碳转型压力大，农业现代化程度偏低，文旅资源转化利用效率低的问题。基于此，陕西应发挥资源禀赋、科技教育、国防军工和特色产业优势，加快实施创新驱动发展战略，积极推进能源化工产业的高端化发展，大力发展先进制造业、战略性新兴产业和现代服务业，构建支撑高质量发展的特色优势现代化产业体系。

关键词： 陕西省 创新驱动 产业结构 现代化产业体系

一 陕西现代化产业体系发展现状

构建具有陕西特色的现代化产业体系，既要深耕已有的产业基础和资源

---

* 张品茹，博士，中共陕西省委党校（陕西行政学院）管理学教研部副主任、副教授，研究方向为创新创业教育、区域创新发展；张爱玲，中共陕西省委党校（陕西行政学院）管理学教研部讲师，研究方向为产业经济和区域经济；张倩，中共陕西省委党校（陕西行政学院）管理学教研部讲师，研究方向为生态文明与生态经济；李娟，中共陕西省委党校（陕西行政学院）管理学教研部副教授，研究方向为财务管理和产业经济。

陕西：兼顾传统产业改造升级与新兴产业培育

优势，又要着力培育新动能新优势。依据陕西省发布的《中共陕西省委关于制定国民经济和社会发展第十四个五年规划和二〇三五年远景目标的建议》，统筹考虑陕西的支柱产业、主导产业和战略产业及其在省内布局情况，选取战略性新兴产业、先进制造业、能源化工产业、现代农业、文旅产业描绘陕西现代化产业体系发展现状。

（一）战略性新兴产业发展现状

党的二十大报告要求"推动战略性新兴产业融合集群发展，构建新一代信息技术、人工智能、生物技术、新能源、新材料、高端装备、绿色环保等一批新的增长引擎"。经过长期持续努力，陕西目前已形成与国家重点发展的战略性新兴产业高度重合的六大支柱产业，分别是现代化工、汽车、航空航天与高端装备、新一代信息技术、新材料和生物医药，培育形成陕煤化、延长集团、陕重汽、比亚迪、西飞、中国西电、利君制药等一批头部企业和数量众多的本地中小配套企业，构成了全省经济高质量发展的基本盘。陕西战略性新兴产业增加值从2013年的1505.64亿元，增长至2022年的3918.53亿元，年均增速达到11.21%，高于同期地区生产总值（GDP）年均增速近3个百分点。2022年，陕西战略性新兴产业增加值占GDP比重达到12%，在全省GDP增量中，其贡献率达到35.1%，拉动全省GDP增长1.5个百分点，[1] 成为全省经济高质量发展的重要增长极。其中，作为优势亮点的半导体、新能源及新能源汽车成为陕西建立现代化产业体系的新引擎。

半导体产业平稳发展。在三星半导体制造、华天科技、奕斯伟硅材等一批重大项目投资落地的带动下，陕西已培育形成集成电路相关企业200多家、科研机构近20个，从业人员超5万人，形成集半导体设计、制造、封装测试、装备、材料等于一体的集成电路全产业链，使新一代信息技术在全

---

[1] 《2022年全省战略性新兴产业发展情况》，陕西省人民政府网站，2023年3月2日，http://www.shaanxi.gov.cn/zfxxgk/fdzdgknr/tjxx/tjgb_240/stjgb/202303/t20230302_2276794_wap.html。

省战略性新兴产业中占比达25.9%，稳定居于领先位置。

新能源产业发展步入快车道。随着国内新能源需求不断增长，在隆基绿能、乐叶光伏、彩虹集团等龙头企业带动下，陕西打造完整新能源产业链，持续提升技术和规模优势，促使行业发展提质增效。通过不断加大以光伏、风电产业为代表的新能源产业投资力度，大力发展智能电网制造，高压、超高压及特高压交直流输配电设备制造，太阳能产品和生产装备制造，风力发电设备制造，① 2020年、2021年陕西新能源产业同比分别增长9.8%、27.2%。②

新能源汽车产业提速升级。随着陕汽、比亚迪、吉利等龙头企业发展壮大，陕西新能源汽车发展跑出了"加速度"。2022年，陕西新能源汽车产业增加值较上年增长140%，产量突破102万辆，增速位居全国第一，产量位居全国第二，占我国新能源汽车产销量的比例从2018年的10%提升至2022年的14.5%。③ 不仅产能规模持续扩张，新能源汽车产业链也在日臻完善。通过引进培育发动机、变速器、电池等关键零部件项目，陕西新能源汽车产业配套能力不断提升，新能源汽车产业集群和产业链水平不断跃升。

（二）先进制造业发展现状

进入"十四五"以来，陕西围绕六大支柱14个重点产业领域，筛选出数控机床、光子、航空、重卡等23条重点产业链，以"锻造优势长板，补齐弱项短板，做强做大'链主'企业，提升配套能力，攻克关键

---

① 《陕西：战略性新兴产业风生水起》，《各界导报》2022年10月14日。
② 《2020年全省战略性新兴产业发展简析》，陕西省人民政府网站，2021年2月26日，http://www.shaanxi.gov.cn/sj/zxfb/202102/t20210226_2154441.html；《2021年全省战略性新兴产业发展情况》，陕西省人民政府网站，2022年2月28日，http://www.shaanxi.gov.cn/zfxxgk/fdzdgknr/tjxx/tjgb_240/stjgb/202202/t20220228_2212166.html。
③ 《陕西新能源汽车驶出"加速度" 智造创新提速产业升级》，"中国新闻网"百家号，2023年2月23日，https://baijiahao.baidu.com/s?id=1758625501792603517&wfr=spider&for=pc。

核心技术，夯实产业链基础，优化产业生态"为基本思路，^①由省部级领导担任"链长"，支持"链主"企业做强做大，加快重点产业链集群化发展。同时，大力推进智能制造，以数字化为先进制造业生产转型赋能，汽车、航空航天、高端装备、新材料新能源等领域产业链核心竞争力不断增强。

汽车产业跨越式发展，产能迅速扩大，结构不断优化。2022年，陕西汽车产量达133.8万辆，创历史新高，其中新能源汽车占比达76%，现有和在建整车产能已突破300万辆。陕汽、比亚迪、吉利等领军企业竞争优势凸显，三星、法士特、汉德车桥等一批关键零部件企业集聚发展，使产业配套能力不断增强，汽车产业发展基础越发牢固。

航空航天产业空间上集聚、上下游协同、供应链式发展。陕西是中国航空产业资源最为集聚的省份，拥有雄厚的产业基础和完善的产业配套环境，省内集聚了西飞公司、陕飞公司、第一飞机设计研究院、中国飞行试验研究院、西安航发等大企业大院所，先后研制生产了多种型号的军用和民用飞机，打造了集飞机设计、整机制造、关键系统集成、专用装备制造、航空材料制备、强度检测、航空服务等于一体的完整的航空全产业链条，形成了航空产业发展独有的核心竞争力。通过打破行政和地域限制，优化航空航天资源配置，吸引前沿技术和社会优质资源注入，陕西航空产业集群的资源优势和集聚效应得到有效发挥。

从发展战略上看，一方面，陕西从各个优势产业链入手，着力延链补链强链；另一方面，注重发挥产业间协同促进效应，打造良好的产业生态。高端装备制造领域，以秦川集团为"链主"企业的陕西数控机床产业，高端数控机床和关键零部件制造领域创新能力不断提升，以法士特为龙头的汽车零部件生产企业拥有多个领域的制造业单项冠军，以陕鼓集团为典范的制造业企业实现了从"生产型制造"向"服务型制造"的深入转型，有效支撑

---

① 《陕西省人民政府办公厅关于进一步提升产业链发展水平的实施意见》，陕西省人民政府网站，2021年9月17日，http://www.shaanxi.gov.cn/zfxxgk/zfgb/2021/d17q/202109/t20210917_2191091.html。

下游汽车、工程机械、航空航天等产业发展，而航空航天产业的资源和研发能力又为陕西汽车产业向智能网联领域进发提供了技术驱动力，形成了产业间协同发展、优势互补的良好格局。

（三）能源化工产业发展现状

陕西煤炭、石油、天然气资源储量大、品质高、种类全、组合优势明显，经过十余年向"三个转化"（煤向电、煤电向载能工业品、煤油气盐向化工产品转化）"三个延伸"（能化产业向配套装备制造业延伸、向能源化工下游增值产业延伸、向现代服务业延伸）方向发展，目前能源化工产业已形成以能源供应和煤化工两大产业为龙头的陕西省第一大支柱产业，产能规模和技术水平均走在全国前列。

第一，多元化能源供应体系加快构建。"十四五"时期，在我国晋陕蒙煤炭主产区地位进一步强化的背景下，陕西原煤先进优质产能不断释放，规模以上企业原煤产量屡创新高，对外供应保障能力持续提升，同时原油供应保持稳定，天然气产量稳步增长（见表1）。

表1　2022年陕西能源产出情况

指标	原煤 （亿吨）	原油（原油加工） （万吨）	天然气 （亿立方米）
产量	7.46	2536.62(1883.09)	307.11
产量增长率(%)	5.4	-0.6	4.4
占全国比重(%)	16.4	12.4	13.9

资料来源：陕西省统计局《2022年陕西省能源产业运行情况》。

为积极稳妥如期实现碳达峰碳中和目标，陕西煤电供应充分发挥"稳定器"和"压舱石"作用，2022年煤电企业以19.1%的占比，稳健支撑全省规模以上工业79.9%的用电量。同时，陕西新能源发电迅猛发展，风电、太阳能发电装机容量和发电量增速都远超火电（见表2），生物质发电实现了零的突破，能源供应结构向绿色、多元、低碳方向发展。

表2　2022年陕西能源装机情况

指标	火电	水电	风电	太阳能发电
装机容量(万千瓦)	5064	388	1179	1489
装机容量增速(%)	2.26	11.17	15.47	13.32
企业数量(家)	173	47	71	114
发电量(万千瓦时)	2387.58	77.86	200.3	168.61
发电量增速(%)	4.7	14.3	13.9	19.9

注：风电和太阳能发电量均包括集中式和分布式发电量。
资料来源：陕西省统计局《2022年陕西省能源产业运行情况》。

第二，煤化工产业创新发展。基于煤炭资源禀赋，陕西积极谋求煤炭的清洁高效利用，初步完成煤炭由燃料向原料的转变。目前，陕西已形成煤油共炼、煤制乙醇、甲醇制芳烃等国内外领先的技术体系，拥有一批煤制烯烃、煤油气综合利用、煤制油等现代煤化工项目，在省内黄河流域布局了多个国家级、省级重点煤化工产业园。煤炭消费中用于原材料消费的比重逐年升高，煤炭作为工业原料属性越来越突出。

在煤化工技术研发应用方面，陕西以国有大中型企业为创新主体，联合省内外科研院所的创新资源，在煤化工工业利用及示范方面走在了行业前列，在煤化工新产品新工艺开发、资源深度高效转化、节能节水、三废利用方面形成了一批具有自主知识产权的研究成果，为下游深加工和精细化工产业发展奠定了坚实的技术基础。目前，陕西正在积极探索能源资源、能化产业优势与科创优势深度融合的新模式、新路径、新业态，力图培育一批重大科技转化项目，为陕西乃至全国构建清洁低碳、安全高效的能源体系贡献"陕西方案"。

（四）现代农业发展现状

陕西农业经济总量保持快速增长，2021年全省农林牧渔业增加值2532.5亿元，是2011年的2倍多，年均增长7.4%。

第一，农业特色产业（3+X）成为农业发展"主引擎"。陕西农业发展以"3+X"工程为引领,"3"即以苹果为代表的果业、以奶山羊为代表的畜牧业和以棚室栽培为代表的设施农业;"X"即因地制宜做优做强区域特色产业,比如魔芋、中药材、核桃、茶叶和有机、富硒、林特系列产品等。近年来,通过实施"3+X"特色产业攻坚行动,陕西抓好设施农业扩能、苹果产后整理提质、奶山羊奶牛良种引进、肉禽扩大养殖,多措并举支持区域特色产业发展,农业特色优势不断凸显。目前,陕西已建成苹果、猕猴桃、奶山羊、茶叶等5个国家级农业产业园。苹果和猕猴桃种植面积及产量均位居全国第一。2021年畜牧业相对于2019年增长49%,羊乳制品国内市场份额达85%。设施农业规模居西北首位,反季节蔬菜省内自给率提高到70%,种植规模及产量不断扩大。茶叶、花椒、中药材产业优势不断增强,为陕西乡村振兴提供了有力的产业支撑。

第二,农业产业化水平稳步提升。当前陕西拥有农业产业化龙头企业2031家,农业合作社6.3万家,家庭农场5.88万家,主要农产品加工率超过65%,果蔬冷库贮存能力有效提升。社会化服务体系逐步健全,各类新型农业经营主体和服务主体已成为推动现代农业发展的重要力量。通过加快农业先进适用技术推广应用,科技对现代农业的支撑能力不断增强。关中灌区、陕南稻油轮作区、陕北苹果主产区资源利用效率和产出效益稳步提升,全省农作物良种覆盖率达98%以上,农业科技进步贡献率达60%。为加快推进农业装备机械化,陕西大力推进主要农作物生产全程机械化,2021年全省主要农作物耕种收综合机械化率达到71.1%。① 同时,不断寻求农业特色、农业机械化在重要环节、重点部位、关键装备和关键技术上的突破,加快优势企业、科研院所与新型农业经营主体对接,打造农机装备数字化、智慧化应用与研发示范,培育壮大农机装备产业,构建高效机械化生产体系。

第三,绿色节水农业快速发展。陕西耕地质量稳定在中高水平,主要农作物化肥、农药使用量不断减少,测土配方施肥覆盖率达90%以上。通过对畜禽粪污和秸秆进行综合利用,农业面源污染得到有效控制。节水灌溉技

---

① 《全省农业农村经济发展取得历史性新成就》,《陕西日报》2022年9月4日。

术、旱作技术和抗旱节水作物品种选育在黄河流域陕西段得到大范围推广应用，农业水资源利用效率和生产效益稳步提高。

（五）文旅产业发展现状

陕西历史文化资源类型丰富，时代序列完整，文化延续性强，在国内外享有盛誉。各区域历史文化资源特色显著、主题鲜明，非物质文化遗产数量众多，内涵丰富。陕西以建设文化和旅游强省为目标，构建"一核四廊三区"发展新格局，打造关中综合文化产业带、陕北民俗及红色文化产业带、陕南自然风光生态旅游产业带。[①] 不断丰富旅游产品种类、提升旅游产品品质，开发出了乡间游、夜间游、露营游等多种业态，满足市场多样化的产品需求。特别注重打造三秦特色产品，推出了一系列精品旅游线路。2019~2022年，陕西新增国家5A级景区3家，总计达到12家。临潼区、华阴市、黄陵县、石泉县和柞水县成功创建国家全域旅游示范区，牛背梁、太白山入选国家级旅游度假区，46个村入选全国乡村旅游重点村名录。陕西文旅的品牌影响力不断扩大，文化产业规模持续壮大。2022年8月，陕西省发布了《陕西省打造万亿级文化旅游产业实施意见（2021—2025年）》，提出力争到2025年，产业总收入突破1万亿元，增加值占全省GDP比重突破10%。

加速推进文旅融合，文旅产业结构持续优化。一方面，文化与旅游深度融合，旅游产品开发深度融合中华文明根脉、关中历史文化、延安红色文化，越来越多的文化和文物资源转化为旅游景区；另一方面，文化与科技深度融合，数字文化产业加速发展。以传统文化为支撑、数字文化创意产业为核心的文化新业态和文旅消费新模式不断涌现。[②] 契合文旅市场转型的趋势，陕西还通过构建新场景、推出新业态，使文化资源活化利用水平显著提高。IP主题街区、实景演艺、绿道骑行、乡村民宿等新业态的涌现挖掘出

---

① 《陕西省"十四五"文化和旅游发展规划》，陕西省文旅厅网站，2021年8月10日，http：//whhlyt.shaanxi.gov.cn/Uploads/content/20210825/1629888873138199.pdf。
② 颜鹏：《2022陕西文化旅游发展报告》，《新西部》2022年第7期。

了旅游的沉浸式体验和社交属性，这些新业态不仅很少受到不确定因素的负面影响，反而吸引更多市场主体进一步深入探索文旅融合的新领域，演艺+、体育+、出版+、教育+等新业态层出不穷，使陕西文旅融合迈上新台阶。在新业态带动下，陕西文旅产业结构不断优化。2022年，陕西文化服务企业营业收入占全省规模以上文化企业总收入的47.6%，其中新业态企业营业收入占比达20.3%，同比增长34.7%，增速高于全省文化企业31.8个百分点，高于全国文化新业态企业29.4个百分点。

二 陕西现代化产业体系发展存在的问题

与十年前相比，陕西现代化产业体系建设取得了显著成绩，但与国内东部地区省份相比，产业体系建设仍然相对滞后，亟待追赶超越。上述五大产业分别面临着科教优势向创新动能转化不足、先进制造业核心竞争力和产业规模有待提升、能源化工产业绿色低碳转型压力大、农业现代化程度偏低和文旅资源转化利用效率低五大问题。

（一）科教优势向创新动能转化不足

陕西省内高校和科研院所众多，为发展战略性新兴产业提供了人才资源优势，但长久以来，陕西的科教优势没能充分转化为高质量发展的胜势，产业链创新链融合不足，致使本土企业发展相对落后，关键技术存在"卡脖子"问题，集成电路、新能源、生物医药等行业发展对外部环境波动较为敏感，韧性不足。

以半导体产业为例，2021年西安半导体产业规模达到1513.5亿元，居全国第四位，半导体闪存芯片产能占全球闪存芯片产能10%以上，但围绕龙头企业（三星半导体）形成的产业链几乎是一个封闭的系统，对本土半导体产业拉动作用不强，对省半导体企业的发展带动作用更是微乎其微。关键基础材料国产化率偏低，产品技术路线仍未摆脱跟随策略，主流技术水平与国际先进水平差2代以上，系统终端与设计制造脱节，本土企业普遍规模小、收入低，竞争实力不强。与此同时，陕西有半导体及集成电路相关科研机构20余家，西安有12所高校和研究所有半导体相关专业学科，相关学科年输送人才占全国15%，专业技术人才资源丰富，但高端设计研发领域人才非常缺乏，对工程型技术人才和产业工人的培训仍然难以满足产业发展的需求，致使科技创新对产业发展的支撑力薄弱，陕西雄厚的科教资源亟待转化为创新发展的动能。

（二）先进制造业核心竞争力和产业规模有待提升

汽车零部件、重型卡车、新能源汽车、增材制造（3D打印）等陕西优势产业具备较强的自主创新能力和核心竞争力，但产业规模有待提升。与此同时，以半导体、新材料、轨道交通装备制造为代表的部分产业规模在国内居于领先位置，却缺乏自主核心竞争力，产业大而不强。

核心竞争力不强主要表现在，关键技术和核心零部件方面仍未摆脱对国外的依赖，省内企业偏重产品开发应用，而基础性研发不足，导致原始创新能力弱，跨国及国内大型企业在陕布局多为技术应用及制造板块，对技术研发带动力偏弱。除少数领军企业外，多数企业技术更新的速度难以满足市场需求，产品还集中在产业链中上游，总体处于产业分工价值链低端。如钛产业是陕西省的优势产业之一，虽然产业规模居全国首位、世界第二位，但产品结构仍以中低端为主，高端产品短缺。同时，产业质量技术基础、工艺技术水平仍有待提升，生产智能化水平较低，产品质量、品种、精度、稳定性等与国际先进水平仍有差距。提升技术创新能力、塑造核心竞争力是陕西先进制造业企业由价值链低端向中高端迈进亟需实施的举措。

战略性新兴产业和先进制造业普遍具有研发周期长、投资规模大、技术风险高的特点，需要大规模投资和规模化量产才能获得持续的竞争优势。陕西一些具备核心竞争力的产业规模正在快速提升，如新能源汽车，陕西产量占全国的比重从2019年的2%快速上升至2022年的近5%，虽然暂列全国第八位，但核心竞争力塑造带来的产能扩展效应仍在持续释放，行业发展势头良好。反观一些规模偏小产业，在行业激烈的竞争环境中不断被挤压，无法集聚产业发展的核心竞争力，甚至原有的竞争优势也逐渐被蚕食。

产业体系有待完善。陕西具备门类齐全的先进制造业产业部门，从原材料、基础工业直至集先进工业制造之大成的大飞机制造，在先进制造业内部形成合理高效的产业间分工和产业内联系能够极大提升陕西先进制造业发展水平。但目前优势产业在陕西省内可获取的配套产品较少，产业间分工协作、协同发展水平不高，先进技术溢出效应和产业带动效应不足，产业集聚效应仍不显著。

（三）能源化工产业绿色低碳转型压力大

资源环境约束趋紧。能源化工产业集中布局的陕北地区生态极度脆弱，水资源匮乏，环境承载力差，资源开发与环境保护矛盾较为突出。重大项目推进受用水、土地、能耗等要素约束持续增加，"三废"治理水平有待提升，固体废弃物资源化利用比例亟待提高。化工园区建设和安全管理水平整体不高，在安全管理和应急救援方面存在隐患。在碳达峰碳中和目标牵引下，控煤压煤使未来煤炭产出增长空间受限。虽然全国煤炭产能会进一步向晋陕蒙集中，但能源结构调整导致煤炭作为燃料使用的空间被压缩。在能源替代的背景下，陕西能源化工产业向下游精细化工延伸成为必然趋势。但当前上下游产业结构错配，产业链下游高端延伸不足阻碍了产业的绿色低碳转型。

上游能源开采行业比重过大，下游化工特别是精细化工产业弱小，这种上下游产业结构错配带来两方面的问题。一方面，能源产业运行抵抗能源价格波动风险的能力弱，能源产业运行状况高度依赖能源价格。当前能源价格已持续高位运行，带动资源产出区域经济快速增长，也加剧了区域间发展的不均衡。另一方面，在市场疲软、行业内同质化发展、竞争加剧的不利环境下，多数煤化工项目利润微薄甚至亏损式运行，与上游产业丰厚的投资回报形成鲜明对比。2021年，陕西煤炭开采和洗选业的总资产贡献率高达40.72%，相比之下，石油、煤及其他燃料加工业和化学原料及化学制品制造业的这一数值分别仅有10.21%和8.74%。[①] 这将导致企业投资更偏向上游产业，从而加剧上下游产业的结构错配。在煤化工产业内部，同样存在产业链终端延伸不足的问题。煤化工产品大多为大宗化工基础原料，向材料、终端消费品转化进展缓慢，产能集中在产业链上游，精细化程度不高。导致上述问题的主要原因仍是技术条件制约。陕西能源化工产业一些核心技术和关键装备仍然依赖进口，市场创新乏力，绿色低碳技术研发和应用不足，产业链联动和融合进展缓慢。

（四）农业现代化程度偏低

农业产业结构有待优化。虽然近年来陕西"3+X"特色农业发展势头良好，但以粮食为主的大宗农作物种植仍是陕西农业生产的主体，经济作物、畜牧养殖占比较低。粮食生产效益整体偏低，农民种粮收益持续下滑，农村居民人均可支配收入与全国平均水平相比仍有较大差距。

农产品供给侧结构性矛盾突出。陕西农业全产业链融合程度不足，农产品精深加工较落后的局面没有改善。目前省内已形成一定规模的农产品加工企业群，但大型企业数量少、规模偏小。水果、蔬菜、茶等产业普遍缺乏龙头加工企业引领，大多数经济作物以原材料和初级产品形式出售，产品附加值低。加工企业自身技术水平低、创新能力不强，对现代科技成果和技术装备应用不足，精深加工缺乏技术、人才和设备支撑，导致农产品同质化，缺乏品牌竞争力。

农业现代化经营能力不足。除了龙头企业实力不强，优势品牌较少以外，农业合作组织松散，规模小、层次低，组织农户进行规模化生产、产业化经营的能力相对有限。涉农企业、合作社融资成本过高，银行担保机制不健全，欠缺明确的分担机制和补偿政策，农业担保公司担保业务进展

[①] 陕西省统计局、国家统计局陕西调查总队编《陕西统计年鉴（2022）》，中国统计出版社，2022。

低于预期。①传统家庭经营仍占主导地位,对自然风险和市场风险的抵御能力较低。

(五)文旅资源转化利用效率低

与陕西文化资源的丰富性相比,对文化资源价值的挖掘利用还很不充分。一方面,缺乏对传统文化资源现代价值的深入挖掘,资源转化利用效率低,主要表现在一些高等级的文化遗产遗迹没有得到有效利用,史料价值和人文价值远未得到发掘,非物质文化遗产的旅游开发没有得到重视。另一方面,文化资源的开发形式和文化产品供给与新时期文化市场需求之间仍存在一定差距。陕西旅游产品结构仍较单一,近年来虽然深度体验游有了一些发展,但总体上仍以短途观光游为主,没有以创新思维对特色文化进行充分发掘转化,缺乏对区域旅游产业的整体规划与整合开发,产业体系不完善,产业链不长,文化和旅游消费偏低。

文旅产业创新能力不足,竞争力不强。文旅产业市场主体以国企为主,民营资本参与不足,导致文旅产业发展投入主要来自政府,融资渠道窄、投入低。高端人才不足,市场化运作程度较低,创新活力未得到有效激发,数字化、智能化、平台化发展仍处在起步阶段,文旅服务质量不高,与东部地区旅游大省相比,文旅产业整体竞争力有待提升。

三 陕西建设现代化产业体系面临的机遇与挑战

从当前的国内外发展形势看,陕西在建设现代化产业体系中面临的机遇与挑战并存,在迎来更多机遇的同时面临着国际新形势给产业安全、"双碳"目标对产业结构进一步优化、国内周边城市区域的产业竞争以及水资源约束趋紧对产业发展带来的重大挑战。

---

① 《推动陕西特色现代农业快速发展》,陕西网,2022 年 11 月 1 日,https://www.ishaanxi.com/c/2022/1101/2629029.shtml。

（一）陕西建设现代化产业体系面临的机遇

第一，国内国际双循环和"一带一路"倡议带来的机遇。立足世界经济发展形势和国内经济发展的阶段性特征，2020年5月国家提出构建国内国际双循环相互促进的新发展格局。作为我国地理版图中心和向西开放前沿，陕西逐渐成为"双循环"的战略重地。对内以区域协同拓展高质量发展新空间，以关中平原城市群为轴心，以陕北、陕南为两极，形成"一轴两极"内循环发展格局；在逐步形成的长三角、中部、东北和珠三角、中部、西南两大国内循环体系中，陕西作为西部大省，具有劳动力资源丰富、产业承载空间大的优势，这将使陕西成为两大循环架构的重要支点，面临承接东部产业转移的机遇。对外以扩大开放激发高质量发展新活力，全力打造内陆改革开放高地。作为"一带一路"的重要节点，陕西可借助区位交通优势与资源要素集聚优势，形成面向中亚、南亚、西亚等国家的商贸物流枢纽、重要产业基地，构筑内陆地区效率高、成本低、服务优的国际贸易通道。目前，陕西已开通中欧班列长安号15条干线通道，覆盖范围可达欧亚大陆全境，随着与共建"一带一路"国家在产业、教育、旅游、金融方面的合作深化，利用"长安号"的物流通道优势，陕西面向"一带一路"的现代产业集群逐渐发展壮大。

第二，新一轮科技革命和产业变革带来的机遇。进入21世纪以来，全球科技创新进入空前密集活跃的时期，新一轮科技革命和产业变革正在重构全球创新版图、重塑全球经济结构。在本轮科技革命和产业变革中，我国第一次处于"并跑"甚至"领跑"地位，为传统产业转型升级、产业体系重塑带来机遇并催生"引爆点"。陕西拥有扎实的制造业基础、多条较为完整的产业链条，部分领域市场占有率全国领先。利用现有产业基础，紧抓新一轮产业变革机遇，陕西推动传统产业转型升级和新旧动能转换，着力发展先进制造业，培育战略性新兴产业，围绕产业链部署创新链、围绕创新链布局产业链，聚焦新一代信息技术、新能源、新材料及其集成产品等，布局产业体系新支柱，加快具有陕西特色现代化产业体系的建设。陕西还可以能源化工、高端装备、新能源汽车、新材料等优势战略性新兴产业为切入点融入全球产业链、价值链与创新链。同时，陕西科教优质资源丰富，依托陕西最大的孵化器和科技成果转化"特区"——"秦创原"创新驱动平台这一关键助力，陕西加速孵化与推进一批未来的技术和产业，抢占新一轮科技革命和产业变革带来的发展先机。

第三，多重国家重大战略叠加带来的机遇。党的十八大以来，新时代推进西部大开发形成新格局、黄河流域生态保护和高质量发展、"双碳"战略、黄河国家文化公园建设等多重国家重大战略叠加，为陕西建设富有特色的现代化产业体系提供了创新性机遇，同时为陕西特色产业体系的发展指明了方向。

一是黄河流域生态保护和高质量发展带来的机遇。《黄河流域生态保护和高质量发展规划纲要》提出必须以先进制造业为主导，以创新为主要动能，构建形成黄河流域"一轴两区五极"的发展格局，促进地区间要素合理流动和高效集聚。目前陕西正处于转变发展方式、优化产业结构的关键时期，黄河流域生态保护和高质量发展战略为加快陕西产业结构升级、推动经济高质量发展提供了新机遇。陕西必须紧抓发展机遇，推动实体经济结构优化，支持传统产业优化升级，积极培育经济发展的新动能，让科技创新成为经济发展中的重要驱动力，在新一代信息技术、高端装备制造、新材料、生物技术、新能源、节能环保、新能源汽车产业等战略性新兴产业上实现突破发展，形成经济社会发展新引擎。

二是"双碳"战略加快实施带来的机遇。"双碳"目标的实现一方面要求能源产业以提质增效为导向，切实推进质量与效率变革；另一方面要求能源产业以绿色低碳为导向，全方位推进减污降碳。作为能源产业大省，"双碳"战略的实施促使陕西必须坚持低碳发展，推动能源产业绿色转型；同时"双碳"目标达成的过程也推动着陕西着力摆脱对能源工业的依赖，不断优化产业结构与能源结构。"十三五"期间，在陕西工业各门类中，非能源工业增速持续高于能源工业，能源工业增速持续低于 GDP 增速。陕西能源产业由依赖资源开采向依赖高新技术转化，以能源技术为基础的新模式新业态加快形成。目前在陕西从事风能、光伏发电的企业有100多家，依托领先技术优势和装备制造水平，已形成较为完整的光伏和部分风能产业链。陕北可再生能源综合供应、关中可再生能源创新研发的产业集聚发展格局也已初步形成，有力地促进了陕西能源工业绿色低碳转型。

三是乡村振兴战略带来的机遇。乡村振兴战略鼓励推进农业现代化和产业升级，为陕西省农业产业带来更多政策和资金支持，推动农业生产方式、经营模式和销售渠道的创新，有助于拓宽农业市场空间，也将促进农业科技创新和人才培养，为陕西省构建"3+X"特色农业产业体系提供了重要契机。乡村振兴的重中之重是产业振兴，其关键是加快发展乡村产业。实施乡村振兴推动产业发展，陕西省政府提出打造一批创新能力强、产业链条全、绿色底色足、安全可控制、联农带农紧的农业全产业链，建设了一批优势特色产业集群、农业产业强镇、现代农业产业园、农产品加工示范园、三产融合先导区、一村一品专业村镇等特色产业发展载体。增强农业科技支撑保障能力，5G、云计算、物联网、区块链等技术与农业交互联动，新产业新业态新模式不断涌现，有力支撑全省优势特色现代农业发展。[1]

四是黄河国家文化公园等重大项目建设带来的机遇。黄河流域陕西段自然遗产和文化遗产丰富、人文积淀和自然奇景壮美，黄帝陵、延安宝塔、秦岭等中华文明、中国革命、中华地理的精神标识和自然标识，都处在黄河流域陕西段。依托黄河国家文化公园、黄河廊道等文化建设项目，陕西省实施重大项目带动战略，积极推进黄河国家文化公园陕西段建设，构建"一核四廊三区"发展新格局，打造关中综合文化产业带、陕北民俗及红色文化产业带、陕南自然风光生态旅游产业带。[2] 借助重大项目建设实施带来的机遇，陕西充分利用优质文旅资源禀赋与产业优势，推动"文旅+"多元产业的嫁接融合，促进新业态、新场景、新成果蓬勃生长，健全现代文化旅游产业体系，着力实现文化强省建设目标。

---

[1] 《陕西省"十四五"文化和旅游发展规划》，2021年8月10日。
[2] 《陕西聚力打造万亿级文旅产业》，《陕西日报》2022年10月26日。

第四，数字经济快速发展带来的机遇。数字经济是现代化产业体系建设的重要推动力。作为引领未来的新经济形态，数字经济正在成为新的转型升级驱动力，同时成为全球新一轮产业竞争的制高点。陕西发展数字经济具有基础优势，工业体系完备，是科教大省，创新资源丰富。陕西要抢抓数字经济发展机遇，推动数字经济和实体经济深度融合，全面推进数字产业化和产业数字化。目前产业数字化转型成效初显，法士特、中国西电、陕鼓动力等企业加快建设数字化生产线、数字化车间、智能工厂，西咸新区建设国家新型工业化大数据示范基地持续推进。围绕数字经济产业发展，陕西确定围绕光子新型显示、集成电路、增材制造、物联网、智能终端和传感器等重点产业链，培养具有陕西特色的数字经济产业集群。在新赛道上，陕西要紧抓这一"弯道超车"的机遇，为建设现代化产业体系提供更多新增长点和动力。

（二）陕西建设现代化产业体系面临的挑战

第一，国际新形势给产业安全带来的挑战。当今世界正经历百年未有之大变局，在全球经济下行、国内结构性矛盾突出以及中美经贸摩擦升级等背景下，世界各国经济增长放缓，全球动荡源和风险点显著增多，不稳定性不确定性明显增加。国际局势变化和地缘政治风险加剧，对产业的外向发展带来了巨大挑战，导致陕西省在贸易、投资等方面受到一定程度的影响。同时，美国对我国科技创新和新兴产业遏制的广度、深度、强度将不断升级，陕西也面临技术封锁、产业断链和零部件断供等风险，对产业发展安全产生极大挑战，对作为科技资源集聚地的陕西未来科技发展、"卡脖子"关键核心技术攻关等带来更甚于其他地区的挑战。

第二，"双碳"目标对产业结构进一步优化带来挑战。"双碳"目标的提出，对陕西在稳定发挥国家重要生态安全屏障以及黄河流域、长江流域重要水源涵养地作用的基础上，进一步推动经济高质量发展提出更高要求，产业结构调整的压力在"双碳"目标下面临放大的风险。在陕西规模以上工业前五大行业中，除计算机、通信和其他电子设备制造业以外，其余四大行业均属能源相关产业。2022年，陕西省规模以上工业综合能源消费量同比增长11.3%，其中六大高耗能行业综合能源消费量同比增长13.0%，占规模以上工业能源消费量的88.3%。① 近年来，虽然陕西积极谋求产业结构转型，推动高新技术产业快速成长为经济发展的支柱产业，但2022年全省战略性新兴产业增加值占GDP的比重为12.0%，② 在规模和效益上与成为支柱产业还有较大差距。陕西要在实现"双碳"目标下建设具有竞争力的现代化产业体系，面临着总量、质量双提升的艰巨任务。

第三，国内周边城市区域产业竞争带来的挑战。国家重大战略的叠加实施，在促进陕西省现代产业跨越式发展的同时，也引发了更加激烈的区域产业竞争。全国其他地区在多个产业领域形成对陕西强大的竞争压力。一是在数字经济、智能经济、战略性新兴产业等增长领域，各省份对资金、人才、企业、创新资源展开了激烈竞争，加大了对产业升级的支持力度和投入，对陕西省的产业升级和构建现代化产业体系构成较大压力。陕西省综合实力不强，面对上海、深圳、杭州等产业第一梯队城市率先升级，郑州、成都、武汉等周边城市竞相赶超的发展态势，产业发展的竞争压力进一步加大。二是面对东部的产业转移，内蒙古、山西、河南等周边省份与陕西相比资源环境和经济发展阶段相近、产业结构趋同，竞争十分激烈。陕西如何精准定位，形成竞争比较优势也是建设特色现代化产业体系面临的挑战之一。③

第四，水资源约束趋紧对产业发展带来的挑战。水资源不仅深切影响农业发展，也会对工业发展带来难以替代的影响。虽然近年来陕西生态治理成效显著，水资源环境不断改善，但资源约束依然明显。首先，陕西水资源总

---

① 《2022年陕西省能源产业运行情况》，陕西省人民政府网站，2023年3月2日，http：//www.shaanxi.gov.cn/zfxxgk/fdzdgknr/tjxx/tjgb_240/stjgb/202303/t20230302_2276793_wap.html。
② 《2022年全省战略性新兴产业发展情况》，陕西省人民政府网站，2023年3月2日，http：//www.shaanxi.gov.cn/zfxxgk/fdzdgknr/tjxx/tjgb_240/stjgb/202303/t20230302_2276794_wap.html。
③ 徐礼志、李丽：《陕西省黄河流域生态保护和高质量发展路径研究》，《环境与发展》2022年第4期。

量852.49亿立方米，人均水资源2166.75立方米，仅为全国水平的一半。①同时，水资源总量不足且空间分布不均，黄河流域陕西段水资源量不足全省的30%，但必须支撑全省65%的面积、76%的人口和85%的经济总量，严重制约着陕西三大区域工业的均衡快速发展。其次，水资源利用效率低。陕西省农业用水占比超过60%，但农田灌溉有效利用系数仅为0.577。黄河流域陕西段是能源化工基地，但高耗水行业的节水积极性不高，陕北能源化工基地的水资源承载力接近极限。目前，榆林地区剩余地表水和地下水可开采量不足10亿立方米，陕北煤化工业发展受到制约。② 有效推进陕西包括水资源在内的自然资源资产节约集约利用，协调产业发展与生态保护矛盾的难度依然很大。

四 陕西建设现代化产业体系的战略思路

陕西紧抓"一带一路"倡议、黄河流域生态保护和高质量发展以及黄河国家文化公园等重大项目建设带来的机遇，抢占先机加快高质量项目培育，推动实体经济结构优化，加快推进优势产业高端化、战略性新兴产业规模化、服务业现代化，构建特色鲜明、结构合理、链群完整、竞争力强的现代化产业体系，努力实现经济量的合理增长和质的稳步提升。同时，培育壮大高端装备制造、新能源汽车、新材料、生物医药等战略性新兴产业，构建富有竞争力的产业生态，主要紧扣制造业24条、文化旅游业7条、现代农业9条重点产业链。陕西在贯彻落实党的二十大精神和习近平来陕考察重要讲话精神的生动实践中，紧抓陕西得天独厚的区位优势和资源禀赋。推进陕西高质量发展，关键在于优化产业体系，把培育新动能、厚植新优势作为最为紧迫的任务。陕西重大产业布局必须和现代化产业体系建设相衔接，陕西建设现代化产业体系的基本框架如下。

---

① 陕西省统计局、国家统计局陕西调查总队编《陕西统计年鉴（2022）》，中国统计出版社，2022。
② 《为了母亲河奔流不息》，《人民政协报》2021年4月26日。

（一）战略性新兴产业体系

习近平总书记强调，"把战略性新兴产业发展作为重中之重"。① 陕西省聚焦重点产业链，开展延链补链强链行动，实施产业基础再造和重大技术装备攻关工程，打造战略性新兴产业和先进制造业万亿级产业集群。战略性新兴产业体系体现了陕西现代化产业体系的现代特色，是陕西现代化产业体系的主导和新支柱产业，代表未来的发展趋势和新动能。近年来，陕西省持续加大对战略性新兴产业的培育力度，在用能保障、项目用地、专项资金等方面给予了大力支持，打造了一批新的增长引擎，布局了生命健康、氢能与储能等未来产业，加快集成电路、新能源汽车、光伏装备、先进结构材料产业集群发展步伐，力争2023年战略性新兴产业增加值增长13%左右。供应链的韧性主要还是依托上下游产业链配套，尤其是战略性新兴产业，把产业链进一步拉长，从而增强陕西制造业的自给能力。陕西作为能源大省，发展绿色低碳产业也是一个重要的方向，要大力发展电池、光伏、光伏组件、新能源汽车等战略性新兴产业，从而调整陕西的能源结构和产业结构，引导企业加快科技创新与转型升级，推动战略性新兴产业做大做强。陕西战略性新兴产业重点项目见表3。

表3 陕西战略性新兴产业重点项目

序号	项目	内容
1	新一代信息技术	推进三星闪存芯片二期、奕斯伟硅产业基地、彩虹光电、新型电力电子产业化、华天集成电路封装测试、数字经济新基建等项目建设
2	新能源汽车	推进西安吉利新能源汽车、西安西沃纯电动客车、渭南南京金龙纯电动商用车、比亚迪动力电池、渭南新能源汽车动力电池等项目建设，建设宝鸡汽车零部件产业园、渭南高新区新能源整车生产基地等
3	生物医药	建设西安国际医学制剂中心、咸阳细胞制备中心、铜川中医药产业园、药王山中医药产业园、延安医药中间体产业园、神木溯源中药材基地、商洛泰华天然医药产业园、渭南华阴医药产业示范园区等

---

① 《今年两会习近平六下团组 务必记住这些重要提法》，中国共产党员新闻网，2018年3月13日，http://jhsjk.people.cn/article/29865296。

续表

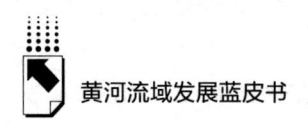

序号	项目	内容
4	新材料	推进宝鸡钛及钛合金、宝鸡石墨烯及石墨烯重防腐涂料、榆林高端镁铝合金深加工、榆林铝合金型材加工、大荔纳米谷、韩城动力电池、韩城—河津新型合金材料等产业园区（基地）建设。推进西安稀有金属材料、空天新材料、光电新能源新材料、3D打印新材料、生物应用新材料等产业集群建设
5	高端装备制造	推进西安西部智能装备、西安航天智能装备、西安航天高技术应用、宝鸡陆港高端装备制造、咸阳装备制造、铜川空天动力装备、铜川航空航天科技、渭南国家民机试飞基地、达刚控股渭南总部等产业园区（基地）建设

（二）构建产业链创新链价值链融合的先进制造业体系

先进制造业是实体经济的主体，是技术创新的基础依托，是陕西现代化产业体系的主要构成部分。陕西省以新能源汽车、航空制造、智能制造为重点，着力推进装备制造业产品升级、规模壮大、产业链延伸，全面构造融入全球产业分工、占据全国重点链条、产品链创新链价值链人才链有机融合的装备制造产业体系。推动新一代信息技术与制造业融合，围绕5G融合应用场景，发展专用芯片、智能传感器、智能终端等电子制造产业；发展智能制造，围绕人工智能等领域引进行业头部企业，建设三一智能制造产业园、创维智能电子生产基地等重大项目。依托陕北国家能源化工基地，以石油化工、煤化工、盐化工、化工新材料、有机化工、可再生能源产业为基础，加快推进深度加工、高附加值、高科技产业产品开发，拉长产业链条，提高原料配套和产业协同水平，实现由低端发展向高端发展的转变。重点是在煤制烯烃、煤制油、煤制甲醇产能居全国前列的基础上，延伸基本化工、精细化工、化工材料深加工产业链。着力推进基于绿色农业的三次产业融合发展，积极发展"粮油菜畜果特"优势农业，挖掘农业多重新功能、新价值，推进农业新型业态和经营模式创新，着力发展农副产品多层次加工制造业，积极推进营养品、保健品、医用品高端产业链延伸。按照药材种植、中药加工制造、医疗服务融合发展思路,最大限度挖掘产业化潜能和国际化市场空间,构建跨越三次产业的现代化医药产业体系。

(三)现代服务业产业体系

实施服务业创新发展行动,加快构建以全域旅游文化、数字化现代物流、普惠金融服务、创意科技与信息服务、幸福康养保育为主导,会展商贸、社区服务等生产生活服务全面发展,现代化综合服务水平进入全国前列的现代服务业体系。推动研发设计、检验检测、知识产权、商务咨询、商事法务等生产性服务业加快发展。围绕"一带一路"连接北方内陆地区的现代物流基地,以智慧物流为方向,大力发展现代物流业,加快西安、宝鸡、延安等国家物流枢纽建设,培育壮大一批物流龙头企业,打造一批国家级物流示范园区。围绕"一带一路"合作发展提供更具针对性的金融服务,加快发展壮大陕西地方金融体系,深化金融科技应用,推动金融业实现高质量发展。依托自然保护区和城市近郊森林公园,打造一批融旅游、居住、养生、医疗、护理为一体的康养产业园区,鼓励养老机构横向联合创建养老综合体。培育发展文旅创意、数字娱乐、电子竞技等新业态,推动休闲、体育、广告等服务业提质扩容。加快实施扩大内需战略,补齐消费软硬短板。陕西服务业创新发展十大行动见表4。

表4 陕西服务业创新发展十大行动

序号	项目	内容
1	现代物流 创新发展工程	加快物流大通道、枢纽物流园区和冷链物流建设,推进"互联网+物流"发展,健全城乡物流配送体系
2	现代金融 创新发展工程	聚焦金融科技、绿色金融、普惠金融、民生金融等专业金融服务功能,深化农村信用社改革,着力拓展金融创新深度和广度,加快构建多元化融资格局
3	数字经济 创新发展工程	做大做强5G、大数据、云计算、物联网等核心引领产业,超前布局人工智能、区块链等前沿新兴产业
4	现代商贸 创新发展工程	打造一批特色鲜明、布局合理、产业联动的城市消费商圈,大力发展跨境电商、社区电商、农村电商
5	科技研发 创新发展工程	着力发展科技信息、研发设计、检验检测、知识产权等服务,推动生产性服务业和先进制造业融合发展

续表

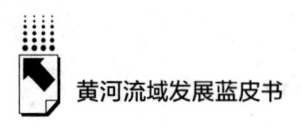

序号	项目	内容
6	旅游产业创新发展工程	着力推动旅游业态、产品和服务创新,大力发展全域旅游,打造传承中华文化世界级旅游目的地
7	文化产业创新发展工程	深入推进国有文化企业改革,打造一批代表性强的重点文化产业集聚区,培育文化创意、数字娱乐等新业态
8	养老服务创新发展工程	完善扶持政策,构建多层次智慧养老服务体系,打造养老服务体系公共服务品牌
9	医疗卫生创新发展工程	健全公共卫生服务体系,深化"三医"联动,大力发展"互联网+医疗健康",加快推进健康陕西建设
10	会展服务创新发展工程	加快新建一批会展场馆、星级酒店,培植一批优质市场主体,打造多层次、多样化会展品牌

资料来源:《陕西省"十四五"服务业高质量发展规划》。

(四)陕北能源化工产业体系

积极推动榆林、延安、彬长等重要能源基地高质量发展。加快推进能源结构调整,构建绿色清洁高效的现代能源产业体系。一是大力发展可再生能源。加快推进陕北至湖北、神府、渭南三大国家大型风电光伏基地建设,构建以其周边清洁高效先进节能的煤电为支撑、以稳定可靠的特高压输变电线路为载体的新能源供给消纳体系,不断扩大"绿电"装机容量,推进陕电外送工程建设。二是加快实施氢能百千万工程。依托"秦创原"创新驱动平台,支持陕鼓、西安交大等科创团队与省外企业联合围绕煤制氢、液氨制氢、储氢材料、氢燃料电池等氢产业链进行成果研发转化和产业化。三是推动构建新型电力系统,助力能源系统绿色低碳转型。补齐新型电力系统对大规模高比例新能源接网和消纳的适应性不足等短板,推动电力基础设施联网、补网、强链建设。重点发展特高压电网和智能电网,加快柔性直流输配电、新能源主动支撑、新型电力系统调度运行等技术研发推广。四是大力发展新型储能产业。因地制宜发展储能产业集群,推动陕北风光外送基地配套电源侧储能发展;推进关中地区分布式光伏配置储能和"源网荷储"一体化项目,尽快建立储能研发中心,加快研发大规模(MWh)储能系统技术,发展集中式共享化储能;发展陕南地区抽水蓄能储能产业,提升全省电网长时调峰能力。五是加快发展新能源汽车产业,加速智能网联汽车相关重大项目落地。聚焦新能源汽车重点产业链,加快提升新能源汽车零部件产业链实力。在关中地区引入氢燃料电池、氢能汽车整车生产企业,发展加氢站和零部件配套产业。鼓励陕汽等传统车企加快电动化改造,加快充电桩、换电站等新型基础设施发展。引入无人驾驶研发企业,积极开展无人驾驶试点。陕西能源化工重大项目见表5。

表5 陕西能源化工重大项目

序号	项目	内容
1	煤炭	统筹资源环境承载能力,在榆神、榆横、府谷、永陇、彬长、子长等矿区建设一批现代化矿井,建成大保当、可可盖、红墩界等煤矿
2	电力	实施"十四五"省内自用煤电工程、彬长CFB低热值煤发电示范等项目,加快建设华能延安、泛海红墩界、大唐彬长二期等新增火电机组2300万千瓦、新能源机组2700万千瓦
3	油气	加强陕北老油气区扩边精细勘探,加快富县、旬邑、彬长等新区带勘探开发,推进韩城、吴堡非常规天然气勘探开发
4	资源转化	加快榆林国家级现代煤化工产业示范区和延安综合能源基地建设,推进1500万吨/年煤炭分质清洁高效转化示范、神华榆林循环经济煤炭综合利用、中煤榆林煤炭深加工、中石油兰石化乙烷制乙烯、延长榆林800万吨/年煤提取焦油与制合成气一体化(CCSI)、70万吨/年煤制烯烃下游聚合、延炼千万吨炼油升级、延长高端智能化等项目建设

资料来源:《陕西省"十四五"高端石化化工产业发展规划》。

(五)现代农业产业体系

陕西作为农业大省,许多农副产品资源极富开发价值,如猕猴桃、苹果、紫阳富硒茶等;还有一些陕西传统出口产品,比如红枣、核桃、桐油;还有一些药用植物在全国都非常出名,如天麻、杜仲、苦杏仁、甘草等。在陕西经济发展与现代化产业体系构建的过程中,更不能忽略农业这一基础产业的转型发展,应以构建现代农业体系作为构建陕西现代化产业体系的关键。

聚焦保障国家粮食安全,加快关中灌区、渭北旱塬和陕北长城沿线等粮食功能区建设。以规模化、标准化、绿色化为主攻方向,以苹果、奶山羊、设施农业三个千亿级产业为龙头,构建"3+X"特色农业产业体系,打造黄河地理标志产品。打造杨凌农业气象高新技术中心,建设"3+X"特色农业气象技术应用示范基地。积极发展休闲农业、都市农业、创意农业等各具特色的乡村振兴产业。陕西农业现代化重点工程见表6。

表6　陕西农业现代化重点工程

序号	项目	内容
1	高标准农田建设	加大高标准农田建设力度,开展农田灌排设施、机料道路、农田林网、输配电设施、农机具存放设施和土壤改良等田间工程建设,持续实施新增千亿斤粮食产能规划,农村土地综合治理工程,大规模改造中低产田,加强农田水利基本建设
2	"3+X"特色农业产业工程	大力发展"果业、畜牧业、设施农业+特色种植业",突出果业大提质、畜牧上水平、设施增效益,到2025年改造提升低质低效果园100万亩、奶山羊扩群300万只、设施农业改造提升50万亩,因地制宜做优做强红枣、绒山羊、肉绵羊、荞麦、大漠蔬菜、猕猴桃、樱桃、核桃、小杂粮、马铃薯、冬枣、酥梨、葡萄、黄花菜、花椒等区域特色产业。支持宝鸡、铜川、渭南等地推进生态循环农业产业化项目建设。支持韩城等地建设黄河特色水产养殖基地

资料来源:《陕西省"十四五"推进农业农村现代化规划》。

(六)军民融合发展产业体系

军民融合发展产业体系是体现陕西特色的产业体系,是陕西现代化产业体系的基础。陕西是国防科技工业的重点布局区域,军民融合正成为陕西产业发展的新动力。根据中国宏观经济研究院产业经济与技术经济研究所对全国各区域军民融合发展的研究和综合指数测算,在31个省份中,黄河流域有3个省级区域排在前十,其中陕西排在第七位。一是紧扣先进制造业发展需求,深入推进军民、部省、央地不断融合发展,开展科技攻关、协同创新。二是完善军民融合政策和产业体系，加速军民融合带动区域产业发展。目前，陕西正在积极推进国防科技成果向民用技术转化，西安市正在积极创建国家军民融合创新示范区。三是加快军民融合产业创新发展，加速推进西安国家航空产业基地、航天产业基地、兵器工业基地等建设。

（七）黄河旅游文化产业体系

陕西也是文旅资源最富集的地区之一，拥有强劲的文旅产业发展势头，多重重大国家战略叠加效应突出，使得旅游文化产业体系在陕西产业布局中具有独特战略地位。陕西在构建世界级黄河文化和旅游廊道、推动黄河文旅融合项目建设的同时，要注重黄河文化传承弘扬与保护，打造一系列体现黄河文化的精品景区，推进黄河流域文化和旅游公共服务设施的融合。

五 陕西建设现代化产业体系的实现路径

陕西紧抓历史性机遇，坚持问题导向和系统观念，落实新发展理念，深入实施创新驱动发展战略，培育经济发展新动能，大力发展战略性新兴产业，优化产业结构，完善产业布局，加快构建具有智能化、绿色化、融合化特征和符合完整性、先进性、安全性要求的现代化产业体系，力争实现陕西生态环境高水平保护和经济高质量发展，助推新时代陕西追赶超越迈上新台阶。

（一）强化创新驱动，提升现代产业竞争能力

创新是引领发展的第一动力。与传统产业体系相比，现代化产业体系更加注重创新驱动。以科技创新为核心的创新驱动模式是提升产业竞争力、实现高质量发展的关键，也是优化经济结构、转变发展方式、转换增长动力的重要抓手。产业发展的历史经验表明，科技强则企业强，企业强则产业强。因此，作为引领产业优化升级重要支撑力量的科技创新是建设现代化产业体系的重点。

第一，深化科技创新，促进产业链与创新链深度融合。陕西应着眼国际竞争前沿和国家战略需求，积极参与国家重大科技项目，攻克更多关键核心技术，抢占科技发展制高点，打造更多"国之重器"。

一是推进科技创新与实体经济融合。立足自身产业基础和资源禀赋，夯实实体经济根基，陕西要坚持把发展的着力点放在实体经济上，防止经济"脱实向虚"。以科技创新为引领，加快传统产业高端化、智能化、绿色化升级改造。强化科技创新基础，增强自主创新能力，激发创新驱动内生动力。发挥科技创新对实体经济的支撑和引领作用，以创新链和产业链为基础推进科技创新与实体经济深度融合，形成产业链和创新链首尾相连、相互促进、共同交织的链式创新闭环。

二是加强基础研究和重大科技基础设施建设。依托科教资源富集优势，陕西应积极推进全省重大科技基础设施建设，加大基础领域研究投入，打造大科学装置集群。优化学科设置，开展跨学科研究，在多领域突破原始创新成果。实施"1155"工程，推进国家"双创"示范基地、西安全面创新改革试验区、国家自主创新示范区和榆林科创新城建设，加快地基授时系统、电磁驱动聚变等重大科技基础设施建设，夯实产业发展技术底座。

三是系统推进"秦创原"创新驱动平台建设。以西部科技创新港和西咸新区为总窗口，加强创新资源集聚和优化配置，构建从研发到孵化再到产业化的科创系统，大幅提升创新策源能力，把"秦创原"打造成全省创新驱动发展的总源头和总平台，不仅为陕西创新驱动发展加力加速，而且成为辐射带动西部地区乃至全国高质量发展的综合性科技创新大平台。

第二，强化科技成果转化，加快科技成果产业化进程。实施创新驱动发展战略的关键环节是促进科技创新成果转化。落实《陕西省促进科技成果转化若干规定》和《优化创新创业生态着力提升技术成果转化能力行动方案（2021—2023年）》，持续深化科技成果转化"三项改革"，有效破解科技成果转化中"不敢转""不想转""缺钱转"难题。陕西省坚持"市场主导""企业主体""人才主力"等原则，构建科技成果转化的全新体系，充分调动各方参与力量的积极性，促进科研成果转化，加快科技成果产业化进程。

一是发挥市场配置创新资源的主导作用。减少直接干预式的政策手段，推动有为政府和有效市场结合，打破妨碍公平竞争的市场壁垒，破除地区分割和行业限制，打通创新要素和资源市场，实现各种生产要素优化组合和循环运转，构建灵活、高效的产业运行体制机制，利用市场竞争的作用实现创新资源的高效配置，减少消除市场中各类主体之间的"孤岛"问题，充分发挥市场在资源配置中的决定性作用。

二是强化企业科技创新的主体地位。重视对微观创新主体和载体的培育，其中，创新型企业是关键。建立健全以企业为核心主体的协同创新体系，促使人才、技术、资金等创新要素资源向企业集聚，鼓励实体经济企业参与制造业核心技术创新，培育一批核心技术能力突出、集成创新能力强的创新型企业，发挥其引领重要产业发展的模范带头作用，提升本土企业竞争力，促进优势企业开展对外投资和海外并购。引导企业加大研发投入，对制造业企业年度研发投入增量部分按照一定比例予以奖励。

三是发挥创新人才主力作用。人力资本是创新的核心要素，培养引进科技领军人才、中高端技能人才、企业家人才等，实施创新导向的分配政策，完善人才评价和激励机制，力争实现产业集聚人才、人才引领产业的良性循环。提高高端人才的待遇，落实在陕院士等专家服务保障政策。建设技术经纪人队伍，提高技能人才待遇，在当前科技革命和产业变革的大环境下，引导制造业技能人才勇于创新，不断提高技术技能水平，示范引领、带头推动建强技术工人队伍。企业家是企业的统帅和灵魂，是改革创新的重要力量，也是推动经济社会发展的生力军，要激发企业家的创新精神，促进企业家充分施展创新才能。

（二）优化产业结构，发展陕西特色现代产业

在现代化产业体系的构建过程中，陕西既要兼顾传统产业改造升级与新兴产业培育，又要发挥资源禀赋、科技教育和特色产业优势，在巩固传统优势产业领先地位的同时，勇于开辟新领域、新赛道，培育竞争新优势。

第一，大力发展现代工业。积极发展战略性新兴产业、现代能源产业和先进制造业，走出一条制造业高端发展、创新发展、转型发展之路。打造万亿级产业集群，构建具有陕西特质的现代化产业体系。

一是壮大战略性新兴产业。以新一代信息技术为主的战略性新兴产业是陕西现代化产业体系的主导和新支柱产业，也是陕西重塑制造业竞争优势和提升经济实力的关键领域，代表未来的发展趋势和新动能。一方面，聚焦高端产业和产业高端，助推电子信息技术、高端装备制造和生物技术等高技术产业提速增量，加快战略性新兴产业发展步伐；另一方面，打造战略性新兴产业集群，依据陕西的资源禀赋优势和产业基础，按照全产业链思维统筹谋划战略性新兴产业生产力布局，坚持创新驱动、智能制造、产业融合、集群发展。优化调整重大科技基础设施布局，推进产业"四基"领域攻关，有效对接重点产业集群，提升制造业产业链现代化水平。在战略性新兴产业集群间合作项目上，联合省内外地市共同探索，形成区域间在创新创业平台建设、研发团队培育组建、关键核心技术攻关等方面协作的配套产业集群，推动各地集群间加强合作共享，实现协同融合发展。

二是做强现代能源产业集群。陕西煤炭储量位居全国第三，作为国家重要能源基地，陕西要强化绿色高效集约的资源开发及利用方式，对传统能源产业进行智能化、数字化改造升级，将资源优势转化成产业优势进而向创新优势转变，提升能源化工产业链现代化水平。持续优化煤炭产业结构，推动大型煤矿智能化改造，实施能源产业延链补链行动，提高产品附加值，打造绿色智能煤矿集群。依托科研院所、科创平台及龙头骨干企业力量，推动榆林能源化工产业向低碳化、多元化、高端化升级，实现能源、经济、生态三者协同融合发展，把榆林打造成优质能源和化工产品的生产、集散和输出地，让其成为全国大产业布局中能源化工产业链上不可或缺的部分。另外，调整和优化电源结构及空间布局，有序开发水电、风电和光伏等清洁能源，建设清洁能源保障供应基地。扩大地热能综合利用，提高清洁能源占比。通过市场化、专业化手段，引导传统能源产业资本向新能源和非能源产业转移。依托渭南高新区及大荔、韩城经开区新能源动力电池生产基地，发展新能源汽车整车项目，打造现代能源产业集群。

三是加快先进制造业发展。深入贯彻制造业强国战略，落实促进制造业高质量发展的政策要求，推动制造业向产能结构高级化、价值链条高端化迈进。做好重点产业链发展战略设计，推进强链补链，提升产业链整体竞争优势。支持西安、宝鸡、咸阳、渭南、榆林等地创建国家数字经济创新发展试验区，推进数字经济与制造业融合发展，推动优势制造业智能化升级和数字化赋能。推广"陕鼓模式"，引导企业延伸服务链条、发展服务环节，提升制造业服务化水平和全产业链价值。增加产业链高端环节，推动制造业向高端研发、核心零部件制造、高级组装环节攀升，提升自有品牌竞争力，塑造"陕西制造"产品高质量的品牌新形象。支持民营经济发展，支持制造业企业跨区域兼并重组。对符合条件的先进制造业企业，在上市融资、企业债券发行等方面给予支持。

第二，积极发展现代服务业。服务业作为现代化产业体系的重要组成部分，其发展水平已成为衡量一个地区现代化程度的重要标志。发展现代服务业需要从改造升级传统服务业与拓展提升现代服务业、高端服务业两方面入手。

一是加快传统服务业转型升级。促进生活性服务业高端化，以餐饮、旅游、家政、地产、医养康养等为主的生活性服务业面向庞大的消费者群体，是推动经济可持续增长的重要力量。积极推动生活性服务业向高端化发展，改变低端供给过剩、高端供给不足的供需结构，破解人民日益增长的美好生活需要和不平衡不充分发展之间的矛盾，推动生活性服务业向高品质和多样化升级。建设关中综合文化产业带、陕北民俗及红色文化产业带、陕南自然风光生态旅游产业带，推进文化旅游资源整合、项目结合、产业融合，加快全域旅游示范省建设。积极发展养老服务业和康养产业，以西安、安康等国家级医养城市为试点，加快完善医养康养融合发展体系。实施"互联网+商贸"流通模式创新，建设新兴消费体验中心，推进线上线下互动发展，实施实体商业创新转型提升工程，鼓励传统批发业、零售业等实体流通企业向供应链服务企业转型升级。

二是大力发展现代服务业。推进先进制造业与现代服务业深度融合，做强做优与制造业转型升级相关联的生产性服务业，聚焦现代物流、金融、信息技术、工业设计等生产性服务业，提高服务效率和专业化水平。建设若干现代服务业聚集示范区，构建优质高效的服务产业新体系。提升西安、宝鸡、延安国家物流枢纽发展能级，打造多元化、国际化、高水平物流产业体系，发展第三方物流，培育物流服务新模式。用科技赋能西安金融建设，改造传统金融业的经营发展模式，完善科技金融服务体系，鼓励金融产品创新，发展绿色金融、普惠金融，扩大金融开放，推广西安丝绸之路金融中心品牌。依托华为、中兴、阿里巴巴等龙头企业，发展基础支撑和行业应用软件、集成电路设计、工业互联网平台等软件和信息技术服务业，支持西安市争创"中国软件名城"。

第三，推进农业现代化发展。陕西作为农业大省，在经济发展过程中，应以建设现代农业体系作为陕西构建现代化产业体系的关键思路，充分重视第一产业的结构优化、产业链升级及现代化发展，促使传统农业向现代农业和绿色农业加速转变，以"智慧农业"取代"汗水农业"。

一是大力发展现代特色农业。大力建设高标准农田，实施保护性耕作，开展绿色循环高效农业试点示范，促进农业向可持续与高端化发展，以规模化、标准化、集约化、绿色化为主攻方向。通过推行新技术逐步实现农业的科学化、专业化发展，提高农产品的生产效率。支持杨凌建设世界知名农业科技创新示范区，为干旱半干旱地区现代农业发展提供科技支撑。支持榆林等地建设全国旱作农业示范基地。加快关中灌区、渭北旱塬和陕北长城沿线等粮食功能区建设，积极推广优质粮食品种种植，提升粮食产量品质。实施优势特色产业培育计划，打造农业特色产业"单项冠军"。重点打造苹果、设施农业、奶山羊三个千亿级全产业链集群，提高农产品的生产效率。加快花椒、核桃、冬枣等特色经济林和中药材、木耳、花卉等林下经济发展，加快低产园改造和品种改良，开展森林生态标志产品、地理标志产品、有机农产品认证和登记保护，打造陕西农产品优质品牌，培育更多"小木耳、大产业"式的特色产业，满足消费者对高端化、个性化、精品化农产品的消费需求。

二是打造高效农业产业链供应链。深化农业供给侧结构性改革,推动互联网、大数据、人工智能、物联网等现代信息和数字技术与农业深度融合,以数字化赋能农业产业链和供应链,提高农业产业化、信息化水平。鼓励服务型设施农业龙头企业延链补链强链,投资建设产品加工及深加工生产线,拓展全产业链条,推动农产品精深加工,提高农业附加值。引进培育一批技术水平先进、产业链条长并且有辐射带动作用的知名农业产业集团。积极发展休闲农业、观光农业、都市农业、创意农业等富民乡村产业,促进游憩休闲、健康养生、创意民宿等新业态发展,因地制宜发展现代农业服务业,构建"田间—餐桌""牧场—餐桌"农产品产销新模式。鼓励和引导家庭农场、农民合作社、供销合作社、邮政快递企业、产业化龙头企业建设产地分拣包装、冷藏保鲜、仓储运输、初加工等设施,发展林特产品电子商务平台,探索建立"订单生产""网络销售""高端直营""基地直供"等多渠道销售模式,打通产销堵点,为实现农业现代化插上"数智的翅膀"。

三是完善农业专业化社会化服务机制。引导城市资本、技术、人才、管理等生产要素向农村倾斜,打造多元共享的农业专业化社会化服务体系,推动资源整合、模式创新、主体壮大,加快农业产业化步伐。培育各类服务组织,探索建设专业服务公司、农业生产联合体、农民专业合作社、集体经济组织等各类农业社会化服务组织,拓宽技术、资金等服务领域,提高服务质量,通过提供专业化、综合化、规模化的服务,促进农业生产与社会化服务协调统一。

(三)发展数字经济,推动实体经济与数字经济融合

现代化产业体系的核心特征是信息化、数字化、智能化。数字经济是以数据资源为重要生产要素,以数字产业化和产业数字化为主要产业体系的新经济形态。数字经济和实体经济深度融合是通过数据分析将挖掘到的潜在价值信息应用于实体经济各行业,实现大数据与各行业的融合发展。促使产业数字化与数字产业化"双向赋能",是加快数字经济与实体经济深度融合的

重要举措。

第一，深入推进产业数字化转型。产业数字化是指利用数字技术和数据资源对传统产业进行全方位、全角度、全链条改造所带来的成本降低、产出增加和效率提升，是数字经济发展的主阵地。充分利用数字技术改造提升实体经济的传统产业，推动数据链与产业链深度融合，为现代产业链搭上先进"数据链"，充分释放实体经济转型升级中的数字红利。

一是加快新型基础设施和数字化公共服务平台建设。以智能制造为主攻方向，对传统基础设施进行改造和赋能。应用大数据、物联网、人工智能、5G、区块链等新一代数字技术建成一批对传统产业转型升级有重大支撑作用的新型基础设施和数字化公共服务平台。构建通信网络、智慧能源、智能交通等融合性基础设施。推动跨行业、跨领域省级工业互联网平台建设，推进国家工业互联网（陕西）分中心建设，构建有影响力的公共服务平台，健全和完善平台经济政策体系，保障平台企业数据安全。

二是创建数字化转型星级企业和标杆工厂。从顶层设计、政策引领、标杆示范、人才培训等多方面发力，支持和引导制造业企业开展工业互联网基础能力、标杆能力和创新能力建设，助推企业数字化转型。推动具备条件的企业开展设备换芯、生产换线、机器换人等智能化改造，建设一批智能化工厂、数字化车间，形成以"产业大脑+未来工厂"为引领的新型智能制造体系。加快发展智能制造，深挖数据要素潜力，实现产业链上下游、产业与产业之间的纵横联通，把数字属性、创新属性深度嵌入重点产业集群建设。

第二，稳步推进数字产业化发展。数字产业化是指数字技术和数据要素的产业化。作为数字经济发展的先导力量，数字产业化发展正经历由量的扩张到质的提升的转变。陕西应转化科教、人才、技术优势，在数字产业发展过程中催生众多新业态新模式，持续提升数字技术产业竞争力。

一是做强数字经济核心产业。大力发展软件和信息技术服务业，重点发展面向行业的重大集成应用平台，以及新型软件开发轻量化平台。推动电子信息制造业的发展，推动集成电路在智能终端、北斗导航、飞机机载设备等特色领域广泛应用。构建信息技术产业体系，壮大信息咨询设计、软件开发与测试、信息技术服务平台等产业关键环节。

二是拓展数字科技应用场景。培育数字经济新业态新模式,构建人工智能、大数据、量子信息、区块链等数字科技应用场景,推动数字产业业态不断创新。从需求端引导数字科技供给,提升"智能+"行业赋能水平,开展"5G+智能制造""5G+智慧医疗""5G+智慧教育""5G+文化旅游"等应用示范,推动"智改数转"技术不断升级。

(四)推动产业生态化,实现产业可持续发展

现代化产业体系的生态化支持系统体现为绿色化、低碳化、循环化。传统产业的改造升级和新兴产业的引进都要以保护生态环境为前提。坚持以生态优先、绿色发展理念为指引,在开发利用生态资源时,最大限度地保护生态环境,加快产业结构、能源结构、交通运输结构和用地结构调整,构建绿色、低碳、可持续发展的现代化产业体系。

第一,筑牢生态优先绿色发展理念。完善顶层设计,坚持党政"一把手"负责制,明确绿色发展目标年度分解任务,推动落实任务项目化、项目清单化、清单具体化,将碳达峰碳中和的重要内容纳入干部教育培训体系。建立健全网格化统计监测体系,完善监督考核机制,将碳达峰碳中和相关指标纳入区域高质量发展综合绩效评价指标体系。各级政府通过综合运用财政、税收、金融等政策措施和行政手段,提高环境规制强度,鼓励和引导企业采用绿色、低碳、循环发展的生产方式,加快能源结构和产业结构低碳调整,健全多元化、市场化生态保护补偿机制,引导各类社会资本参与生态修复工作。

第二,构建绿色可持续发展产业体系。作为能源大省,产业发展长期依赖能源密集型行业,对陕西而言,应逐步淘汰高消耗、高污染、高排放的传统产业落后产能,对钢铁、石化、建材、能源、供热等重点行业开展节能和清洁生产改造,通过科技创新、数字化转型为传统能源产业注入发展新动能,促进能源产业绿色转型。持续深化建筑、交通和农业等重点领域低碳发展,推广绿色建筑和绿色建材,城镇新建建筑全面执行绿色建筑标准;发展

低碳交通运输体系，扩大新能源汽车消费规模；积极推进光伏农业、节水农业和循环农业发展。大力发展可再生能源，做大做强新能源产业，加快发展光伏、风能、生物质能、氢能及相关产业，加速能源绿色转型和替代。开发绿色信贷、绿色债券等标准化绿色金融产品，构建完善针对高碳行业转型的转型金融体系，促进金融机构更好地支持传统制造业绿色化转型。鼓励重点企业加大低碳技术创新投入，做大做强绿色低碳领域龙头企业，发挥龙头企业支撑带动作用，引导上下游产业链企业持续跟进，形成良好发展态势，降低能源资源消耗和环境污染排放，积极稳妥推进碳达峰碳中和。

（五）深化改革开放，高效畅通内外双循环

现代化产业体系运行的系统条件是高效制度体系与高能开放体系。在大协作、大开放、大融合理念指引下，陕西应按照"内引外联、东进西拓、南下北上"思路，深入推进"放管服"改革，坚持以开放促改革促发展促创新，积极融入共建"一带一路"、黄河流域生态保护和高质量发展，构建高能开放型现代化产业体系。

第一，高效畅通内循环。在"关中协同创新发展、陕北转型持续发展、陕南绿色循环发展"的总体发展框架下，关中、陕北、陕南三大区域加快产业和区域分工协作，持续优化关中平原城市群空间格局，进一步发挥西安国家中心城市辐射带动作用和溢出效应。深化与周边城市群战略合作，拓展区域发展合作空间。加强与沿黄省份全方位合作，共同抓好大保护、协同推进大治理，促进全流域生态保护和经济高质量协调发展。与长江流域开展生态保护合作，协同保护和修复秦岭等重点生态功能区，加强政策、项目、机制联动，以保护生态为前提适度引导产业跨流域转移；深度参与国家重大战略实施，密切与京津冀、长三角、粤港澳大湾区合作，加强人才、技术、资本、教育、医疗、能源等优质要素交流互动，健全南水北调中线工程受水区与水源区对口协作机制；加强与周边省份的互联互通和经贸、产业联系，加快经济要素双向流动。

第二，高质量对接外循环。陕西加快建设国际门户枢纽，打造内陆改革

开放新高地。培育国际竞争新优势，加快形成面向中亚、南亚、西亚国家的通道、商贸物流枢纽、重要产业和人文交流基地，拓展开放广度和深度。深度融入共建"一带一路"，发挥区位优势，带动功能集聚和城市发展。加快构筑内陆地区效率高、成本低、服务优的国际贸易通道。进一步发挥中欧班列战略通道作用，推动中欧班列长安号高质量运营，加快建设中欧班列西安集结中心，建立陆港、空港相结合的临空产业体系；支持西安建设"一带一路"综合试验区，对接国际规则标准，加快推动投资贸易便利化，健全吸引集聚全球优质要素的体制机制，强化国际交往功能，打造黄河流域对外开放门户。推动杨凌上海合作组织现代农业交流中心、农业技术实训基地、种业科技创新合作中心建设，深化与共建"一带一路"国家农业合作。支持西北大学建立"中亚丝绸之路考古合作研究中心"。推广中俄丝路创新园"一园两地"模式，鼓励有实力的企业建设海外生产加工基地。充分发挥展会对外开放平台作用，办好欧亚经济论坛、丝博会、杨凌农高会、丝绸之路国际产学研用合作会议等活动。支持优势企业"走出去"，引导企业开拓多元化出口市场，建设"海外仓"。

B.11
河南：统筹三产与数字经济发展

贺卫华 仲德涛 林永然 张万里 袁 苗*

摘 要： 构建现代化产业体系是黄河流域生态保护和高质量发展的重要战略内容。构建具有河南特色的黄河流域现代化产业体系，既是黄河流域生态保护和高质量发展、统筹我国发展和安全的重要保障，也是河南积极融入新发展格局、实现"两个确保"目标的内在要求。构建具有河南特色的黄河流域现代化产业体系，河南有经济规模、产业基础、资源条件和政策供给优势，但也面临要素市场化配置程度不高、创新驱动发展水平较低、区域经济增长动力较弱等现实困境。基于此，本文提出了要明确主攻方向和发力重点、提升科创体引领能力、强化重大项目带动、实施绿色低碳转型战略、用好流域独特资源优势等对策建议。

关键词： 河南特色 黄河流域 现代化产业体系

继党的二十大明确提出要"建设现代化产业体系"后，习近平总书记在主持召开二十届中央财经委员会第一次会议时再次强调，现代化产业体系是现代化国家的物质技术基础，必须把发展经济的着力点放在实体经济上，

---

* 贺卫华，中共河南省委党校（河南行政学院）经济学教研部主任、教授，研究方向为区域经济；仲德涛，博士，中共河南省委党校（河南行政学院）经济学教研部副教授，研究方向为产业经济；林永然，博士，中共河南省委党校（河南行政学院）经济管理教研部副教授，研究方向为区域经济；张万里，博士，中共河南省委党校（河南行政学院）决策咨询部讲师，研究方向为产业经济；袁苗，博士，中共河南省委党校（河南行政学院）决策咨询部讲师，研究方向为产业经济。

为实现第二个百年奋斗目标提供坚强物质支撑。①黄河流域生态保护和高质量发展是中国高质量发展中一项新的具有重大意义的国家区域战略,②而构建现代化产业体系是黄河流域生态保护和高质量发展的重要战略内容。黄河流域河南段是黄河中下游交汇处，是黄河流域的经济中心、制造业中心、人口集聚中心和消费中心,③构建具有河南特色的黄河流域现代化产业体系，既是黄河流域生态保护和高质量发展、统筹我国发展和安全的重要保障，也是河南积极融入新发展格局、实现"两个确保"目标的内在要求。近年来，河南强化顶层设计、提升改造传统产业、培育壮大新兴产业、谋划布局未来产业，推动黄河流域产业向数字化、智能化、绿色化方向发展，产业结构和发展能级得到优化和提升，但依然面临要素市场化配置程度不高、创新驱动发展水平较低、区域经济增长动力较弱等现实困境。基于此，河南应准确全面贯彻新发展理念、积极融入新发展格局、坚定实施"十大战略"，坚持目标导向，突出政策引领，立足基础条件，补齐短板弱项，加快构建具有河南特色的黄河流域现代化产业体系。

一 构建河南特色黄河流域现代化产业体系的重要意义

黄河流域河南段是黄河流域重要的生态功能区、人口集聚地和产业集聚区，在黄河流域生态保护和高质量发展中具有重要的特殊地位。加快构建具有河南特色的黄河流域现代化产业体系，既是黄河流域生态保护和高质量发展的重要保障，也是河南融入新发展格局、推动省域高质量发展、加快中国式现代化河南实践的内在要求。

---

① 《加快建设以实体经济为支撑的现代化产业体系 以人口高质量发展支撑中国式现代化》，《人民日报》2023年5月6日，第1版。
② 高煜：《黄河流域高质量发展中现代产业体系构建研究》，《人文杂志》2020年第1期。
③ 林振义主编《黄河流域高质量发展及大治理研究报告（2021）》，社会科学文献出版社，2021，第324页。

（一）推进黄河流域生态保护和高质量发展的重要保障

黄河流域拥有丰富的自然资源和复杂多样的地形地貌，拥有由耕地、草地、林地等构成的复杂多样的生态系统，是全国重要的生态屏障；同时，黄河流域是我国生态环境较为敏感地区之一，生态保护压力较大，实现低碳发展挑战较多，各种资源约束问题比较突出，是我国实现"双碳"目标的重要战场。新中国成立以来，依托丰富的资源储备和良好的区位条件，黄河流域建立了"倚能倚重"的产业体系。这种产业体系为国家工业化发展和经济积累作出了重要贡献，但产业结构不合理问题也较为突出，主要表现在：与全国产业结构相比，一二产业占比过大，第三产业发展滞后；第二产业中高碳重碳问题比较突出，能源化工产业占比过高。这种"倚能倚重"产业结构带来的生态环境保护和水资源高效利用压力巨大，也是黄河流域绿色低碳发展的最大困境之所在。因此，要发挥黄河流域生态屏障功能，促进黄河流域经济发展和生态保护相容共赢，必须优化全流域产业空间布局，推进全流域产业转型升级和绿色发展，加快构建具有地域特色、竞争优势明显和绿色低碳发展的现代化产业体系，促进产业发展和环境保护相容共赢。河南位于黄河流域中部下游，处于承上启下的关键位置，且产业基础坚实，制造业和农业发展为黄河流域生态保护和高质量发展提供重要支撑。因此，构建具有河南特色的黄河流域现代化产业体系，对推进黄河流域生态保护和高质量发展具有重要意义。

一是有利于提高黄河流域先进制造业占比。加快先进制造业发展是河南工业化的主攻方向，也是河南经济发展的重要基础和支撑。河南先进制造业主要位于沿黄地区的郑州、洛阳两大中心城市，加快郑州、洛阳等地区先进制造业的发展对促进经济发展与生态保护相容共赢产生直接影响。同时，河南交通区位优势突出，加快推动河南先进制造业发展，有利于发挥河南区位交通优势，推进黄河流域上下游、干支流、左右岸产业统筹联动，促进全流域产业优化升级和现代化产业体系建设，强化黄河流域区域经济协同合作，提高黄河流域生态保护和高质量发展的水平。

二是推动黄河流域产业转型发展。一个地区产业门类越齐全，越容易形成产业整体优势，增强产业发展韧性，有利于把发展优势转变成胜势，进而有利于在竞争中立于不败地位。河南产业转型有力，产业基础比较牢固，工业门类齐全，内需比较广阔。促进河南产业转型发展，有利于进一步提升河南产业发展韧性，带动黄河流域产业优化升级和提升制造业产业链水平。

三是促进黄河流域农业高质量发展。黄河流域农业生产在全国占据非常重要的地位，全国约1/3的粮食和肉类来自这一区域，其中河套灌区、汾渭平原、黄淮海平原等地区农业比较优势明显。河南是农业大省，其农业的地位在整个黄河流域比较重要，更是全国重要的粮食生产基地和农产品供给基地。河南粮食产量占全国总产量的1/10，肉、蛋、奶等重要农产品产量连续多年居全国前列。因此，河南发挥农业比较优势，深化农业供给侧结构性改革，推进农业高质量发展，对于促进黄河流域经济发展和生态保护相容共赢、发挥农业大省作用保障粮食安全供给具有十分重要的意义。

（二）河南积极融入新发展格局的客观要求

习近平总书记强调，"新发展格局以现代化产业体系为基础，经济循环畅通需要各产业有序链接、高效畅通"。[1] 加快河南产业现代化进程，要在新发展格局的视域下加以理解和把握，这对于重塑河南区域竞争力新优势、促进河南融入全国发展大局具有重要意义。

一是构建河南特色黄河流域现代化产业体系是河南融入新发展格局的重要条件。从根本上说，构建新发展格局就要在全国范围内实现产业关联畅通，包括区域和产业两个层面的关联畅通。加快河南产业现代化进程，有利于河南加快形成科学合理的区域产业体系，促进产业区域层面的关联畅通，增强河南产业乃至经济整体竞争力、发展力、持续力。另外，构建具有河南特色的黄河流域现代化产业体系，还有利于促进国家层面的产业融合与协同发展，建立更高水平产业体系，推进产业现代化进程，进一步带动河南更有效地参与全国高水平经济循环，更好地融入新发展格局。

---

[1] 《加快构建新发展格局　增强发展的安全性主动权》，《人民日报》2023年2月2日，第1版。

二是构建河南特色黄河流域现代化产业体系是河南融入新发展格局的重大任务。现代化经济体系是推进国家现代化和区域经济融入新发展格局的重要内容，现代化产业体系又是现代化经济体系的关键、基础和核心，发挥着创造供给、满足需求、促进流通的关键作用。河南要融入新发展格局，必须让河南产业体系嵌入全国产业体系，使其更好地服务现代化经济体系建设，这是河南融入新发展格局的重大任务。加快构建河南特色黄河流域现代化产业体系，要依靠创新驱动实体经济发展，以高端制造业为主攻方向，强化金融资本和人力资本支撑，不断提升供给质量，不断满足居民消费升级需求，促进河南产业体系更好嵌入全国产业体系，加快形成循环畅通、有序链接、高效匹配的现代化经济体系，进而使河南更好地融入新发展格局。

三是构建河南特色黄河流域现代化产业体系是河南融入新发展格局的必然选择。总体上看，河南产业体系还存在核心竞争力相对较弱、创新能力不足、质量效益不高、产业基础有待提升、处于价值链中低端等突出问题，这些问题影响河南融入新发展格局。同时，河南要抓住构建新发展格局、促进中部地区崛起、黄河流域生态保护与高质量发展等机遇，这就对河南产业体系发展提出了新的更高要求。针对突出问题和新的更高要求，河南必须扬优势、补短板、强弱项，推进河南产业体系加快迈向现代化，努力使河南成为促进我国经济循环畅通、实现高水平自立自强的关键地区，这是河南更好地融入新发展格局的必然选择。

（三）推进河南经济高质量发展的战略举措

党的二十大报告指出，高质量发展是全面建设社会主义现代化国家的首要任务，而现代化产业体系是经济高质量发展的战略基础。在全面建设社会主义现代化国家过程中，实现经济高质量发展对供需匹配、经济发展方式转变和产业结构升级等提出了新的更高要求。

一是构建河南特色黄河流域现代化产业体系是实现供需匹配的必然要求。随着我国经济转向高质量发展阶段，居民对产品和服务的需要开始从"有没有"向"好不好"转变，从中低端需求向中高端需求转变，对需求的质量要求越来越高。居民产品和服务需求的转型升级，使原来在短缺经济下形成的传统产业模式开始出现产能过剩，从而倒逼产业结构的升级。河南中低端产业占比较大，中高端产业基础薄弱、发展相对滞后，这就造成河南相对供给不足和产能结构性过剩矛盾比较突出。因此，河南顺应消费升级趋势，积极发展新产业新业态，构建以需求为导向的现代化产业体系，加快提升产业链韧性，提升产业链价值链水平，是推进河南供需匹配、实现高质量发展的必由之路。

二是构建河南特色黄河流域现代化产业体系是转变经济发展方式的必然要求。随着我国经济由高速增长阶段转向高质量发展阶段，我国需求条件、外部环境条件和潜在增长率等发生变化，如果沿用过去的方式推进经济增长，将很难实现预期目标。这迫切要求坚持创新引领，转变经济发展方式，走高效益、高质量发展道路。就创新来说，河南短板较为突出，主要表现在：科技创新投入严重不足，与全国平均水平差距较大，与先进省份相比差距更大；国家重点实验室等国家级创新平台、高新技术企业数量、技术合同成交额等远低于发达地区；企业专利申请数、有效发明专利数和技术市场交易额等在中部六省中排名倒数。因此，面对我国经济转型发展新要求和河南经济发展创新约束的现实条件，要以创新驱动为引领，不断推进产业转型升级、经济发展方式转变，进而推动河南经济高质量发展。

三是构建河南特色黄河流域现代化产业体系是实现产业结构优化升级的必然要求。立足黄河流域高质量发展，建设具有河南地域特色的现代化产业体系是对不平衡产业分工格局的战略再调整，有利于河南产业优化升级，加快推进现代化产业体系建设。在国内外产业分工格局中，河南产业处于不利地位，处于产业链和价值链的中低端。要改变这种状态，就要立足黄河流域高质量发展，建设具有河南地域特色的现代化产业体系，加快实现核心技术突破，加快推进绿色低碳转型，推进产业链价值链迈向中高端。同时，加快构建具有河南特色的黄河流域现代化产业体系还有利于推进产业融合发展，促进信息技术全面改造升级工业和服务业，推动二三产业的深度融合，实现产业的加速集聚，进而实现产业升级，推动经济发展实现速度和质量相统一。

（四）河南实现"两个确保"目标的必由之路

河南省第十一次党代会以前瞻30年的眼光，对河南现代化建设作出战略安排，并明确了建设现代化河南目标即实现"两个确保"，也是中国式现代化河南实践的目标。

一是构建河南特色黄河流域现代化产业体系是河南实现"两个确保"目标的必由之路。经测算，河南要实现"两个确保"的目标，在今后一定时期必须保持地区生产总值（GDP）增长速度高于全国平均水平1.5个百分点左右。而2016年之前河南GDP增速每年都高于全国1.4个百分点以上，2017年后开始收窄，2019年仅高出0.4个百分点，2020年降至-1个百分点，2021年差距扩大到-1.8个百分点，2022年回升至高出0.1个百分点。加快构建具有河南特色的黄河流域现代化产业体系，一方面可以利用新技术改造提升传统产业，提升全要素生产率，实现产业迈向中高端；另一方面可以加速促进新兴产业的产生、发展和壮大，这将有助于突破现有资源要素约束，进一步深挖市场需求，形成新的经济增长点。

二是构建河南特色黄河流域现代化产业体系是河南实施"十大战略"的必由之路。为了加快实现"两个确保"目标，河南提出实施"十大战略"，而实施"十大战略"离不开现代化产业体系的支撑。比如，在实施创新驱动、科教兴省、人才强省战略中，强调要加快推进创新发展，把创新作为工业企业发展的第一动力；在实施优势再造战略中，强调要打造产业链优势，推动产业基础夯实，产业优势明显发挥；在实施换道领跑战略中，强调要改造升级传统产业，大力发展新兴产业，筹划布局未来产业，实现新赛道产业发展新突破；在实施数字化转型战略中，强调要大力发展数字产业，完善数字基础设施，打造数字转型升级新优势；在实施文旅文创融合战略中，强调要发挥河南文化旅游优势资源，延长文旅文创产业链，壮大文旅文创企业；在实施乡村振兴战略中，强调要在确保粮食安全中发挥农业大省作用，提升农业效益和竞争力；在实施绿色低碳转型战略中，强调要坚持绿色转型发展，不断调整能源结构，壮大绿色产业。"十大战略"对加快构建河南特色黄河流域现代化产业体系提出了新坐标、新要求、新思路,因此要对河南现代化产业体系发展进行新的系统谋划,全方位推动产业发展,整体性提升产业水平,推动河南更多产业服务全国大局,为推动建设河南特色黄河流域现代化产业体系注入新动能。

二 河南构建黄河流域现代化产业体系的实践探索

黄河流域河南段是黄河流域重要的经济地带,经济总量高、产业基础好、市场规模大。近年来,河南完整准确全面贯彻新发展理念、积极融入新发展格局,加快提升改造传统产业、发展壮大新兴产业、加速布局未来产业、优化空间集约布局,持续推动产业结构优化,努力实现发展动能转换,在构建河南特色黄河流域现代化产业体系方面迈出了坚实步伐。

(一)加强顶层设计,完善政策体系

党的二十大报告明确提出,要建设现代化产业体系,坚持把发展经济的着力点放在实体经济上。2022年中央经济工作会议把"加快建设现代化产业体系"列为2023年我国经济工作的五项重点任务之一。近年来,河南高度重视现代化产业体系建设,通过加强黄河流域现代化产业体系建设顶层设计,完善相关政策制度,加强省级层面统筹协调,强化制度供给,初步构建了支撑黄河流域现代产业发展的政策体系。

一是加强对黄河流域河南段产业发展的组织领导。黄河流域生态保护和高质量发展国家战略提出后,河南省成立了由省委书记和省长任组长的"双组长"领导小组,围绕生态保护、高质量发展、产业发展、文化传承等进行谋划和部署。2022年5月召开的黄河流域生态保护和高质量发展领导小组第六次会议指出,要"强化创新驱动,在加快转型发展上实现新突破","加快改造升级传统产业、重点培育新兴产业、谋篇布局未来产业,以数字化、网络化、智能化带动和促进黄河保护治理,加快建设绿色制造体系和服务体系,提高绿色低碳产业比重,推动流域经济发展质量变

革、效率变革、动力变革",[1]为构建黄河流域河南段现代化产业体系指明了方向。

二是制定和出台一系列关于现代化产业发展的政策文件。近年来,河南省不断强化构建黄河流域现代化产业体系的政策保障,出台了一系列相关政策文件(见表1)。省级层面,制定并实施了《河南省"十四五"战略性新兴产业和未来产业发展规划》《河南省"十四五"制造业高质量发展规划》《河南省"十四五"现代服务业发展规划》等,谋划发展的产业涉及战略性新兴产业、未来产业、制造业、生产性服务业等,涵盖产业发展方向、发展重点、思路举措、政策保障等内容。市级层面,除济源城乡一体化示范区外,沿黄各地市均制定了现代化产业发展的相关政策文件,为推动黄河流域河南段构建现代化产业体系提供了目标遵循和政策依据。

表1 河南省关于现代化产业体系建设的政策文件

文件层级	文件名称	发布时间	发文机关
省级	《河南省"十四五"战略性新兴产业和未来产业发展规划》	2022年1月	河南省人民政府
	《河南省"十四五"制造业高质量发展规划》	2022年1月	河南省人民政府
	《河南省"十四五"现代服务业发展规划》	2022年1月	河南省人民政府
市级	《郑州市"十四五"战略性新兴产业发展总体规划(2021—2025年)》	2022年6月	郑州市人民政府
	《开封市"十四五"战略性新兴产业和未来产业发展规划》	2022年12月	开封市人民政府
	《洛阳市"十四五"制造业高质量发展规划》	2022年5月	洛阳市人民政府
	《焦作市"十四五"战略性新兴产业和未来产业发展规划》	2023年2月	焦作市人民政府
	《新乡市"十四五"制造业高质量发展规划》	2022年7月	新乡市人民政府
	《三门峡市"十四五"战略性新兴产业和未来产业发展规划》	2022年10月	三门峡市人民政府
	《濮阳市"十四五"制造业高质量发展规划》	2022年8月	濮阳市人民政府

资料来源:河南省及河南沿黄各市政府网站。

---

[1] 《扛牢政治责任 统筹保护治理 让母亲河更加健康更加美丽》,《河南日报》2022年5月18日。

（二）有效应对冲击，推动工业经济回升向好

2020年以来，百年变局叠加新冠疫情，对我国经济造成了一定的冲击。面对压力，河南省委、省政府认真贯彻党中央和国务院各项安排部署，按照"经济要稳住、发展要安全"的要求，出台并加快推动落实稳经济一揽子政策，不断提升产业链供应链韧性和安全水平，推动工业经济发展整体保持平稳态势。

一是实施工业稳增长攻坚行动。工业是国民经济的命脉，是加快高质量跨越式发展的强力引擎。河南省把稳经济，尤其是稳定工业增长作为促进经济高质量发展的重要任务，建立"1+N"工业监测预测指数，深入推进工业"四保"工作，扩大工业有效投资，加快延链补链强链，取得了明显成效。

2022年，河南沿黄各市工业发展均实现一定增长，且多数地区工业增速超过全省平均水平，较好地支撑和带动了黄河流域河南段工业增加值增长（见表2）。同时，河南还统筹推进工业质的有效提升和量的合理增长，重点发展新兴产业、加快布局未来产业、提质发展传统产业等，稳步推进黄河流域河南段工业结构调整。如2022年开封市规上工业中，"三高一新"产业保持高速增长，高技术、高新技术、高成长、工业战略性新兴产业增加值同比分别增长21.8%、11.2%、10.1%、8.2%；焦作市规模以上工业中，工业战略性新兴产业增加值同比增长15.2%，占规模以上工业的31.6%，高技术产业同比增长62.9%，占规模以上工业的6.2%，高新技术产业同比增长9.2%，占规模以上工业的58.7%。可见，以"三高一新"为主要代表的现代产业正在成为黄河流域河南段制造业发展的方向。

表2　2022年河南省沿黄各市规上工业发展基本情况

单位：%

地区	规上工业增加值增速	高技术产业增加值增速	工业战略性新兴产业增加值增速
郑州市	4.4	14	—
开封市	5.9	21.8	8.2
洛阳市	4.5	20.1	-19.9

续表

地区	规上工业增加值增速	高技术产业增加值增速	工业战略性新兴产业增加值增速
新乡市	7.6	14.7	12.1
安阳市	2.4	4.6	-1.5
焦作市	6.6	62.9	15.2
三门峡市	7.4	-17.9	5.6
濮阳市	8.2	-11.6	3.3
济源市	6.5	-5.1	5.9
全省	5.1	12.3	8.0

资料来源：河南省及河南沿黄各市2022年国民经济和社会发展统计公报。

二是培育壮大市场主体。市场主体是经济发展动力源和就业顶梁柱。河南在推动黄河流域现代化产业体系建设过程中，不断强化企业培育，突出企业主体作用，完善优质企业梯度培育体系，逐步形成了头雁企业引领、专精特新"小巨人"发展壮大的高成长性企业雁阵格局。通过推进高成长性企业培育，推进工业企业"小升规"，大力开展"个转企、小升规、规改股、股上市、企转新"行动，建立重点企业培育库，加快企业入规培育，重点提升企业运营管理能力。截至2022年底，河南沿黄地区百亿级工业企业、头雁企业、单项冠军（产品）和专精特新"小巨人"企业分别达到26家、59家、14家（个）和279家，占全省的比重分别达到70.3%、64.1%、64%和75%。

三是推动产业结构优化升级。河南沿黄各地区积极促进一二三产业联动发展，加大产业融合力度，逐步形成以农业为基础、高新技术产业为先导、基础产业和制造业为支撑、服务业全面发展的产业格局。2022年，沿黄各地区第一、第二、第三产业增加值合计分别为1972.43亿元、14241.09亿元、17636.61亿元，与2012年相比分别增长46.7%、48.5%、180.9%。三次产业结构由2012年的7.8∶55.7∶36.5优化为2022年的5.8∶42.1∶52.1，第三产业比重较2012年提高15.6个百分点，沿黄各地区除三门峡、济源外，产业结构均已实现"二三一"到"三二一"的历史性转变。

（三）强化创新驱动，为构建现代化产业体系注入新动能

创新是引领发展的第一动力。河南在构建黄河流域现代化产业体系过程中，始终坚持把创新引领放在突出位置，明确提出"实施创新驱动、科教兴省、人才强省战略"，并将之置于"十大战略"之首，不断提升科技创新在现代化产业体系建设中的地位。

一是加快科技创新平台建设。科技创新平台是实施创新驱动战略的重要载体，是创新体系建设的重要组成部分。近年来，河南加快创新平台建设，面向市场需求，坚持企业主体地位，全力打造一流创新生态体系，出台一系列奖励扶持政策，平台数量和质量逐年显著提升。截至2022年，河南全省拥有16家国家级重点实验室、249家省重点实验室、10家省实验室、36家省中试基地、24家省技术创新中心；省级及以上企业技术中心、工程研究中心（工程实验室）、工程技术研究中心分别达到1545个（国家级93个）、964个（国家级50个）、3345个（国家级10个）。其中，华兰生物等4家P3实验室、国家生物育种产业创新中心研发基地均落户沿黄城市。目前，河南沿黄城市新成立18家省级产业研究院、16家省级中试基地（见表3、表4），分别占全省新增的72%和76.2%；建成15家省级制造业创新中心，占全省的94%。

表3 河南省沿黄城市省级产业研究院名单

名称	所在城市	名称	所在城市
河南省农机装备产业研究院	洛阳市	河南省先进光子技术产业研究院	郑州市
河南省氢能与燃料电池汽车产业研究院	郑州市	河南省高温新材料产业研究院	洛阳市
河南省氟基新材料产业研究院	焦作市	河南省动物疫苗与药品产业研究院	洛阳市
河南省高性能医疗器械产业研究院	郑州市	河南省高端轴承产业研究院	洛阳市
河南省人工智能产业研究院	郑州市	河南省新型动力及储能电池材料产业研究院	新乡市

续表

名称	所在城市	名称	所在城市
河南省生物医药产业研究院	新乡市	河南省钛基新材料产业研究院	焦作市
河南省先进膜材料产业研究院	新乡市	河南省生物基材料产业研究院	濮阳市
河南省智能传感器产业研究院	郑州市	河南省先进有色金属材料产业研究院	济源市
河南省煤矿智能开采装备产业研究院	郑州市	河南省智慧康养设备产业研究院	安阳市

资料来源：根据公开资料整理。

表4　河南省沿黄城市省级中试基地名单

名称	所在城市	名称	所在城市
河南省高端装备中试基地	洛阳市	河南省低碳能源技术中试基地	郑州市
河南省环保与精细化工新材料中试基地	焦作市	河南省体外诊断产品中试基地	郑州市
河南省生物医药CXO一体化中试基地	郑州市	河南省智能制造系统中试基地	郑州市
河南省轻质金属材料中试基地	洛阳市	河南省碳基新材料中试基地	开封市
河南省纳米材料中试基地	济源市	河南省先进高温材料中试基地	洛阳市
河南省新能源电池中试基地	新乡市	河南省微电子中试基地	郑州市
河南省智能传感器中试基地	郑州市	河南省生物基材料中试基地	濮阳市
河南省电子装备柔性中试基地	郑州市	河南省医用防护用品中试基地	新乡市

资料来源：根据公开资料整理。

二是大力发展战略性新兴产业和先进制造业。战略性新兴产业是实现转型发展的重要引擎。近年来，河南尤其是沿黄各市高度重视战略性新兴产业发展，坚持把制造业高质量发展作为主攻方向，加快培育新一代信息技术、生物医药、智能传感器、智能装备、新能源汽车等产业，战略性新兴产业和先进制造业快速发展。如郑州航空港区聚焦"智能机"，延伸富士康、超聚变产业链，大力发展电子信息"一号产业"，加速布局智能终端制造与研发工作；洛阳市大力推动"制造业+数字经济"发展模式，明确制造业数字化发展方向，以龙头企业为引领积极培育发展工业互联网平台，推动大数据产业提质培优。目前，洛阳中原智造工业共享云平台等 9 家单位入选省级工业互联网平台，洛阳炎黄科技园获批省级软件产业园区，洛阳大数据产业园获评省级示范大数据产业园区。

三是加快推动未来产业布局。未来产业是面向未来需要的新型科技产业化的结果，是引领未来发展的潜在增长点。河南沿黄地区按照河南省委、省政府统一安排部署，围绕类脑智能、量子信息、基因技术、未来网络、深海空开发、氢能与储能等前沿科技和产业发展领域，组织实施未来产业发展培育和孵化计划，加强未来产业关键核心技术的研发和产品应用。例如，河南加快推动新能源领域重点产业布局，重点围绕氢能与储能开展核心技术攻关，在河南沿黄城市郑州、开封、洛阳、濮阳等地打造"郑汴洛濮氢走廊"。目前，全省共有加氢站 6 座，全部分布在沿黄城市，其中郑州 4 座、新乡 2 座，设计加注能力每天 4210 公斤；郑州已有 223 台燃料电池公交车分别在 20 条公交线路上投入运营，累计行驶里程超过 1000 万公里，居全国领先地位。

（四）优化产业空间集约布局，推动产业链式集群发展

产业布局是各类生产要素围绕产业链条在空间上的布局与配置，产业布局是否合理将直接影响区域分工和产业发展效率高低。近年来，河南在构建黄河流域现代化产业体系过程中，以集群集聚为依托，以实体经济为核心，以产业链为主线，打造上下游贯通、左右侧协同的产业发展新生态。

一是以产业园为载体推进产业集群发展。近年来，河南充分发挥产业园载体作用，推进黄河流域产业集群式发展。截至 2022 年底，河南沿黄各地市拥有 6 家国家级经济技术开发区、5 家国家级高新技术产业开发区、2 家综合保税区（见表 5）、50 余家省级开发区，以及自由贸易试验区、郑洛新国家自主创新示范区等众多产业园区。以郑洛新国家自主创新示范区为例，截至 2022 年 12 月底，区内拥有高新技术企业 3606 家，较 2021 年底增加 725 家，同比增长 25.2%。其中，郑州核心区充分发挥国家超算郑州中心和郑州大学、信息工程大学等集聚优势，打造全国知名的数字算力特色产业高

地；洛阳核心区围绕人工智能及制造、新能源及材料、新一代电子信息技术、生物经济等领域发挥优势；新乡核心区相继实施了氢能产业园、航空航天制造产业园、万华生命科学产业园、大数据产业园等一大批重大项目，形成了较好的产业集聚效应。

表5　河南沿黄地市国家级经济技术开发区、国家级高新技术产业开发区、综合保税区名单

产业园类型	产业园名称	所在地市	成立时间
国家级经济技术开发区	郑州经济技术开发区	郑州市	1993年
	洛阳经济技术开发区	洛阳市	1992年
	红旗渠经济技术开发区	安阳市	1992年
	新乡经济技术开发区	新乡市	2003年
	濮阳经济技术开发区	濮阳市	1992年
	开封经济技术开发区	开封市	1992年
国家级高新技术开发区	郑州高新技术产业开发区	郑州市	1988年
	洛阳高新技术产业开发区	洛阳市	1992年
	焦作高新技术产业开发区	焦作市	1999年
	新乡高新技术产业开发区	新乡市	1992年
	安阳高新技术产业开发区	安阳市	1992年
综合保税区	郑州新郑综合保税区	郑州市	2010年
	洛阳综合保税区	洛阳市	2020年

资料来源：河南省发改委网站。

二是推动形成"一轴两核四带"布局。"一轴"是以黄河流域河南段主干流区域为轴带，形成若干特色鲜明、分工有序、协同发展的产业集群。"两核"是强化郑州中心城市和洛阳副中心城市作用，支持郑州创建国家级制造业高质量发展示范区、国家人工智能创新应用先导区等；支持洛阳加快建设全国具有重要影响力的装备制造业基地、新材料产业基地。"四带"是指陇海产业带，以三门峡、洛阳、郑州、开封、新乡等重要城市作为节点，重点发展汽车、装备制造等主导产业，铝工业、煤化工、石油化工、有色等能源原材料产业，现代物流、工业设计、金融服务、科技服务等生产性服务业；京广产业带，以新乡、郑州等城市为节点，重点发展食品、电子信息、

新材料、电力装备等主导产业，生物医药等新兴产业；新濮产业带，以新乡、濮阳、长垣等城市为节点，重点发展装备制造、新材料、汽车零部件等主导产业，新能源、生物医药等新兴产业；郑焦产业带，以郑州、焦作、济源等城市为节点，重点发展食品、新材料等主导产业，能源电力、石油化工、建材等传统产业。

三是推动产业集群发展。近年来，河南沿黄地区扎实推进换道领跑战略，先后培育了12个千亿级产业集群，在全省占比达63%。其中，郑州电子信息集群、洛阳装备集群列入国家重点支持建设的中部地区产业集群，洛阳智能农机装备集群入选国家级先进制造业集群，汝阳产业集聚区成功入选国家新型工业化产业示范基地，为此批次全省唯一。

（五）坚持生态优先，推动产业绿色低碳转型

党的二十大报告提出要加快发展方式绿色转型，清晰擘画了推动经济社会发展绿色化、低碳化的战略部署。近年来，河南始终牢记习近平总书记殷殷嘱托，深入贯彻习近平生态文明思想，把绿色低碳转型作为构建黄河流域现代化产业体系的重要途径。

一是推动制造业绿色低碳高质量发展。制造业绿色低碳高质量发展是大势所趋，也是构建现代化产业体系的内在要求。近年来，河南沿黄各地大力实施绿色低碳转型战略，加快构建绿色制造体系，围绕碳达峰碳中和目标，加快构建高效、清洁、低碳、循环的绿色制造体系。第一，建立健全制造业绿色低碳发展政策体系，先后制定了《河南省"十四五"制造业高质量发展规划》《实施绿色低碳转型战略工作方案》《河南省碳达峰实施方案》《河南省制造业绿色低碳高质量发展三年行动计划（2023—2025年）》等政策文件，强化制造业绿色低碳发展的政策保障。第二，编制项目发展规划，为有效推进一批工业绿色低碳项目实施，促进河南省工业绿色转型可持续发展，河南省编制工业绿色低碳发展重点项目计划，对重点项目进行资金和政策支持。如2022年省工业和信息化厅编制了《河南省工业绿色低碳发展2022年重点项目计划》，计划项目282个，总投资423.09亿元，2022年

计划投资192.33亿元；在河南省发改委发布的2023年重点建设项目中，涉及绿色低碳转型的项目93个。第三，开展传统制造业绿色化提升，大力提高绿色低碳工艺技术装备的使用范围和使用力度，支持企业淘汰传统高耗能设备。

二是开展工业领域污染防治。工业污染是黄河流域四类重要污染源之一。近年来，河南沿黄各地市坚决贯彻落实党中央决策部署，积极推进污染源头治理、系统治理、综合治理，大力开展污染防治攻坚战，印发年度污染防治攻坚战实施方案，重点治理"散乱污"企业，大力压减工业用煤，强化督促淘汰落后产能，组织各地开展挥发性有机物（VOCs）源头替代、错峰生产、工业散乱污整治等工作督导。例如，推动郑州、洛阳等市建成区重污染企业搬迁改造，实施钢铁、水泥等重点行业企业超低排放改造，指导开展VOCs深度治理和移动源污染专项治理，强化重污染天气联防联控，持续改善流域空气环境质量。

三是大力发展绿色清洁能源。受我国"富煤、贫油、少气"资源禀赋制约，[1] 河南沿黄地区建立了以煤炭发电为主的能源产业。构建现代化产业体系，要一体化推进"减煤""增绿"，提高清洁能源占比。近年来，河南沿黄各地市依托地域优势，坚持走可持续发展之路，大力发展水能、风能、光能等可再生能源。以三门峡等区域为中心的风能利用初具规模、跨越发展，太阳能从无到有、创新高效，利用规模不断扩大；郑州、洛阳、濮阳等地市充分利用地热资源，建成一批地热集中供暖示范项目，地热供暖制冷初具规模。2022年，河南省可再生能源装机量和发电量实现"双增长"，其中，可再生能源装机量超过4900万千瓦，同比增长21.9%；可再生能源发电量超过820亿千瓦时，同比增长24.6%，占全社会用电量比重超过1/5。

---

[1] 郭玲玲：《"双碳"目标下河南工业绿色低碳转型的思考》，《农村·农业·农民》（B版）2022年第4期。

三 构建河南特色黄河流域现代化产业体系存在的问题及其成因

近年来，河南把构建现代化产业体系作为高质量发展和推动中国式现代化河南实践的有效途径，并取得了一定成效。但总体来看，仍存在要素市场化配置程度不高、创新驱动发展能力不强、区域经济增长动力较弱等问题。原因在于实体经济主体性不突出、科技创新潜力未充分发掘、现代金融与实体经济对接脱节、人力资源丰富但专业人才缺乏，亟需构建具有河南特色的黄河流域四位协同的现代化产业体系。

（一）构建河南特色黄河流域现代化产业体系存在的问题

1. 产业结构性矛盾突出

在黄河流域省区中，河南归属于中部地区，受区域资源禀赋、产业基础、区域发展政策等因素的影响，河南在黄河流域现代化产业体系建设中存在产业资金、土地规划、人力资源及生态环境等方面的要素短板，现代产业发展面临结构性矛盾。一是产业结构层次不高。2022年，河南省三次产业结构为9.5∶41.5∶49.0，第三产业增加值30062.23亿元，同比增长2.0%。第三产业增加值增速在黄河流域九省区中仅高于青海省，与四川省持平，远低于甘肃省的4.4%和山东省的3.6%，排名倒数第2（见图1）。二是现代制造业规模不大。2022年，河南省高技术制造业同比增长12.3%，占规模以上工业的12.9%，而同期的青海、四川高技术制造业增加值占比分别达到23.2%、14.7%。三是数字产业经济引领力不强。2021年，河南数字产业经济规模突破1.7万亿元，占GDP比重为29.6%，但仅有一家国家"双跨"工业互联网平台，而同期山东数字经济占GDP比重已达到43%，累计培育国家"双跨"工业互联网平台数量占全国的1/7。

2. 创新驱动发展水平较低

中国科学技术发展战略研究院最新发布的《中国区域科技创新评价报

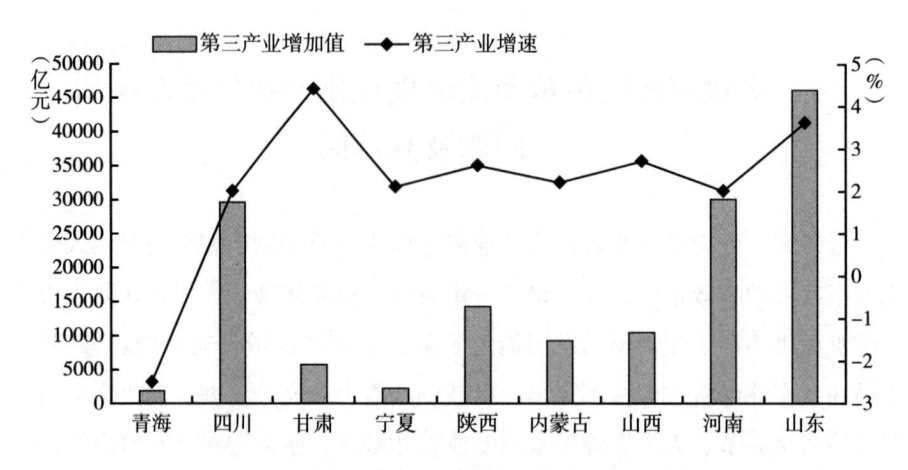

图1　2022年沿黄九省区第三产业增加值及其增速

资料来源：沿黄九省区2022年国民经济和社会发展统计公报。

告2022》显示，2022年河南的综合科技创新水平指数为62.31，位列第17；在沿黄九省区中排第4位，低于陕西的71.6、山东的70.14、四川的69.19（见图2）。

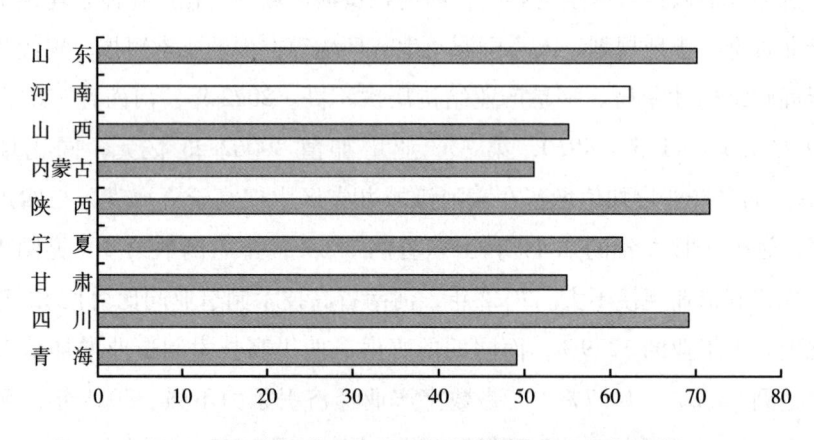

图2　2022年沿黄九省区综合科技创新水平指数比较

资料来源：《中国区域科技创新评价报告2022》。

总体来看，在沿黄九省区中，河南创新驱动发展水平相对不高，区域创新发展面临标兵渐远、追兵渐近的紧迫形势。一是研发经费投入不足。2021

年，河南R&D经费投入为1018.8亿元，研发投入强度为1.73%，低于陕西的2.35%、山东的2.34%和四川的2.26%，在沿黄九省区中排第4位（见图3）。二是技术创新产出水平较低。2022年，河南全年专利授权量为13.6万件，同期山东为18.9万件，与全国平均水平持平。三是技术创新载体规模较小。截至2022年末，河南省内有国家高新区9家，而同期的山东为16家。

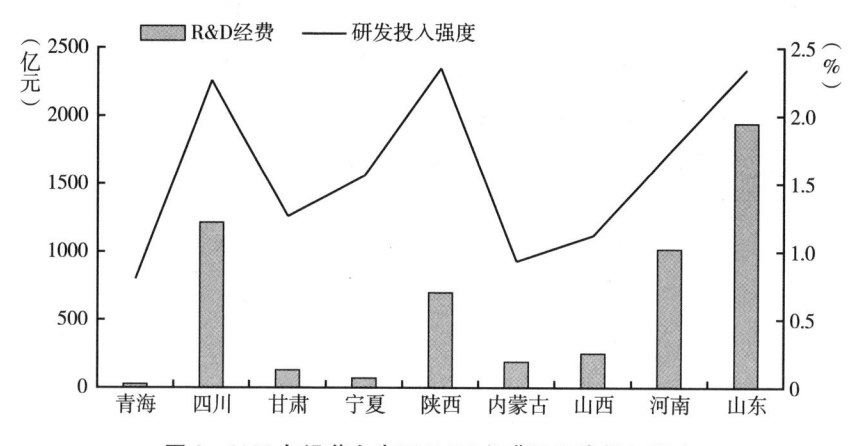

图3 2021年沿黄九省区R&D经费及研发投入强度

资料来源：《2021年全国科技经费投入统计公报》。

3.经济增长动力弱、增速放缓

受要素禀赋、产业基础、创新能力等方面影响，黄河流域河南段经济增长动力较弱、增速放缓，在沿黄九省区中处于中等水平。一是从GDP增长速度看，2012~2022年河南GDP增速呈明显的下降趋势（见图4）。2012年河南GDP增速达10.1%，到2022年仅为3.1%，下降趋势极为明显。从横向比较看，2022年河南GDP增速为3.1%，在沿黄九省区中，仅高于青海的2.3%和四川的2.9%，排第7位（见图5）。

二是中心城市带动作用不强。沿黄8市是河南经济发展的核心区，郑州市作为国家中心城市，是河南经济发展重要的增长极，也是沿黄8市经济重要的增长极，在黄河流域河南段乃至全省都发挥着重要的带动作用。但近年

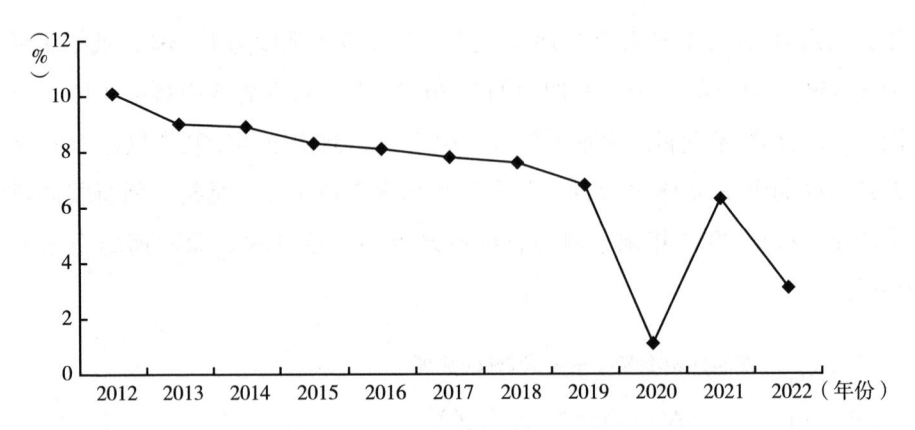

图 4　2012~2022 年河南省 GDP 增速变化趋势

资料来源：2012~2022 年河南省国民经济和社会发展统计公报。

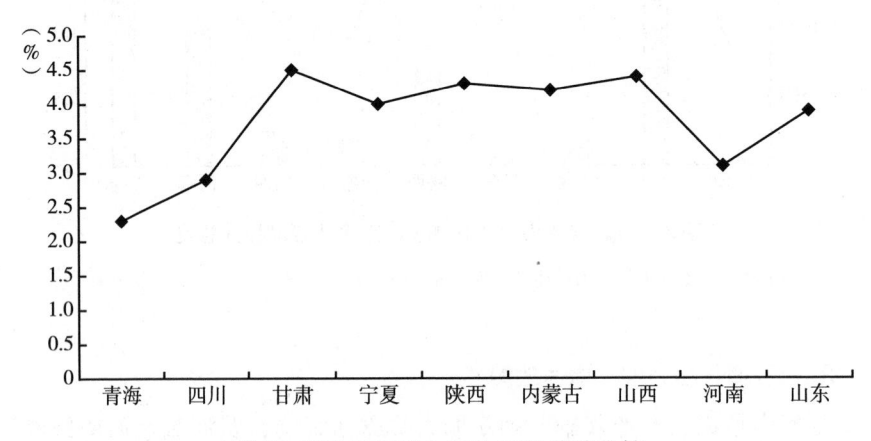

图 5　2022 年沿黄九省区 GDP 增速比较

资料来源：沿黄九省区 2022 年国民经济和社会发展统计公报。

来，由于产业结构升级缓慢、疫情冲击及"7·20"特大暴雨的影响，郑州对黄河流域河南段经济发展的拉动效应不够突出。2022 年，郑州市 GDP 增速为 1.0%，不但低于黄河流域大部分省会（首府）城市（见图 6），也低于河南全省 3.1% 的平均增速。2022 年，河南沿黄城市新乡、濮阳、三门峡、济源、开封的 GDP 增速均超过 4%，分别达到 5.3%、4.9%、4.6%、4.4%、4.3%，远高于郑州（见图 7）。

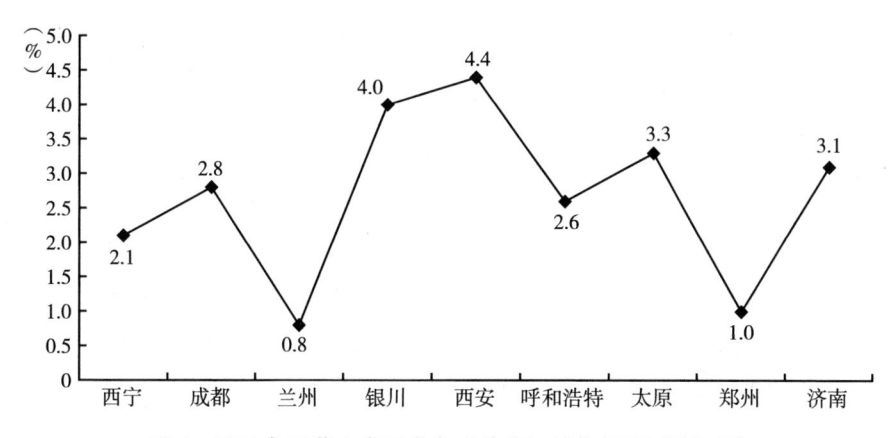

图 6　2022 年沿黄九省区省会（首府）城市 GDP 增速对比

资料来源：沿黄九省区省会（首府）城市 2022 年国民经济和社会发展统计公报。

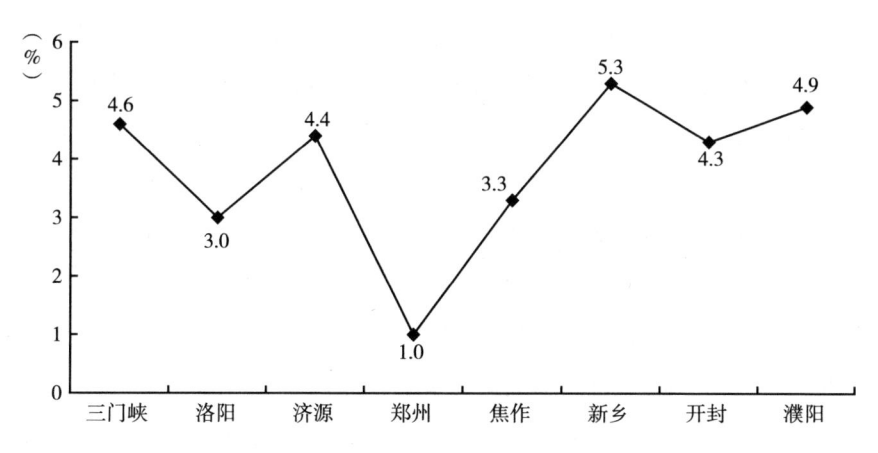

图 7　2022 年河南沿黄 8 市 GDP 增速比较

资料来源：河南沿黄 8 市 2022 年国民经济和社会发展统计公报。

（二）构建河南特色黄河流域现代化产业体系存在问题的原因分析

黄河流域河南段构建现代化产业体系存在的上述问题，既有产业基础方面的原因，也有要素和动力方面的原因。具体来说，主要表现在以下几个方面。

1. 产业层次偏低

从三次产业结构看，河南省三次产业结构由 2012 年的 12.7∶57.1∶30.2 转变为 2022 年的 9.5∶41.5∶49.0，第三产业增加值占比提升 18.8 个百分点，经济结构在持续优化，但从产业内部看，传统产业占比较高的问题突出。一是传统及高耗能制造业比重偏大。长期以来，河南传统制造业和资源型工业比重较大。2022年传统支柱产业增加值占规模以上工业的49.5%，能源原材料工业占比45.4%，说明全省工业仍然以传统制造业和能源原材料产业为主。从纵向对比看，河南传统支柱产业2022年占比较2017年提高了5.3个百分点；高耗能工业2022年占比为38.6%，比2017年增长了5.9个百分点（见表6）。2017~2022年河南全省传统支柱产业和高耗能产业占比并没有降低，反而增加了。2022年，河南高技术制造业占比12.9%，与2017年相比，只增长了4.7个百分点，增长较慢。2022年，河南战略性新兴产业占比25.9%，比2017年增长了13.8个百分点，尽管比重增长较快，但是由于基数较小，总体上对全省工业的支撑力较弱（见表7）。二是新兴服务业发展相对滞后。目前，河南服务业仍以传统的交通运输、仓储和邮政业，批发和零售业，房地产业以及住宿和餐饮业等为主，这些产业占GDP的比重较大。2022年，河南省批发和零售业增加值4496.54亿元，占全省第三产业增加值的14.96%；交通运输、仓储和邮政业增加值3721.08亿元，占比12.38%；住宿和餐饮业增加值1066.49亿元，占比3.55%；金融业增加值3301.35亿元，占比10.98%；房地产业增加值3631.00亿元，占比12.08%；信息传输、软件和信息技术服务业增加值1587.38亿元，占比5.28%；租赁和商务服务业增加值2007.87亿元，占比6.68%（见表8）。近年来，河南金融保险、现代物流、网络信息和知识产业等新兴服务业发展较快，但由于基础差、规模小、比重低，总体上仍处于较低水平。尤其是金融业和信息传输、软件和信息技术服务业，与全国15.16%和7.50%的平均水平相比，还存在一定差距。这种"一高一低"的行业结构特征，说明河南服务业仍然以传统服务行业为主，新兴服务行业发展相对滞后。三是产业层次和附加值不高。经过多年的发展，河南农业、工业、服务业门类齐全、结构持续优化，但是与发达地区相比，河南产业整体处于价值链底部，产业附加值不高。一方面，河南资源型产业突出，全省传统资源型产品较多，煤炭、石油、有色金属等产业比重较高，这些产业大多处于价值链的上游，受外部市场波动的影响较大。另一方面，河南钢铁、水泥、玻璃等传统产业比重较高、产能过剩，推进供给侧结构性改革压力大。近年来，河南虽然引进了一些高新技术产业，但多处于组装、简单加工等低端环节，市场风险较大，产业发展质量不高，与浙江、广东、江苏等发达省份相比仍有较大差距。

表6 2017年与2022年河南省传统产业、新兴产业占比对比

单位：%

年份	传统产业占比		新兴产业占比	
	传统支柱产业	高耗能产业	高技术制造业	战略性新兴产业
2017	44.2	32.7	8.2	12.1
2022	49.5	38.6	12.9	25.9

资料来源：河南省2017年、2022年国民经济和社会发展统计公报。

表7 2017~2022年河南省规模以上工业指标构成

单位：%

行业	2017年	2018年	2019年	2020年	2021年	2022年
规模以上工业	100.0	100.0	100.0	100.0	100.0	100.0
能源原材料工业	38.5	35.2	41.9	41.8	44.1	45.4
消费品制造业	—	—	—	28.4	26.1	25.6
五大主导产业	44.6	45.2	45.5	46.8	46.1	45.3
传统支柱产业	44.2	46.6	46.7	46.2	48.4	49.5
战略性新兴产业	12.1	15.4	19.0	22.4	24.0	25.9
高技术制造业	8.2	10.0	9.9	11.1	12.0	12.9
高耗能工业	32.7	34.6	35.3	35.8	38.3	38.6

资料来源：2017~2022年河南省国民经济和社会发展统计公报。

表8 2022年河南省服务业构成

	传统服务业				现代服务业		
	交通运输、仓储和邮政业	批发和零售业	房地产业	住宿和餐饮业	金融业	租赁和商务服务业	信息传输、软件和信息技术服务业
占比	12.38	14.96	12.08	3.55	10.98	6.68	5.28

资料来源：《2022年河南省国民经济和社会发展统计公报》。

2.科技创新潜力未充分发掘

一是创新能力与发展需求不匹配。经过多年的积累，河南科技整体水平有了明显提高，正处在从量的增长向质的提升转变的重要时期，一些领域已处于领先地位。但是，总体来看，河南关键核心技术创新平台缺乏的局面尚未根本改变，创新产业、引领未来发展的科技储备远远不够，"专精特新"行业发展缓慢，尤其是高端装备、关键零部件、集成电路、核心软件等领域发展进程较慢，很多产业还处于产业链和价值链的中低端，与构建河南特色的黄河流域现代化产业体系需求相去甚远。二是创新活动与经济发展衔接不紧密。从创新资源分布看，黄河流域河南段研发活动主要集中在中心城市，流域科技创新管廊的创新潜力有待释放；区域创新受到现行机制的约束，政策调整滞后、成果转化政策不配套等，严重影响了区域创新积极性，导致科技成果转化率低、科技创新与实体经济联系不够紧密等。三是新技术应用能力不强。从黄河流域河南段产业发展状况看，产业层次不高、"专精特深"类产品供给不足、效益偏低、价值链"低端锁定"的问题仍然突出，原因在于运用新技术研发新产品的能力较弱，新模式、新业态、新产品成长缓慢。

3.资源要素供给不足

构建现代化产业体系，需要有与之相匹配的资源要素保障。当前，构建具有河南特色的黄河流域现代化产业体系，面临资源要素供给不足问题。一是金融资源供给不足。近年来，受新冠疫情和国际经济不景气等因素的影响，河南实体经济投资收益率下滑，投资风险增加，导致金融行业对实体经济的支持不足，中小微企业、民营企业和"三农"等行业"融资难、融资贵、融资慢"问题突出，金融行业"脱实化""空转化"现象明显，构建现代化产业体系缺乏应有的资金支持。二是人力资源供给不足。河南是人口大省，也是人力资源大省。近年来，河南不断加大人才引育力度，高层次人才、高技能人才队伍不断壮大，"科技人口红利"逐渐显现，人才积累处于从量变到质变过渡的关键期。但随着劳动年龄人口减少及劳动力持续外流，河南人力资源供给不足问题已经开始显现。2017~2022年，河南向省外转移人口持续增长（见图8）。从劳动年龄人口变化看，2015年以来，河南劳动年龄人口的数量和比重连续下降。受劳动年龄人口持续减少的影响，劳动力供给总量下降，2018年末河南就业人员总量也首次出现下降。与此同时，河南省内青年就业人员也开始从制造业流向服务行业，且这种流动是单向的，从而造成精密加工、先进制造等领域人力资源供给不足的问题。三是高端人才供给不足。河南虽然劳动力数量优势明显，但产业技术人才、高素质劳动者极度缺乏，包括具备国际化管理创新能力、精通资本运营和国际投资的一流科学家、科技领军人才等，在很大程度上影响着黄河流域河南段现代化产业体系的构建。

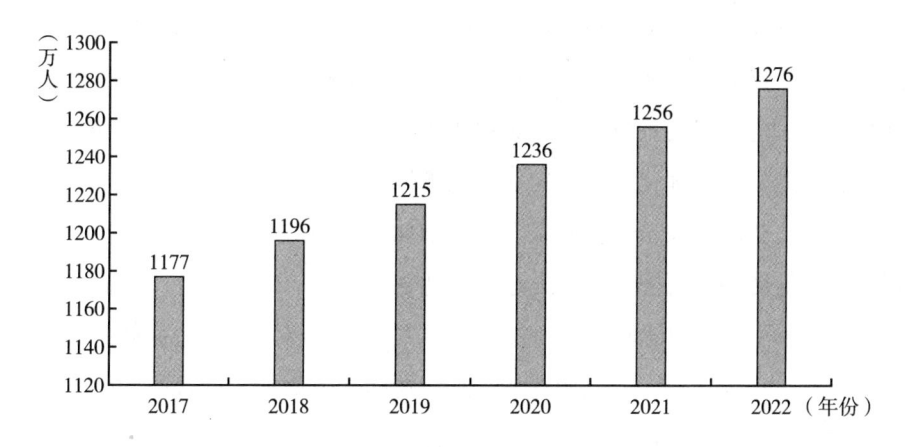

图8 2017~2022年河南向省外转移人口

资料来源：2017~2022年河南省国民经济和社会发展统计公报。

四 加快构建河南特色黄河流域现代化产业体系的对策建议

构建河南特色黄河流域现代化产业体系，应立足产业基础和资源禀赋，明确主攻方向和发力重点、强化科技创新引领能力、提升产业链现代化水平、推进数绿融合赋能等。

（一）明确主攻方向和发力重点，做好产业发展特色文章

构建河南特色黄河流域现代化产业体系，应结合河南产业发展基础与资源条件，统筹推进先进制造业、现代服务业、现代农业和数字经济发展。

1. 高质量发展制造业

河南印发《河南省推动制造业高质量发展实施方案》，提出要把制造业高质量发展作为主攻方向，构建"556"产业体系，即提升装备制造、食品制造、电子信息、汽车制造和新材料五大优势产业能级，加快钢铁、有色、化工、建材、轻纺五大传统产业"绿色、减量、提质、增效"转型，发展新一代信息技术、高端装备、智能网联及新能源汽车、新能源、生物医药及高性能医疗器械、节能环保六大新兴产业。一是把高端装备制造业作为转型升级重点。构建河南特色黄河流域现代化产业体系，要把高端装备制造业作为产业转型升级、优化经济结构的重点来抓，紧盯高端化、智能化、绿色化发展方向，实施龙头带动、链条发展，推动装备制造业向技术密集型、知识密集型、低能耗和高附加值的先进制造业方向发展，巩固优势产业地位，培育新的增长引擎，推进产业基础再造。二是大力培育先进制造业集群。围绕传统产业、优势产业、新兴产业、未来产业四个方面加快培育高能级先进制造业集群。[①] 对于传统化工产业、有色金属产业和纺织业等，通过技术改造和工艺改善，提高产品品质、性能和品牌知名度，推动传统化工向现代化工、钢铁和有色金属粗加工向精深加工、传统纺织向现代纺织转变。对于装备制造、食品、电子信息、汽车制造等优势产业，应提高技术创新能力、延伸上下游链条、扩大产业规模、提高市场份额等，打造装备制造、绿色食品、电子信息和新能源汽车等先进制造业集群。对于高端装备、智能网联及新能源汽车、新能源、生物医药等新兴产业，应通过培育和引进龙头企业、完善产业配套，以头部企业引领产业发展，推动产业链群化发展。对于未来

---

① 张雯：《河南加快培育先进制造业集群的问题及对策》，《中共郑州市委党校学报》2022年第6期。

产业，要以前瞻性眼光、集群化思维，丰富应用场景，培育产业生态，探索建立先导试验区，聚焦量子信息、氢能与新型储能、类脑智能、未来网络、生命健康科学、前沿新材料，培育产业集群。

2. 构建优质高效服务业体系

《河南省"十四五"现代服务业发展规划》提出，构建"7+6+X"重点产业体系。其中，"7"指大生产性服务业；"6"指大生活性服务业；"X"意为加强技术创新应用和新业态、新模式培育。构建河南特色黄河流域现代化产业体系，应加快构建优质高效的服务业新体系，推动现代服务业同先进制造业、现代农业深度融合，促进生产性服务业向专业化和价值链高端延伸。一是大力发展生产性服务业。以高质量发展为导向，以专业化为抓手，以延伸价值链为目标，大力发展金融、保险、证券、信托、风险投资、现代物流、服务外包等生产性服务业，推动建设中部地区金融中心和区域性、全国性现代物流中心。二是大力发展信息服务业。坚定实施换道领跑战略，加快推进信息传输、科技信息服务、计算机服务和软件业等信息服务业发展。三是大力发展涉农服务业。培育壮大农业生产托管、农业废弃物资源化利用、农机作业及维修、农产品初加工及农产品营销等经营性服务业。①

3. 加快构建现代农业产业体系

河南是农业大省和粮食大省，构建具有河南特色现代化产业体系，要推动构建现代农业产业体系。一是推动乡村产业全链条升级。聚焦做好"土特产"这篇大文章，树牢产业化思维、推动标准化生产、强化社会化服务、夯实科技化支撑，不断强龙头、补链条、兴业态、树品牌，推动乡村产业全链条升级，增强市场竞争力和可持续发展能力。二是推动农业"接二连三"。推进农村土地"三权分置"改革，加快土地规模化流转，以农业产业园、特色农产品基地为抓手，形成"农业+旅游""农业+康养""农业+体育""农业+研学""农业+文创"等业态，延伸产业链、打造供应链、提升价值链，促进农业"接二连三"。三是大力发展农产品精深加工。培育和引

---

① 孙涛、焦军普、冯力婉：《打造我省现代服务业发展高地》，《河南日报》2021年3月10日。

进农业产业龙头企业，实施农产品精深加工工程，扩大农产品精深加工规模和产品种类；强化品牌意识，加强品牌建设，引导企业依托过硬的产品品质和专业的品牌策划、市场营销方法等进行品牌创建和经营维护，将现有的单一农产品品牌扩展成系列农产品品牌，将小众农产品品牌打造成区域性知名农产品品牌。①做好"土特产"文章，推进农业机械化智能化，做强农产品加工业，促进农业"接二连三"。

4. 大力发展数字经济

打造全国数字经济创新发展新高地。聚焦数字经济核心产业发展和制造业数字化转型升级，加快形成一批在全国有影响力的数字经济示范区。一是实施新型基础设施提升工程，加快推进国家大数据综合试验区、中国联通中原数据基地、中国移动（河南）数据中心等重大项目建设，全面升级信息基础设施。二是加快研究制定中部算力高地建设的支持政策，发挥郑州国家中心城市科研创新、先进制造和应用市场优势，强化处理器、服务器、控制器、存储器、核心芯片、基础架构软件、操作系统、分析软件等算力系统关键零部件和软件系统的研发制造能力，打造中部算力高地。三是围绕全方位建设数字强省总体目标，加快推动新一代信息技术与实体经济深度融合，构建工业互联网创新生态，做大做强鲲鹏硬件制造基地和鲲鹏软件产业，推动企业"上云用数赋智"，做大数字经济规模。四是以工业、文旅、电商等细分领域为重点，推动平台经济持续健康发展，选取数字经济产业基础好的省辖市，布局若干个元宇宙产业园，推进元宇宙产业园建设，发展壮大数字经济核心产业，打造引领经济高质量发展的"数字引擎"。

（二）提升科创体引领能力，提升构建现代化产业体系新动能

突出创新在现代化建设全局中的核心地位，深入实施创新驱动、科教兴

---

① 谢素艳：《农产品精深加工业高质量发展路径探索——以大连市为例》，《农产品加工》2022年第7期。

省、人才强省战略，为构建河南特色黄河流域现代化产业体系注入强大动力。

1. 建设高水平科技创新平台，打造创新要素集聚的"强磁场"

一是健全郑洛新国家自主创新示范区建设合作机制，发挥其创新引领作用。同时，加快推进国家级区域产业创新中心和人才平台建设；以争创国家区域科技创新中心为目标，争取国家重大创新平台和重大科技基础设施在河南布局；积极参与国家实验室和国家重点实验室体系建设，更大力度汇聚全球创新资源。二是加快建设省实验室等重大科技基础设施，推动省级重点实验室结构优化，加速推进产业研究所、研究院和中试基地建设。按照"打造样板、标准推广"原则，在全省范围内标准化推广智慧岛双创载体，推动各类高端要素资源集聚，提供从原始创新到产业化的全流程服务，建立"微成长、小升高、高变强"梯次培育机制，形成一流的创新生态小气候。三是构建支持科技创新成果广泛应用的普惠投入和风险保障机制，加快培育"专精特新"企业，攻克"卡脖子"技术。

2. 优化区域创新布局

转变思路，变"单兵作战"为区域协同创新，通过优化区域创新布局，强化省域协同、区域联动，推动要素集聚、资源共享，形成与生产力布局同频共振的创新发展新格局。一是强化省域内创新协同。推动郑州、洛阳、新乡、许昌等郑州都市圈城市创新协同，把郑州都市圈建设成为具有全国影响力和国际竞争力的创新枢纽，提升其创新引领带动能力。同时，强化区域创新协同，推动豫北跨区域协同发展、豫东承接产业转移、豫南高效生态经济、豫西转型创新发展等示范区提质。推动协同创新、科技金融等先行先试，探索实施自创区协同创新券政策，鼓励支持自创区创新资源跨区域流动和共享共用；加快构建产学研用金一体协同的创新创业生态，推动产业链创新链深度融合，推动重大科技创新取得新进展，以开放式创新和内生式发展引领实体经济转型升级。[①] 二是强化省际协同创新。

---

① 张立冬等：《江苏扎实推动共同富裕的路径研究》，《江南论坛》2022年第8期。

317

对接京津冀、长三角、粤港澳大湾区等创新优势区域,深化与大院大所战略合作,通过在当地设立研发基地、孵化基地、人才工作站等方式,探索建立区域间常态化科技创新合作机制;推进与中国科学院、"双一流"高校、龙头企业等省外优势创新力量建立战略合作关系,围绕现代农业、先进制造、新一代信息技术等领域,深化创新链产业链合作,争创国家区域科技创新中心。

3. 加强创新人才队伍建设

一是建立面向实际贡献度和科技成果质量的科技人才评价机制。引入工作成果的"贡献度"评价机制,对科技人才在社会和行业中的影响范围、职责大小、工作强度、工作难度、工作条件等特性进行系统科学评价。二是建立科研人才分类评价体系。针对不同类别、层次科研人才发展规律,充分考虑人才学科背景、工作特性、服务对象等,建立贴合成长规律的分类评价标准和多元化评价方式。三是构建长效评价机制。遵循科技人才成长规律,结合科研工作特点,适当延长评价周期,改变急功近利和数量化导向,避免频繁评价。

(三)强化重大项目带动,提升产业链现代化水平

重大项目建设是推动高质量发展、支撑现代化建设的"强引擎""动力源"。构建具有河南特色的黄河流域现代化产业体系,要树立"项目为王"鲜明导向,强化项目重大带动,提升产业链韧性和现代化水平。

1. 加强顶层设计,强化政府引导

构建现代化产业体系,涉及多个部门和行业,要深化对构建现代化产业体系的认识,加强政府引导和谋划,完善协调机制。一是树立"项目为王"理念。研究制定符合河南实际可重点发展的产业导向目录。根据产业导向目录,编制精准招商重点企业名录,创新"资本+产业"、产业链招商等方式,加大招商引资和承接产业转移力度,引进一批龙头型、科技型、基地型重大项目。二是统筹产业项目布局。在统筹考虑区域性特色产业链、产业结构特征基础上,整合政策链、资金链、人才链,完善区域性产

业发展图谱，围绕产业图谱集中发力，招商引资，优化集聚产业资源，鼓励具有生产技术和生产能力的材料、设备等供应商在集聚区建设配套项目，完善区域配套体系。三是提升产业链现代化水平。聚焦河南重点产业链和产业集群，用好"链长制"工作机制，加强产业对接，优化资源配置，加大招商引资力度，培育壮大龙头企业，推动优势产业延链、传统产业升链、新兴产业建链，稳步提升产业链现代化水平。同时，要坚持创新引领，突出"技术+产业"一体化布局，加强政策支持，引导企业加大研发投入，扎实推进规上工业企业研发活动全覆盖，不断提高产品附加值、市场竞争力。

2. 推动产业链协同联动，提升产业链韧性

发挥政策导向作用，强化区域和企业合作，推动产业链协同联动发展。一是强化产业链上下游联动。强化产业链上下游之间的战略合作与利益绑定，促进本地区产业链上下游加强沟通联系、互通有无，构建从原料、半成品、成品到终端消费品的全产业链，延伸产业链和完善集聚体系，形成资金正常回流运转的循环畅通产业链条。二是围绕产业链布局数据链。健全数据资源整合和开发利用机制，建议由政府牵头成立互联网、大数据、公共资源交易信息和实体经济深度融合协同创新中心、产业经济监测平台、产业指数评价平台等，汇聚市场要素信息，打破地方保护和区域隔断，打通政府服务和公共服务的数据壁垒，促进市场信息在全链条流动。三是健全多链条协同创新机制。通过集中调研、需求征集、座谈会等形式，调研梳理黄河流域河南段产业链技术发展现状，全面掌握产业链或细分领域关键共性技术问题。围绕重点产业链技术创新，聚焦产业重点领域，通过政策引导人才、成果、资本、仪器等创新资源向企业集聚，解决企业技术难点和创新堵点，加快创新成果研发、转化。

3. 提高产业链运行效率

推进企业生产端与市场需求端的紧密连接，运用数字技术和手段，提高产业链运行效率。一是推动产业链从"中间"向"终端"转变。河南沿黄各市围绕产业结构优化目标，提高科技创新水平，引导不同产业向研发、生

产、销售、服务和信息反馈等一整套产品价值及功能实现的现代流程方向发展，推动产业链从"中间"向"终端"转变，延伸产业链，提高产业附加值。二是提升产业链标准化水平。推进产业链标准化建设，拓展制造人员思维，深入研究产品工艺，实现全产业链标准化，通过标准化提升产业技术创新水平，进而提升产业核心竞争力；大力开展质量管理体系认证提升行动，实施精准帮扶，提升质量管理水平，推动产业可持续发展。三是强化与国际标准对接。通过采用国际标准、参与制定国际标准等形式，推动中外标准协调兼容，突破技术性贸易壁垒，推动省内产品和服务进入国际市场，提高产业国际影响力。

（四）实施绿色低碳转型战略，推进产业绿色化发展

全面推动"双碳"战略，建立健全企业持续技术改造、智能化升级和绿色转型的相关政策和支持体系。

1. 加快推进制造业绿色转型发展

一是大力推动传统产业技术改造。推进生产设备、制造流程、产品的绿色升级和数字化转型，聚焦装备制造、食品制造、电子信息、汽车制造和新材料等重点优势产业，推动打造低碳智慧园区，推进综合能源服务、绿色物流等项目建设，培育壮大绿色产业。二是构建绿色制造产业体系。推动煤炭的清洁高效可持续开发利用。持续发展以合成材料和精细化工为主导产品的煤化工深加工产业；以创建绿色园区、绿色工厂为基础，以设计打造绿色产品为重点，加大对绿色产品产业的扶持力度，提升绿色制造经济效益，制定推动绿色消费的市场和经济激励政策，引导企业实施以清洁生产为重点的绿色化改造，在工业领域推广节能监察和节能诊断，提升工业资源综合利用率。三是完善绿色制造服务体系。围绕化工、有色、黑色、水泥等高耗能产业，探索构建匹配度高的绿色制造服务商业模式，提高绿色制造水平；加快构建绿色低碳金融服务体系，将低碳指标纳入信贷评价体系，授信审批执行环保一票否决制，改革存量信贷管理，持续稳妥压降"两高一剩"行业信贷规模，对接低碳转型需求，量身定制（打造）系统化服务碳

中和金融产品,包括但不限于碳权抵押、支持节能减排、票据融资、结算产品、发行债券、低碳咨询等系统化、全流程的金融产品;加大对碳供应链的票据抵押、货物质押、核心企业担保、中小企业信用贷款等形式的支持力度。

2.提升企业绿色发展水平

一是大力发展绿色低碳产业。以新一代信息技术、高端装备、新材料、现代医药、智能网联及新能源汽车、新能源、节能环保为重点,建链延链补链强链,提升产业基础能力,培育绿色低碳产品供给体系,加快开辟未来产业新赛道,壮大绿色低碳产业规模。二是实施绿色低碳产品创新行动。聚焦产品全生命周期绿色化,加大产品轻量化、模块化、集成化、智能化等绿色设计共性技术创新研发力度;支持创建工业产品绿色设计示范企业,开发推广具有无害化、节能、环保、高可靠性、长寿命和易回收等特性的绿色产品。三是严把"两高"(高耗能、高排放)项目准入关口。坚决遏制"两高"项目盲目发展,积极化解行业过剩产能,实施节能降碳、科技赋能增效,推动传统产业绿色提质发展。

3.深入实施"双碳"战略

深入贯彻落实《河南省推进碳达峰碳中和工作方案》,有序推进碳达峰碳中和工作。一是积极参与碳交易。围绕《碳排放权交易管理办法(试行)》细节,聘请行业领域专家,加强对环保执法人员、碳市场管理机构、碳交易参与主体等重点人员的专业化培训,使其了解、掌握碳交易运行流程、机制等;加强对碳交易的宣传引导,以降碳为目标,以高耗能制造企业为重点,引导企业预先建立碳市场参与机构,逐步完善企业参与碳交易的政策机制。二是探索"绿水青山就是金山银山"转化路径。深入践行"两山"理念,深化"两山"实践创新基地评选,总结提炼典型做法,在河南沿黄8市推广"以实现保护者受益为根本的'生态补偿'型"、"以夯实绿水青山根基为重点的'绿色银行'型"、"以探索靠山吃山、靠水吃水新路径为主导的'山水经'型"、"以'生态+'多业态融合为主体的'复合生态'型"、"以打造生态品牌提质增效为主导的'品牌引领'型"和"以推动生态产品交易为牵引的'市场驱动'型"六种转化路径模式。三是构建和实施绿色 GDP 核算体系与考核机制。破除绿色 GDP 核算认识、观念和制度等方面的障碍，加强与国家相关部委、高校科研院所、第三方评测机构等上下、横向联系，加快构建符合省情的绿色 GDP 核算体系和考核机制。

（五）用好流域独特资源优势，高质量推进文旅文创融合发展

文旅文创产业是现代服务业的重要组成部分。构建具有河南特色的现代化产业体系，要坚定实施文旅文创融合发展战略，充分发挥黄河流域河南段独特资源优势，推进文旅文创产业高质量发展。

1. 实施重大项目带动战略

实施"文化+"行动，打造一批国家级、省级重点文化企业、产业园区。一是建设一批重大文旅项目。发挥河南文旅投资集团头部引领作用，成立省文化旅游融合发展基金，带动建立文化旅游金融投资体系，聚焦三山（太行山、伏牛山、大别山）两带（黄河文化旅游带、淮河文化旅游带），建设一批重大文旅项目，比如黄河旅游观光景观带、伏牛山康养文旅基地、大别山茶文化产业园等国家级、省级文化旅游产业集群。二是推动文旅文创产业集群式发展。推动河南日报报业集团、河南广电传媒控股集团等省管国有文化企业聚焦主责主业，拓宽"文化+"产业集群，加快实现数字化转型，聚焦文化旅游、文化创意、影视创作等重点领域，创新合作方式，推动文化和旅游、科技、金融等融合发展，吸引国内外高层次文化企业落户河南。

2. 推动文化产业和旅游产业融合创新

一是建设中部地区文化产业协同发展创新区。突出核心带动、板块聚焦、差异发展，构筑"一核一带多点支撑"的全省文化产业发展新格局。以郑汴洛为中心，辐射沿黄河省辖市建设沿黄河文化产业示范带，重点发展文化智造、演艺娱乐、文化旅游、民俗节会等行业，推出一批文化内涵丰富的演艺项目和文化综合体项目，建设中部地区文化产业协

同发展创新区。二是因地制宜发展特色文化产业。鼓励和支持安阳、新乡依托南太行地质地貌优势，发展特色旅游产业，积极承办国际级极限体育运动赛事，努力建设北方地区重要的国际化户外运动和极限运动中心；鼓励和支持信阳发挥自然山水、餐饮文化、茶文化特色，提升旅游康养基地设施水平，打造豫南休闲文化和养生文化板块。三是坚持"山水为形、文化为魂、创意为翼"，积极搭建文旅文创合作交流平台，抓好"顶层设计、项目包装、品牌打造和产业培育"，持续推动文旅文创融合发展，通过构筑文化旅游发展新空间、打造文旅融合发展新业态、建设文旅品牌推广新体系、强化文旅融合发展新支撑等路径，着力提升河南文旅文创高质量发展水平。

3. 培育文化产业新业态

一是全面深化文化与旅游、制造、科技、金融、经贸、教育、体育、现代农业的融合发展，大力发展创意设计、数字出版、文化展览、剧场演出、网络直播、网络视听、动漫制作等新业态。二是进一步加快文化产业数字化建设，积极运用5G、大数据、云计算等数字基础设施与文化产业的商业应用场景。积极促进夜间文化消费，大力发展夜市、夜秀、夜娱，引导旅游景区适度开放夜间游览。不断提升文化市场专业化、科学化管理水平，扩大文化领域的开放合作，培育产权、技术信息和文化中介服务等要素市场，更好配置文化资源、畅通要素流动。用好中国（深圳）国际文化产业博览交易会等展览平台，宣传推介河南文化建设成果。三是筹建河南文化旅游融合发展基金。突出集聚产业发展、壮大市场主体、实施产业融合、完善扶持政策，努力构建优质高效、充满活力、竞争力强的现代文化旅游产业新体系，提升河南文旅产业国际竞争力。

4. 讲好河南"黄河故事"

发挥河南富集"黄河文化"资源优势，做大做优做强黄河文化文章，讲好新时代"黄河故事"。一是积极推动黄河国家博物馆、黄河国家文化公园和大运河遗址博物馆等标志性文化设施建设。积极争取国家有关部委支持，办好世界大河文明论坛。二是精心打造沿黄河文化旅游核心景观带，整合沿黄8市文化旅游景观，设计红色旅游、自然景观、人文景观等黄河主题旅游线路，把沿黄旅游景点穿点成线、点面结合，吸引更多的游客留下来、住下来。要持续开展黄河主题宣传推介活动，策划推出一批文化品牌活动，让黄河文化成为更多海内外中华儿女共同的文化标识。

B.12 山东：建设引领绿色低碳高质量发展的现代化产业体系

张彦丽 孙琪 张娟 崔晓伟 雷萌萌*

摘　要： 近年来，山东省大力调整产业结构、优化产业布局，突出农业发展优势支撑黄河流域农业高质量发展，以动能转换促进工业制造业绿色低碳转型，加强融合发展构建优质高效的服务体系，初步建立结构协调的产业体系，为建设引领绿色低碳高质量发展的现代化产业体系打下了坚实基础。黄河重大国家战略的实施和国际发展环境新形势为山东推动现代化产业体系建设提供了机遇，同时现代化产业体系建设也面临产业链布局不完善、能源结构和利用率有待提升、高新产业发展不突出、人才相对短缺等挑战。建设引领绿色低碳高质量发展的现代化产业体系，山东省需进一步夯实科技创新基础，构建绿色低碳产业体系，推动产业向数字化、智能化转型，提升产业融合、区域协调发展水平。同时，加强党的全面领导、完善协调推进机制、健全有效政策体系和营造浓厚社会氛围是现代化产业体系建设的必要保障。

关键词： 绿色低碳发展　现代化　产业体系

---

* 张彦丽，中共山东省委党校（山东行政学院）社会和生态文明教研部副教授，研究方向为生态文明；孙琪，中共山东省委党校（山东行政学院）社会和生态文明教研部副主任、副教授，研究方向为生态文明、区域经济；张娟，中共山东省委党校（山东行政学院）社会和生态文明教研部副教授，研究方向为低碳经济；崔晓伟，中共山东省委党校（山东行政学院）社会和生态文明教研部讲师，研究方向为生态文明；雷萌萌，中共山东省委党校（山东行政学院）社会和生态文明教研部讲师，研究方向为生态文明。

山东是中国重要的工业基地，是北方地区经济发展的重要支点，其现代化产业体系建设对促进高质量发展具有重大意义。《国务院关于支持山东深化新旧动能转换推动绿色低碳高质量发展的意见》提出，建设绿色低碳高质量发展先行区，赋予山东重大责任和光荣使命。构建现代化产业体系，是加快新旧动能转换、实现绿色低碳高质量发展的关键，是推动山东由制造大省向制造强省转变的重中之重。为此，山东制定实施《山东省建设绿色低碳高质量发展先行区三年行动计划（2023—2025年）》，强调建设引领绿色低碳高质量发展的现代化产业体系，明确了全面提升传统产业、培育壮大新兴动能、做优做强数字经济、集中力量做强先进制造业等现代化产业体系建设的重点任务。[①]

一 山东省产业体系现状

近年来，山东省产业布局持续优化、产业结构有序调整，为构建引领绿色低碳高质量发展的现代化产业体系奠定了坚实基础。全省突出黄河流域生态保护和高质量发展、绿色低碳高质量发展先行区建设，着力推动现代化产业体系建设。一是初步建立了结构协调的产业体系；二是发挥农业基础优势，在黄河流域的农业发展中起到挑大梁作用；三是围绕工业绿色低碳发展，不断深化新旧动能转换，大力发展"十强产业"；四是做好融合文章，围绕文化与旅游融合、交通与旅游融合，发展优质高效服务业体系。

（一）初步建立结构协调的产业体系

山东省经济社会发展取得了显著成绩，2021年地区生产总值（GDP）居全国第3位、黄河流域第1位，初步形成了结构协调的产业体系（见图1）。特别是新时代十年来，GDP实现翻番，由2012年的42957.3亿元增至2022年的87435.1亿元，年均增长7.37%；人均GDP由2012年的44348元

---

① 《介绍加快绿色低碳高质量发展先行区建设情况》，山东省人民政府网站，2023年2月15日，http://www.shandong.gov.cn/vipchat1/home/site/82/4116/article.html。

增至2022年的86035元，年均增长6.85%（见图2）。其中，第一产业增加值由2012年的4047.1亿元增长到2022年的6298.6亿元，年均增长4.52%；第二产业增加值从2012年的21275.9亿元增长到2022年的35014.2亿元，年均增长5.11%；第三产业增加值从2012年的17634.4亿元增长到2022年的46122.3亿元，年均增长10.09%（见图3）。

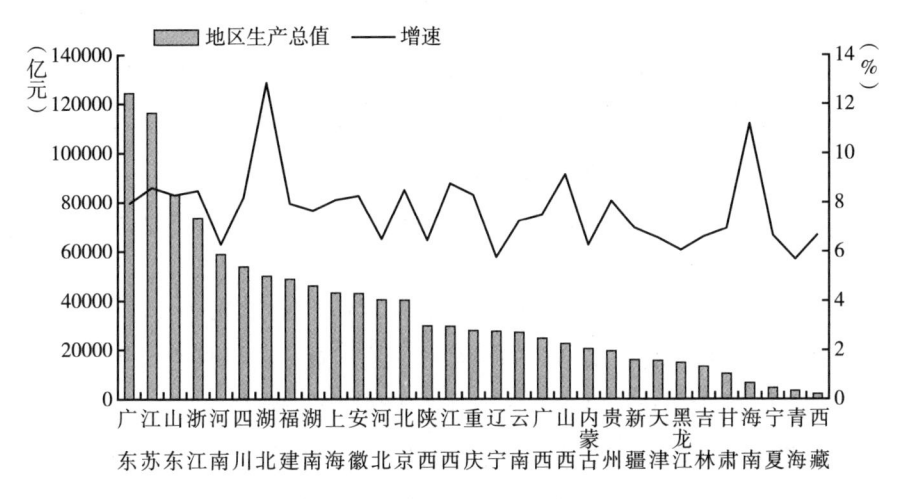

图1 2021年全国31个省（区、市）地区生产总值及增速

资料来源：《山东统计年鉴2022》（附录）。

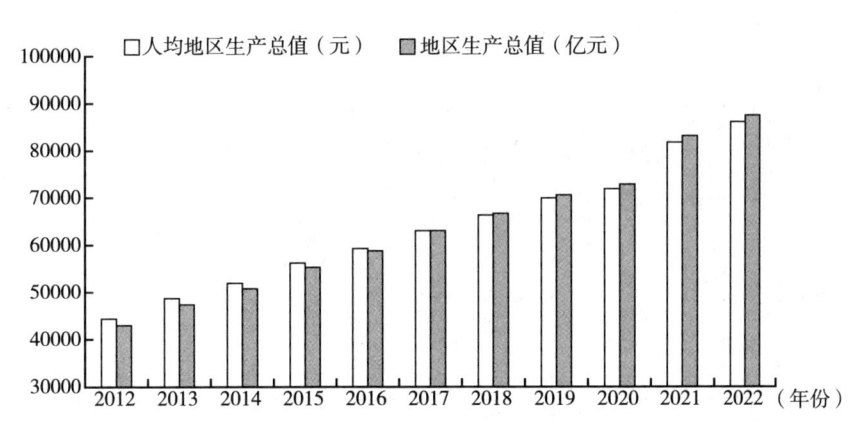

图2 2012~2022年山东省地区生产总值及人均地区生产总值

资料来源：历年《山东统计年鉴》和《2022年山东省国民经济和社会发展统计公报》。

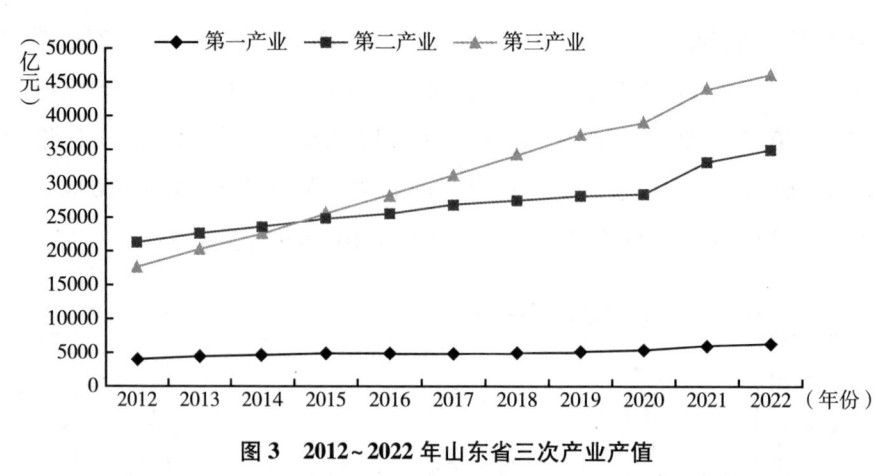

图 3　2012~2022 年山东省三次产业产值

资料来源：历年《山东统计年鉴》和《2022 年山东省国民经济和社会发展统计公报》。

从三次产业结构看，2012 年，山东省三次产业结构为 9.4∶49.5∶41.1，第二产业所占比例最高；2015 年，三次产业结构调整为 8.9∶44.9∶46.3，第三产业占比超过第二产业，制造业和服务业发展优势凸显，成为主导产业；随着经济社会不断发展，到 2022 年，山东省三次产业结构进一步调整为 7.2∶40.0∶52.8，以服务业占主导、制造业和农业稳定协调发展的产业结构持续巩固（见图 4）。

图 4　2012~2022 年山东省三次产业结构

资料来源：历年《山东统计年鉴》和《2022 年山东省国民经济和社会发展统计公报》。

（二）农业发展挑大梁，基础优势突出

山东省是农业大省，素有全国农业看山东的美誉，农业基础雄厚、优势突出。一是具有陆海统筹、地形多样、四季分明、气候适宜的自然条件优势，十分有利于农业的发展。二是主要产品产量稳居全国前列，规模以上农产品加工企业近万家（约占全国1/10），农业产业特色鲜明、链条完备，具有产业基础优势。三是形成一定品牌质量优势，"三品一标"有效用标总数超过10000个，入选省级区域公用品牌和企业产品品牌分别达到81个和700个，打造了"好品山东"金字招牌。四是种业创新力、竞争力不断增强，具有一定科技装备优势，拥有5个全国小麦良种推广面积前十的品种。五是发挥经营服务体系的优势，不断壮大新型农业经营主体，参与产业化经营的社会化服务组织达到12万多个，农业规模化、组织化、集约化水平不断提高，农户参与产业化经营的比例达到85%以上。[1]

新时代十年来，山东省农、林、牧、渔产业稳定增长，农林牧渔业总产值由2012年的7817.84亿元，增长至2022年的12130.70亿元，其中农业占比均在50%左右（见图5、图6）。2020年，山东省农林牧渔业总产值突破万亿元，达到10190.57亿元，2022年增长至12130.70亿元，稳居全国首位。2022年，山东省粮食总产量1108.8亿斤，连续9年稳定在千亿斤以上。[2] 山东粮食、蔬菜、水果、肉蛋奶、水产品等产量均居全国前列，形成了一批千亿级、五百亿级产业集群，如寿光蔬菜、沿黄肉牛等。2022年，全省农产品的出口额达到1394亿元，占全国比重超过1/5，连续24年居全国首位。[3]

从黄河流域看，山东省对黄河流域农业发展具有重要支撑作用。2021

---

[1] 《介绍贯彻落实省委农村工作会议精神，加快建设农业强省有关情况》，山东省人民政府网站，2023年2月14日，http://www.shandong.gov.cn/vipchat1/home/site/82/4115/article.html。

[2] 《2022年山东省国民经济和社会发展统计公报》，山东省人民政府网站，2023年3月2日，http://www.shandong.gov.cn/art/2023/3/2/art_305196_10335931.html。

[3] 《介绍贯彻落实省委农村工作会议精神，加快建设农业强省有关情况》，山东省人民政府网站，2023年2月14日，http://www.shandong.gov.cn/vipchat1/home/site/82/4115/article.html。

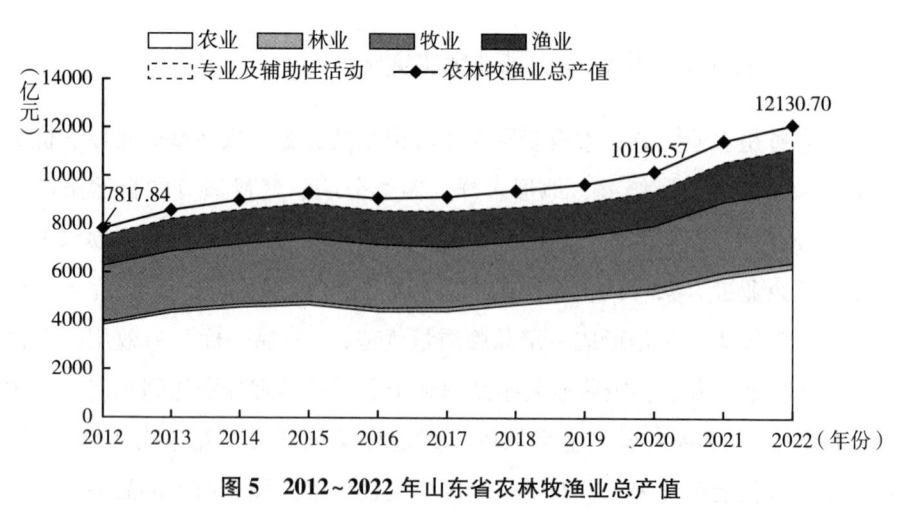

图5 2012~2022年山东省农林牧渔业总产值

资料来源：历年《山东统计年鉴》和《2022年山东省国民经济和社会发展统计公报》。

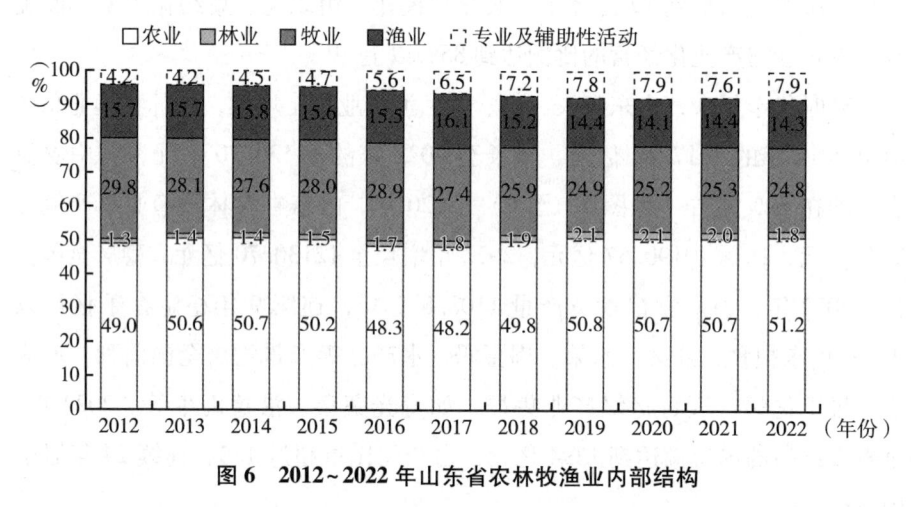

图6 2012~2022年山东省农林牧渔业内部结构

资料来源：历年《山东统计年鉴》和《2022年山东省国民经济和社会发展统计公报》。

年，全国农林牧渔业总产值147013.4亿元，同比增长7.9%；沿黄9省区农林牧渔业总产值45343.0亿元，其中山东省农林牧渔业总产值11468.0亿元（同比增速8.6%，高于全国平均水平），居全国首位，占全国农林牧渔业总产值的7.8%，在沿黄9省区中占比25.3%（见表1）。对沿黄9省区主要农产品产量进行分析可知，2021年山东省粮食产量为5500.7万吨，在沿黄9

省区中居第 2 位，占比 23.0%；而蔬菜、水果、肉类产量分别为 8801.1 万吨、3032.6 万吨、819.3 万吨，在黄河流域 9 省区中均居第 1 位，分别占比 31.7%、27.0%、28.4%（见表 2）。

表 1　2021 年沿黄 9 省区农林牧渔业总产值及增长速度

单位：亿元，%

	农林牧渔业总产值	农业	林业	牧业	渔业	农林牧渔业总产值比上年增长
山　东	11468.0	5814.6	219.9	2904.2	1652.6	8.6
河　南	10501.2	6564.8	134.1	2942.1	143.4	7.1
四　川	9383.3	5089.5	408.4	3305.3	327.8	7.5
陕　西	4313.4	3035.6	100.0	917.8	35.0	6.7
内蒙古	3815.1	1879.6	94.1	1755.3	29.8	5.1
甘　肃	2439.5	1623.2	32.8	619.9	2.0	11.3
山　西	2134.0	1223.1	159.8	624.4	9.1	9.9
宁　夏	759.8	412.7	11.4	280.7	25.0	4.8
青　海	528.5	204.7	13.2	298.6	4.1	4.5
全国总计	147013.4	78339.5	6507.7	39910.8	14507.3	7.9
沿黄 9 省区总计	45343.0	25847.9	1173.7	13648.1	2228.8	—
山东占沿黄 9 省区比重	25.3	22.5	18.7	21.3	74.1	—
山东占全国比重	7.8	7.4	3.4	7.3	11.4	—

资料来源：根据全国及沿黄 9 省区统计年鉴整理。

表 2　2021 年沿黄 9 省区主要农产品产量

单位：万吨，%

	粮食	油料	棉花	蔬菜	水果	肉类	奶类
山　西	1421.2	15.5	0.1	976.3	974.9	135.4	135.7
内蒙古	3840.3	213.9	—	993.7	190.8	277.3	680.0
四　川	3582.1	416.6	0.2	5039.1	1290.9	664.0	68.4
陕　西	1270.4	58.3	—	2012.8	2141.1	128.0	161.9
甘　肃	1231.5	58.8	3.1	1655.3	883.8	135.3	67.5
青　海	109.1	31.9	—	150.1	3.0	40.0	35.6

续表

	粮食	油料	棉花	蔬菜	水果	肉类	奶类
宁　夏	368.4	4.8	—	533.0	262.8	35.3	280.5
河　南	6544.2	657.3	1.4	7607.2	2455.3	646.8	216.8
山　东	5500.7	285.9	14.0	8801.1	3032.6	819.3	288.4
全国总计	68284.7	3613.2	573.1	77548.8	29970.2	8990.0	3778.1
沿黄9省区总计	23868.0	1742.9	18.8	27768.6	11235.1	2881.4	1934.9
沿黄9省区占全国比重	35.0	48.2	3.3	35.8	37.5	32.1	51.2
山东省占沿黄9省区比重	23.0	16.4	74.5	31.7	27.0	28.4	14.9
山东省占全国比重	8.1	7.9	2.4	11.3	10.1	9.1	7.6

资料来源：根据全国及沿黄9省区统计年鉴整理。

（三）动能转换促进工业绿色低碳发展

2018年起，山东省开始推进新旧动能转换重大工程，规划布局了重点发展的"十强产业"，包括新一代信息技术、高端装备、新能源新材料、现代海洋、医养健康等五大新兴产业，以及高端化工、现代高效农业、文化创意、精品旅游、现代金融服务等五大优势产业。"十强产业"涵盖了一二三产，涉及山东省主导产业、优势产业和潜力产业，是新旧动能转换的主战场，代表了山东先进生产力发展方向。近年来，山东省以做优、做强、做大"十强产业"为主要抓手，推动新旧动能转换和现代化产业体系建设。为巩固提升产业基础雄厚、行业门类齐备的比较优势，加快形成"十强产业"引领作用，山东出台了一系列支持政策，实施产业基础强化和质量提升行动。实施新旧动能转换重大项目库建设，建立了"现代优势产业集群+人工智能"推进机制，认定并集中壮大73个"雁阵"产业集群、105个领军企业，通过"一业一策"制定完善支持配套措施等，集中优势资源实现"十强产业"重点突破。[①]

坚决淘汰落后动能，山东产业结构持续优化。2021年，全国规上工业营业收入总计为127.9万亿元，其中，沿黄9省区总计31.4万亿元，占全国的24.6%；山东省规上工业营业收入为10.2万亿元，占沿黄9省区合计的32.6%，占全国规上工业营业收入的8.0%（见表3）。

表3 2021年沿黄9省区规模以上工业主要经济指标

单位：亿元，%

地 区	资产总计	流动资产合计	负债合计	营业收入	营业成本	利润总额
全国总计	1412880.0	723908.9	792289.9	1279226.5	1071247.1	87092.1
山 东	109712.9	58778.9	66996.9	102271.5	88711.2	5268.8
山 西	55386.7	26513.2	39431.9	32396.2	25561.5	2949.9
内蒙古	37260.6	13768.9	21219.2	23947.1	18271.5	3380.8
河 南	54479.5	26201.8	31194.6	54006.4	47301.5	2581.2
四 川	57922.3	25846.1	31904.3	52583.4	43160.9	4359.2
陕 西	40875.3	17900.9	22258.2	29585.6	22821.7	3605.1
甘 肃	12876.3	4953.1	7457.9	9601.7	8075.2	516.5
青 海	6481.8	2200.7	4671.8	3186.7	2512.6	301.6
宁 夏	11930.2	4042.7	7695.6	6491.2	5389.8	462.6
沿黄9省区总计	386925.6	180206.3	232830.4	314069.8	261805.9	23425.7
山东占沿黄9省区比例	28.4	32.6	28.8	32.6	33.9	22.5
山东占全国比例	7.8	8.1	8.5	8.0	8.3	6.0

资料来源：根据全国及沿黄9省区统计年鉴整理。

加快推动新兴产业发展、传统产业升级，"十强产业"高端化、集群化发展态势凸显。山东省实施先进制造业强省行动计划，建设了3个国家先进

---

① 邵帅：《2018~2020年山东新旧动能转换三年成效——基于近万家企业数据调查分析》，载李广杰主编《山东经济形势分析与预测（2021）》，社会科学文献出版社，2021。

制造业集群；推进标志性产业链工程，打造了标志性产业链11条；累计培育32个省级以上战略性新兴产业集群。推动实施"雁阵"产业集群发展和壮大领军企业提升行动，形成的143个"雁阵"产业集群的总规模达到7.3万亿元，217家领军企业的总规模达到2.7万亿元。①

2022年，山东省全部工业增加值达到28739.0亿元，比2021年增加了4.4%。分门类来看，采矿业增加值增长了27.3%，制造业增加值增长了2.9%，电力、热力、燃气及水生产和供应业增加值增长了11.5%。2022年，山东规模以上工业企业营业收入增长4.2%，然而，受国内外发展环境和疫情等因素影响，利润总额下降12.6%。② 2022年，山东省推动1.3万个投资500万元以上工业技术改造项目。通过推动技术改造实现绿色增效，培育223家国家级绿色工厂，数量居全国第2位。新兴产业发展动能增强，"四新"经济增加值占比达到32.9%，比2021年提高了1.2个百分点。投资方面，"四新"经济占比为54.4%，超过工业总投资的一半。高技术制造业发展良好，增加值比2021年增长了14.4%，比规模以上工业增加值的增速高9.3个百分点。其中，新能源新材料相关行业如集成电路制造、锂离子电池制造和电子专用材料制造等分别增长38.6%、86.9%和60.7%，山东省软件业务收入达到10657.6亿元，增长了19.2%。③ 2016~2021年山东省高技术制造业发展情况见表4。

表4　2016~2021年山东省高技术制造业发展情况

指标	2016年	2017年	2018年	2019年	2020年	2021年
企业数(家)	2207	2141	1979	1564	1718	1807
从业人员年平均人数(万人)	75.0	72.8	63.1	54.2	55.8	58.9
营业收入(亿元)	12263.5	12206.8	7065.4	5910.6	6741.6	7935.4
利润(亿元)	952.7	948.2	621.8	478.8	682.2	744.3

---

① 《2022年山东省国民经济和社会发展统计公报》，山东省人民政府网站，2023年3月2日，http：//www.shandong.gov.cn/art/2023/3/2/art_305196_10335931.html。
② 《2022年山东省国民经济和社会发展统计公报》，山东省人民政府网站，2023年3月2日，http：//www.shandong.gov.cn/art/2023/3/2/art_305196_10335931.html。
③ 《2022年山东省国民经济和社会发展统计公报》，山东省人民政府网站，2023年3月2日，http：//www.shandong.gov.cn/art/2023/3/2/art_305196_10335931.html。

续表

指标	2016 年	2017 年	2018 年	2019 年	2020 年	2021 年
有 R&D 活动的企业数(家)	904	1001	898	865	1067	1338
R&D 人员全时当量(人年)	51955	51057	49617	35706	44598	62205.4
R&D 经费内部支出(亿元)	222.5	250.6	226.6	195.9	230.7	271.9
新产品开发经费(亿元)	222.1	262.6	218.3	202.5	224.6	298.2
专利申请数(件)	13983	17187	17712	11074	14146	17170
拥有发明专利数(件)	12298	17553	19986	18387	17307	22209

资料来源：根据历年《山东统计年鉴》整理。

（四）融合发展构建优质高效服务体系

在推动服务业高质量发展方面，山东省注重构建融合发展模式，深入推动交通和旅游融合发展、文化和旅游融合发展，有效提升服务业发展质量。

在交通与旅游融合发展方面，把交旅融合发展作为迎接大众旅游时代、建设人民满意交通的必然选择和推动交通运输行业创新发展的重要举措和抓手。[1] 一是坚持"现代化开路先锋"的战略定位，构建全域旅游的交通体系，串联全省精品旅游资源，为旅游业高质量发展提供支撑。二是坚持需求导向、系统思维，推动规划、设施、服务等融合发展，推动单一交通功能向交通、美学、游憩等复合型功能转变。三是打造个性化、多样化的新业态、新产品，满足群众对高品质、多元化、个性化出行的需求。重点打造黄河、大运河、黄渤海、齐长城、沂蒙革命老区等旅游资源富集区，着力构建"快进慢游"旅游交通体系。为了达到"行游一体、人在路上、路在画中"的体验目标，打造山东半岛"千里滨海""鲁风运河""红色沂蒙""黄河入海""长城寻迹"等主题旅游公路，推动形成"东西南北中、一环游山东"旅游公路体系。

在推进旅游公路建设上，山东省进行了积极探索。威海市"千里山海"

---

[1] 《介绍交通旅游融合发展情况》，山东省人民政府网站，2023 年 3 月 21 日，http：//www.shandong.gov.cn/vipchat1/home/site/82/4133/article.html。

自驾旅游公路通车；烟台招远欧邱线、临沂沂南"爱尚沂南·红色之旅"农村公路入选年度全国"十大最美农村路"，为全省旅游公路建设提供良好借鉴。此外，依托山东半岛"仙境海岸"资源优势，山东沿海各地市共同发起成立了"山东沿海城市旅游联盟"，致力于发挥山东半岛3345千米海岸线资源优势，打造具有滨海休闲度假特色的"仙境海岸"品牌，旨在打造一个"仙境海岸"文旅康养营销平台、一张"仙境海岸"精品旅游手绘导游图、一条"仙境海岸"自驾露营线路、一条山东滨海城市的游轮航线和一批"仙境海岸"旅游线，交旅融合发展取得了显著成效。[①]

在推进文化和旅游深度融合发展方面，山东省坚持以文塑旅、以旅彰文，出台了《关于促进文旅深度融合推动旅游业高质量发展的意见》，提出新时代文旅深度融合发展要彰显齐鲁特色、塑强山东优势，计划打造优秀传统文化创新发展示范地、全国乡村旅游目的地、国际著名休闲度假黄金海岸、全国红色文化传承地、全国工业旅游首选地、"沿着黄河遇见海"文化旅游新高地等亮丽名片，并明确了支撑项目和载体。[②] 一是激发文旅消费活力，提升文旅产业发展能级，实施千家景区焕新工程、百企领航工程和重大项目引领工程，办好"黄河大集"，开发旅游必购品，发展淡季旅游、夜间旅游等。二是加强数字赋能文旅产业发展，加快发展智慧旅游、创新业态，拓展文旅场景等。三是围绕完善"快进慢游"交通网络、健全游客服务设施体系，推动旅游住宿业发展和基础设施提档升级。四是擦亮"好客山东·好品山东"金字招牌，营造一流旅游环境，塑造城市旅游特色品牌。

服务业融合发展为山东省现代化产业体系建设提供了有力支撑。2022年，山东省服务业实现增加值46122.3亿元，比2021年增长3.6%，服务业占GDP的比重达到52.8%，对全省经济增长贡献率达50.6%，规模以上服务业企业营业收入比2021年增加6.6%。2022年，山东信息传输、软件和

---

① 《介绍交通旅游融合发展情况》，山东省人民政府网站，2023年3月21日，http：//www.shandong. gov. cn/vipchat1/home/site/82/4133/article. html。
② 《解读〈关于促进文旅深度融合推动旅游业高质量发展的意见〉》，山东省人民政府网站，2023年3月31日，http：//www. shandong. gov. cn/vipchat1/home/site/82/4137/article. html。

信息技术服务业，租赁和商务服务业，科学研究和技术服务业支撑作用突出，各领域企业营业收入同比分别增长12.5%、12.1%和9.2%;① 交通运输业发展平稳，铁路、公路、水路完成客运量1.6亿人次、货运量32.3亿吨，铁路、公路、水路完成旅客周转量414.8亿人公里，货物周转量达到14208.3亿吨公里，比2021年增长18.4%（见表5）。

表5 2022年山东省客货运输量及增长速度

类型	旅客 运输量（亿人次）	同比增长（%）	周转量（亿人公里）	同比增长（%）	货物 运输量（亿吨）	同比增长（%）	周转量（亿吨公里）	同比增长（%）
合计	1.6	-42.2	414.8	-41.2	32.3	-3.2	14208.3	18.4
铁路	0.7	-39.8	313.3	-40.2	2.5	8.0	1831.5	8.9
公路	0.8	-45.5	98.3	-44.7	27.7	-4.9	7912.6	5.3
水路	0.1	-21.9	3.2	-17.2	2.1	9.1	4464.2	59.3

资料来源：《2022年山东省国民经济和社会发展统计公报》。

二 山东建设现代化产业体系的机遇和挑战

推进山东省现代化产业体系建设，实质是对传统产业体系的升级再造，是推动山东由制造大省向制造强省转变的基础性任务。分析当前国内外发展形势，机遇和挑战并存。

（一）建设现代化产业体系的机遇

黄河流域生态保护和高质量发展重大国家战略为山东省现代化产业体系建设提供了重大机遇。生态优先、绿色发展是黄河重大国家战略的本质要求，全域推动黄河重大国家战略的贯彻落实，发挥山东半岛城市群龙头作

---

① 《2022年山东省国民经济和社会发展统计公报》，山东省人民政府网站，2023年3月2日，http://www.shandong.gov.cn/art/2023/3/2/art_305196_10335931.html。

用，必须推动产业体系的绿色低碳转型，这与现代化产业体系建设的本质要求是一致的，黄河重大国家战略的贯彻落实与现代化产业体系建设可实现相互促进、协同增效。

一是借助国家战略，提升流域引领能力。黄河流域各省区在黄河治理的协作机制和经济协同高质量发展方面存在一定短板，国家战略的深入实施，为各省区加强治理协作和经济发展协同提供了重要机遇，应充分认识黄河重大国家战略在这方面的重大意义，加强沿黄达海通道和现代化产业大走廊建设，推动沿黄各省区相互协作，提升山东省在黄河流域生态保护和高质量发展中的山东半岛城市群龙头作用。

二是把握战略先机，纵横衔接国家战略。贯彻落实黄河重大国家战略，在东西方向上，沿黄9省区需加强协作，同时，需关注南北方向上与重大国家战略的衔接，如京津冀协同发展战略、长三角一体化战略等，以战略间的衔接促进全方位的区域协作，形成梯次有序的区域发展新格局。

三是利用战略优势，增强科技引领能力。提升与自贸试验区、上合示范区等的合作发展，助力黄河重大国家战略发挥优势。打造中国（山东）自由贸易试验区升级版，支持自贸试验区围绕《全面与进步跨太平洋伙伴关系协定》（CPTPP）、《中欧双边投资协定》（中欧CAI）等高标准国际经贸规则，探索具有首创性、差异性、融合性的制度创新，推动全产业链绿色低碳创新发展。探索建立促进低碳产品认证的碳排放标准和碳评价体系。优先在区域内复制推广自贸试验区联动创新区、黄河流域自贸试验区联盟等经验，实施绿色低碳领域制度创新成果培育计划。

此外，国际发展环境为现代化产业体系建设提供了机遇。当今世界"百年未有之大变局"加速演进，国际环境错综复杂，世界经济发展不景气，产业链供应链全面重塑，全球不稳定性、不确定性增强，逆全球化、保护主义和单边主义等思潮暗流涌动。值此国际大变局，由于能源危机等，欧洲产业开始转移，其中以资源密集型、技术密集型产业为主，呈现含金量高的特点，从产业类型上看，主要集中在化工、汽车、半导体等领域。山东省是我国唯一拥有41个工业大类的省份，具有多家世界500强企业，以机械制造、智能家电、海洋装备等优势产业为主。要充分发挥山东与日韩的毗邻优势，持续强化与共建"一带一路"国家的传统合作优势，积极承接海外高端制造业和核心技术产业的转移，争取在构建现代化产业体系方面走在全国前列。

（二）建设现代化产业体系面临的挑战

山东省现代化产业体系建设也面临着一些挑战，主要体现在以下四个方面。

一是产业链布局不完善。构建现代化产业体系，首先要解决的就是产业链统筹协调的问题。在产业布局之初，可以按照产业集聚模式分为本地产业群和外向型产业群。外向型产业群可以减少生产成本，方便汇聚生产要素，但也会出现外来企业或产业与本地企业或产业融合程度较低的现象，使产业融入产生局限性，不能形成良性的产业格局。如果引入产业的技术水平过高，还会产生技术断层，导致本土企业无法与之匹配，出现相互排挤的局面，甚至产生恶性竞争现象。尽管山东省产业结构不断调整，但是传统产业占比仍然较高，且存在产业模式不够前沿、结构配置不够合理等现象，成为现代化产业体系建设需解决的重要问题。

二是能源结构和利用率有待提高。构建现代化产业体系，必然要解决产业绿色低碳发展的问题。山东省煤炭消耗占一次能源的比重高于全国平均水平，石油、天然气在能源消费结构中所占比例在20%左右，低于现在的全国平均水平。而新能源在能源结构中所占的比例则较低，单位标准煤炭燃烧产生的二氧化碳是等标量石油排放的1.23倍，是等标量天然气排放的1.75倍，以煤为主的消费结构是山东省建设现代化产业体系面临的最主要挑战。同时，山东省能源利用率有待提升，当前的能源利用对外依存度仍然很高，全省工业能耗比相对国内平均水平略高。

三是高新产业发展不突出，科技创新应用不足。山东省内建立了不少高新产业园区，规模都比较大，但实际上，企业自主创新的能力较低，尚未形成顶尖自主创新体系，高新产业的发明成果影响力较小，难以把握经济发展

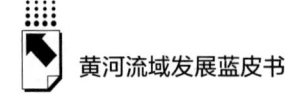

先机。当前，大量新兴产业需要以创新为引领重点发展，但是实际上高新产业在技术创新上能力不足，在带动山东省产业体系升级中尚未发挥应有作用。

四是高端人才相对短缺。新冠疫情给国际经济带来创伤，进出口贸易与金融风险居高不下；俄乌冲突带来能源危机；美联储连续加息引发全球经济大幅波动；中美贸易摩擦的影响范围和程度不断升级，以美国为首的西方国家对我国实施严格的人才管控政策与技术限制，对国际人才流动以及我国科技发展产生了较大的负面影响。华为、中兴、海康等具有较强国际竞争力的高科技企业成为贸易争端中美国"技术霸凌"的重点对象，高精尖人才、技术等各种"卡脖子"问题层出不穷，国际政治格局动荡引发人才流动新屏障，对我国引进与培育高端人才带来重重困难。国际环境的不确定性增强，单边主义、保护主义、强权政治、地区冲突等成为阻挠全球人才合作的主要屏障，构筑了人才交流合作新壁垒。

三 山东建设现代化产业体系的重点任务

新一轮的科技革命和产业变革正在兴起，高能耗、低效率、低创新、低获利的发展模式已经难以持续，绿色制造、循环经济、可持续发展成为不可阻挡的发展趋势。随着国内外应对气候变化政策演进，推动产业发展和节约资源、保护环境之间出现了难以调和的矛盾。而要在节约资源和保护环境的同时推动经济持续稳定发展，必须调整产业结构，建设绿色低碳高质量发展的现代化产业体系。

（一）加大投入，夯实科技创新基础支撑

改革是"关键一招"，创新是"第一动力"。近年来，山东省以创新型省份建设为统领，深入实施创新驱动发展战略，持续加大基础创新和源头创新供给，初步形成以创新为重要动力支撑的发展模式。下一步，要深入实施科教强鲁、人才兴鲁战略，全面提升创新驱动水平，力争在高水平科技创新

上持续突破，提高科技成果转化能力和产业化水平，建设全国区域创新中心，塑造发展新动能、新优势。主要可从以下几个方面开展驱动产业绿色高质量发展的科技创新工作。

一是探索科技成果转化新机制。健全科技成果转化全链条保障机制，全面打通绿色低碳产业创新成果产业化通道。从省级层面构建研发测试、市场供需对接、政策服务一体化的科技成果转化平台；不断完善科技成果项目库，及时更新信息，并发布符合绿色低碳产业发展的科学技术成果包。探索加强与国内外技术转移和技术服务机构的合作，通过市场化手段打通产学研一体化链条，做优做强山东省科技成果转化，提升产业的国际竞争力。

二是构建科技创新交流平台。高效运转的国际交流平台是推动产业发展的重要媒介，平台可在科技成果转化、产品研发、人才交流等方面为绿色低碳产业国际化发展提供重要支撑。继续推动高端研发中心打造、高新技术开发区建设建立国际层面的绿色低碳产业技术创新战略联盟，在战略层面，促进产学研各方建立持续稳定、有法律保障的合作关系，整合国内和国际产业技术创新的资源，立足产业技术创新的各项需求，制定技术标准，开展联合攻关，共享知识产权。

三是强化企业创新主体地位。优化体制机制支撑，发挥高新技术企业、科技型中小企业的创新主体作用，在新能源、绿色建筑等产业培育专精特新企业。

四是集聚高端人才要素。高端人才因素是驱动产业发展的重要因素。要充分利用国家和省级层面在人才培养和人才引进方面的重大战略规划，紧盯国内国际高精尖人才的流动情况，做好高水平科学家和高层次人才团队的引进、培养。做好高端人才集聚平台建设，依托省内各级智库、高校等科技创新平台引入国内外顶级人才团队，在经费补助、荣誉称号、软硬件设施建设等方面不断完善，提升人才团队的科技创新成果转化率。创新高端人才的合作模式，探索采用合作导师、挂职兼职、项目合作、技术咨询等模式，吸引高端人才为山东产业发展作出贡献。做好技能型高端人才的培养和引进工作。鼓励各高等院校、职业院校与企业深度交流和合作，通过师资培训、实训基地建设等模式提升技能型人才和复合型人才的培养水平。

（二）多措并举，构建绿色低碳产业体系

构建绿色产业体系是当前山东省产业绿色低碳高质量发展的必然选择和迫切任务，也是优化山东各类生产要素资源的重要途径。

一是健全绿色产业发展促进机制。制定并推行一系列规章制度和政策，包括政府采购的绿色化、财政税收优惠政策等手段，引导企业绿色转型，支持绿色产业做大做强。构建绿色技术创新体系，培育一批绿色技术创新企业、绿色企业技术中心，支持建立区域性、专业性绿色技术交易市场。

二是推动传统产业绿色化转型升级。对传统产业进行分类施策，对绿色转型基础较优的产业进行示范化改造，建设绿色工厂，推动骨干、龙头企业进行绿色供应链管理，推动产业链绿色转型。

三是多措并举支持绿色新兴产业发展。紧抓绿色低碳转型带来的发展机遇，加快低碳循环产业的培育。依托各地市原有发展基础，持续壮大生物医药、新能源汽车、绿色建筑等绿色新兴产业的发展规模，围绕智能电网、高效光伏和风能、储能等重点领域，在新能源装备制造领域培育一批领军企业。

四是提升现代服务业绿色发展水平。围绕绿色产业和高新技术产业，做好研发设计、技术服务、信息咨询等高端服务业的培育工作。大力推动节能环保产业发展。积极推动仓储、运输、包装等物流业全产业链的绿色智慧转型，提升物流业效能。

（三）理念更新，驱动产业融合协同发展

推动先进制造业和现代服务业融合发展是构建绿色低碳现代化产业体系的关键环节。

一是树立产业融合发展的理念。在信息技术的推动下，制造业拉动服

业发展，服务业推动制造业升级，两者的关系越来越密切，边界越来越模糊。现代化经济体系更加强调融合发展、协调发展，不能"单兵突进"制造业或服务业，否则，消费者的个性化需求得不到满足，经济发展的整体质量也难以提升。因此，需要提出一体化解决方案，推动先进制造业和现代服务业深度融合发展。

二是优化双向融合的服务制造平台和制造服务平台治理体系。加快完善融资支持、复合型人才供给、兼并重组等有利于平台型企业发展的相关政策，明确平台运行规则和权责边界，增强其整合资源、供需对接、协同创新的功能，支持平台型企业对上下游产业的带动和整合，促进平台协同发展。

三是着力建设一批融合发展的先进制造业和现代服务业示范区。先进制造业与现代服务业的融合，需要空间的聚合，需要区域的融合，需要配套的实现形式。建议围绕打造先进制造业与现代服务业融合发展示范区优化发展环境、吸引先进制造业与现代服务业落户，重点选择济青烟地区部分典型产业或重点企业，以良好的制度设计为基础，推进制造服务一体化平台建设，形成先进制造业与现代服务业融合发展的产业集聚发展生态。

（四）技术支撑，推动产业数字智能转型

实现产业数字化转型是新时代国家信息化发展的新战略，是加快山东省绿色低碳高质量发展先行区建设步伐、推动现代化产业体系建设的关键路径。

一是加强数字基础设施体系建设。大幅提升光宽带网络接入能力和品质，实现"光纤入户、千兆示范"引领，推进5G、互联网协议第六版（Ipv6）、窄带物联网等建设与应用，建设无线城市，优化城市公共场所的Wi-Fi免费接入服务。推动农村和边远地区电信普遍服务全覆盖，基本建成高速宽带、无缝覆盖、智能适配的新一代信息网络。推进绿色数据中心建设。例如，建设国家健康医疗大数据北方中心和电信运营企业数据中心，在济南、青岛和枣庄布局培育全国性大数据中心，对国家超级计算济南中心社会服务能力进行升级，建设服务政府、行业和企业的混合云平台，形成更为

完善的大数据基础设施，为现代化产业体系建设提供更强支撑。

二是推动产业数字化、智能化转型。加快智能生产线、智能制造单元、数字化车间、智能工厂建设，提升产业智能化水平，加快应用工业大脑等新技术。在机械、汽车等行业，开展网络协同设计、虚拟仿真等推广应用；在家电、服装、消费电子等领域，加强众包、众设等模式的普及应用；在石化、钢铁、有色金属等行业，开展基于互联网的供应链管理模式创新试点；在建材、家具、家电、厨卫和服装等消费品行业，以及汽车、叉车、机床、船舶、泵阀、电梯等装备制造行业，鼓励发展个性化定制和柔性化生产，促进产业链多方位协同创新。发展企业级和行业级工业互联网平台，以高端平台驱动产业智能化发展。

三是推进政府治理体系数字化。深入落实《山东省政务信息资源共享管理办法》，推进全省电子政务基础设施融合、信息资源共享和业务协同，拓展统一公共支付平台应用，推动电子证照、电子文件、电子印章的应用和互认共享。明确山东省公共数据开放范围和领域，制定开放标准、开放目录和开放计划。建立适应数字经济发展、科学合理、体系完备的统计体系和评估监测体系。

（五）区域协调，扩大绿色低碳发展空间

新旧动能转换重大工程实施以来，山东省深入实施区域协调发展战略，坚持深度融合、互利共赢，落实主体功能区战略，优化重大生产力布局，增强联动发展的协同性、整体性，"三核"引领带动作用不断强化、区域融合发展水平不断提升、城乡融合水平不断提高，初步打造形成"三核引领"、区域城乡融合互动新格局。下一阶段，要从多个领域发力，继续推进区域协调发展，为绿色高质量发展提供新的发展空间。

一是做大做强中心城市。建立中心城市带动都市圈、都市圈引领经济圈、经济圈支撑城市群的空间动力机制，推动形成双中心、多层级、多节点的网络型城市群结构。深入实施"强省会""强龙头"战略，支持大力发展总部经济、平台经济、创意经济、共享经济，打造央企总部基地。强化济青双城联动，建设全国最具创新力、竞争力的发展轴带。

二是大力推动区域一体化发展。推动省会、胶东、鲁南三大经济圈一体化发展，高质量规划建设烟台黄渤海新区、临沂沂河新区、德州天衢新区、菏泽鲁西新区等4个省级新区。支持资源型城市、区域交界地区发展特色优势产业，实施新一轮突破菏泽、鲁西崛起行动。

三是深入推进新型城镇化。应重点抓好智慧、绿色、均衡、双向的新型城镇化"四化"建设。高质量建设国家城乡融合发展试验区和省级试验区，重塑新型工农、城乡关系，实现"城中有乡、乡中有城"，城乡深度融合。

四是积极打造黄河流域增长极。以济南新旧动能转换先行区为引领，建设沿黄现代产业大走廊，打造千里黄河绿色高效农业长廊，建设高标准沿黄城市群，提高沿黄重点城市经济和人口承载能力。

四 山东建设现代化产业体系的保障措施

山东作为工业大省、制造业大省，正以建设绿色低碳高质量发展先行区为战略机遇，不断深化新旧动能转换，以绿色低碳转型挺起产业高质量发展的脊梁。但加快建设现代化产业体系是一项系统工程，需要从多个方面做好保障措施。

（一）加强党的全面领导

党的领导是中国特色社会主义事业不断前进的政治保障和制度基础，建设绿色低碳高质量发展产业体系要把党的领导贯穿发展的全过程、各领域、各环节。

第一，要落实地方党委推动产业现代化、促进经济高质量发展的主体责任。2023年1月，山东省委、省政府印发的《山东省建设绿色低碳高质量发展先行区三年行动计划（2023—2025年）》指出，要通过加快传统支柱产业绿色化高端化发展、加快重化工业布局优化和结构调整、培育壮大新兴产业和数字经济、构建优质高效服务业体系等纵深推进动能转换,构建现代化产业体系。由此可见,构建现代化产业体系涉及产业发展的方方面面,既包括传统产业的转型升级,又包含新兴产业的培育壮大,需要政府、市场、社会多元主体的共同参与,只有在中国共产党的领导下,才能将全社会的力量凝聚起来,实现资源的高效整合和政策的执行落地,地方党委要在这个过程中发挥把方向、管大局、作决策、保落实的作用。

第二,发挥广大党员先锋模范作用和基层党组织的战斗堡垒作用,是现代化产业体系建设的重要保障。近年来,各地积极探索把支部建在产业链上的模式,充分发挥基层党组织的引领带动作用,把党的组织优势逐渐转变为产业发展优势。一个支部就是一面旗帜,要激励全省党员干部在建设现代化产业体系的过程中敢闯敢试、改革创新,不断发扬斗争精神、提高斗争本领,在新时代新发展中展现新担当、新作为。

第三,不断提升党员领导干部的能力素养,培养一批真抓实干、务实扎实的干部队伍。领导干部处在总领全局、协调各方的重要位置,其素质能力高低直接关系一个部门、一个地区发展的好坏。各级领导干部要把增强"八项本领"、提高"七种能力"当作一种追求,不断提高政治判断力、领悟力、执行力,观察时势、谋划发展,抢抓产业发展的先机,尽早谋划未来产业布局,善于在危机中育新机,于变局中开新局。

(二)完善协调推进机制

产业体系的运行根植于社会经济的各项制度之中,建设现代化产业体系的根本问题在于突破金融、土地、资源、能源等要素市场化改革相对滞后的障碍,要切实破解阻碍建设绿色低碳高质量发展现代化产业体系的各种体制机制障碍,需要建立完善的协调推进机制。深化改革,才能打造体制机制新优势。要将深化改革作为推进产业绿色转型的根本动力,以更大智慧和勇气推进重点领域改革,着力破除体制机制弊端,为山东产业核心竞争力的提升积蓄力量。

第一,争取国家层面的支持,定期研究引领山东绿色低碳高质量发展的现代化产业体系建设重大事项，加强国家层面的支持和引导。尤其是，积极将建设绿色低碳高质量发展的现代化产业体系融入黄河流域生态保护和高质量发展、京津冀协同发展、长三角一体化发展、雄安新区建设、中原城市群建设等战略布局，加强区域间的合作与交流，坚持深化改革的顶层设计，根据国家对山东发展的定位，制定与之相适应的各项制度，加强政策调整与制度安排协调推进。

第二，充分发挥山东省推动绿色低碳高质量发展领导小组的作用，对全省建设现代化产业体系进行战略规划和部署，统筹研究产业发展的重大政策、重大改革和重大工程。产业体系的空间结构既受到市场机制的影响，也跟政府的协调密切相关。课题组调研过程中发现，地方政府的行为对企业的空间布局起到关键的影响，尤其是政府的招商引资政策成为企业进行产业布局和产业调整的关键因素。这就要求省级层面要站在市场机制和政府协调两种力量相互配合的角度，构建全省产业体系的空间协调机制，构建优势互补、绿色低碳高质量发展的区域经济布局。一是建立省级层面的区域产业规划协调机制，从区域整体统筹全省的资源和条件，统筹全省各地区产业规划的编制和实施，在法律层面对产业发展规划的制定和实施进行规范，提高各区域规划协调的法治化保障水平。二是加大对产业发展弱势区域的产业政策扶持力度，着力改善要素供给条件，推动这些区域形成现代化产业发展的比较优势。同时引导跨区域的产业转移与承接，在具备条件的地区布局建设高水平的产业园区，通过"双向飞地"政策，引导弱势区域积极参与，挖掘其经济发展的潜力。三是协调推进各地市之间的产业合作机制，发挥地缘优势，重点以三大经济圈为主要空间载体，鼓励跨区域的产业分工与合作，加强全省产业链价值链建设。

第三，各市各部门要制定与国家、省级相适应的协调与推进机制。对于本区域本领域产业体系发展规划，对照《山东省建设绿色低碳高质量发展先行区三年行动计划（2023—2025年）》，结合自身产业发展的实际，明确年度工作任务的重点和难点，不断健全完善相应工作机制，构建统分结合、责权明确、运转高效的协调推进体系。

（三）健全有效政策体系

当前，山东省众多企业已经成为国内国际产业链供应链的重要构成主体，分享了产业分工协作的红利，随着国内外复杂形势的不断变化和山东省产业体系面临的问题和挑战，新形势下加快建设绿色低碳高质量发展产业体系亟待健全相关的政策体系，尤其是要围绕科技创新、绿色低碳技术应用和生态产品价值实现等领域，加强与国家部委各项政策的衔接，研究制定配套政策。

第一，制定适应现代化产业体系要求的产业政策。根据国内外市场的需要和当前山东省产业发展的特点，充分发挥市场在资源配置中的决定性作用，更好发挥政府的作用，优化资源配置，制定市场导向的产业政策，提高产业集聚和规模效应。

第二，创造适合各类企业发展的优良营商环境。对企业而言，良好的营商环境，不但体现在政府提供一站式的各种各样的服务，还包括建立公平的市场体系，尤其是扶持在市场中处于弱势地位的中小企业良性发展。为此，政府应该制定公平的产业准入条件、产品质量标准，维持市场的公平竞争，给予中小企业一视同仁甚至更为优惠的政策支持。例如，人才吸引政策、创新研发政策、产品营销政策、金融税收政策等，鼓励和支持中小企业进行人力资本提升、生产技术改造、产品质量升级，更好发挥中小企业在产业链价值链中不可缺少的作用，提升产业链价值链水平。

第三，搭建全方位的支持企业开放式合作平台。政府应牵头搭建国有企业与民营企业之间的合作交流平台，破除企业之间资源要素流动的制度壁垒，促进国有企业和民营企业开展多种形式的合作，延链补链强链，形成协同发展的产业集群，更好发挥国有企业在现代化产业体系中的带动作用和民营企业在现代化产业体系中的生力军作用。搭建中小企业之间的合作创新平台，促进大企业对中小企业提供技术支持。中小企业规模较小、人才缺乏、资金不足，创新研发能力不足，在市场中处于不利地位，政府应该设立帮助中小企业之间进行合作交流的平台，为中小企业开展广泛的技术合作、人才交流提供机会，并积极引导产业领军大企业进入平台，帮助中小企业解决技术创新、品牌创建、专利申请、资金支持等方面的困难，与中小企业对接协同创新活动，驱动中小企业的技术进步与创新发展，打造一批又一批专精特新"小巨人"企业。

（四）营造浓厚社会氛围

建设以科技创新为主要推动力的现代化产业体系，不但需要人们树立正确的发展理念、企业在生产方式上不断转变，还需要社会力量的协同，需要在全社会营造绿色低碳高质量发展的浓厚氛围。

第一，牢牢把握正确舆论导向。要挖掘山东绿色低碳高质量发展的经验做法和亮点特色，充分利用融媒体的优势，根据各地社会发展的新形势、新需要，充分发挥各级媒体对外宣传工作的积极作用。山东既是一个经济大省、人口大省，也是一个文化大省，近年来涌现一大批富有地方地域特色的产业发展模式，但对外宣传的广度和深度还不够。要给予县级融媒体更多的资金支持、技术支持和人才支持，把基层的一些工作成效及时地挖掘出来，不断增强地方经验宣传的吸引力、感染力和影响力。同时，畅通各级融媒体的协同作用，注重发现和总结典型经验做法，及时向全省乃至全国推广好经验、好做法。

第二，在全社会营造良好的科技创新生态。一方面，政府要充分调动高校、企业、科研院所、智库平台等智力资源创新的积极性，鼓励大众创业、万众创新，不断提高全省的科技创新水平，并促进科研成果及时、有效、高效转化为生产力。另一方面，政府要创建公平的科技成果市场环境，实行严格的知识产权保护制度，建立科学、公平、合理的创新评价机制。

第三，推动适应绿色低碳高质量发展产业体系的人才队伍建设。要在全社会培育科学家精神，培育创新文化，提升公众的科技素养。在高等教育研究领域，完善学科体系，培养现代化产业体系所需要的各类人才，尤其是加强应用型人才的培养，加大专业硕士研究生的培养力度，鼓励省内高校根据地方产业发展的需求设置课程体系，培养以需求为导向的专业人才。推进

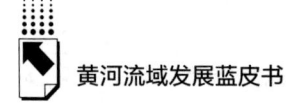

"十强产业"领域的人才在职培养,推出一系列"产业+"方面的在职硕士研究生项目,拓展全省在职职工培养的范围,提高全省产业人才的整体水平。加大对新型农民群体的培训力度,通过提供知识和技能培训,帮助新生代农民加强对现代化产业体系专业知识的学习,助推农业实现现代化,提升我国农业产业现代化水平。

面对新的发展环境,山东省正以蓬勃的朝气和昂扬的锐气,抢抓新一轮产业变革的新机遇,加强党的全面领导,建立完善的协调推进机制,健全有效的政策体系,营造浓厚的社会氛围,持续深化体制机制改革,激发各类主体的积极性,着力构建新动能主导的绿色低碳高质量发展的现代化产业体系。

Abstract

At present, global industrial system and supply chain are showing a trend of diversified layout, regional cooperation, green transformation, and digital acceleration, which is the law of economic development and the historical trend, and does not depend on human will. The report of the 20th National Congress of the Communist Party of China proposed requirement of building modern industrial system, insisting on focusing on the real economy. The Yellow River Basin should play an important role in building modern industrial system.

We outline the strategic vision of building modern industrial system in the Yellow River Basin from a global perspective. The construction of modern industrial system in the Yellow River basin needs to follow five principles. Firstly, we should prioritize the real economy and prevent from deviating from the real economy to the virtual economy. Secondly, we should seek progress while maintaining stability and proceed step by step, meanwhile we should not seek something foreign and extravagant. Thirdly, we should adhere to the integrated development of the three industries and avoid separation and confrontation. Fourthly, we should continue to promote the transformation and upgrading of traditional industries, which means we should not simply withdraw from them as a kind of low-end industry. Fifthly, we should adhere to open cooperation and cannot be behind closed doors. We should fully draw on the experience of developed countries in promoting modern industrial systems, accelerate the promotion of new industrialization, and promote industrial transformation and upgrading. At the same time, we should strengthen internal cooperation within the basin and build a regional innovation system, comprehensively deepen reforms and unblock the domestic economic cycle, and we will comprehensively promote opening-up and unblock the international economic cycle.

We assess the level and characteristics of building modern industrial systems in the

Yellow River basin from a quantitative perspective. It is found that the level of the Yellow River Basin's modern industrial system has been on the rise year by year from 2012 to 2022, leading by eastern provinces such as Shandong and Shaanxi, while the other provinces have developed in a staggered manner. From the perspective of differences, the overall difference of the level of modern industrial system in the Yellow River Basin has decreased, and the difference between Yellow River basins and the eastern, as well as the western, has decreased, but the difference between the central and Yellow River basins has increased, with regional differences being the main factor. In terms of dimensions, the indices of industrial entity, innovation, integration, greenness, and supportability of the Yellow River Basin are generally on the rise, while the indices of industrial openness and safety are not on the rise. The change trend of various dimensional index of the modern industrial system of the nine provinces is not consistent, with differences within the Yellow River Basin and between the Yellow River Basin and the eastern, central, and western regions. Also, regional difference is the main source of the difference between the level of modern industrial system in the nine provinces of the Yellow River Basin and other regions.

We establish the target focus of building modern industrial system in the Yellow River Basin at the provincial levels. The goals and priorities of building modern industrial system in various provinces of the Yellow River Basin vary. Qinghai should create new advantages for the development of Ecotype industries, Sichuan should strive to promote the quality improvement and multiplication of six major advantageous industries, Gansu should solidly promote strong industrial action, Ningxia should focus on the six kinds of new, special and excellent industries, Inner Mongolia should build modern industrial system with green characteristics, Shanxi should combine modern industrial system with regional integration development, Shaanxi should give consideration to the transformation and upgrading of traditional industries and the cultivation of emerging industries, Henan needs to coordinate the development of the three industries and the digital economy, while Shandong needs to build modern industrial system that leads green, low-carbon, and high-quality development.

Keywords: Modern Industrial System; Regional Strategic Coordination; The Yellow River Basin

ated stability and progressing step by step, and cannot be greedy for seeking foreign interests,

Contents

Ⅰ General Report

B.1 General Requirements for Building Modern Industrial
System in the Yellow River Basin *Wang Bin, Wang Ru* / 001

Abstract: The strategic goal of building modern industrial system was proposed at the 20th National Congress of the Communist Party of China, and building modern industrial system in the Yellow River Basin is of great significance. We need to prioritize the real economy and prevent it from shifting from reality to emptiness, persist in seeking progress while maintaining stability and progressing step by step, and cannot be greedy for seeking foreign interests, adhere to integration and development of the three industries, and avoid fragmentation and opposition, persist in promoting the transformation and upgrading of traditional industries, and cannot simply exit as a low-end industry, adhere to open cooperation and cannot be behind closed doors. We should fully draw on the experience of developed countries in building modern industrial system, accelerate the promotion of new industrialization, and promote industrial transformation and upgrading, strengthen internal cooperation within the watershed and build a regional innovation system, comprehensively deepen reform and smooth domestic economic circulation, and comprehensively promote openness and smooth international economic circulation.

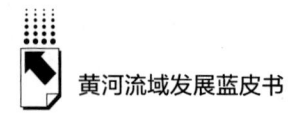

Keywords: Modern Industrial System; Industrial Convergence; The Yellow River Basin

II Index Reports

B.2 Comprehensive Index of Modern Industrial System
in the Yellow River Basin　　　　　　　　*Wang Xuekai* / 029

Abstract: A kind of modern industrial system evaluation index system is constructed based on seven dimensions, and the level of the modern industrial system is measured using data from 31 provinces from 2012 to 2022. The Dagum Gini coefficient method is used to analyze the spatiotemporal evolution characteristics of the level of the modern industrial system. It is found that the level of the Yellow River Basin's modern industrial system has been on the rise year by year from 2012 to 2022, leading by eastern provinces such as Shandong and Shaanxi, while the other provinces have developed in a staggered manner. From the perspective of differences, the overall difference of the level of modern industrial system in the Yellow River Basin has decreased, and the difference between Yellow River basins and the eastern, as well as the western, has decreased, but the difference between the central and Yellow River basins has increased, with regional differences being the main factor.

Keywords: Modern Industrial System; Industrial Division; Regional Differences; The Yellow River Basin

B.3 Dimension Index of Modern Industrial System
in the Yellow River Basin　　　　　　　　*Wang Xuekai* / 050

Abstract: By decomposing the comprehensive index, various dimensions of the modern industrial system in the Yellow River Basin can be obtained. The levels of industrial entity, innovation, integration, greenness, and support in the Yellow River Basin have been basically on the rise, while the levels of industrial openness and safety have not increased. The trend of changes in various dimensions of the modern industrial system in nine provinces varies, as well as regional differences within the Yellow River Basin and regional differences between the Yellow River Basin and the eastern, central, and western regions with regional differences being the main sources.

Keywords: Modern Industrial System; Regional Differences; The Yellow River Basin

Ⅲ Regional Reports

B.4 Qinghai: Creating New Advantages for the Development of Ecotype Industries

Zhang Zhuang, Ma Zhen, Zhao Hongyan, Caijizhuoma,
Liu Chang and Yin Yanpei / 081

Abstract: The modern industrial system is the material support of the modern country, is an important symbol of economic modernization. Building modern industrial system is a major strategic plan made by the CPC Central Committee to build a modern socialist country in an all-round way. It is of great practical significance to promote the transformation of old driving forces and improve the economic quality, efficiency and core competitiveness of Qinghai. Based on the analysis of the reality of constructing the new system of modern industry in Qinghai Province, this paper explains the favorable conditions and restrictive factors of constructing the new system of modern industry in Qinghai Province. The favorable conditions include the accelerated construction of dual cireulation of domestic and foreign markets, the accelerated implementation of a new round of national development strategy, and obvious advantages and potential of its own transformation and development. The constraints are reflected in the challenges brought by the economic situation, the weak basic conditions, the pressure of green transformation of industry, the weakness of scientific and technological innovation, and the lack of supporting services for production. Finally, it puts forward the realization path of constructing the new system of modern industry in Qinghai Province: promoting the traditional industry to rejuvenate, creating the new advantages of ecological industry development, cultivating the new support of strategic emerging industries, enhancing the new driving force of service economy, and optimizing the new layout of industrial coordinated development.

Keywords: Modern Industrial System; Green and Low-carbon Cycle; Qinghai Province

B.5 Sichuan: Striving to Promote the Quality Improvement and Multiplication of Six Major Advantageous Industries

Xu Yan, Sun Jiqiong, Wang Wei, Wang Xiaoqing,

Hu Zhenyun, Gao Meng, Li Jielin and Xu Xun / 106

Abstract: Sichuan Province is not only an important water source conservation area in the Yellow River Basin, but also a major economic province in the western region and an important industrial province in China. The national strategy of the Chengdu-Chongqing economic circle has entrusted Sichuan with a new mission and task of cultivating modern industrial system with outstanding competitive advantages and serving the overall national situation. Sichuan has proposed the goal of accelerating the construction of modern industrial system supported by the real economy and reflecting Sichuan's characteristics. Sichuan will leverage its industrial advantages and characteristics to serve the overall national strategic situation, focus on promoting the quality and multiplication of the six advantageous industries, and create the main engine of industry. At the same time, it will also promote the development of strategic emerging industry clusters characterized by the digital economy, compete in new tracks of industrial development, promote the coordinated development of three industries, continuously deepen institutional reform, and continue to promote the deep integration of new-type industrialization and informatization, the interaction between new-type industrialization and new-type urbanization, and the coordination between new-type industrialization and agricultural modernization.

Keywords: The Yellow River Basin; Modern Industrial System; The Chengdu-Chongqing Economic Circle; Sichuan Province

B.6 Gansu: Solidly Promoting Strong Industrial Action

Zhang Jianjun, Wang Fan, Zhang Ruiyu,

Jiang Shangqing and Ma Guifen / 138

Abstract: Gansu Province is located in the strategic depth zone of breaking through the "Hu Huanyong line" and building modern industrial system, which is an important measure for Gansu Province to achieve high-quality development and ecological protection in the Yellow River basin. After three stages of continuous advancement in the industrialization process of Gansu Province, it is now in the stage of in-depth adjustment of industrial structure. Gansu's modern industries are mainly concentrated in leading industries such as petrochemicals, nonferrous metals, electric power, metallurgy, equipment manufacturing, food, coal, etc. The proportion of strategic emerging industries and high-tech industries is low. The distribution of modern industries shows distinctive features such as regional agglomeration, distinctive characteristics, the gradual acceleration of industrial chain cultivation, and the prominent characteristics of agricultural industry. The evolution of industrial high structure lags behind the overall level of the country, and needs to be comprehensively promoted, which is facing serious problems and challenges, but also has the potential and opportunity for rapid development. Overall judgment: The next ten years is a key opportunity period for Gansu to build modern industrial system. To this end, first, strengthen the foundation; build a modern infrastructure system; Second, we need to boost driving forces. We need to enhance technological driving forces for modernization. Third, strengthen the entity: highlight the foundation of the modern industrial system; The fourth is to optimize the industry: cultivate the new situation of the modern industrial system; Fifth, we must increase our characteristics: develop the digital economy, promote new industries, new forms and new models, and build modern industrial system with Gansu characteristics.

Keywords: Gansu Province; Modern Industrial System; Enhancing Industrial Action

B.7 Ningxia: Focusing on the Six Kinds of New, Special and Excellent Industries

Liu Xuemei, Xu Ruming, Huo Yansong, Zhu Liyan,
Liu Caixia, Sun Zhiyi, Lu Jianhong and Yang Liyan / 162

Abstract: Building modern industrial system is a solid foundation for to fully building a modern socialist country and an important way for high-quality development. The construction of modern industrial system in the socialist modernization of beautiful new Ningxia has made some achievements, but it also faces some challenges. After summarizing the foundation, opportunities, and challenges of building modern industrial system in Ningxia, this article proposes a specific path for Ningxia to promote the intelligence, greening, and integration of the modern industrial system, focusing on the "six new, six special, and six excellent" industries to create a complete, advanced, and safe modern industrial system.

Keywords: Modern Industrial System; Ningxia; Six Kinds of New, Special and Excellent Industries

B.8 Inner Mongolia: Building Modern Industrial System with Green Characteristics

Zhang Xuegang, Guo Qiguang and Wang Wei / 191

Abstract: The Inner Mongolia section of the Yellow River Basin is located in the upper and middle reaches of the Yellow River, with a unique location, vast area, abundant resources, and concentrated industries. It plays an important role in ensuring national energy security, food security, industrial chain supply chain security, and ecological security, and is an important link in the coordinated development of the upper, middle, and lower reaches of the Yellow River. Since the 18th National Congress of the Communist Party of China, the Yellow River Basin in Inner Mongolia's has steadfastly taken a high-quality development path guided by ecological priority and green development, the ecological environment has been continuously improved, and significant achievements in economic and social development has been achieved. At the same time, it must be noted that the economic development is still faced with many "troubles" in growth and difficulties in transformation, such as slow industrial transformation and upgrading, and lagging low-carbon and circular development level. In the new era and new journey, the Yellow River Basin in Inner Mongolia should fully implement the important instructions of General Secretary Xi Jinping, completely, accurately and comprehensively implement the new development concept, accelerate the constructions of modern industrial system with green advantages, and assume responsibilities and make new progress in promoting ecological conservation and high-quality development of the Yellow River Basin.

Keywords: Inner Mongolia; The Yellow River Basin; Green Characteristic Advantages; Modern Industrial System

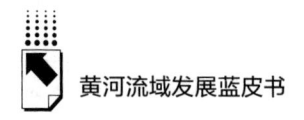

B.9 Shanxi: Combining Modern Industrial System with Regional Integration Development

Hao Yubin, Fan Yanan and Yan Binbin / 222

Abstract: Developing modern industrial system and integrating region's development is the one of the main drivers for Shanxi Province to implement the strategy of ecological conservation and high-quality development of the Yellow River Basin, and to accelerate transformation of the mode of economic development. Based on the panel data of Shanxi Province from 2011-2020, a multi-dimensional index system of the modernization level of Shanxi's industrial chain is established from the perspectives of digital, resilience, innovation, green and security. The entropy method is used to analyze the modernization differences of industrial chain. The result shows that: the overall level of modernization of industrial chain in Shanxi shows a trend of increasing. From the perspective of the five dimensions of contribution, the construction of Shanxi's modern industrial system focuses on green and digital development. The development level of resilience, innovation, and safety is relatively balanced. However, due to the high weight of resilience, and Shanxi's responsibility as the cornerstone of national energy supply, Shanxi should focus on building a high-end intelligent manufacturing highland, an ecological tourism industry integration base, and a digitalized coal industry transformation demonstration highland to ensure national energy security. To achieve this, Shanxi's construction of modern industrial system needs to adhere to the "three adherences" and "eight convergences", namely, adhering to the development concept of upgrading traditional industries and strengthening emerging industries, adhering to the working principle of systematic promotion and key breakthroughs, adhering to the direction guidance of regional integration and creating comparative advantage industries, and exploring the specific paths around the eight "convergences" to find a modernization path that conforms to Shanxi's development laws, reflects Shanxi's development characteristics, and fulfills Shanxi's development responsibilities.

Keywords: Modernization of Industrial Chain; Region Integration; Digital; Resilience

B.10 Shaanxi: Giving Consideration to the Transformation and Upgrading of Traditional Industries and the Cultivation of Emerging Industries

Zhang Pinru, Zhang Ailing, Zhang Qian and Li Juan / 252

Abstract: As an important province in northwest China, Shaanxi is an important link between the Middle East and western provinces. After years of development, Shaanxi has achieved significant results in the development of energy industry, cultural and tourism industry, characteristic agriculture, high-tech and other industries, however, in the process of economic development, there are still problems such as insufficient transformation of scientific and educational advantages into the driving force of innovation, core competitiveness of advanced manufacturing industries, the need to upgrade industrial scale, the pressure of green and low-carbon transformation of energy and chemical industries, the low level of agricultural modernization, and the low efficiency in the transformation and utilization of tourism and cultural resources, Based on this, Shaanxi should leverage its advantages in resource endowment, technology and education, national defense and military industry, and characteristic industries, accelerate the implementation of the innovation driven development strategy, actively promote the high-end development of the energy and chemical industry, vigorously develop advanced manufacturing, strategic emerging industries, and modern service industries, and build modern industrial system with distinctive advantages that supports high-quality development.

Keywords: Shaanxi Province; Innovation-driven; Industrial Structure; Modern Industrial System

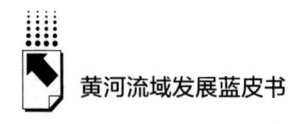

B.11 Henan: Coordinating the Development of the Three Industries and the Digital Economy

He Weihua, Zhong Detao, Lin Yongran,
Zhang Wanli and Yuan Miao / 288

Abstract: Building modern industrial system is an important strategic content for ecological conservation and high-quality development in the Yellow River Basin. Building modern industrial system of the Yellow River basin with Henan characteristics is not only an important guarantee for ecological conservation and high-quality development of the Yellow River basin, as well as for coordinating China's development and security, but also an internal requirement for Henan to actively integrate into the Dual circulation and achieve the goal of "two guarantees". To build modern industrial system in the Yellow River basin with Henan characteristics, Henan has the advantages of economic scale, industrial foundation, resource conditions and policy supply, but it also faces such practical difficulties as low level of Factor market allocation, low level of innovation driven development, and weak regional economic growth momentum. Based on this, the paper proposes countermeasures and suggestions to clarify the main direction and focus of efforts, enhance the leading ability of scientific and technological innovation bodies, strengthen the driving force of major projects, implement the green and low-carbon transformation strategy, and make good use of the unique resource advantages of the basin.

Keywords: Henan Characteristic; The Yellow River Basin; Modern Industrial System

Contents

B.12 Shandong: Building Modern Industrial System that Leads Green, Low-carbon, and High-quality Development

Zhang Yanli, Sun Qi, Zhang Juan, Cui Xiaowei and Lei Mengmeng / 325

Abstract: In recent years, Shandong Province has vigorously adjusted industrial structure and optimized industrial layout, leveraged the advantages of agricultural to support the high-quality development of agriculture in the Yellow River Basin, promoted green and low-carbon transformation of industrial manufacturing through energy conversion, enhenced integrated development to build a high-quality and efficient service system, and initially established a structurally coordinated industrial system, laying a solid foundation for building a modern industrial system that leads to green, low-carbon, and high-quality development. The implementation of the Yellow River National Strategy and the new international development environment provides opportunities for Shandong to promote the construction of a modern industrial system. At the same time, the construction of a modern industrial system also faces challenges such as incomplete industrial chain layout, the need to improve energy structure and utilization efficiency, the lack of prominent development of high-tech industries, and a relative shortage of talents. To build a modern industrial system that leads to green, low-carbon, and high-quality development, Shandong Province needs to further consolidate the foundation of scientific and technological innovation, build a green and low-carbon industrial system, promote the transformation of industries towards digitalization and intelligence, and enhance the level of industrial integration and regional coordinated development. At the same time, strengthening the comprehensive leadership of the Communist Party of China, improving the coordination and promotion mechanism, improving the effective policy system, and creating a strong social atmosphere are necessary guarantees for the construction of a modern industrial system.

Keywords: Green and Low-carbon Development; Modernization; Industrial System

社会科学文献出版社

皮 书
智库成果出版与传播平台

❖ 皮书定义 ❖

皮书是对中国与世界发展状况和热点问题进行年度监测，以专业的角度、专家的视野和实证研究方法，针对某一领域或区域现状与发展态势展开分析和预测，具备前沿性、原创性、实证性、连续性、时效性等特点的公开出版物，由一系列权威研究报告组成。

❖ 皮书作者 ❖

皮书系列报告作者以国内外一流研究机构、知名高校等重点智库的研究人员为主，多为相关领域一流专家学者，他们的观点代表了当下学界对中国与世界的现实和未来最高水平的解读与分析。截至2022年底，皮书研创机构逾千家，报告作者累计超过10万人。

❖ 皮书荣誉 ❖

皮书作为中国社会科学院基础理论研究与应用对策研究融合发展的代表性成果，不仅是哲学社会科学工作者服务中国特色社会主义现代化建设的重要成果，更是助力中国特色新型智库建设、构建中国特色哲学社会科学"三大体系"的重要平台。皮书系列先后被列入"十二五""十三五""十四五"时期国家重点出版物出版专项规划项目；2013~2023年，重点皮书列入中国社会科学院国家哲学社会科学创新工程项目。

皮书网

（网址：www.pishu.cn）

发布皮书研创资讯，传播皮书精彩内容
引领皮书出版潮流，打造皮书服务平台

栏目设置

◆ 关于皮书
何谓皮书、皮书分类、皮书大事记、
皮书荣誉、皮书出版第一人、皮书编辑部

◆ 最新资讯
通知公告、新闻动态、媒体聚焦、
网站专题、视频直播、下载专区

◆ 皮书研创
皮书规范、皮书选题、皮书出版、
皮书研究、研创团队

◆ 皮书评奖评价
指标体系、皮书评介、皮书评奖

◆ 皮书研究院理事会
理事会章程、理事单位、个人理事、高级
研究员、理事会秘书处、入会指南

所获荣誉

◆ 2008年、2011年、2014年，皮书网均在全国新闻出版业网站荣誉评选中获得"最具商业价值网站"称号；
◆ 2012年，获得"出版业网站百强"称号。

网库合一

2014年，皮书网与皮书数据库端口合一，实现资源共享，搭建智库成果融合创新平台。

皮书网　"皮书说"微信公众号　皮书微博

权威报告·连续出版·独家资源

皮书数据库

ANNUAL REPORT(YEARBOOK) DATABASE

分析解读当下中国发展变迁的高端智库平台

所获荣誉

- 2020年，入选全国新闻出版深度融合发展创新案例
- 2019年，入选国家新闻出版署数字出版精品遴选推荐计划
- 2016年，入选"十三五"国家重点电子出版物出版规划骨干工程
- 2013年，荣获"中国出版政府奖·网络出版物奖"提名奖
- 连续多年荣获中国数字出版博览会"数字出版·优秀品牌"奖

皮书数据库　　"社科数托邦"微信公众号

成为用户

登录网址www.pishu.com.cn访问皮书数据库网站或下载皮书数据库APP，通过手机号码验证或邮箱验证即可成为皮书数据库用户。

用户福利

- 已注册用户购书后可免费获赠100元皮书数据库充值卡。刮开充值卡涂层获取充值密码，登录并进入"会员中心"—"在线充值"—"充值卡充值"，充值成功即可购买和查看数据库内容。
- 用户福利最终解释权归社会科学文献出版社所有。

社会科学文献出版社　皮书系列
卡号：941767983141
密码：

数据库服务热线：400-008-6695
数据库服务QQ：2475522410
数据库服务邮箱：database@ssap.cn
图书销售热线：010-59367070/7028
图书服务QQ：1265056568
图书服务邮箱：duzhe@ssap.cn

S 基本子库
SUB DATABASE

中国社会发展数据库（下设 12 个专题子库）

紧扣人口、政治、外交、法律、教育、医疗卫生、资源环境等 12 个社会发展领域的前沿和热点，全面整合专业著作、智库报告、学术资讯、调研数据等类型资源，帮助用户追踪中国社会发展动态、研究社会发展战略与政策、了解社会热点问题、分析社会发展趋势。

中国经济发展数据库（下设 12 专题子库）

内容涵盖宏观经济、产业经济、工业经济、农业经济、财政金融、房地产经济、城市经济、商业贸易等 12 个重点经济领域，为把握经济运行态势、洞察经济发展规律、研判经济发展趋势、进行经济调控决策提供参考和依据。

中国行业发展数据库（下设 17 个专题子库）

以中国国民经济行业分类为依据，覆盖金融业、旅游业、交通运输业、能源矿产业、制造业等 100 多个行业，跟踪分析国民经济相关行业市场运行状况和政策导向，汇集行业发展前沿资讯，为投资、从业及各种经济决策提供理论支撑和实践指导。

中国区域发展数据库（下设 4 个专题子库）

对中国特定区域内的经济、社会、文化等领域现状与发展情况进行深度分析和预测，涉及省级行政区、城市群、城市、农村等不同维度，研究层级至县及县以下行政区，为学者研究地方经济社会宏观态势、经验模式、发展案例提供支撑，为地方政府决策提供参考。

中国文化传媒数据库（下设 18 个专题子库）

内容覆盖文化产业、新闻传播、电影娱乐、文学艺术、群众文化、图书情报等 18 个重点研究领域，聚焦文化传媒领域发展前沿、热点话题、行业实践，服务用户的教学科研、文化投资、企业规划等需要。

世界经济与国际关系数据库（下设 6 个专题子库）

整合世界经济、国际政治、世界文化与科技、全球性问题、国际组织与国际法、区域研究 6 大领域研究成果，对世界经济形势、国际形势进行连续性深度分析，对年度热点问题进行专题解读，为研判全球发展趋势提供事实和数据支持。

法律声明

"皮书系列"（含蓝皮书、绿皮书、黄皮书）之品牌由社会科学文献出版社最早使用并持续至今，现已被中国图书行业所熟知。"皮书系列"的相关商标已在国家商标管理部门商标局注册，包括但不限于LOGO（ ）、皮书、Pishu、经济蓝皮书、社会蓝皮书等。"皮书系列"图书的注册商标专用权及封面设计、版式设计的著作权均为社会科学文献出版社所有。未经社会科学文献出版社书面授权许可，任何使用与"皮书系列"图书注册商标、封面设计、版式设计相同或者近似的文字、图形或其组合的行为均系侵权行为。

经作者授权，本书的专有出版权及信息网络传播权等为社会科学文献出版社享有。未经社会科学文献出版社书面授权许可，任何就本书内容的复制、发行或以数字形式进行网络传播的行为均系侵权行为。

社会科学文献出版社将通过法律途径追究上述侵权行为的法律责任，维护自身合法权益。

欢迎社会各界人士对侵犯社会科学文献出版社上述权利的侵权行为进行举报。电话：010-59367121，电子邮箱：fawubu@ssap.cn。

社会科学文献出版社